ネットワークエンジニアのための

ヤマハルーター実践ガイド

著 関部 然

技術評論社

<ご注意：ご購入・ご利用の前に必ずお読みください。>
本書で紹介しているヤマハルーターの設定内容は、次の実機によるものです。

- RTX1200（Rev.10.01.65）
- RTX1210（Rev.14.01.14）

　機種やファームウェアのバージョンなどによって、設定の手順などが異なる場合があり得ますので、ご利用の機種に合わせて読み替えてください。また、Ciscoルーターの設定例は「Cisco IOS 12.2」をベースにしています。

　また、本書記載の情報の修正・訂正・補足については、本書サポートサイトで行います。

　http://gihyo.jp/book/2016/978-4-7741-8529-3

　本書に記載された内容は、情報の提供のみを目的としています。したがって、本書を用いた開発、製作、運用は、必ずお客様自身の責任と判断によって行ってください。これらの情報による開発、製作、運用の結果について、技術評論社および著者はいかなる責任も負いません。

　本書記載の情報は、2016年7月現在のものを掲載していますので、ご利用時には、変更されている場合もあります。また、ソフトウェアに関する記述は、特に断わりのないかぎり、2016年7月時点での最新バージョンをもとにしています。ソフトウェアはバージョンアップされる場合があり、本書での説明とは機能内容などが異なってしまうこともあり得ます。本書ご購入の前に、必ずバージョン番号をご確認ください。

　以上の注意事項をご承諾いただいたうえで、本書をご利用願います。これらの注意事項をお読みいただかずに、お問い合わせいただいても、技術評論社および著者は対処しかねます。あらかじめ、ご承知おきください。

　本文中に記載されている会社名、製品名などは、各社の登録商標または商標、商品名です。会社名、製品名については、本文中では、™、©、®マークなどは表示しておりません。

はじめに

　本書は、ネットワーク技術をヤマハルーターで体系的に習得できるようにまとめた書籍です。ネットワークの基本的な部分から解説しているので、ネットワークエンジニアになったばかりの方でも最後まで読み進めていただけるのではないかと思います。

　また、他書にない試みとして、Ciscoルーターの設定方法を対比的に掲載しています。このようにしたのは、ネットワーク業務の経験者（特にCiscoルーター経験者）が簡単にヤマハルーターの設定に慣れ親しむことができると考えたからです。

　ヤマハルーターは、Ciscoルーターと並ぶぐらい業務ネットワークで使用されているベンダです。SOHOや中小企業では、根強い人気を博しています。しかしながら、ヤマハルーターの普及度とヤマハルーターを扱えるネットワークエンジニアの数がどうも不釣合いのように感じます。もっとヤマハルーターの設定ができる人がいてもおかしくないはずです。いくつものプログラミング言語ができるプログラマがいるように、ネットワークエンジニアなら異なるベンダのコマンドをたたけるようになりたいものです。

　1人でも多くのネットワークエンジニアが"第2言語"をマスターできるようになればと思い、筆を執った次第です。なお、現場でヤマハルーターを使う次のような方々を対象読者として想定しながら執筆しました。

- ネットワークエンジニア1年生へ

　ネットワークの基礎知識は、この本を通して習得することができます。ネットワークの知識とともにヤマハルーターの設定も覚えれば、きっと職場で重宝される人材となることでしょう。

- Ciscoルーター経験者へ

　ネットワークの知識があって業務経験もあるなら、ヤマハルーターの設定を習得するのはとても簡単です。おそらく、同様の設定をヤマハルーターとCiscoルーターの設定例を見比べるだけで十分なはずです。さらに、ヤマハルーターのコマンド解説を併せて確認すると完璧です。

- SOHO・中小企業のシステム担当者へ

　SOHOや中小企業には数多くのヤマハルーターが設置されています。ネットワークの変化に応じて、設定の変更依頼もしばしばあるはずです。そのようなとき、本書のコマンド解説や設定例が一助となるでしょう。

- 大企業のネットワークの専任エンジニアへ

　ネットワークの専任エンジニアは、ネットワークの幅広い知識に加え、マルチベンダに対応できるスキルを求められています。本書を足がかりにしてヤマハルーターのプロフェッショナルを目指してください。

謝辞

　執筆期間を振り返ってみると、妻の協力は何よりも勝るものでした。共働きにもかかわらず、子供の面倒や家事を一手に担ってくれたおかげで、執筆に集中することができました。また、子供が突発的に発病したときに、代わりに看病してしていただいた母にも感謝しています。

　1歳9ヶ月になる愛娘は何事にも興味を持ち始め、しばしば執筆作業を邪魔されましたが、その無邪気な笑顔は私にとって最大の励みとなりました。

2016年7月　著者記す

本書について

本書は、次の12章で構成しています。

- Chapter 1：ネットワークの概要
- Chapter 2：ヤマハルーターの基礎知識
- Chapter 3：インタフェースとスイッチ機能
- Chapter 4：IPルーティング
- Chapter 5：ルーティングプロトコル──RIP
- Chapter 6：ルーティングプロトコル──OSPF
- Chapter 7：ルーティングプロトコル──BGP
- Chapter 8：NAT
- Chapter 9：セキュリティ
- Chapter 10：VPN
- Chapter 11：QoS
- Chapter 12：冗長化と負荷分散

Chapter 4までは、ネットワークとヤマハルーターの知識が中心となっています。Chapter 5以降は、各ネットワーク技術の概要と設定方法をセットで紹介しています。それぞれコマンドの説明をしてから設定例を示しています。

コマンド

コマンドの説明では、次のような形で表記しています。上段はコマンドの記述を一般化したもので、角括弧で囲まれてる斜体部分はパラメータを表しています。下段は対応している機種です（対応していない機種は色が反転しています）。

ip interface address コマンド

ip [インタフェース] address [IPアドレス]										
RTX5000	RTX3500	RTX3000	RTX1500	RTX1210	RTX1200	RTX1100	RTX810	RT250i	RT107e	SRT100

設定例

設定例では、できるだけ同じ条件でヤマハルーターとCiscoルーターの両方で行うようにしています。しかし、コマンドの仕様により完全に一致しないこともあります。また、ヤマハルーター独自の仕様などで、Ciscoルーターと対比できないケースもあります。

紙面では、次のようにヤマハルーターの設定（実行）例のあとに、背景を網掛けにしてCiscoルーターの例を掲載しています。コマンドの解説は、ヤマハルーター側の枠下に配置しています。それぞれの末尾には、相当するCiscoルーターのコマンドも記載しています（サブコマンドは「⇒」で繋いでいます）。該当するコマンドがない場合は「-」としています。

○リスト4.1.1：ヤマハルーターのルーティングテーブル例

```
# show ip route ❶
宛先ネットワーク        ゲートウェイ         インタフェース        種別    付加情報
default                192.168.2.2          LAN2           static
192.168.1.0/24         192.168.1.1          LAN1           implicit
192.168.2.0/24         192.168.1.1          LAN1           implicit
172.16.10.0/24         192.168.2.2          LAN2           static
172.16.20.0/24         192.168.1.1          LAN1           RIP     metric=1
172.16.30.0/24         192.168.2.2          LAN2           OSPF    cost=2
172.16.40.0/24         192.168.2.2          LAN2           BGP
#
```

❶ ルーティングテーブルを表示する　**IOS** show ip route

Ciscoルーターの場合

○リスト4.1.2：Ciscoルーターのルーティングテーブル例

```
Router#show ip route

Gateway of last resort is 192.168.2.2 to network 0.0.0.0

C    192.168.1.0 is directly connected, FastEthernet0
C    192.168.2.0 is directly connected, FastEthernet1
S*   0.0.0.0/0 [1/0] via 192.168.2.2
S    172.16.10.0/24 [1/0] via 192.168.2.2
R    172.16.20.0/24 [120/1] via 192.168.1.1, 00:00:02, FastEthernet0
O    172.16.30.0/24 [110/2] via 192.168.2.2, 00:00:20, FastEthernet1
B    172.16.40.0/24 [20/0] via 192.168.2.2, 00:24:45, FastEthernet1
```

動作検証環境

　本書で紹介しているヤマハルーターの設定は、実機によるものです。使用した実機は、RTX1200（Rev.10.01.65）とRTX1210（Rev.14.01.14）です。また、Ciscoルーターの設定例は「Cisco IOS 12.2」をベースにしています。

CONTENTS

はじめに ……………………………………………………………………………………… iii
本書について ………………………………………………………………………………… iv

Chapter 1 IPネットワークの概要　　　　　　　　　　　　　　　　　　　1

1-1 ネットワークを考える …………………………………………………………… 2
　1-1-1 ネットワーク通信に必要なもの ……………………………………………… 2
　1-1-2 正しい相手とのネットワーク通信 …………………………………………… 2
　1-1-3 通信相手の特定情報 …………………………………………………………… 3
　1-1-4 通信内容の保障 ………………………………………………………………… 4
1-2 通信プロトコルと標準化 ………………………………………………………… 4
　1-2-1 通信プロトコル ………………………………………………………………… 5
　1-2-2 通信プロトコルの標準化 ……………………………………………………… 6
1-3 ネットワークアーキテクチャ …………………………………………………… 7
　1-3-1 OSI参照モデル ………………………………………………………………… 7
　1-3-2 TCP/IP アーキテクチャ ……………………………………………………… 9
　1-3-3 階層化と通信 …………………………………………………………………… 10
1-4 IPアドレスとポート番号 ………………………………………………………… 10
　1-4-1 IPアドレス ……………………………………………………………………… 10
　1-4-2 IPアドレスクラス ……………………………………………………………… 12
　1-4-3 サブネット ……………………………………………………………………… 14
　1-4-4 ポート番号 ……………………………………………………………………… 16
　1-4-5 ポート番号の種類 ……………………………………………………………… 18
1-5 IPとネットワーク層のプロトコル ……………………………………………… 19
　1-5-1 IPヘッダ ………………………………………………………………………… 19
　1-5-2 MTUとフラグメント ………………………………………………………… 22
　1-5-3 ARP ……………………………………………………………………………… 24
　1-5-4 ICMP …………………………………………………………………………… 26
1-6 TCPとUDP ……………………………………………………………………… 28
　1-6-1 コネクションとコネクションレス …………………………………………… 28
　1-6-2 TCPヘッダ ……………………………………………………………………… 29
　1-6-3 順序制御による高信頼転送 …………………………………………………… 31
　1-6-4 ウィンドウ制御による通信効率の向上 ……………………………………… 33
　1-6-5 フロー制御による通信効率の向上 …………………………………………… 34
　1-6-6 輻輳制御による混雑の回避 …………………………………………………… 34
　1-6-7 UDP ……………………………………………………………………………… 36
1-7 アプリケーション層のプロトコル ……………………………………………… 37
　1-7-1 HTTP …………………………………………………………………………… 37

1-7-2	SMTP	38
1-7-3	POP	38
1-7-4	SNMP	40
1-7-5	FTP	41
1-7-6	TelnetとSSH	41
1-7-7	DHCP	42
1-7-8	DNS	42

1-8 章のまとめ 43

Chapter 2 ヤマハルーターの基礎知識　45

2-1 ヤマハルーターについて 46
- **2-1-1** ヤマハルーターの市場評価 46
- **2-1-2** ヤマハルーターの歴史 47
- **2-1-3** ヤマハルーターのラインナップ 48
- **2-1-4** RTX1200とRTX1210 50
- **2-1-5** 公式サイト 52
  ヤマハルーターのトップページ／設定例のWebページ／マニュアルのページ／ヤマハネットワークエンジニア会のページ／遠隔検証システム（検証ルーム）のページ

2-2 初期設定の変更 55
- **2-2-1** 初期設定の変更内容 55
- **2-2-2** CUI設定の準備 57
- **2-2-3** CUI設定による変更 57
- **2-2-4** GUI設定による変更（RTX1200） 62
- **2-2-5** GUI設定による変更（RTX1210） 66

2-3 基本的なコマンド操作 68
- **2-3-1** 基本コマンド 68
  administrator ／ login password ／ administrator password ／ save ／ date ／ time ／ timezone ／ ip interface address ／ ip route ／ dns server ／ syslog host ／ httpd host ／ restart ／ exit（quit）／ show command ／ show environment ／ show config（less config）／ show ip route ／ show log（less log）／ show status interface ／ clear log
- **2-3-2** コマンド操作 79
  設定の削除／コマンド完結候補の表示／コマンド名称の補完／コマンドヒストリ／キーボード操作／コメントアウト／出力結果の全表示／出力結果の検索

2-4 ルーターの管理方法 85
- **2-4-1** ファームウェアのリビジョンアップ 85
  外部メモリ／TFTP／Webアクセスによるファームウェアのリビジョンアップ
- **2-4-2** 設定ファイルの管理 88
- **2-4-3** パスワードリカバリ 91
- **2-4-4** 設定の初期化 92
  cold startコマンド／筐体ボタン操作による初期化
- **2-4-5** 起動プロセスの選択 93

2-5 章のまとめ 95

Chapter 3 インタフェースとスイッチ機能　　　97

3-1 ヤマハルーターのインタフェース ……………………………………………… 98
- 3-1-1 インタフェース仕様 …………………………………………………… 98
- 3-1-2 スイッチングハブ機能 ………………………………………………… 98
- 3-1-3 仮想インタフェース …………………………………………………… 99
  VLANインタフェース／PPインタフェース／トンネルインタフェースの概念／ブリッジインタフェース／ループバックインタフェース（特殊インタフェース）／NULLインタフェース（特殊インタフェース）
- 3-1-4 インタフェースのシャットダウンと再起動 ………………………… 105

3-2 VLAN ……………………………………………………………………………… 106
- 3-2-1 ポート分離 …………………………………………………………… 106
  ポート分離の設定
- 3-2-2 ポートベースVLAN（LAN分割） …………………………………… 109
  ポートとVLANのマッピング設定
- 3-2-3 タグVLAN ……………………………………………………………… 112
  タグVLANの設定

3-3 ポートミラーリング …………………………………………………………… 114
- 3-3-1 ポートミラーリングの概要 ………………………………………… 114
- 3-3-2 ポートミラーリングの設定 ………………………………………… 115

3-4 リンクアグリゲーション ……………………………………………………… 116
- 3-4-1 リンクアグリゲーションの概要 …………………………………… 116
- 3-4-1 リンクアグリゲーションの設定 …………………………………… 117

3-5 章のまとめ ……………………………………………………………………… 119

Chapter 4 IPルーティング　　　121

4-1 ルーティングの概要 …………………………………………………………… 122
- 4-1-1 ルーターの役割 ……………………………………………………… 122
- 4-1-2 ルーティングテーブル ……………………………………………… 123
- 4-1-3 ロンゲストマッチのルール ………………………………………… 124
- 4-1-4 ルーティングテーブルの生成方法 ………………………………… 125
- 4-1-5 ルート集約 …………………………………………………………… 129
  運用管理の困難／トラフィック量の増加／ルーター負荷の増大／障害範囲の拡大／運用管理の簡単化／トラフィック量の減少／ルーター負荷の減少／障害範囲の拡大防止
- 4-1-6 ルート再配布 ………………………………………………………… 132

4-2 ルーティングプロトコル ……………………………………………………… 134
- 4-2-1 ルーティングプロトコルとは ……………………………………… 134
  運用が簡単／ネットワーク障害時のルートの自動切り替え
- 4-2-2 ルーティングプロトコルの種類 …………………………………… 135
- 4-2-3 IGPとEGP ……………………………………………………………… 136
- 4-2-4 ルーティングアルゴリズム ………………………………………… 136

ディスタンスベクタ型／リンクステート型／ハイブリッド型
- 4-2-5 クラスフルルーティングプロトコルとクラスレスルーティングプロトコル 139
- 4-2-6 経路の優先度とメトリック 142

4-3 章のまとめ 146

Chapter 5 ルーティングプロトコル――RIP 147

5-1 RIPの概要 148
- 5-1-1 RIPの歴史 148
- 5-1-2 RIPの特徴 148
- 5-1-3 RIPのバージョン 149
  RIPv1の欠点① クラスレスに対応していない／RIPv1の欠点② ブロードキャストによるアップデート／RIPv1の欠点③ 認証機能がない
- 5-1-4 RIPの動作 152
- 5-1-5 RIPのタイマー 154
- 5-1-6 ルーティングループの防止 157
  スプリットホライズン／ポイズンリバース／ルートポイズニング／トリガードアップデート／ホップ数の上限

5-2 RIPの設定 161
- 5-2-1 RIP有効化設定 162
  RIP有効化の設定／Ciscoルーターの場合
- 5-2-2 RIPv2の設定 164
  RIPパケット送信の設定／RIPパケット受信の設定／Ciscoルーターの場合
- 5-2-3 ルート選択の設定（ホップ数と経路の優先度） 169
  ホップ数の加算の設定／経路の優先度の設定／Ciscoルーターの場合
- 5-2-4 RIPフィルタの設定 174
  RIPフィルタの設定／Ciscoルーターの場合
- 5-2-5 セキュリティ設定（RIPv2テキスト認証） 178
  RIPv2のテキスト認証の設定／RIPv2の認証キーの設定／Ciscoルーターの場合
- 5-2-6 セキュリティ設定（信用ゲートウェイ） 181
  信用できるゲートウェイの設定／信用できないゲートウェイの設定／Ciscoルーターの場合
- 5-2-7 デフォルトルート配信の設定 185
  デフォルトルート配信の設定／任意ルート配信の設定／Ciscoルーターの場合
- 5-2-8 RIPタイマー設定 188
  RIPタイマーの設定
- 5-2-9 RIPへの再配布について 188
  Ciscoルーターの場合

5-3 章のまとめ 192

Chapter 6 ルーティングプロトコル――OSPF 193

6-1 OSPFの概要 194
- 6-1-1 OSPFの特徴 194

クラスレス型ルーティングプロトコル／リンクステート型ルーティングプロトコル／ルーターホップ数の上限がない／エリアによる効率的なルーティング／収束時間が短い／コストによる最適ルートの選択／マルチキャストによるルート情報の交換／ルーターの認証機能

6-1-2 OSPFのパケット 196
OSPFのヘッダフォーマット／Helloパケットのフォーマット／DBDパケットのフォーマット／LSRパケットのフォーマット／LSUパケットのフォーマット／LSAckパケットのフォーマット

6-1-3 OSPFの動作仕様 201
ネイバーの確立（Down、Init、2Way）／DRとBDRの選出／マスタールーターとスレーブルーターの選出／DBDの交換（Exchange）／不足LSAの交換（Loading）／アジャセンシーの確立（Full）／最適ルートの計算／キープアライブ

6-1-4 LSA 207
LSAヘッダのフォーマット／LSAタイプ1（ルーターLSA）のフォーマット／LSAタイプ2（ネットワークLSA）のフォーマット／LSAタイプ3（ネットワークサマリーLSA）とLSAタイプ4（ASBRサマリーLSA）のフォーマット／LSAタイプ5（AS外部LSA）のフォーマット

6-1-5 エリアの種類 213
バックボーンエリア／非バックボーンエリア（標準エリア）／スタブエリア／完全スタブエリア／NSSA／完全NSSA

6-1-6 ルート集約 218

6-1-7 仮想リンク 218

6-2 OSPFの設定 219

6-2-1 OSPFの基本設定 219
OSPFの使用設定／エリアの設定／インタフェースのエリア設定／OSPFの有効設定／Ciscoルーターの場合

6-2-2 DRとBDR選出の設定 224
プライオリティの設定／ルーターIDの設定／Ciscoルーターの場合

6-2-3 マルチエリアの設定 230
スタブエリアの設定／Ciscoルーターの場合

6-2-4 OSPFの動作確認 239
OSPFのログ保存設定

6-2-5 ルート選択の設定（コストと経路の優先度）......241
インタフェースのコスト値の設定／経路の優先度の設定／Ciscoルーターの場合

6-2-6 エリア間のルート集約の設定 247
ルート集約の設定／Ciscoルーターの場合

6-2-7 ルート情報の抑制の設定 250
ルート情報の抑制設定／OSPFのexportフィルタの設定／Ciscoルーターの場合

6-2-8 ルート再配布と外部ルート制御の設定 255
ルート再配布の設定／ルート再配布（外部ルートフィルタあり）の設定／外部ルートフィルタの設定／Ciscoルーターの場合

6-2-9 仮想リンクの設定 262
仮想リンクの設定／Ciscoルーターの場合

6-2-10 266
認証の設定／Ciscoルーターの場合

6-3 章のまとめ 268

Chapter 7 ルーティングプロトコル──BGP　　269

7-1 BGPの概要　270

7-1-1 BGPの特徴　270
パスベクタ型ルーティングプロトコル／クラスレス型ルーティングプロトコル／多様なパスアトリビュート／ポリシーベースルーティング／TCPによる信頼性のある通信／差分情報のアップデート／ルーターの認証

7-1-2 AS（自律システム）　272

7-1-3 BGPメッセージ　273
BGPメッセージヘッダのフォーマット／OPENメッセージのフォーマット／UPDATEメッセージのフォーマット／NOTIFICATIONメッセージのフォーマット／KEEPALIVEメッセージのフォーマット

7-1-4 BGPの動作仕様　279
BGPピアの確立／UPDATEメッセージによるルート情報の交換／KEEPALIVEメッセージによるピアの維持／NOTIFICATIONメッセージによるピアの終了

7-1-5 パスアトリビュート　281
Origin ／ AS Path ／ NEXT HOP ／ MED ／ Local Preference

7-1-6 最適ルート選択アルゴリズム　286

7-1-7 BGPスプリットホライズン　286

7-2 BGPの設定　288

7-2-1 BGPの基本設定　289
BGPの使用設定／AS番号の設定／ルーターIDの設定／ピアの確立設定／BGPによるルート情報の告知設定／BGP importフィルタの設定／BGPの有効化の設定／ Ciscoルーターの場合

7-2-2 BGPの動作確認　296
BGPのログ保存の設定／ Ciscoルーターの場合

7-2-3 AS Pathによるベストパスの選択　299
Ciscoルーターの場合

7-2-4 MEDによるベストパスの選択　306
eBGPピア間のMED設定／MED通知のためのBGP importフィルタの設定／ Ciscoルーターの場合

7-2-5 Local Preferenceによるベストパスの選択　312
Local Preference通知のためのBGP importフィルタの設定／ Ciscoルーターの場合

7-2-6 ルート再配布とルート集約の設定　317
集約ルートの設定／集約ルートフィルタの設定／ Ciscoルーターの場合

7-2-7 ルートフィルタの設定　323
ルートフィルタ（AS Pathの指定なし）の設定／ルートフィルタ（AS Pathの指定あり）の設定／BGPのexportフィルタの設定／ Ciscoルーターの場合

7-2-8 認証とデフォルトルートの設定　329
認証の設定／デフォルトルート配信の設定／ Ciscoルーターの場合

7-3 章のまとめ　332

Chapter 8 NAT ... 333

8-1 NATの概要 ... 334
8-1-1 NATの目的 ... 334
8-1-2 NATの種類 ... 336
静的NAT／動的NAT／IPマスカレード

8-2 ヤマハルーターのNAT仕様 ... 339
8-2-1 基本的な概念 ... 339
8-2-2 パケット処理の仕様 ... 340
内側から外側へのパケット処理／外側から内側へのパケット処理
8-2-3 NATディスクリプタ ... 342

8-3 NATとIPマスカレードの設定 ... 344
8-3-1 静的NATの設定 ... 344
NATディスクリプタの変換方式の設定／静的NATのバインドの設定／内側のダミーIPアドレスの設定／外側のダミーIPアドレスの設定／NATディスクリプトのインタフェースへの適用／NATディスクリプタのアドレスマップの確認の書式／ Ciscoルーターの場合
8-3-2 動的NATの設定 ... 348
内側IPアドレスの設定／外側IPアドレスの設定／NATテーブルのクリア／NATテーブルの消去タイマの設定／ Ciscoルーターの場合
8-3-3 静的IPマスカレードの設定 ... 353
静的IPマスカレードの設定／ Ciscoルーターの場合
8-3-4 動的IPマスカレードの設定 ... 355
Ciscoルーターの場合
8-3-5 動的NATと動的IPマスカレードの併用 ... 358
Ciscoルーターの場合
8-3-6 Twice NATの設定 ... 361
双方向のNATディスクリプトのインタフェース適用／ Ciscoルーターの場合

8-4 章のまとめ ... 364

Chapter 9 セキュリティ ... 365

9-1 パケットフィルタ ... 366
9-1-1 パケットフィルタの基本動作 ... 366
9-1-2 静的パケットフィルタの設定 ... 368
静的パケットフィルタの設定／フィルタセットの設定／インタフェースへの静的パケットフィルタ適用／インタフェースへのフィルタセット適用の書式／ Ciscoルーターの場合
9-1-3 動的パケットフィルタの設定 ... 373
動的パケットフィルタの設定（静的パケットフィルタによるユーザ定義）／動的パケットフィルタ設定の書式（既知のサービスの指定）／インタフェースへの動的パケットフィルタ適用の書式／ Ciscoルーターの場合

9-2 イーサネットフィルタとURLフィルタ ... 379
9-2-1 イーサネットフィルタ ... 379
イーサネットフィルタの設定／インタフェースへのイーサネットフィルタ適用の書式／

Ciscoルーターの場合

9-2-2 URLフィルタの設定 ……………………………………………………… 382
URLフィルタの設定／インタフェースへのURLフィルタ適用／パケット破棄にともなう送信元へのHTTPレスポンスの設定／Ciscoルーターの場合

9-3 IDS …………………………………………………………………………………… 385

9-3-1 IDSの概要 ……………………………………………………………… 385

9-3-2 IDSの設定 ……………………………………………………………… 386
インタフェースへのIDSの適用／重複する検知の通知抑制の設定／検知結果の表示の書式／検知結果の表示件数設定の書式

9-4 DHCPによるセキュアなアドレス割り当て …………………………………… 388

9-4-1 DHCPのセキュリティ問題点 ………………………………………… 388

9-4-2 DHCPのセキュアなアドレス割り当ての設定 ……………………… 388
DHCP機能タイプの設定／DHCP割り当てアドレス範囲の設定の書式／MACアドレスの予約の書式／アドレスの割り当て動作の書式

9-5 章のまとめ …………………………………………………………………………… 391

Chapter 10 VPN 393

10-1 IPsec ………………………………………………………………………………… 394

10-1-1 IPsecの仕組み ………………………………………………………… 394
AH／ESP／IKE／フェーズ1／フェーズ2／トンネルモード／トランスポートモード

10-1-2 NATトラバーサル …………………………………………………… 397

10-1-3 IPsecによる拠点間接続の設定 ……………………………………… 398
IKEの鍵交換始動の設定／IKEキープアライブの設定／事前共有鍵の設定／接続相手のセキュリティゲートウェイのIPアドレスの設定／自分のセキュリティゲートウェイのIPアドレスの設定／IKEの暗号アルゴリズムの設定／IKEのハッシュアルゴリズムの設定／IKEのDHグループの設定／PFSの設定／IPsec SAポリシーの設定／IPsec NATトラバーサルの設定／トンネルインタフェースの選択／IPsec SAポリシーの選択／トンネルインタフェースの有効化／Ciscoルーターの場合

10-2 PPTP ………………………………………………………………………………… 411

10-2-1 PPTPの概要 …………………………………………………………… 411
PPTP制御コネクション／PPTPトンネル

10-2-2 PPTPによる拠点間接続の設定 ……………………………………… 413
PPTP機能の有効化設定／PPTPの動作タイプの設定／PPインタフェースの選択／PPインタフェースの有効化の設定／PPインタフェースとTunnelインタフェースのバインド設定／PPTPの認証方式（リクエスト）の設定／PPTPの認証方式（受け入れ）の設定／認証ユーザのユーザ名とパスワードの設定／認証情報の送信設定／MPPEの鍵長の設定／トンネルインタフェースの種類の設定／トンネルの対向IPアドレスの設定

10-3 IPIP ………………………………………………………………………………… 420

10-3-1 IPv6 over IPv4の設定 ………………………………………………… 420
Ciscoルーターの場合

10-4 L2TPv3 ……………………………………………………………………………… 423

10-4-1 L2TPv3の概要 ………………………………………………………… 423

10-4-2 L2TPv3による拠点間ブリッジ接続の設定 ………………………… 423
ブリッジインタフェースの設定／L2TP機能有効化の設定／L2TPv3の常時接続の設定／通知ホス

ト名の設定／L2TPトンネルの認証の設定／L2TPトンネルの切断タイマの設定／L2TPキープアライブの設定／L2TPv3のローカルルーターIDの設定／L2TPv3のリモートルーターIDの設定／L2TPv3のリモートエンドIDの設定／ Ciscoルーターの場合

10-5 章のまとめ 429

Chapter 11　QoS　　　431

11-1　QoSの概要　432

- **11-1-1** QoSの基本動作 432
- **11-1-2** クラス分け 433
- **11-1-3** キューイングアルゴリズム 436
- **11-1-4** Dynamic Traffic Control 437
- **11-1-5** Dynamic Class Control 437

11-2　QoSの設定　438

- **11-2-1** 優先制御（PQ）の設定 438
  キューイングアルゴリズムの選択／クラス分けフィルタの設定（IPアドレス、ポート番号、IPプロトコルによるクラス分け）／クラス分けフィルタの設定（IP Precedenceによるクラス分け）／クラス分けフィルタの設定（PHBによるクラス分け）／フィルタのインタフェース適用の設定／ Ciscoルーターの場合
- **11-2-2** 帯域制御（シェーピング）の設定 442
  インタフェース速度の設定／シェーピングの設定／デフォルトクラスの設定／ Ciscoルーターの場合
- **11-2-3** Dynamic Traffic Controlの設定 445
  Dynamic Traffic Controlの設定
- **11-2-4** Dynamic Class Controlの設定 446
  Dynamic Class Controlの設定

11-3 章のまとめ 448

Chapter 12　冗長化と負荷分散　　　449

12-1　冗長化（VRRP）　450

- **12-1-1** VRRPの概要 450
- **12-1-2** VRRPの設定 452
  VRRPの設定／シャットダウントリガーの設定／ Ciscoルーターの場合

12-2　負荷分散（マルチホーミング）　458

- **12-2-1** マルチホーミングの設定 458
  パケット流量によるマルチホーミングの設定
- **12-2-2** マルチホーミングの設定② 460
  パケットの種類によるマルチホーミングの設定

12-3 章のまとめ 462

参考文献 463
索引 464

Chapter 1

IPネットワークの概要

　この章では、IPネットワークを支える技術の概要を説明します。ネットワークアーキテクチャをはじめ、通信プロトコル、IPアドレッシングなど、IPネットワークを理解するための必須知識について述べます。ネットワークの初心者でないなら、おなじみの内容となっています。

1-1 ネットワークを考える

　ネットワーク技術の本の最初の章はどれも同じような内容です。本書もその例に漏れず、ネットワークアーキテクチャやTCP/IPなどのメジャー項目を最初の章で説明していきます。ただし、ほかと違う点が1つあります。それは、著者から一方的に説法するのではなく、所々読み手に疑問を投げかけます。既知の知識だとしても、改めて「なぜ」と考えてみると、新たな発見が見つかるかもしれません。

　では、手始めに次の問いを考えてみましょう。——ネットワーク通信に必要なものは何か？

1-1-1 ネットワーク通信に必要なもの

　「ネットワーク通信に必要なものは何か？」

　この質問をネットワークの知識のない妻に聞いたら「パソコン2つ」と返ってきました。ネットワークの知識があれば、通信プロトコルを答えるのが一般的でしょう。しかし、「パソコン2つ」もあながち間違った答えではありません。そもそも、ネットワーク通信は離れた端末同士で情報のやりとりをするための技術ですので、最低2台の端末がないと意味がありません。2台の端末がうまく通信するには、互いに理解できる言葉が必要で、この共通言語のことを通信プロトコルといいます（図1.1.1）。

　プロトコルの直訳は議定書であり、いわゆる気候変動枠組条約に関する「京都議定書」を英訳するとKyoto Protocolです。通信分野で使われるプロトコルは、データ情報を送受信双方で通信するためのルールのことを指します。

○図1.1.1：通信プロトコルは通信の共通言語

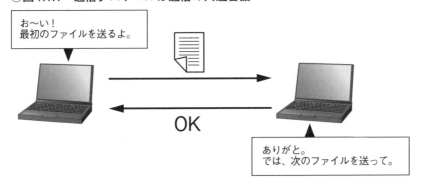

1-1-2 正しい相手とのネットワーク通信

　先ほど、2台の端末での通信をする場合について考えました。3台以上の端末同士での通信となると、新たに考慮しないといけないことが出てきます。自分から送出したデータが、はたして意図する相手に届くでしょうか？　ここで次の問いです。

「正しい相手とネットワーク通信をするにはどうすればよいか？」

この質問に対して、「電話と同じ方法でいいのでは？」が妻の答えです。電話交換機のような機械ががんばるといったイメージでしょうか。

IPネットワークの世界では、スイッチとルーターが電話交換機に相当するものです。スイッチとルーターは、それぞれ担当する分野（OSI参照モデルのレイヤ）が違います。スイッチはレイヤ2、ルーターはレイヤ3を担当します。OSI参照モデルは後ほど説明するので、ここではスイッチとルーターが、それぞれ違う場所で電話交換機のような役割をはたしていると考えてください。また、スイッチとルーターによる電話交換機のような行為を、スイッチングとルーティング（図1.1.2）といいます。

○図1.1.2：ルーティングで正しい相手との通信が成立する

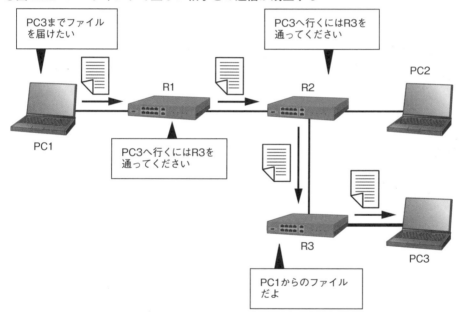

1-1-3 通信相手の特定情報

スイッチングとルーティングのおかげで、送出されるデータ情報は意図する相手に届けられます。しかし、その相手はどのようにして識別するのでしょうか。

「通信相手を個別に識別するにはどうすればよいか？」

ネットワークにまったく興味のない妻にしつこく聞いたら、めんどくさそうに「電話番号」という答えが返ってきました。たしかに電話番号で一意的に相手を特定できそうですが、電話を所持していない人もいます。また、家に複数のパソコンがあると同じ数の電話番号がないといけません。IPネットワークの世界では、IPアドレスなる電話番号に相当するものが

用意されています（図1.1.3）。

IPアドレスにもいろいろな種類があります。IPアドレスのバージョン、役割、使用範囲でその呼び名が変わります。IPアドレスに関する詳細は後ほど説明します。ここでは、通信相手を個別に識別するためには、IPアドレスを使うことと覚えてください。

○図1.1.3：ルーターはIPアドレスで端末を一意的に識別する

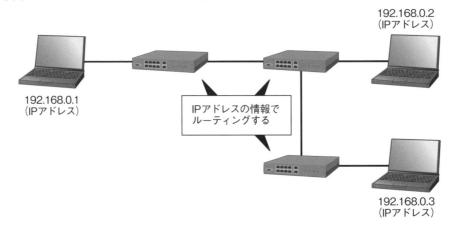

1-1-4 通信内容の保障

送受信同士での通信は通信プロトコルによって順序よく行われ、意図する相手との通信はIPアドレスとルーティング（スイッチング）にまかせれば大丈夫のようです。でも、本当に大丈夫でしょうか。

「送信した一部のデータが欠落したらどうするか？」

妻の答えは、「まさか、機械にそんなことあるか？ 配るのがいやになって、年賀状を草むらに捨てないよ、機械は。」です。機械、この場合ルーターあるいはスイッチのことです。ルーターとスイッチも人間と同様で、過労で普段ではありえない行為に走る場合があります。

なんらかの原因による送信データの欠落が起きたら、欠落したデータの再送ができるしくみがあるとうれしいです。このうれしい機能を提供するのがTCPです（図1.1.4）。TCPは、欠落データの再送のほかに、ネットワークの輻輳（「ふくそう」と読む、混雑の意味）制御やデータ送信の順序の制御など、通信の信頼性に役立つ機能を備えています。IPネットワークのことをTCP/IPネットワークともいうぐらい、TCPはIPネットワークに欠かせない存在となっています。

1-2 通信プロトコルと標準化

通信機器同士でネットワーク通信が成立するには、互いに理解する共通言語が必要です。ネットワーク通信における共通言語は通信プロトコルと呼ばれています。インターネットが

○図1.1.4：TCPによる欠落データの再送

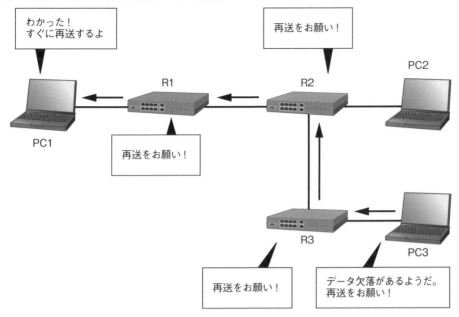

普及する前まで、コンピュータベンダ各社にそれぞれ独自のプロトコルが存在していました。独自プロトコルは、ネットワークの相互接続の壁となり、ユーザにとって大変不便なものでした。この障害を取り除くためプロトコルの標準化が必要となり、今ではTCP/IPがもっとも普及している通信プロトコル（以降TCP/IPプロトコルと呼ぶ）です。

1-2-1 通信プロトコル

　人間同士でコミュニケーションを円滑にするためには、共通の言語と習慣が必要です。かたやウルドゥー語、かたやタミル語しか理解できない2人では会話が成立しません。また、日本では承諾の意を表す、頭を縦にふる「うなずく」行為は、インドでは頭を横にふります。インド人のこのような習慣を知らないと、自分が言っていることが全部否定されたと勘違いしてしまいます。

　幸いにして人間の場合、共通言語がなくてもジェスチャーと気合（？）で最低限のコミュニケーションはできます。また、共通の習慣が違っても、長時間に一緒にいると相互理解が深まります。しかし、通信機器の場合は、厳密なルールにしたがって動いているので、わずかな齟齬も許されません。通信機器同士がきちんと通信ができるように、あらかじめ決められたルール（通信プロトコル）を遵守しなければなりません。当初、コンピュータベンダ各社がそれぞれ独自で通信プロトコルをつくりましたが、異なる通信プロトコルのネットワークの相互接続をするには、通信プロトコルの標準化が必要となってきました。

1-2-2 通信プロトコルの標準化

インターネットが生まれる前まで、コンピュータネットワークは中央集中型の形態でした。中央集中型ネットワークにおいて、ハイスペックマシンのホストコンピュータがすべての端末からの要求を処理します。端末とホストコンピュータ間の通信が主だったため、ベンダ独自の通信プロトコルでもまったく問題がありませんでした。このごろは、コンピュータネットワークの鎖国時代のような時代でした（図1.2.1）。ちなみにベンダ独自の通信プロトコルとして有名なのは、IBMのSNA[注1]、富士通のFNA[注2]、電電公社のDCNA[注3]などがあります。

○図1.2.1：コンピュータネットワークの鎖国時代

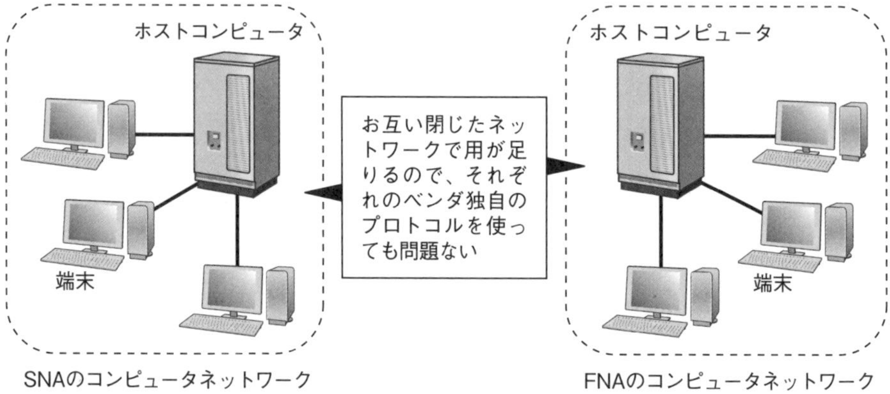

また、後ほど述べる分散型ネットワークよりも中央集中型ネットワークのほうが低コストです。なぜなら、ホストコンピュータ以外の端末にそれほど高いスペックが必要としません。コンピュータネットワークの形態がずっと中央集中型のままと思いきや、時代は突如中央集中型から分散型に移り変わっていきます。

中央集中型ネットワークの一番の弱点は、すべての処理がホストコンピュータに集中することです。ホストコンピュータが故障してしまうと、すべての機能が停止してしまいます。米ソ冷戦時代において、軍事利用のコンピュータを相手国からの攻撃を守るため、ホストコンピュータを何ヵ所に分散させて、仮に一部のコンピュータが破壊されたとしても残りのコンピュータで継続利用ができる必要がありました。そこで、アメリカ国防総省のARPA[注4]という研究機関が、分散するコンピュータネットワークを相互接続する「ARPANET」と呼ばれる軍事用ネットワークを構築しました。ARPANETで採用されたプロトコルがTCP/IPで、ARPANETが一般向けのインターネットに移り変わったと同時に、TCP/IPが標準プロトコルとして瞬く間に普及しました（図1.2.2）。

注1　Systems Network Architecture
注2　Fujitsu Network Architecture
注3　Data Communication Network Architecture
注4　Advanced Research Projects Agency

民間団体での通信プロトコルの標準化として、国際標準化機構のISO[注5]のOSI[注6]が挙げられます。OSIプロトコルはあまり普及していませんが、通信を7層の機能に分割したOSI参照モデルは一般的なネットワークアーキテクチャとして認識されています。ちなみに、TCP/IPはIETFによって標準化されたプロトコルで、仕様はRFC[注7]と呼ばれる文書として一般公開されています。

○図1.2.2：通信プロトコルの標準化によるネットワークの相互接続

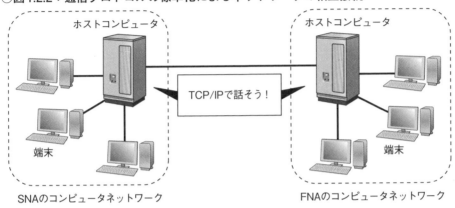

1-3 ネットワークアーキテクチャ

ネットワーク通信を行うためには、通信のルールを定めた通信プロトコルが必要があると述べました。ネットワーク通信で使われる通信プロトコルにはたくさんの種類があり、これらの通信プロトコルの集合がネットワークアーキテクチャです。ネットワークアーキテクチャは、ネットワーク通信に必要な機能を提供します。さらに、ネットワークアーキテクチャにおいて、機能を理解しやすいように階層化されています。ここでは、OSI参照モデルとTCP/IPのネットワークアーキテクチャを紹介して、ネットワークアーキテクチャの階層化構造における通信の様子をみていきます。

1-3-1 OSI参照モデル

OSI参照モデル（図1.3.1）は、ネットワーク通信の標準的な概念を定めた規定です。ネットワーク通信に必要な機能を7つの階層に分けて整理するにより、ネットワーク通信の構造が理解しやすくなります。英語の勉強はアルファベットから覚えるのと同じように、ネットワークの場合、OSI参照モデルの7層を諳んじることから始めます。なぜなら、ネットワークの用語はしばしばOSI参照モデルを基準として考えているからです。ちなみに、OSI参照モデルはネットワークアーキテクチャではなく、ネットワークアーキテクチャのモデルです。

注5　International Organization for Standardization
注6　Open Systems Interconnection
注7　Request For Comment

○図1.3.1：OSI参照モデル

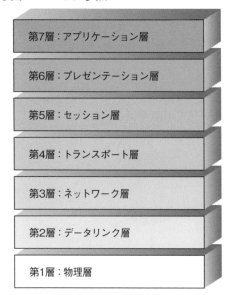

OSI参照モデルの各層の機能概要は次のとおりです。

- 物理層（第1層）
  ネットワーク機器のケーブルやコネクタ形状、ケーブルの電気信号とネットワーク機器のビットデータ（0と1の2進数）の相互変換について定義している
- データリンク層（第2層）
  ケーブルで直接つながったネットワーク機器同士の通信方式とビットデータとフレームの相互交換を定義している。フレームはデータリンク層でのデータのかたまりである
- ネットワーク層（第3層）
  ネットワーク間の到達を実現する方式について定義している。この層での通信データはパケットと呼ばれる。有名なIPがこの層のプロトコルであり、ネットワーク層の論理アドレスがIPアドレスである
- トランスポート層（第4層）
  データ再送やフロー制御などのデータ伝送の信頼性について定義している。TCPがこの層のプロトコルである。この層のデータはセグメントと呼ばれる
- セッション層（第5層）
  通信のコネクションの確立から切断までの一連な手続きについて定義している。5層以上では、データをメッセージと呼ぶ
- プレゼンテーション層（第6層）
  アプリケーションで扱うデータ形式への変換について定義している。文字コードや画像フォーマットの変換がその例である

- アプリケーション層（第7層）
  アプリケーションがネットワーク通信をするときのきまりごとを定義している。代表例はWeb閲覧のHTTP[注8]、メール送信のSMTP[注9]、ファイル転送のFTP[注10]など

1-3-2 TCP/IPアーキテクチャ

　TCP/IPは、もっとも使われているネットワークアーキテクチャです。図1.3.2のようにOSI参照モデルと比較すると、OSI参照モデルの7層に対して4層となっています。4層になったおかげで実装が簡単化され、より実用向きの仕様となっています。

　TCP/IPの各層の機能概要は次のとおりです。

- ネットワークインタフェース層
  OSI参照モデルの物理層とデータリンク層に相当する。上位層からのデータをLANケーブルなど物理的な媒体への送出に関することを定義している。LANプロトコルのEthernetやWANプロトコルのPPP[注11]が有名である
- インターネット層
  OSI参照モデルのネットワーク層に相当する
- トランスポート層
  OSI参照モデルのトランスポート層に相当する

○図1.3.2：OSI参照モデルとTCP/IP

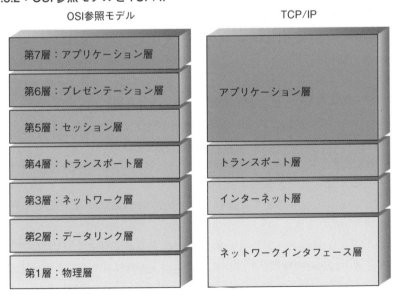

注8　HyperText Transfer Protocol
注9　Simple Mail Transfer Protocol
注10　File Transfer Protocol
注11　Point-to-Point Protocol

- アプリケーション層

    OSI参照モデルのセッション層、プレゼンテーション層、アプリケーション層の3層に相当する。HTTPやFTPなどのアプリケーション層のプロトコルは、OSI参照モデルのセッション層とプレゼンテーション層の機能も備えている

1-3-3 階層化と通信

TCP/IPのネットワークアーキテクチャでは、ネットワーク通信の機能を4つの階層に分けました。では、メッセージデータはこの4階層をどのようにして通過するのかを見てみましょう。

送信側のアプリケーション層から送出されたメッセージは、トランスポート層に送られると同時にトランスポート層のヘッダが付与され、セグメントと呼ばれるデータになります。次に、セグメントはインターネット層に送られると、インターネット層のヘッダが付与され、パケットと呼ばれるデータになります。最後に、パケットはネットワークインタフェース層に送られると、この層のヘッダが付与され、フレームと呼ばれるデータになります。このように、データにヘッダが追加されることをデータのカプセル化といいます（図1.3.3）。

フレームがビット列に変換され、ビットに対応する電気信号や光信号が物理の媒体を経由して受信側に届きます。受信側では、送信側と逆にヘッダを1個ずつはずしてメッセージを取り出します。

1-4 IPアドレスとポート番号

TCP/IPによるネットワーク通信において、一意なIPアドレスを使ってデータの送受信を行います。さらに、個々のアプリケーションには一意なポート番号によってデータを振り分けます。ここでは、IPアドレスの概要と種類、IPアドレスをネットワークアドレスとホストアドレスに分けるクラスとサブネットマスク、ポート番号の概要について説明します。

1-4-1 IPアドレス

TCP/IPネットワーク上でネットワーク機器やホスト（コンピュータ端末）をインターネット層で識別するためにIPアドレスを用います。なお、本書では特に断りなくIPアドレスと言うとき、IPはIPv4のことをさします。近年、IPv4アドレスの枯渇の対策としてIPv6アドレスを使用する場合があります。

IPアドレスは32ビット長のデータで、すなわち「0」と「1」が32個並んだ2進数です。ネットワーク機器やホストにとって理解しやすい表示ですが、人間にはやさしくない表示方法です。そこで人間が識別しやすいように、32ビットを8ビットずつ10進数に変換して、さらにドットで連結するように表示します。では、実際に自分のIPアドレスを見てみましょう。Windowsならコマンドプロンプトを立ち上げて「ipconfig」を入力します。すると、**リスト1.4.1**のように自分のIPアドレスが表示されます。

○図1.3.3：データのカプセル化

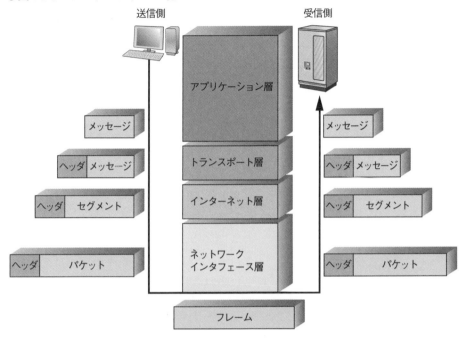

○リスト1.4.1：自分のIPアドレス

```
C:¥Users¥user>ipconfig

Windows IP 構成

イーサネット アダプター ローカル エリア接続：

   IPv4 アドレス . . . . . . . . . . . .：192.168.210.74   自分のIPアドレス
   サブネット マスク . . . . . . . . . .：255.255.255.0
   デフォルト ゲートウェイ. . . . .：192.168.210.254
```

○図1.4.1：IPアドレスの2進数表示

10進数	192	168	210	74
	↓	↓	↓	↓
2進数	11000000	10101000	11010010	01001010

　この10進数のIPアドレスを2進数に変換すると、「11000000101010001101001001001010」となります（**図1.4.1**）。IPアドレス設計やルーターの設定では、しばしば2進数と10進数の変換を行います。変換ツールを使うのは便利ですが、手動でも変換できるようにしたほうがよいです。

一口にIPアドレスと言っても、使用場所と用途に応じて何種類もあります。まず、IPアドレスの使用場所がLANの内と外の違いで、プライベートアドレスとグローバルアドレスに分類できます。次に、用途の違いでユニキャストアドレス、マルチキャストアドレス、ブロードキャストアドレスの3種類があります。

プライベートアドレスは家庭内や企業内のLANの中で使うIPアドレスで自由に設計することができ、他のLAN内のプライベートアドレスとの重複も許されます。一方、グローバルアドレスはインターネット上で使用するため重複は許されません。また、グローバルアドレスはJPNICのような機関によって厳密に管理されているので、自分勝手でIPアドレスを決定することはできません（図1.4.2）。

○図1.4.2：プライベートアドレスとグローバルアドレス

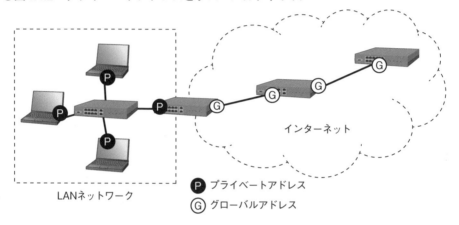

プライベートアドレスは自由に決めることができますが、そのアドレスの範囲は次のように制限されています。

- 10.0.0.0 ～ 12.255.255.255
- 172.16.0.0 ～ 172.31.255.255
- 192.168.0.0 ～ 192.168.255.255

ネットワーク機器が1対1の通信と1対多数の通信で使用するIPアドレスも違ってきます。1対1の通信ではユニキャストアドレスを使います。1対多数の通信では、多数がある特定のグループならマルチキャストアドレス、ネットワーク内全員ならブロードキャストアドレスを使います（図1.4.3）。

1-4-2 IPアドレスクラス

ルーターは、パケットの宛先IPアドレスで行き先を決めます。しかし、IPアドレスの数は膨大であるため、すべてのIPアドレスと行き先の情報を保持するのは現実的ではありません。そこで、同じネットワークにあるものをグルーピングして、ルーターが保持する情報

○図1.4.3：ユニキャスト、マルチキャスト、ブロードキャスト

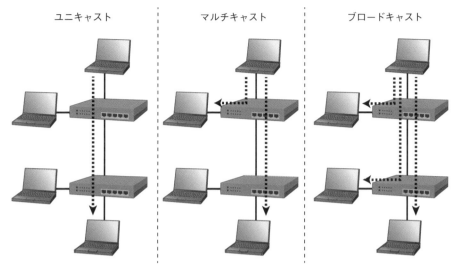

が少なくします。IPアドレスをネットワークアドレスとホストアドレスに分割して、同じネットワークのホストは同一のネットワークアドレスを持つようにします。

IPアドレスをネットワークアドレスとホストアドレスに分割する方法としてアドレスクラスがあります。アドレスクラスでは、次のようにクラスAからクラスEまでの5クラスに分かれています。

- クラスA
  クラスAのアドレスの範囲は0.0.0.0〜127.255.255.255である。最初の8ビット（第1オクテット）がネットワークアドレスで、残りの24ビットはホストアドレスに割り当てられている。第1オクテットの0と127は特定用途で予約済みとなっているため、実際に1から126までの126個のネットワークアドレスである。ホストアドレスでは、すべて0または1の2進数表記は予約済みであるので、実際に使用できるホストの数は、$2^{24}-2$（=16,777,214）個である。クラスAのネットワークは、約1600万個のホストを保持できる

- クラスB
  クラスBのアドレスの範囲は128.0.0.0〜191.255.255.255である。最初の16ビット（第1オクテットと第2オクテット）がネットワークアドレスで、残りの16ビットはホストアドレスに割り当てられている。先頭が128.0と191.255のIPアドレスは、特定用途で予約済みとなっているため、実際に128.1から191.254までの(191-128+1)*256-2（=16,382）個のネットワークアドレスである。ホストアドレスでは、すべて0または1の2進数表記は予約済みであるので、実際に使用できるホストの数は、$2^{16}-2$（=65,534）個である。クラスBのネットワークは、約6万個のホストを保持できる

- クラスC
  クラスCのアドレスの範囲は192.0.0.0〜223.255.255.255である。最初の24ビット（第1オ

クテットから第3オクテット）がネットワークアドレスで、残りの8ビットはホストアドレスに割り当てられる。先頭が192.0.0と223.255.255のIPアドレスは、特定用途で予約済みとなっているため、実際に192.0.1から223.255.254までの(223-192+1)×256^2-2（＝2,097,150）個のネットワークアドレスである。ホストアドレスでは、すべて0または1の2進数表記は予約済みであるので、実際に使用できるホストの数は、256-2（＝254）個である。クラスCのネットワークは、254個のホストを保持できる

- クラスD
  クラスDはマルチキャスト用に使用される特殊なIPアドレスで、アドレスの範囲は224.0.0.0〜239.255.255.255である。マルチキャストの場合、ユニキャストのように端末にクラスDのIPアドレスを付与しない。また、クアスDにはホストアドレスはない

- クラスE
  クラスEは実験用に予約されているIPアドレスで、実際に使用されない。クラスEのアドレス範囲は、224.0.0.0〜255.255.255.255である。クラスEもクラスDと同様でホストアドレスはない

各クラスのIPアドレスの範囲を10進数で紹介しましたが、2進数で表示すると各クラスの先頭の数ビットでどのクラスかを判別できます。クラスAなら先頭1ビットが「0」、クラスBなら先頭2ビットが「10」、クラスCなら先頭2ビットが「110」、クラスDなら先頭2ビットが「1110」、クラスEなら先頭2ビットが「1111」となっています（図1.4.4）。

○図1.4.4：IPアドレスのクラス

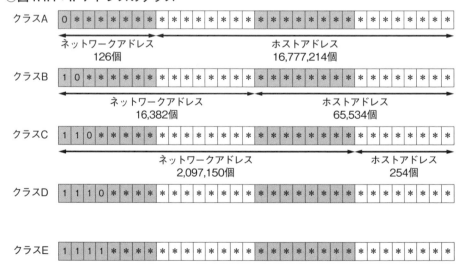

1-4-3 サブネット

クラスA、クラスB、クラスCは、大規模、中規模、小規模のネットワークで使用するとなっ

ていますが、規模が3種類というのはあまりにも大雑把で現実にそぐわないといえます。そこで、ホストアドレスの一部をサブネットとして割り当てることで、ネットワークをさらに細かく分割すると実用的となります。IPアドレスをクラスA～Cのようなネットワークアドレスとホストアドレスに分ける概念をクラスフルと呼びます。これに対して、クラスA～Cに縛らず、任意なところでIPアドレスをネットワークアドレスとホストアドレスにわける概念をクラスレス（図1.4.5）といいます。サブネットによるIPアドレスをネットワークアドレスとホストアドレスに分割する手法は、クラスレスの考えによるものです。

クラスフルでは、IPアドレスがどのクラスに属しているかは明確であるので、当然何ビットまでがネットワークアドレスも自明です。これに対して、クラスレスではIPアドレスからどこまでがネットワークアドレスなのかは見た目で判断できません。そこで、サブネットマスクという便利なものを使えば、クラスレスのIPアドレスのネットワークアドレスとホストアドレスの境界がわかるようになります。

サブネットマスクの表示形式として、CIDR[注12]表示形式とアドレス表示形式の2つがあります。簡単かつ視覚的にわかりやすいのはCIDR表示形式で、Xビットまでがネットワークアドレスならば IPアドレスに続けて「/X」と書くだけです。「192.168.210.74」が28ビットのネットワークアドレスのIPアドレスなら「192.168.210.74/28」と表記します。

CIDR表示形式の「/28」をアドレス表示形式にすると、「255.255.255.240」のような書き方になります。なぜこのようになったのかを少し説明します。「/28」は28ビットまでがネットワークアドレスであるので、28ビットまでを1、それ以降のビットを0に設定した32ビットの2進数アドレスを作ります。この32ビットのアドレスを8ビットずつ10進数にした結果が「255.255.255.240」です（図1.4.6）。

○図1.4.5：クラスフルとクラスレス

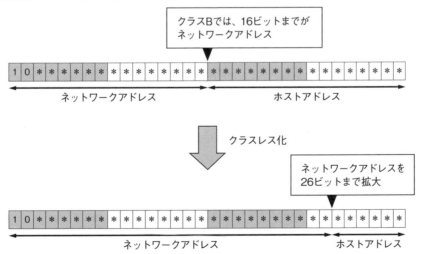

注12 Classless Inter-Domain Routing

○図1.4.6：サブネットマスクのアドレス表示形式

　CIDR表示形式とアドレス表示形式の両方をぜひともマスターしていただきたいです。なぜなら、ネットワーク機器によってはCIDR表示形式での設定だったりアドレス表示形式の設定だったりします。

　いずれの表示形式にしろ、サブネットマスクのおかげでIPアドレスのネットワークアドレスが簡単にわかるようになります。では、「192.168.210.74/28」を例にネットワークアドレスの算出をしてみましょう。方法として、「192.168.210.74」の32けたの2進数と「255.255.255.0」の32けたの2進数同士の論理積演算をします。すると、図1.4.7のようにネットワークアドレスが「192.168.210.64」であることがわかります。2進数の論理積計算では、2つの値が1なら結果は1でその他の組み合わせはすべて0になります。つまり、ホストアドレスはサブネットマスクによって0に変えられ、ネットワークアドレスのみが残るわけです。

　ホストアドレスの該当ビットがすべて0のものがネットワークアドレスで、反対にすべて1のものはブロードキャストアドレスです。したがって、「192.168.210.74/28」のブロードキャストアドレスは「192.168.210.79」です（図1.4.8）。つまり、「192.168.210.74/28」のネットワーク内で宛先が「192.168.210.79」のパケットを送信すると送信元以外すべてのホストに届きます。

1-4-4 ポート番号

　IPアドレスと一緒に覚えておきたいのはポート番号です。通常、複数のアプリケーションが端末上で動いています。端末に到着したパケットがはたしてどのアプリケーションのものかを判断する必要があって、そのときに使われるのがポート番号です。IPアドレスを住所とたとえるなら、ポート番号は部屋番号に相当するものです。ポート番号があるおかげで、私たちはパソコンでネットを見ながらメールやインスタントメッセージを受信できるわけで

○図1.4.7：ネットワークアドレスの算出

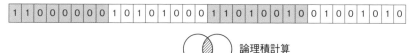

○図1.4.8：ブロードキャストアドレスの算出

す（**図1.4.9**）。TCP/IPの4層において、IPアドレスはインターネット層の情報で、ポート番号はトランスポート層の情報です。IPアドレスはIPヘッダに書かれていて、ポート番号はTCPまたはUDPのヘッダに書かれます。TCPとUDPは通信の制御や信頼性に関わるトランスポート層のプロトコルで、詳細はのちほど説明します。

○図1.4.9：ポート番号によるアプリケーション通信の振り分け

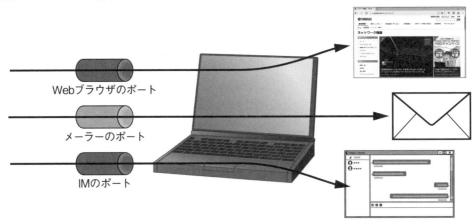

1-4-5 ポート番号の種類

　TCPまたはUDPヘッダの中の16ビットの領域がポート番号として割り当てられています。よって、ポート番号のとりうる範囲は0から65535までです。ポートの番号によって次のような3種類に分けられています。

- ウェルノウンポート番号（Well Known Port Number）
  ポート番号の範囲は0から1023までである。IANA[注13]によって正式に登録されているポート番号で、主にサーバ側のアプリケーションを識別するために用いられる。HTTPの80番ポートをはじめ、FTP（21番）やDNS[注14]（53番）など有名なポートがこのウェルノウンポート番号の中にある。また、ウェルノウンポートは普遍的に使用されいてるサービスに使われているので、IANAでの登録番号以外の使用はお勧めしない
- 登録済みポート番号（Registered Port Number）
  ポート番号の範囲は1024から49151までである。IANAによって正式に登録されているポート番号で、特定のアプリケーションのために予約されているポートだが、ユーザが自由に使うこともできる
- 動的ポート番号（Dynamic Port Number）
  ポート番号の範囲は49152から65535までである。IANAによって正式に登録されていないポート番号で、ユーザ側のアプリケーションを識別するために動的に割り当てられるポート番号である。サーバからリプライ通信として一時的に使用されるポートであるので、別名エフェメラルポート（ephemeral：短命）とも呼ばれる

　表1.4.1は、ウェルノウンポート番号の中でもよく目にするポート番号の一覧です。ネットワークエンジニアを目指すなら全部暗記していることが望ましいです。

注13 Internet Assigned Numbers Authority
注14 Domain Name System

○表1.4.1：主要なウェルノウンポート

ポート番号	TCP/UDP	プロトコル	概要
20	TCP	FTP-Data	ファイル本体の転送
21	TCP	FTP	FTPのコントロールデータの送信
22	TCP	SSH	暗号化によるセキュアなリモートログイン
23	TCP	Tenet	リモートログイン（暗号化なし）
25	TCP	SMTP	メールの受信
53	TCP/UDP	Domain	DNSサービス、TCPはゾーン転送、UDPは名前解決
80	TCP	HTTP	Webサーバへのアクセス
110	TCP	POP3	メールの受信
123	UDP	NTP	時刻の同期
161	UDP	SNMP	SNMPのマネージャからエージェントへのポーリング送信
162	UDP	SNMP-Trap	SNMPのエージェンンとからマネージャへの自発送信（トラップ）
179	TCP	BGP	BGPによるルーティング
443	TCP	HTTPS	セキュアなWebサーバへのアクセス
500	UDP	IKE	IPsecで使用する鍵交換プロトコル
520	UDP	RIP	RIPによるルーティング

1-5 IPとネットワーク層のプロトコル

　IPは、OSI参照モデルのネットワーク層でもっとも重要なプロトコルです。ネットワークの知識のない人でも「IP」というキーワードを知っているぐらい有名なプロトコルです。すでにIPアドレスのはなしをしたので、ここではIPパケットの中身について詳しく見ていきます。また、何種類かのIP以外のネットワーク層のプロトコルにも触れていきます。

1-5-1 IPヘッダ

　ネットワーク層におけるデータのかたまりをパケットと呼び、IPによって運ばれるのをIPパケットと呼びます。IPパケットはIPヘッダとIPペイロードに分割できます。IPヘッダにはIPアドレスやプロトコルなどの制御情報が入っていて、IPペイロードにはIPが運ぶ実際のデータが入っています。IPヘッダのサイズは20バイトから最大60バイトまでですが、通常では20バイト（160ビット）です。図1.5.1は、よくみかけるIPヘッダのフォーマットです。筆者が初めてこのフォーマットを見たときはさっぱり理解できなかった思い出があります。なぜスタック構造となっているのかがずっと不明でした。これは単に160ビット長があまりにも長すぎて1行に収まらないということをあとなってから気づきました。つまり、パケット長フィールドのあとに識別子フィールドが続いていて、フラグメントオフセットフィールドのあとに生存時間フィールドが続いているわけです。

Chapter 1：IPネットワークの概要

○図1.5.1：IPヘッダのフォーマット

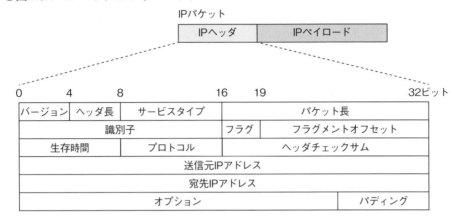

IPヘッダの各フィールドの概要は次のとおりです。

- バージョン（4ビット）
  IPのバージョン情報のフィールドである。IPv4であれば「4」、IPv6であれば「6」が入る
- ヘッダ長（4ビット）
  ヘッダの長さ情報のフィールドである。ヘッダ長の単位が32ビットであるので、オプションなしのときのヘッダ長は5（20Byte X 8 / 32bit）である
- サービスタイプ（8ビット）
  QoSによる優先順位の情報フィールドである
- パケット長（16ビット）
  IPヘッダを含めたIPパケットの長さ情報のフィールドである。ヘッダ長と同様32ビット単位である
- 識別子（16ビット）
  分割されたパケットの識別情報のフィールド。分割されたパケットはみな同じ識別子を有するため、受信側で簡単にもとのパケットに組み直せる
- フラグ（3ビット）
  IPパケットの分割を制御する情報フィールドである。1ビット目は使用していないので常に「0」である。2ビット目（MF[注15]ビット）が「0」なら分割が可能で「1」なら不可能。3ビット目（DF[注16]ビット）が「0」なら分割された最後のフラグメントで、「1」なら後続フラグメントがあることを意味する
- フラグメントオフセット（13ビット）
  分割されたIPペイロードがもとのIPペイロードのどこに位置していたの情報フィールドである。単位は8オクテット（8バイト）である。最初の分割されたIPペイロードはもと

注15 More Fragment
注16 Don't Fragment

のIPペイロードの0バイト目にあったので、このときのフラグメントオフセットは「0」である。また、最初の分割されたIPペイロードの長さが800バイトなら、2番目の分割されたIPペイロードのフラグメントオフセットは「100」となる

- 生存時間（8ビット）

  IPパケットの寿命の情報フィールドである。IPパケットを生成したときに生存時間がセットされ、ルーターを通るたびに生存時間が「1」ずつ減っていく。「0」になった時点でIPパケットは自動的に破棄される（ループなどによるIPパケットが永遠にネットワークに存在し続けることを防ぐため）

- プロトコル（8ビット）

  TCPやICMPなどIPヘッダに続くヘッダのプロトコルの情報フィールドである。表1.5.1は主なプロトコル番号の一覧

- ヘッダチェックサム（16ビット）

  IPヘッダの破損を検知するフィールドである。ルーターを経由するたびにチェックされる

- 送信元IPアドレス（32ビット）

  送信元IPアドレスの情報フィールドである

- 宛先IPアドレス（32ビット）

  宛先IPアドレスの情報フィールドである

- オプション（可変長ビット）

  未使用のフィールドである

- パディング（可変長ビット）

  オプションが使われたとき、IPヘッダを32ビットの倍数にするために追加されるダミーデータで、その中身は「0」である

○表1.5.1：主なプロトコル番号

プロトコル番号	プロトコル略称	プロトコル正式名	OSI参照モデル
1	ICMP	Internet Control Message Protocol	ネットワーク層
6	TCP	Transmission Control Protocol	トランスポート層
17	UDP	User Datagram Protocol	トランスポート層
41	IPv6	IPv6	ネットワーク層
50	ESP	Encap Security Payload	トランスポート層
51	AH	Authentication Header	トランスポート層
89	OSPF	Open Shortest Path First	ネットワーク層
103	PIM	Protocol Independent Multicast	ネットワーク層
112	VRRP	Virtual Router Redundancy Protocol	ネットワーク層
115	L2TP	Layer Two Tunneling Protocol	データリンク層

1-5-2 MTUとフラグメント

　ネットワーク上で1回の転送で扱えるデータ量には上限があります。データリンク層のフレームをトラックとたとえるなら、トラック1台（1フレーム）で運べる荷物に上限があると同じ考えです。トラックの種類で上限値が変わるように、フレームの種類によって転送できる上限も変わってきます。この上限のことをMTU[注17]と呼びます。ネットワーク上の回線のMTUはいつも同じとは限りません。データが、MTUの大きな回線からMTUの小さな回線へ流れるときは特にMTUの問題を気にしなくても良いが、MTUの小さな回線からMTUの大きな回線へ流れるとき、大きなデータを分割する可能性があります。IPでは、大きすぎたデータを分割するフラグメントと呼ばれる機能を持っています（**図1.5.2**）。

　分割されたIPペイロードの一部が、なんらかの原因で受信側に届かなくなった場合、受信側で一定時間後に受信したすべての分割IPペイロードを破棄します（**図1.5.3**）。

　分割IPペイロードの全部が届くのはいいが、必ずしも分割された順に届くわけではありません。正しくもとの形に組み立てなおすにはIPヘッダのフラグメントオフセットを使います（**図1.5.4**）。

　IPパケットを分割するフラグメント処理や、分割したIPパケットをもとのIPパケットに戻す処理はルーターにとって負担となります。できることならこのような仕事をしないでルーティング処理にリソースを割り当てたいです。

　フラグメント処理を行わずに済むには、送信側から受信側までの回線の最小MTUを送信側のMTUに設定するばよいです。そうすることで、データが受信側まで届くまでにフラグメント処理は発生しないことになります。この最小MTUは、パスMTU探索と呼ばれる機能で知ることができます。

　パスMTU探索は、IPヘッダのフラグフィールドのDFビットとICMPメッセージを組み合わせた機能です。パスMTU探索の動作は**図1.5.5**のようになっています。まず、送信側から送信側のMTUのIPパケットを受信側へ送信します。そのときのIPパケットのDFビットを「1」とセットしてフラグメントできないようにします。もし経路の途中でMTUの小さい回線があるとルーターはフラグメント処理を開始します。しかしDF=1となっているので、実際にフラグメントはされずにパケットは破棄され、ついでにICMPエラーメッセージ（Type3&Code=4）を送信側へ送り返します。返送されたICMPに次の経路のMTU値が入っているので、送信側はこのMTU値をIPパケットにリセットして再送します。再送はこのICMPエラーメッセージが発生しないまで繰り返すことで最適なMTUを割り出します。ICMPのエラーメッセージのType3は「宛先到達不能」で、Code4は「フラグメント必要だがDFビットはセットされている」という意味です。

注17 Maximum Transmission Unit

○図1.5.2：フラグメント

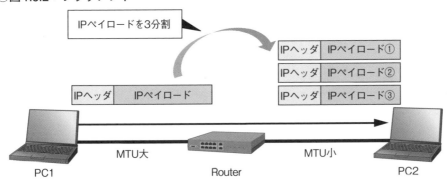

○図1.5.3：分割IPペイロードの欠落時の処理

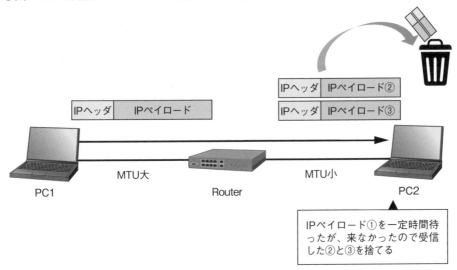

○図1.5.4：フラグメントオフセットによる並び替え

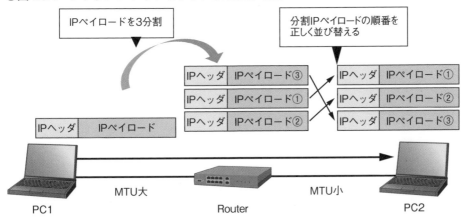

○図1.5.5：パスMTU探索

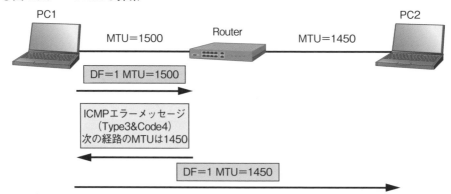

　パスMTU探索を行う経路の途中でICMPパケットをルーターでフィルタリングすると、パスMTU探索ができなくなり、パスMTU探索ブラックホールと呼ばれる事象に陥る。この事象を回避するため、ルーターのフィルタリング設定でType3のICMPを例外に通過させる必要があります。

1-5-3 ARP

　IPはネットワーク層で一番重要なプロトコルですが、その他にも知っておきたい大事なプロトコルがあります。ここでIPアドレスとMACアドレスの対応情報を提供するARP[注18]を紹介します。なお、自分の端末のMACアドレスを確認するには、**リスト1.5.1**のようにWindowsのコマンドプロンプトで「ipconfig /all」でできます。図中の「Physical Address」がMACアドレスのことです。

　MACアドレスは、ホストをデータリンク層で識別するためのアドレスです。アドレスの長さは48ビットで、12けたの16進数で表記します。

　ARPはIPアドレスからMACアドレスを取得するプロトコルです。同じLAN内のホスト同士の通信では、データリンク層のフレームでの通信となっているため、データリンク層上のホスト住所であるMACアドレスを知ることが必要です。

　ARPの動作では、IPアドレスに対応するMACアドレスを知りたいときにARPリクエストと呼ばれる要求パケットをLAN内にブロードキャストします。該当のIPアドレスのホストがLAN内に存在すると要求側のホストに向けてARPリプライの応答パケットをユニキャストで返送します。以上のようなやり取りで要求側のホストが宛先のMACアドレスを知ることができます（**図1.5.6**）。

注18 Address Resolution Protocol

○リスト1.5.1：MACアドレスの確認

```
C:\Users\user>ipconfig /all

Windows IP 構成

    ホスト名 . . . . . . . . . . . . : MyPC
    プライマリ DNS サフィックス . . . :
    ノード タイプ . . . . . . . . . . : ハイブリッド
    IP ルーティング有効 . . . . . . . : いいえ
    WINS プロキシ有効 . . . . . . . . : いいえ

イーサネット アダプター ローカル エリア接続:

    接続固有の DNS サフィックス . . . :
    説明. . . . . . . . . . . . . . . : Intel(R) 82567LM Gigabit Network Connection
    物理アドレス. . . . . . . . . . . : 00-1B-D3-00-00-00  ※自分のMACアドレス
    DHCP 有効 . . . . . . . . . . . . : はい
    自動構成有効. . . . . . . . . . . : はい
    IPv4 アドレス . . . . . . . . . . : 192.168.210.61
    サブネット マスク . . . . . . . . : 255.255.255.0
    リース取得. . . . . . . . . . . . : 2016年4月21日 18:32:25
    リースの有効期限. . . . . . . . . : 2016年4月21日 22:32:25
    デフォルト ゲートウェイ . . . . . : 192.168.210.254
    DHCP サーバー . . . . . . . . . . : 192.168.210.254
    DNS サーバー  . . . . . . . . . . : 192.168.210.254
```

○図1.5.6：ARPの動作

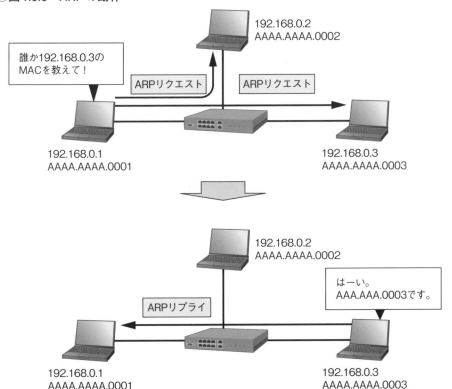

また、Windowsのコマンドプロンプトで「arp -a」を実行してARPテーブルを確認できます（リスト1.5.2）。

○リスト1.5.2：ARPテーブルの表示

```
C:¥Users¥user>arp -a

インターフェイス: 192.168.210.61 --- 0xa
  インターネット アドレス      物理アドレス           種類
  192.168.210.254       00-80-bd-11-11-11      動的
  192.168.210.255       ff-ff-ff-ff-ff-ff      静的
  224.0.0.22            01-00-5e-00-00-16      静的
  224.0.0.252           01-00-5e-00-00-fc      静的
  255.255.255.255       ff-ff-ff-ff-ff-ff      静的
```

1-5-4 ICMP

ICMPはネットワークの疎通確認やNWのエラー検知に非常によく役立つプロトコルです。実は、疎通確認を行うpingや経路履歴の確認を行うtracerouteは、ICMPを活用したプログラムです。

ICMPのパケットフォーマットは、図1.5.7のようになっています。

○図1.5.7：ICMPのパケットフォーマット

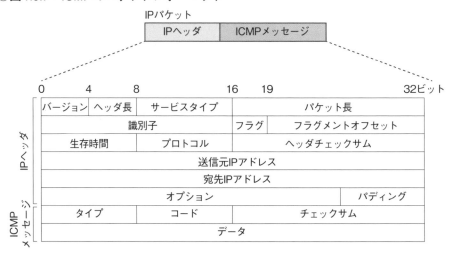

ICMPパケットの各フィールドの概要は次のとおりです。

- タイプ（8ビット）
  ICMPの機能タイプの番号の情報フィールドである
- コード（8ビット）
  タイプ別のコード番号の情報フィールドである。ICMPタイプの詳細情報や原因などがわ

かる。主なタイプとコードの組み合わせ一覧は**表1.5.2**のとおりである
- チェックサム（16ビット）
ICMPパケットのエラー検出のためのフィールドである
- データ（可変長ビット）
ICMPメッセージが入っているフィールドである。ICMPタイプによって長さが違う

○表1.5.2：主なICMPタイプとコードの組み合わせ

タイプ	コード	ICMPエラーメッセージ
0（Echo Reply）	0	Echo Reply
3（Destination Unreachable）	0	Destination network unreachable
	1	Destination host unreachable
	2	Destination protocol unreachable
	3	Destination port unreachable
	4	Fragmentation required and DF flag set
	5	Source route failed
	6	Destination network unknown
	7	Destination host unknown
	8	Source host isolated
	9	Network administratively prohibited
	10	Host administratively prohibited
	11	Network unreachable for TOS
	12	Host unreachable for TOS
5（Redirect）	0	Redirect Datagram for the Network
	1	Redirect Datagram for the Host
	2	Redirect Datagram for the TOS & network
	3	Redirect Datagram for the TOS & host
8（Echo Request）	0	Echo request
11（Time Exceeded）	0	TTL expired in transit
	1	Fragment reassembly time exceeded

　pingはネットワークの疎通確認で非常によく使われるコマンドです。pingは、ICMPタイプ8のエコー要求パケットを相手に投げて、相手からICMPタイプ0のエコー応答が帰ってくると、相手までのネットワーク層の疎通が大丈夫と判断します（**図1.5.8**）。
　tracerouteコマンドは、IPヘッダの生存時間（以下TTLと略す）フィールドをうまく用いたものです。tracerouteの動作は、まずTTL=1をセットしたICMPエコーパケットを相手に投げて、1ホップ目のルーターからICMPタイプ11の時間超過パケットを受け取ります。この時点で相手までの経路の1ホップ目のIPアドレスがわかることになります。次にTTL=2をセットして同じことを行い、相手までの経路の2ホップ目のIPアドレスがわかります。このように相手までICMPエコーが届くまでTTLをインクリメントして同じ行為を繰り返します（**図1.5.9**）。最終的に相手までの経路が結果として表示されます。

○図1.5.8：pingコマンドの動作

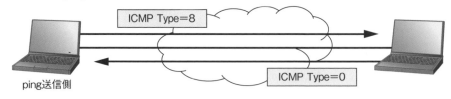

○図1.5.9：tracerouteの動作

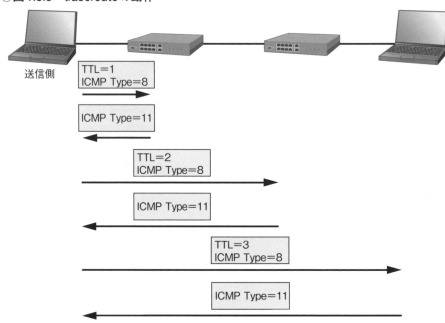

1-6 TCPとUDP

　TCPとUDPはともにトランスポート層のプロトコルです。トランスポートという単語から想像できるように、データの交通整理を行うのがこの層の役割です。先ほど紹介したポート番号もトランスポート層の機能で、データを正しく該当のアプリケーションに届ける交通整理を行っています。ここでは、ポート番号以外のTCPとUDPのはたす役割について詳しく紹介します。

1-6-1 コネクションとコネクションレス

　TCPとUDPの説明に入る前に、まずコネクション型プロトコルとコネクションレス型プロトコルの違いについて言及します（図1.6.1）。

　コネクション型プロトコルは、データ本体を宛先に送信する前に決まった手順に従ってネゴシエーションします。データ本体の送信開始後もデータの欠落がないかを監視します。このようにコネクション型プロトコルは、厳密なルールに基づくコネクションの確立と送信データの完全性を提供します。しかし、手順が多い分だけデータ本体以外の制御データが発

○図1.6.1：コネクション型とコネクションレス型通信の違い

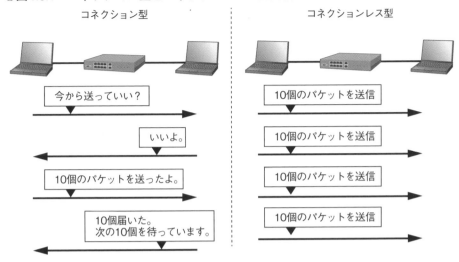

○図1.6.2：TCPヘッダのフォーマット

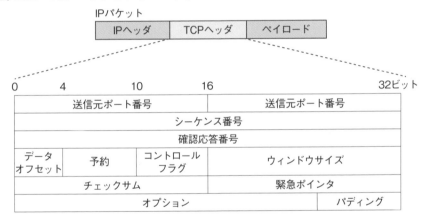

生することや、データ送信の時間が長くなるデメリットを孕んでいます。

　コネクションレス型プロトコル、宛先との事前ネゴシエーションしないでいきなりデータ本体を送信します。コネクション型プロトコルと比べると手順も大分簡単化されています。また、コネクションレス型プロトコルは、データの欠落を考慮しないので、信頼性の必要な通信には向きません。しかし、動画配信などデータの送信効率やレスポンスを求める通信に非常に向いているプロトコルといえます。

　ちなみに、TCPがコネクション型プロトコルで、UDPがコネクションレス型プロトコルです。

1-6-2 TCPヘッダ

　TCPは、コネクション型プロトコルで信頼性のある通信ためのプロトコルです。どの

ようにして信頼性のある通信が実現できるかを述べる前に、まずTCPヘッダについて見てみましょう（図1.6.2）。TCPヘッダの各フィールドの内容は次のとおりです。

- 送信元ポート番号（16ビット）
  送信元ポート番号の情報が入っているフィールド。主なポート番号は表1.4.1のとおり
- 宛先ポート番号（16ビット）
  宛先ポート番号の情報が入っているフィールド
- シーケンス番号（32ビット）
  送出されたパケットの通し番号の情報が入っているフィールド。シーケンスの初期値は32ビットのランダムな数である（シーケンス番号の遷移は後述）
- 応答確認番号（32ビット）
  応答確認番号の情報が入っているフィールド（シーケンスと同様に後述）
- データオフセット（4ビット）
  TCPヘッダ長の情報が入っているフィールドで、数の単位はIPヘッダと同じの4バイト。オプションを含まないTCPヘッダのサイズは20バイトであるので、このときのTCPヘッダ長の値は「5」である
- 予約（6ビット）
  現在使用していないフィールド
- コントロールフラグ（6ビット）
  制御情報が入っているフィールド。このフィールドの6ビットは、左からCWR[注19]、ECE[注20]、URG、ACK、PSH、RST、SYN、FINと呼ばれているフラグ
  - CWRフラグとECEフラグ
    ルーターのECN[注21]という輻輳状態を通知する機能に使われる。ECN通知を受け取ったホストは転送速度を減少させる。ECNの機能はWindows Vistaからサポートし始めたが、デフォルトでは無効となっている
  - URG（緊急）フラグ
    「1」のとき、すぐに処理したデータであることを示す
  - ACK（応答）フラグ
    「1」のとき、応答確認番号が有効であることを示す。TCP通信の最初のパケットのACKフラグは「0」だが、それ以降は「1」である
  - PSH（プッシュ）フラグ
    「1」のとき、データを受信したら速やかにアプリケーション層へ引き渡すように要求する
  - RST（リセット）フラグ
    「1」のとき、TCPコネクションを即座に切断することを示す

注19 Congestion Window Reduced
注20 ECN Echo
注21 Explicit Congestion Notification

- SYN（同期）フラグ

  「1」のとき、TCPコネクションを開始することを示す
- FIN（終了）フラグ

  「1」のとき、TCPコネクションを正常に終了することを示す
- ウィンドウサイズ（16ビット）

  受信側で一度に受信できるデータ（バイト単位）を送信側に通知するためのフィールド
- チェックサム（16ビット）

  通信中にエラーがなかったかをチェックするためのフィールド
- 緊急ポインタ（16ビット）

  URGフラグが「1」のときに使用するフィールド。緊急に処理するデータの位置を示す値が入っている
- オプション（可変長ビット）

  TCP通信の付加情報が入っているフィールド
- パディング（可変長ビット）

  オプションが使われたとき、IPヘッダを32ビットの倍数にするために追加されるダミーデータで、中身は「0」

1-6-3 順序制御による高信頼転送

　TCPは、シーケンス番号と応答確認番号の2つのヘッダフィールドで信頼性の高い転送を実現します。

　一度に送信するデータが大きい場合、TCPは元のデータを分割して送ります。その際、セグメントに分割されたデータにシーケンス番号を付与することで、セグメントの欠落をチェックできます。また、セグメントを元のデータに再構築するときの順序もシーケンス番号によって保障されます。

　シーケンス番号の初期値はランダムで決定されます。応答確認番号は、3ウェイハンドシェイク完了前では相手から受け取ったシーケンスに1を足した値になります。3ウェイハンドシェイク完了後では相手から受け取ったシーケンスにデータサイズ（バイト単位）を足した値となります。

　まず、図1.6.3を使って3ウェイハンドシェイクと呼ばれるTCPコネクションの確立を説明します。送信側からシーケンス番号が1000（ランダムで決めた番号）のSYNパケットを相手に送信します。相手がこのSYNパケットを受け取ったら、シーケンス番号2000（これもランダムで決めた番号）に応答確認番号1001（3ウェイハンドシェイク完了前なので、受信パケットのシーケンス番号に1を足した値）のSYN+ACkパケットを送り返す。最後に、送信側からシーケンス番号1001（相手からの応答確認番号と同じ値）に応答確認番号2001（3ウェイハンドシェイク完了前なので、受信パケットのシーケンス番号に1を足した値）のACKパケットを返します。このような3回のやり取りで双方でコネクションが確立します。

○図1.6.3：3ウェイハンドシェイクの流れ

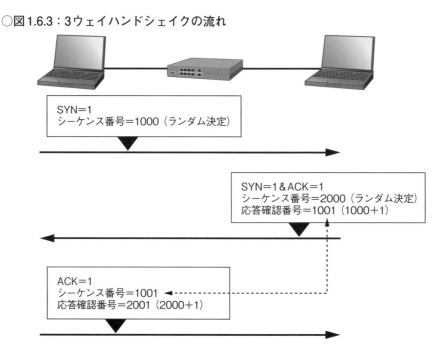

　コネクションが確立したあとは実際のデータのやり取りがはじまります。このときのシーケンス番号と応答確認番号の遷移の様子を図1.6.4を使って説明します。最初に送信側から送信する100バイトのデータのシーケンス番号と応答確認番号は3ウェイハンドシェイクのACKと同じです。受信側が100バイトのデータを受け取ると、送信側にACKを返します。このACKのシーケンス番号は送信側から届いた応答確認番号（2001）と同じです。また、ACKの応答確認番号は送信側から届いたシーケンス番号にデータサイズを足した値（1001+100=1101）となります。次に、このACKを受け取った送信側では次の100バイトのデータを送ります。このとき送信側から送ったパケットのシーケンス番号は受信側からのACKの応答確認番号（1101）と同じです。また、送信側から送ったパケットの応答確認番号は受信側からのACKのシーケンス番号にデータサイズを足した値です。受信側からデータを受け取ってないので、応答確認番号は2001（2001+0）です。以降、同じ手順でシーケンス番号と応答確認番号が増えていきます。

　このような順序制御により、送るべきデータがすべて受信側に届くことを確認することで通信の高い信頼性を担保しています。もし、途中でデータの欠落が起きたらACKは送信側に帰ってこなくなるので、受信側がちゃんと該当データを受信していないとみなし、同じデータを再度送信します。このデータの再送を再送制御と呼ばれている。

　また、データの一部だけ欠落した場合、受信側からの応答確認番号は期待していたものよりも少ないので、このときも送信側から再度同じデータを送信します。

○図1.6.4：コネクション確立後のデータ転送

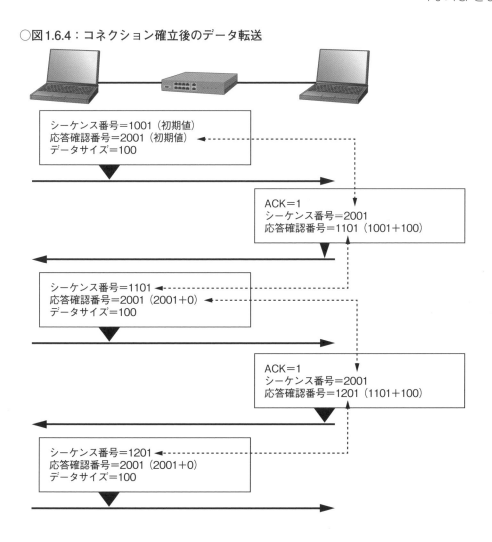

1-6-4 ウィンドウ制御による通信効率の向上

　TCPによって高信頼転送は実現できたが、データを送信するには受信側からのACKを待つので、その分だけ通信の速度が低下します。そこで、ACKを待たずに一度に送るデータを増やせば通信の効率は上がります。この一度に送るデータサイズの最大をウィンドウサイズと呼びます。

　図1.6.5はウィンドウを使用した通信の例です。受信側のウィンドウサイズが最初は300であるので、100バイトに分割されたセグメントを同時に3つ送ることができます。従来の1個ずつ送る場合と比べると、効率が3倍良くなる計算です。

○図1.6.5：ウィンドウを使用した通信

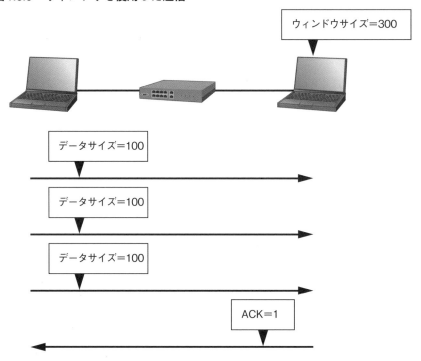

1-6-5 フロー制御による通信効率の向上

　ウィンドウサイズは受信側の処理状況で変化し、そのときのウィンドウサイズをACKで送信側に通知します。受信側の処理が上限になると、ウィンドウサイズ「0」をセットしたACKを送信側へ送り返します。

　図1.6.6はフロー制御による通信の例です。受信側のウィンドウサイズが最初300であるので、100バイトに分割されたセグメントを同時に3つ送ります。受信側でデータを受信後、受信側の処理力が少し落ちたのでウィンドウサイズを300から100に減らして、これをACKで送信側に通知します。次に、ACKを受けた送信側は100バイトのデータを1個のみ送ります。

　フロー制御を行わないと、送信側は受信側の処理状況を考慮せずに次から次へデータを送ります。処理し切れなかったデータは破棄されるので、再送処理が発生します。

1-6-6 輻輳制御による混雑の回避

　ウィンドウを使った効率的な通信を紹介しました。しかし、最初からウィンドウサイズ分のデータを送ってしまうと、ネットワークの混雑状況によってパケットロスが発生する可能性があります。なぜなら、ネットワークは多数のユーザが同時に利用するので、いつもウィンドウサイズで送信できる保障はどこにもありません。

　輻輳制御ではスロースタートアルゴリズムを使ってネットワークの混雑を回避します。スロースタートアルゴリズムは、最初にセグメントを1個だけを送り、受信側からACKを受

○図1.6.6：フロー制御による通信

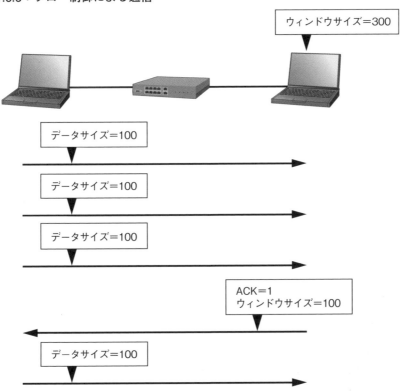

○図1.6.7：スロースタートアルゴリズムによる輻輳制御

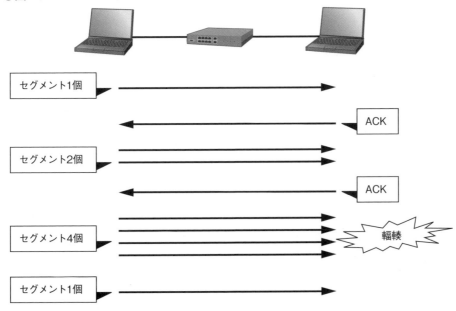

信すると前回の2倍のセグメントを送ります。つまりACKを受信するたびに送信するセグメントの数が2倍ずつ増えていきます。そして輻輳が発生すると送信するセグメントの数を1に戻します（図1.6.7）。

1-6-7 UDP

UDPは、コネクションレス型プロトコルで通信の効率性を実現するためのプロトコルです。図1.6.8はUDPヘッダのフォーマットで、TCPヘッダのフォーマットと比較すると大分簡略化されていることがわかります。

○図1.6.8：UDPヘッダのフォーマット

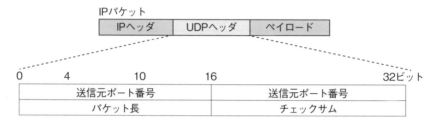

UDPヘッダの各フィールドの内容は次のとおりです。

- 送信元ポート番号（16ビット）
  送信元ポート番号の情報が入っているフィールドである。主なポート番号は表1.4.1にまとめてある
- 宛先ポート番号（16ビット）
  宛先ポート番号の情報が入っているフィールドである
- パケット長（16ビット）
  UDPヘッダとペイロードを合計バイト数が入っているフィールドである
- チェックサム（16ビット）
  UDPヘッダとペイロードでエラーがないかをチェックするためのフィールドである

UDPには、TCPのようなウィンドウ制御やフロー制御などの複雑な制御機能はありません。したがって、TCPほど信頼性を担保していませんが、その代わり伝送効率やリアルタイム性に優れいます。

UDPのもう1つ優れているところは、同時に複数の宛先に同じデータを送信できることです。TCPの場合、1対1でコネクションを確立して初めて通信できます。これに対して、UDPはコネクションレスなので、多数の相手に同時にデータ送信が可能となります。したがって、ブロードキャストやマルチキャストはUDPを使用します。

1-7 アプリケーション層のプロトコル

これまでIP、TCP、UDPなどネットワーク層やトランスポート層のプロトコルを紹介しました。これらのプロトコルは、普段私たちの目の見えないところで活躍するプロトコルです。一方、ホームページを閲覧やメールの送受信などのアプリケーションはユーザにとってもっと身近な存在といえます。そんなアプリケーション層のプロトコルについて紹介したいとおもいます。

1-7-1 HTTP

HTTPは、インターネットユーザにとってもっとも身近なプロトコルです。HTML[注22]と呼ばれるWebページの記述言語で書かれた文書や、画像、動画、音声などの情報をユーザとサーバ間でやり取りします。HTTPの動作は、ユーザからのリクエストに対してサーバがレスポンスを返すだけです。

HTTPリクエストのメッセージは、リクエスト行、メッセージヘッダ、メッセージボディの3部分から成り立っています。リクエスト行には、サーバに処理してほしい情報が書かれています。「GET /top.html HTTP/1.1」のようなメソッド、URI、HTTPバージョンがリクエスト行に含まれています。メソッドとはサーバに投げるコマンドで、次のような種類があります。

- CONNECT：トンネルの確立を要求する
- DELETE：データの消去を要求する
- GET：データの送信を要求する
- HEAD：メッセージヘッダだけを要求する（ボディはいらない）
- POST：サーバにデータを送信する
- PUT：サーバにファイルをアップロードする

URIはメソッドの対象ページで、HTTPバージョンはユーザが使用しているブラウザの対応しているHTMLバージョンです。メッセージヘッダは、サーバに対してユーザのブラウザが対応している言語、エンコード方式、データ圧縮方法などの情報を通知します。メッセージボディにはサーバ送信するデータが入っています。

HTTPレスポンスは、ステータス行、メッセージヘッダ、メッセージボディの3部分から成り立っています。ステータスは、ユーザからのリクエストに対するサーバが処理した結果です。主なステータスコードは次のとおりです。

- 100：後続データを要求する
- 101：プロトコルの変更を要求する

注22 HyperText Markup Language

- 200：リクエストの処理が無事に終了
- 201：ファイルの作成が無事に終了
- 301：データが別場所に移動、再度リクエストを要求
- 401：認証が必要である
- 403：アクセスを禁止している
- 404：該当データがない
- 500：サーバ内部エラー
- 503：サーバが一時的に使用不可

メッセージヘッダはサーバの情報で、メッセージボディはサーバからユーザへ返すHTMLデータが入っています。

1-7-2 SMTP

SMTPは、ユーザがメールソフトからメールを送信したり、メールサーバがメールを転送するときに使われます。SMTPのポート番号は25と587の2つが使われています。一般的にサーバ間は25番で、ユーザとサーバ間は587番を使っています。587番ポートは、迷惑メール対策のためのサブミッションポートと呼ばれています。

SMTPの動作は、接続の確立、返信先と宛先の通知、メッセージの転送、接続の終了の4フェーズから成り立っています（図1.7.1）。

最初の接続の確立フェーズでは、TCPコネクションが無事に終われば、サーバからクライアントにサービス準備完了（SMTPリプライコード220）メッセージを返します。これに対しクライアントは、HELOまたはEHLOコマンドをサーバに送りSMTP通信の開始を宣言します。サーバが無事にコマンドを受け付けたらコマンドの正常完了（SMTPリプライコード250）メッセージをクライアントに返します。

2番目の返信先と宛先通知フェーズでは、クライアントがMAILコマンドを使ってメール送信の開始を宣言します。このときエラーメールの返信先も同時にサーバに通知します。続いてRCPTコマンドでメールの宛先をサーバに通知します。

3番目のメッセージの転送フェーズでは、クライアントがDATAコマンドを使ってメール本文を送信します。DATAコマンドを受け付けたサーバは、メール本文の待ち受けを開始するSMTPリプライコード354を返します。

最後の接続の終了フェーズでは、クライアントがQUITコマンドを使って接続の終了を宣言し、TCPコネクションを切断します。

1-7-3 POP

POPは、ユーザがメールソフトを使ってメールサーバからメールを受信するためのプロトコルです。メール受信の際に使うポート番号は110です。また、メール受信のためのパスワードは平文のままとなっているため、Wiresharkなどのパケットキャプチャツールで盗み

○図1.7.1：SMTPの動作

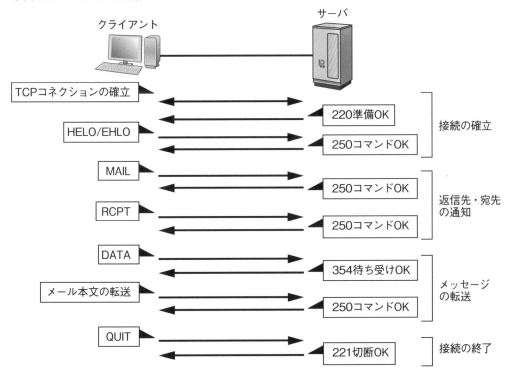

見が可能です。

　POPの動作は、接続の確立、認証、トランザクション、アップデートの4つのフェーズから成り立っています（**図1.7.2**）。

　最初の接続の確立フェーズは、SMTPと同じでクライアントとサーバ間でTCPコネクションを確立します。無事にTCPコネクションが確立したら、サーバからクライアントに「+OK」メッセージを返して、次の認証フェーズに移ります。

　2番目の認証フェーズでは、クライアントがUSERコマンドとPASSコマンドを使ってサーバにユーザ名とパスワードを送信します。認証が成功するとトランザクションフェーズに移ります。

　3番目のトランザクションフェーズでは、サーバからメールの一覧の取得、メール本文の受信、メールの削除などを行います。

　図1.7.2の例では、まずクライアントがSTATコマンドを使ってサーバのメールボックスにあるメールの数と合計容量を取得します。次のUIDLコマンドはメール一覧を取得します。UIDはメールボックスにあるメールのユニークIDのことで、UIDをチェックすることで新着メールのみを受信します。RETRコマンドは、指定のメール本文をサーバから取得します。最後のDELEコマンドは、メールに削除マークを付与します。実際に削除するわけではく、STATコマンドなどの表示コマンドの対象から外れます。

最後のアップデートフェーズでは、クライアントがQUITコマンドを使ってサーバとのPOP通信っを終了します。また、このとき削除マークのメールはサーバから削除されます。

○図1.7.2：POPの動作

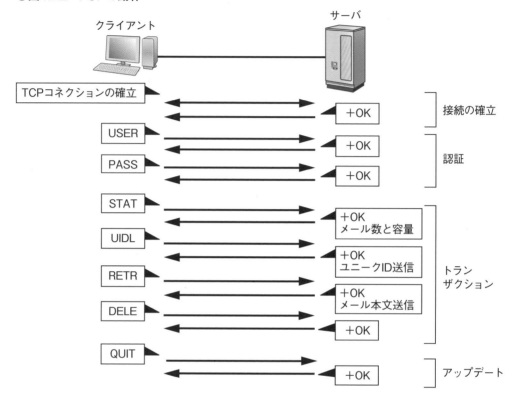

1-7-4 SNMP

SNMP[注23]は、ネットワーク上のネットワーク機器やホストを監視するためのプロトコルです。管理する方はSNMPマネージャで、管理される方はSNMPエージェントと呼ばれています。SNMPマネージャがSNMPエージェントから情報を収集する方法には次の2種類あります。

- ポーリング
  SNMPマネージャが定期的にSNMPエージェントにリクエストを送信して、SNMPエージェントからのレスポンスを受け取る。ポーリング使用するポートはUDPの161番
- トラップ
  機器のステータスに変化があったときに、SNMPエージェントがSNMPマネージャに通知する。トラップで使用するポートはUDPの162番

注23 Simple Network Management Protocol

ポーリングにおいて、SNMPマネージャがSNMPエージェントから取得するのはMIB[注24]情報です。MIBは、エージェントが保持しているデータベースで、CPUの値やインタフェースのステータスなどの情報がこのデータベースに格納されています。また、これらの情報はOID[注25]と呼ばれるもので識別します。実際、ポーリングのとき、SNMPマネージャはOIDを指定してSNMPエージェントにリクエストを送信します。

1-7-5 FTP

FTPは、ホスト間でファイルを転送するプロトコルです。FTPでは、制御用とデータ転送用の2つのTCPコネクションを使います。それぞれのポート番号は、制御用のTCP21番とデータ転送用のTCP20番です。制御とデータ転送でTCPコネクションを別々にする理由は、大量なデータ転送でもTCPコマンドが確実に送信できるためです。

また、FTPには2つのモードがあります。1つ目はアクティブモードで、もう1つはパッシブモードです。サーバからクライアントに対してデータコネクションを接続するのがアクティブモードで、逆にクライアントからサーバに対してデータコネクションを接続するのがパッシブモードです。ときどき、どっちがどっちなのか混乱しそうになりますが、サーバからの視点と覚えればよいです。サーバから接続するのがアクティブで、接続を待っているのがパッシブです。

また、各モードでのクライアントとサーバのポート番号を**表1.7.1**にまとめます。

○表1.7.1：FTPの使用ポート番号

FTPモード	TCPコネクション	クライアントの ポート番号	サーバのポート番号
アクティブモード	制御コネクション	任意	21
	データ転送コネクション	任意（クライアントからサーバに事前通知したポート番号）	20
パッシブモード	制御コネクション	任意	21
	データ転送コネクション	任意	任意（サーバからクライアントに事前通知したポート番号）

1-7-6 TelnetとSSH

TelnetとSSHは、ともにネットワーク機器やホストを遠隔操作するためのプロトコルです。両者の違いは、ポート番号だけでなく通信データの暗号化するかどうかにあります。Telnetは、TCPの23番ポートを使い、通信データの暗号化はしません。SSHは、TCPの22

注24 Management Information Base
注25 Object ID

番ポートを使い、通信データの暗号化をします。セキュリティの観点上、TelnetよりSSHを使うのが望ましいです。

1-7-7 DHCP

DHCP[注26]は、同一のネットワーク上の端末にIPアドレスを自動的に割り当てるプロトコルです。手動によるIPアドレスの入力の煩わしさを避けるだけでなく、IPアドレスの入力間違いや重複入力もありません。

IPアドレスの管理と割り当てをするのがDHCPサーバで、ルーターによってはDHCPサーバ機能を備えているものもあります。そしてIPアドレスを取得する方をDHCPクライアントと呼びます。

図1.7.3はDHCPのシーケンスです。DHCPクライアントがIPアドレスを自動取得したいとき、まずDHCP Discoveryというメッセージをブロードキャストします。DHCP Discoveryメッセージを受け取ったDHCPサーバは、使用可能なIP候補をDHCP Offerメッセージでクライアントに返します。DHCPサーバから提示したIPに問題なければ、DHCPクライアントはDHCP Requestメッセージを返し、さらにDHCPサーバからAckを受け取ると正式にIPがDHCPクライアントに設定されます。

○図1.7.3：DHCPのシーケンス

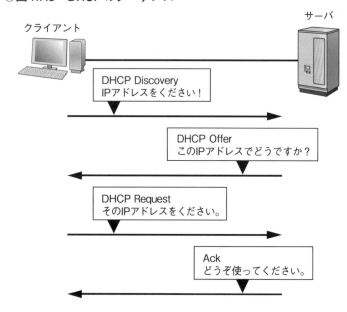

1-7-8 DNS

DNSは、サーバのドメイン名をIPアドレスに変換するプロトコルです。通常、ユーザは

注26 Dynamic Host Configuration Protocol

URLを使ってホームページを閲覧します。URLは人間にとって憶えやすい表記ですが、ネットワーク機器には理解できません。そこで、URLのドメイン部分の該当IPアドレスをネットワーク機器に教えてあげる必要があります。

1つのDNSサーバですべてのドメイン名とIPアドレスの対応情報を保持することは現実的ではありません。そこでDNSサーバは自分が保持していない情報を上位のDNSサーバに問い合わせするようにしています。ドメイン名とIPアドレスの対応情報を保持しているサーバをDNSサーバといい、問い合わせをする方をDNSクライアント（リゾルバ）といいます。また、問い合わせするときに使用するポートはTCPの53番ポートです。

1-8 章のまとめ

第1章は、次のようなトピックの内容でした。

- ネットワークを考える
- 通信プロトコルと標準化
- ネットワークアーキテクチャ
- IPアドレスとポート番号
- IPとネットワーク層のプロトコル
- TCPとUDP
- アプリケーション層のプロトコル

「ネットワークを考える」では、ネットワーク通信の"なぜ"を考えることから始めました。普段何気なくインターネットを使っているが、どうして遠隔の相手と通信できるかを考えることはあまりありません。ここでいくつかの基本的な問いをもとにネットワーク通信のしくみについて述べました。

「通信プロトコルと標準化」では、ネットワーク通信は決まった手順にしたがって実現され、この手順のことを通信プロトコルであることを紹介しました。また、ネットワーク間の通信を実現するには、共通で理解できる言語が必要で、それがプロトコルの標準化です。今ではTCP/IPがもっとも普及している通信プロトコルで、その基本的な概念はOSI参照モデルに基づいてます。

「ネットワークアーキテクチャ」では、OSI参照モデルの7層とTCP/IPアーキテクチャの4層について紹介しました。各層の名称と機能をぜひとも記憶しておきたいです。

「IPアドレスとポート番号」では、ネットワーク層プロトコルのIPからIPアドレス、トランスポート層プロトコルのTCPからポート番号だけを取り出して詳しく説明しました。IPアドレスでは、クラスとクラスレスの概念やサブネットについて触れました。ポート番

号では、TCPとUDPの主要なポートを紹介しました。

「IPとネットワーク層のプロトコル」では、IPヘッダの中身から詳しく見ました。IPヘッダの各フィールドの意味を理解できることをおすすめします。大きすぎたパケットを分割するフラグメント機能や、経路上の最適なMTUを探るパスMTU探索にも言及しました。さらに、IP以外のネットワーク層のプロトコルでは、ARPとICMPを説明しました。とくにICMPのタイプとコードを巧みに利用したpingとtracerouteのプログラムの動きをわかってほしいです。

「TCPとUDP」では、TCPによる信頼性のある通信およびUDPによる効率性のある通信がどのようにして実現しているかについて述べました。TCPの順序制御、ウィンドウ制御、フロー制御、輻輳制御の動きをきちんと把握したいところです。情報処理技術者試験でもよくシーケンスに関する問題が問われます。

「アプリケーション層のプロトコル」では、よく目にかかる9つのプロトコル（HTTP、SMTP、POP、SNMP、FTP、Telnet、SSH、DHCP、DNS）とその概要を紹介しました。それぞれの機能にあまり深く解説していませんが、まず各プロトコルの役割を理解できれば大丈夫です。

Chapter 2

ヤマハルーターの基礎知識

　この章は、ヤマハルーター（とりわけRTX1200とRTX1210）の初期設定、基本操作および管理方法を学びます。初めてヤマハルーターを触るCiscoエンジニアなら、この章から読むことをおすすめします。ヤマハルーターは、Cisco IOSのルーターとは異なるコマンド体系ですが、IOSコマンドの経験があれば簡単に習得できます。この章の目標はヤマハルーターの基礎知識を身につけることです。

2-1 ヤマハルーターについて

ヤマハルーターの初期設定や基本操作に入る前に、まずルーター市場におけるヤマハルーターの立ち位置とヤマハルーターの特徴を紹介し、ヤマハルーターを学ぶ意義を確認します。次に、ヤマハルーターの歴史と現在のラインナップに加え、ヤマハルーターの主力機種であるRTX1200とRTX1210の機能やスペックなどを紹介します。また、初めてヤマハルーターを学ぶネットワークエンジニアがいち早く一人前のヤマハルーターエンジニアになるためのコンテンツもここで紹介します。

2-1-1 ヤマハルーターの市場評価

ルーターといえばCiscoルーターといっても、さしあたり大きな反論はありません。最近の国内ネットワーク機器市場におけるベンダー競合分析結果[注1]でも、通信事業者向けルーターと企業向けルーターの2つの市場でともにCiscoルーターが1位となっています。とりわけCiscoルーターは、通信事業者の市場では2位以下を大きく引き離しています。したがって、通信事業関連の会社に勤めるネットワークエンジニアはCiscoルーターから勉強し始めるのがほとんどです。所属する部署によって、Ciscoルーターしか知らない、触れない人も多いのも実情です。

企業向けルーターの市場では、ヤマハルーターは僅差で2位となっています。2013年までの6年間では、ヤマハルーターはCiscoルーターを抑えて1位の座にありました。ヤマハルーターとCiscoルーターは企業向け市場の2強といっても過言ではありません。

競合会社間の製品比較では○×表をよく見かけます。このやり方はどうも主観的であまり参考にならない場合が多いです。視点を変えるだけまったく違う評価結果になります。また、○と×だけで評価するのもあまりにも短絡的といえます。ここでは、他社ルーターとの比較はあえてせず、ヤマハルーターの特記すべき特徴だけを列挙します。ヤマハルーターの全体像をとらえるための一助のつもりで見てください。

- 対象ユーザ
  SOHO、小から中規模の企業が主なターゲットユーザ
- ユーザのスキル
  初心者から上級者まで、GUI設定でもそこそこ細かい設定が可能
- 導入コスト
  安いイメージ（事実安い）はあるが、同スペックのCiscoルーターとあまり変わらない
- 納期
  海外ベンダと比べると早い、地方でも入手しやすい
- 安心感
  国内ベンダという安心感があり、ルーターもあまり故障しない意見が多い

注1　http://www.idcjapan.co.jp/Press/index.html

- サポート
  基本的な質問にも丁寧に回答、ユーザコミュニティ「ヤマハルーターエンジニア会」ではユーザ同士の情報交換もある
- 情報公開
  ユーザマニュアルをはじめ、設定実例などの情報が豊富
- 環境への配慮
  省エネ技術による低電力への取り組み
- 緊急保守への配慮
  PCのない環境下でのリビジョンアップや設定変更ができる
- クスッとくる遊び心
  ルーター総選挙、ジョークアイコン、ペーパークラフトルーターなど

2-1-2 ヤマハルーターの歴史

　ヤマハといえば電子楽器やバイクが有名ですが、情報通信機器を作っていることはあまり知られていません。若手社員が「YAMAHA」ロゴのルーターを見るとたいてい驚きます。

　かつてヤマハは「DX7」という電子キーボードを開発していました。その開発の過程で得られたデジタル音声処理技術を通信分野に転用して作ったのがLSI（ファックス用モデム）です。その次のISDNのLSIを発売したのが1989年のことで、ちょうどこのごろISDNが普及した時期でした。ヤマハの初めてのネットワーク機器は、「RT100i」というISDNリモートルーターで、これが世に出たのが1995年のことでした。RT100iは、当時の既存製品と比べて1/3の小型化が実現しただけでなく、価格も従来の約半分という代物でした。

　ISDNが爆発的に流行し、ダイヤルアップによるインターネット接続から常時接続へ時代は移り、一般ユーザによる家庭内LANの構築も増え始めました。電話、インターネット、LAN接続などができる個人やSOHO向けのルーターとしてRTA50iというオールインワンのルーターが発売されたのはこの頃でした。RTA50iは、現在も発売しているネットボランチシリーズ（NVRシリーズ）の第1号機でもあります。また、RTA50iのデザインも従来の直方体から一新してキューブ型となり、ピアノの黒光沢のような色も大変好評でした。まさにインターネット常時接続の黎明期の名機で、2015年に実施されたルーター総選挙[注2]でも現役のRTX1200を抑えて堂々の1位となりました。

　2000年に入ると、インターネット接続はISDNからADSLに移り始め、ブロードバンドの普及もさらに増えてきました。企業の拠点間接続の需要も増え、これに応えるため2002年にヤマハからRTX1000が発売されました。バックアップ回線にISDNを使うことで、企業が求める切れない常時接続の要望も満たすことができました。RTX1000は、ブロードバンド時代に対応した企業向けルーターシリーズ（RTXシリーズ）の第1号機で、高機能に加え求めやすい価格だったため、多くの中小企業やSOHOユーザに支持されたベストセラー

注2　http://jp.yamaha.com/products/network/special/nw20th/sousenkyo/

製品です。

　光ファイバーによるインターネット接続の時代を迎えると、大容量な通信を支えるため、RTX1000/1100の後続機であるRTX1200が発売されました。RTX1200は、今もなお多くのユーザに愛されている名機です。RTX1200と最新のRTX1210についてのちほどもう少し詳しく紹介します。

2-1-3　ヤマハルーターのラインナップ

　現行（2016年7月時点）のヤマハルーターには5種類あり、企業の規模や用件に応じたルーターをリリースしています（**図2.1.1**）。現行のルーターには、RTXシリーズとVNRシリーズの2つがあって、前者は企業向けのVPNルーターで、後者は個人・SOHO向けのVoIPルーターです。RTXシリーズのルーターは、センタールーターと拠点ルーターで分けると、RTX5000とRTX3500がセンタールーターで他は拠点ルーターとなります。性能は、NVR500、RTX810、RTX1210、RTX3500、RTX5000の順に高くなります。

○図2.1.1：現行ルーター

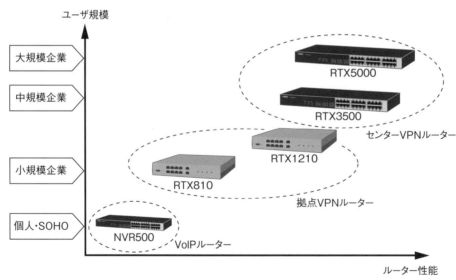

　各ルーターと生産終了したRTX1200の機能や性能の概要は次のとおりです。

- RTX5000とRTX3500
多地点とのVPN接続のためのセンターVPNルーターで、マルチコアCPUによる性能の大幅向上、2020年のISDNマイグレーションへの備え、リンクアグリゲーション機能の装備による省スペース、AC200Vの電源入力に対応した高効率電源による省エネなどの特徴がある。**表2.1.1**にRTX5000とRTX3500の性能比較を示す

- RTX1200（2016年5月31日に生産終了）
中小規模企業向けの拠点VPNルーターで、全ポートのギガビットイーサネットへの対応、8ポートのスイッチングハブの搭載、microSDのスロットの搭載や携帯電話によるデータ通信などによる運用性の向上、パワーオフログ保存機能によるトラブル原因究明の簡単化などが特徴である
- RTX1210
RTX1210は、RTX1200の機能やインタフェースを継承し、性能面で大きく向上した。さらにGUI画面も一新され、ダッシュボードやLANマップが新しく登場した
- RTX810
小規模企業向けの拠点VPNルーターである。全ポートは、ギガビットイーサネットに対応しており、4ポートのスイッチングハブを搭載している。性能はRTX1200よりも劣るが、microSDスロットの搭載やパワーオフログ保存機能などもRTX1200と同等な機能を有する。表2.1.2にRTX1210とRTX1200とRTX810の性能比較を示す
- NVR500
個人・SOHO向けのVoIP機能付きブロードバンドルーターで、ネットボランチシリーズの最新機種である。USBデータ通信カードの装着によるモバイルネットワークを利用できる。さらに、音声機能では一般電話、ひかり電話、内線VoIPのほかにネットボランチDNSサービスによる無料インターネット電話もできるのが特徴である

○表2.1.1：RTX5000とRTX3500の性能比較

性能	RTX5000	RTX3500
スループット	4Gbps	4Gbps
IPsecスループット	2Gbps	1.5Gbps
PPPoEセッション数	40	40
VPN対地数	3000	1000
NATセッション数	65534	65534
FWセッション数	65534	65534

○表2.1.2：RTX1210/RTX1200/RTX810の性能比較

性能	RTX1210	RTX1200	RTX810
スループット	2Gbps	1Gbps	1Gbps
IPsecスループット	1.5Gbps	200Mbps	200Mbps
PPPoEセッション数	40	20	5
VPN対地数	100	100	6
NATセッション数	65534	20000	10000
FWセッション数	65534	20000	10000

2-1-4 RTX1200とRTX1210

　ヤマハの主力ルーターだったRTX1100の後続機として登場したのがRTX1200です。RTX1200が発売されたのが2008年で、RTX1210がリリースされた2014年までの6年間にわたりヤマハルーターを牽引した名機です。

　RTX1200が発売された当時は、光回線の普及がますます増え、企業も増加するトラフィックに対応できるブロードバンドネットワークの構築が課題となってきました。RTX1200は、時代の要望に応えるため従来機のRTX1100よりもさらに高い性能を必要としました。表2.1.3は、RTX1100とRTX1200の性能比較で、性能が大きく上昇したことがわかります。

○表2.1.3：RTX1100とRTX1200の性能比較

性能	RTX1100	RTX1200
スループット	200Mbps	1Gbps
IPsecスループット	120Mbps	200Mbps
PPPoEセッション数	12	20
VPN対地数	30	100
NATセッション数	4096	20000
FWセッション数	2000	20000
経路数	2000	10000
タグVLAN数	8ID/VLAN	32ID/VLAN
ログ記録容量	500	10000

　ハードウェアも図2.1.2のように大きく変わり、性能面だけでなく機能面も強化されました。まずインタフェースでは、4個だったLANスイッチポートが倍の8個になり、インタフェース仕様もファーストイーサネットからギガビットイーサネットに変わりました。もう2つのLANポートもファーストイーサネットからギガビットイーサネットになりました。また、microSDスロットとUSBポートが追加され、運用面での強化が施されました。そのほかでは、CPUプロセッサがMIPS32の200MHzからMIPSの300MHz、不揮発性メモリの容量が8MBから16MB、RAMが32MBから128MBに増え、状態表示ランプがすべて前面に配置（RTX1100では前面と背面の両方にあった）されました。

　RTX1210は、RTX1200のインタフェースなどのハードウェアを継承した後続機です。表2.1.3で見たように性能はさらに強化されました。図2.1.3は、RTX1200とRTX1210の正面概観の比較です。コンソールポートがD-sub9からRJ45に変わった以外変化はありません。

　ハードウェアの性能面では、CPUプロセッサがMIPSの300MHzからPowerPCの1GHz、不揮発性メモリの容量が16MBから32MB、RAMが128MBから256MBへと大きく向上しました。中身だけで見るとフルモデルチェンジしたと言っても差し支えがありません。

　さらにRTX1200のコンフィグ（ルーター設定内容）をそのままRTX1210でも使えるので、RTX1200からRTX1210へのリプレイスはスムーズにできます。

2-1：ヤマハルーターについて

○図2.1.2：RTX1100とRTX1200のハードウェア概観

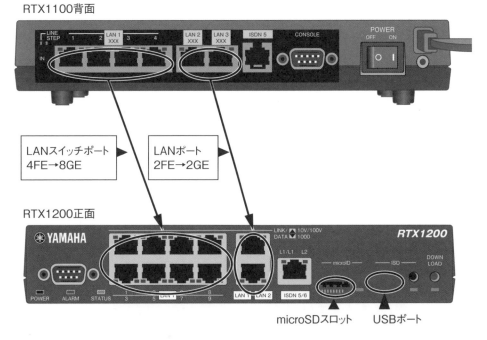

○図2.1.3：RTX1200とRTX1210の正面概観

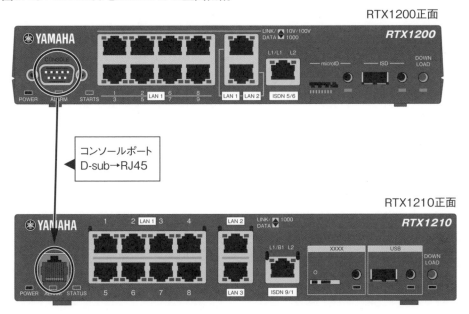

Chapter 2：ヤマハルーターの基礎知識

2-1-5 公式サイト

　ヤマハルーターが支持されている理由の1つに豊富な参考情報があります。ここでは公式サイトの各ページと入手可能な情報について紹介します。

ヤマハルーターのトップページ（図2.1.4）

　デフォルトでは現行品のみが表示されますが、生産完了品を見ることもできます。製品同士の比較もチェックするだけで簡単にできます。

○図2.1.4：ヤマハルーターのトップページ
（http://jp.yamaha.com/products/network/routers/）

設定例のWebページ（図2.1.5）

　さまざまな利用シーンを想定した設定例を紹介しています。説明には、構成図やコンフィグはもちろん、コンフィグのダウンロードも可能です。設定で困ったらまずこのページから調べましょう。

マニュアルのページ（図2.1.6）

　コマンドリファレンスをはじめユーザマニュアルや設定例集などのドキュメントが豊富に揃っています。設定例のページでは、最低限の説明しかないので、より詳細に理解するにはマニュアルのページを活用しましょう。

○図2.1.5：設定例のWebページ（http://jp.yamaha.com/products/network/solution/）

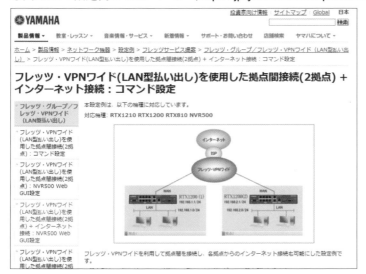

○図2.1.6：マニュアルのページ（http://www.rtpro.yamaha.co.jp/RT/manual.html）

ヤマハネットワークエンジニア会のページ（図2.1.7）

　無料で利用できるユーザコミュニティサイトです（2016年7月現在）。コミュニティでは、技術的な質問や情報共有の場であり、共感できる投稿に「いいね！」をもじった「yne！」ボタンが用意されています。検証ルームでは、遠隔でヤマハネットワーク機器をテストできます。YNEドリルは、ヤマハネットワーク機器に関するクイズで、腕に覚えがある方は全問正解を目指してチャレンジしてみましょう。

○図2.1.7：ヤマハネットワークエンジニア会のページ（http://yne.force.com/）

遠隔検証システム（検証ルーム）のページ（図2.1.8）

　無料で登録ユーザに遠隔検証システムの利用を提供しています（2016年7月現在）。1回の利用時間は3時間で最大2台まで予約できます。詳しい使い方は［遠隔検証システムの使い方[注3]］を参照のこと。図2.1.9は、遠隔検証システムへログインした画面で、CUI[注4]とGUI[注5]の両方で設定のテストができます。

○図2.1.8：遠隔検証システムのページ（http://yne.force.com/）

注3　https://yne.secure.force.com/ES_RemoteManual
注4　Character User Interface
注5　Graphical User Interface

○図2.1.9：遠隔検証システムの操作画面

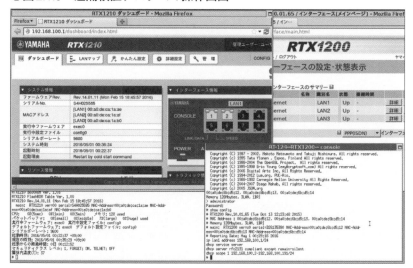

2-2 初期設定の変更

ここでは、RTX1200とRTX1210を例にヤマハルーターの初期設定の変更方法を説明します。納入したばかりのヤマハルーターをどこから手をつけたらよいのかをステップバイステップで紹介します。

2-2-1 初期設定の変更内容

ルーターの工場出荷時のデフォルト設定を個々の環境に合わせて変更する必要があります。ここでは、図2.2.1のようなLAN構成を例にデフォルト設定の変更を考えたいと思います。設定変更の内容は表2.2.1に示します。

○図2.2.1：構築したいLAN環境

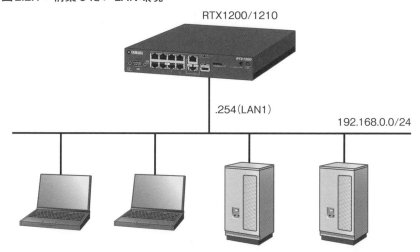

○表2.2.1：設定変更の内容

設定項目	工場出荷時の設定	変更後の設定
LAN1のIPアドレス	192.168.100.1/24	192.168.0.254/24
ログインパスワード	なし	pass123
管理パスワード	なし	pass321
コンソールのプロンプト表示	なし	MyRouter
ログインタイマ	300秒	無効
セキュリティクラス	セキュリティレベル「1」、特別なパスワード使用「on」、Telnetクライアント機能「off」	セキュリティレベル「2」、特別なパスワード使用「on」、Telnetクライアント機能「on」

○表2.2.2：コンソールログインの方法

レベル	コンソールポート経由のログイン	Telnet/SSH経由のログイン	遠隔地ルーター経由のログイン
1	可	可	可
2	可	可	不可
3	可	不可	不可

　工場出荷時のLAN1のIPアドレスはすべて192.168.100.1/24となっています。まずこのIPアドレスを個々のLAN環境に合わせて変更します。

　ユーザは、まず一般ユーザとしてコンソールログインします。一般ユーザは設定やログの確認はできますが、設定の変更はできません。設定を変更するには管理ユーザへ権限の昇格が必要です。ログインパスワードと管理パスワードは、それぞれ一般ユーザと管理ユーザのパスワードです。デフォルトでは、両方のパスワードはともに設定されていません。

　ヤマハルーターには、ホスト名を設定できるコマンドはありません。代わりに、コンソールのプロンプト表示を使ってログイン先のルーターを識別します。

　コンソールポートからログインしてから300秒間操作がないと強制的にログアウトされます。このログインタイマの時間を変更したり、無効にすることができます。

　セキュリティクラスとは、コンソールログインの方法、特別なパスワードによるログインの可否、Telnetクライアント機能の有無に関する設定です。コンソールログインの方法は、**表2.2.2**のように3つのレベルがあります。セキュリティクラスの1番目のパラメータでは、レベル「1」「2」「3」のいずれかを選択します。

　特別なパスワードは「w,lXlma」（小文字ダブリュー、記号のカンマ、小文字エル、大文字のエックス、小文字のエル、小文字のエム、小文字のエー）です。2番目のパラメータが「on」の場合、特別なパスワードを使うことができます。ルーターがTelnetクライアントとして機能したい場合、3番目のパラメータを「on」にします。2番目と3番目のパラメータを「off」にすると機能が無効になります。

　デフォルトのセキュリティクラスの設定は、1番目から3番目のパラメータまでは「1」「on」「off」となっています。

2-2-2 CUI設定の準備

　CUI設定はコマンドベースの設定方法で、慣れないうちは難しく感じるかもしれませんが、GUIよりも操作性、運用性が優れています。本書では便宜上コンソールとCUIを同義とし、CUIとコンソールはコマンドベースのものと考えてください。

　CUIで初期設定を変更する場合、コンソールポートを用いる方法がもっとも一般的です。Telnet/SSHでルーターのLAN側のIPアドレスを変更すると接続が切れるので、コンソールポート経由の接続をおすすめします。

　RTX1200のコンソールポートはD-sub9に対して、RTX1210はRJ45となっているため、PCからコンソールポートへの物理的な接続に差異があります。接続方法は図2.2.2のようになります。また、いまどきシリアルポートのPCはあまりないので、USBポートの使用を想定します。

○図2.2.2：PCとRTX1200/1210のコンソールポートとの接続

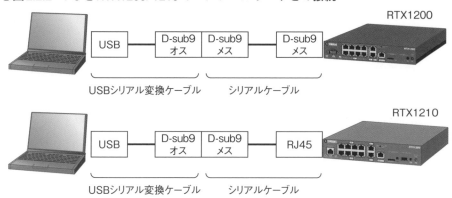

　物理的な接続が完了したら、Tera Term[注6]などののターミナルソフトを立ち上げると、リスト2.2.1のような初期のコンソール画面を確認できます。

2-2-3 CUI設定による変更

　コンソールログインが無事にできたので、2-2-1で示した設定内容を順番にデフォルト設定から変更していきます。設定を変更するには一般ユーザから管理ユーザに昇格する必要があり、リスト2.2.2のようにadministratorコマンドで昇格することができます。すると、管理ユーザを表すコマンドプロンプト「#」が出てきます。ちなみに「>」は一般ユーザのコマンドプロンプトです。

注6　http://ttssh2.osdn.jp/

Chapter 2：ヤマハルーターの基礎知識

○リスト2.2.1：初期のコンソール画面

```
RTX1200 BootROM Ver.1.04
  Copyright (c) 2010-2011 Yamaha Corporation

Press 'Enter' or 'Return' to select a firmware and a configuration.
Default settings :   exec0 and config0

Starting with default settings.
Starting with exec0 and config0 ...

RTX1200 Rev.10.01.59 (Tue Aug 19 19:26:02 2014)
  Copyright (c) 1994-2014 Yamaha Corporation. All Rights Reserved.
  Copyright (c) 1991-1997 Regents of the University of California.
  Copyright (c) 1995-2004 Jean-loup Gailly and Mark Adler.
  Copyright (c) 1998-2000 Tokyo Institute of Technology.
  Copyright (c) 2000 Japan Advanced Institute of Science and Technology,
HOKURIKU.
  Copyright (c) 2002 RSA Security Inc. All rights reserved.
  Copyright (c) 1997-2010 University of Cambridge. All rights reserved.
  Copyright (C) 1997 - 2002, Makoto Matsumoto and Takuji Nishimura, All
rights reserved.
  Copyright (c) 1995 Tatu Ylonen , Espoo, Finland All rights reserved.
  Copyright (c) 1998-2004 The OpenSSL Project.  All rights reserved.
  Copyright (C) 1995-1998 Eric Young (eay@cryptsoft.com) All rights reserved.
  Copyright (c) 2006 Digital Arts Inc. All Rights Reserved.
  Copyright (c) 1994-2012 Lua.org, PUC-Rio.
  Copyright (c) 1988-1992 Carnegie Mellon University All Rights Reserved.
  Copyright (C) 2004-2007 Diego Nehab. All rights reserved.
  Copyright (c) 2005 JSON.org
00:a0:de:c0:e5:38, 00:a0:de:c0:e5:39, 00:a0:de:c0:e5:3a
Memory 128Mbytes, 3LAN, 1BRI

Password:
```

○リスト2.2.2：管理ユーザへの昇格

```
Password: ※初期パスワードなし、Enterキーを押す

RTX1200 Rev.10.01.59 (Tue Aug 19 19:26:02 2014)
  Copyright (c) 1994-2014 Yamaha Corporation. All Rights Reserved.
  Copyright (c) 1991-1997 Regents of the University of California.
  Copyright (c) 1995-2004 Jean-loup Gailly and Mark Adler.
  Copyright (c) 1998-2000 Tokyo Institute of Technology.
  Copyright (c) 2000 Japan Advanced Institute of Science and Technology,
HOKURIKU.
  Copyright (c) 2002 RSA Security Inc. All rights reserved.
  Copyright (c) 1997-2010 University of Cambridge. All rights reserved.
  Copyright (C) 1997 - 2002, Makoto Matsumoto and Takuji Nishimura, All
rights reserved.
  Copyright (c) 1995 Tatu Ylonen , Espoo, Finland All rights reserved.
  Copyright (c) 1998-2004 The OpenSSL Project.  All rights reserved.
  Copyright (C) 1995-1998 Eric Young (eay@cryptsoft.com) All rights
reserved.
  Copyright (c) 2006 Digital Arts Inc. All Rights Reserved.
  Copyright (c) 1994-2012 Lua.org, PUC-Rio.
  Copyright (c) 1988-1992 Carnegie Mellon University All Rights Reserved.
  Copyright (C) 2004-2007 Diego Nehab. All rights reserved.
```

（つづく）

2-2：初期設定の変更

```
(つづき)
 Copyright (c) 2005 JSON.org
00:a0:de:c0:e5:38, 00:a0:de:c0:e5:39, 00:a0:de:c0:e5:3a
Memory 128Mbytes, 3LAN, 1BRI
> ※一般ユーザとしてログイン
> administrator ❶管理ユーザへ昇格するためのコマンド、初期パスワードなし
# ※管理ユーザとしてログイン
```

❶ ルーター設定を行うため、一般ユーザから管理ユーザへ昇格する **IOS** `conf t`

　まず、IPアドレスから変更します。その前にデフォルトの設定を「show config」コマンドで確認してみましょう。また、grepによる検索を使うと余計な出力を省くことができます。LAN1のIPアドレスを変更するには「ip lan1 address」コマンドを使います。変更後、再度「show config」コマンドで設定が正しく変更されたことを確認します。すべての設定が終わったら、saveコマンドで設定を不揮発性メモリに保存します（**リスト2.2.3**）。

○リスト2.2.3：IPアドレスの変更

```
# show config ❶
# RTX1200 Rev.10.01.59 (Tue Aug 19 19:26:02 2014)
# MAC Address : 00:a0:de:c0:e5:38, 00:a0:de:c0:e5:39, 00:a0:de:c0:e5:3a
# Memory 128Mbytes, 3LAN, 1BRI
# main:   RTX1200 ver=c0 serial=D26174016 MAC-Address=00:a0:de:c0:e5:38 MAC-Addr
ess=00:a0:de:c0:e5:39 MAC-Address=00:a0:de:c0:e5:3a
# Reporting Date: May 2 11:15:13 2016
ip lan1 address 192.168.100.1/24
dhcp service server
dhcp server rfc2131 compliant except remain-silent
dhcp scope 1 192.168.100.2-192.168.100.191/24
#
# show config | grep ip ❷
Searching ...
ip lan1 address 192.168.100.1/24
#
# ip lan1 address 192.168.0.254/24 ❸
#
# show config | grep ip ❷
Searching ...
ip lan1 address 192.168.0.254/24
#
# save ❹
セーブ中... CONFIG0 終了
#
```

❶ 設定内容を表示する **IOS** `show run`
❷ 設定内容のうち「ip」を含む行のみ表示する **IOS** `show run | inc`
❸ LAN1インタフェースのIPアドレスを設定する **IOS** `interface` ⇒ `ip address`
❹ 設定を保存する **IOS** `write`

ログインパスワードと管理パスワードの変更は、「login password」と「administrator password」コマンドで変更します。新しいパスワードで再度ログインを試すには、一旦管理者ユーザから一般ユーザへ移ってからルーターログアウトします。管理者ユーザから一般ユーザへの移行とルーターログアウトはともにexitまたはquitコマンドを実行します。さらにsaveコマンドと同時に使う便利な方法もあります（リスト2.2.4）。

コンソールのプロンプト表示を変更するには「console prompt」コマンドを使用します（リスト2.2.5）。

ログインタイマを変更するには「login timer」コマンドを使用します。タイマ値は秒数以外に無効を意味するclearを選択できます。「login timer」コマンドのあとに「?」を入力すると、入力可能な候補が自動的に表示されます（リスト2.2.6）。

セキュリティクラスを変更するには「security class」コマンドを使用します。セキュリティクラスの設定内容はルーターの状態を確認する「show environment」コマンドで見ることができます（リスト2.2.7）。

○リスト2.2.4：ログインパスワード管理パスワードの変更

```
# login password ①
Old_Password: ※旧ログインパスワード
New_Password: ※新ログインパスワード (pass123)
New_Password: ※新ログインパスワード (pass123)
#
# administrator password ②
Old_Password: ※旧ログインパスワード
New_Password: ※新ログインパスワード (pass321)
New_Password: ※新ログインパスワード (pass321)
#
# exit save ③
セーブ中... CONFIG0 終了
> quit ④

Password:
```

❶ ログインパスワードを設定する [IOS] line ⇒ pass ⇒ login
❷ 管理パスワードを設定する [IOS] enable pass
❸ 管理ユーザから一般ユーザに移行すると同時に設定を保存する [IOS] -
❹ exitと同じ、ルーターログアウトする [IOS] exit

○リスト2.2.5：コンソールのプロンプト表示の変更

```
# console prompt MyRouter ①
MyRouter# ※コンソールプロンプトの表示が変わった
MyRouter# save
セーブ中... CONFIG0 終了
MyRouter#
```

❶ コンソールのプロンプト表示を設定する [IOS] hostname

リスト2.2.6：ログインタイマの変更

```
MyRouter# login timer ?
     入力形式: login timer clear
               login timer 秒数
               秒数 = 120-21474836
     説明：ログインタイマを設定します
デフォルト値：300
MyRouter#
MyRouter# login timer clear ①
MyRouter#
MyRouter# show config | grep timer ②
Searching ...
login timer clear
MyRouter# save
セーブ中... CONFIG0 終了
MyRouter#
```

① ログインタイマを無効にする **IOS** `exec-timeout 0 0`
② 設定内容のうち「timer」を含む行のみ表示する **IOS** `show run | inc`

リスト2.2.7：セキュリティクラスの変更

```
MyRouter# show environment | grep セキュリティクラス ①
Searching ...
セキュリティクラス レベル: 1, FORGET: ON, TELNET: OFF
MyRouter#
MyRouter# security class ?
     入力形式: security class レベル FORGET [TELNET [SSH]]
               レベル = 1-3, FORGET = 'on' or 'off', TELNET = 'on' or 'off',
               SSH = 'on' or 'off'
     説明：セキュリティクラスを設定します
デフォルト値：1 on off off
MyRouter# security class 2 on on ②
MyRouter#
MyRouter# show environment | grep クラス
Searching ...
セキュリティクラス レベル: 2, FORGET: ON, TELNET: ON
MyRouter#
MyRouter# show config | grep security ③
Searching ...
security class 2 on on off
MyRouter#
MyRouter# save
セーブ中... CONFIG0 終了
MyRouter#
```

① 機器状態の設定のうち「セキュリティクラス」を含む行のみ表示する
  IOS `show ver | inc`
      `show env | inc`
      `show process cpu | inc`
      `show process memory | inc`
② セキュリティクラスを設定する **IOS** -
③ 設定内容のうち「security」を含む行のみ表示する **IOS** `show run | inc`

2-2-4 GUI設定による変更（RTX1200）

2-2-1の変更内容をGUI（ブラウザ）で設定します。RTX1200とRTX1210のGUI画面は異なるので、まずRTX1200のほうから紹介します。

RTX1200は、デフォルトでDHCPサーバが有効になっているため、PCのIPアドレスを自動取得に設定します。LANケーブルでRTX1200のLAN1インタフェースの任意のポートに接続すると、PCに192.168.100.0/24配下のIPアドレスが振られます。

ブラウザを立ち上げて、アドレスバーに「192.168.100.1」を入力してRTX1200へログインします。すると、ログインパスワードの認証ダイアログが起動します。初期パスワードは設定されていないので、Enterキーを押してトップページに入ります（図2.2.3）。

続いて、RTX1200のトップページの［管理者向けトップページへ］をクリックして管理者向けトップページへ移ります（図2.2.4）。初期の管理者パスワードも設定されていません。

○図2.2.3：トップページ

○図2.2.4：管理者向けトップページ

PCのIPアドレス自動取得の機能を維持したままIPアドレスを変更するには、まずDHCPの設定から変更します。なぜなら、DHCPの設定変更しないままIPアドレスを変更すると、PCに対してRTX1200と同じネットワークのIPアドレスを手動で設定する必要があります。

DHCPの設定変更では、DHCPの割り当てアドレス範囲を「192.168.0.1 ～ 192.168.0.253」に変更します。変更の手順は、左メニューの［DHCP認証］でDHCP認証の設定・状態表示ページを開き、［DHCPで割り当てるアドレスの範囲とオプション］の［設定］ボタンをクリックすると設定画面が現れます。図2.2.5の画面でアドレスの範囲を変更します。

IPアドレスの変更は、［インタフェース］からLAN1の設定・状態表示ページを開き、［基本項目］の［設定］ボタンをクリックすると設定画面が現れます。図2.2.6の画面でIPアドレスを「192.168.0.254/24」に変更します。IPアドレスを変更したあと、PCのIPアドレスをリリースして再度取得を行う必要があります。

○図2.2.5：DHCPの割り当てアドレス範囲の変更

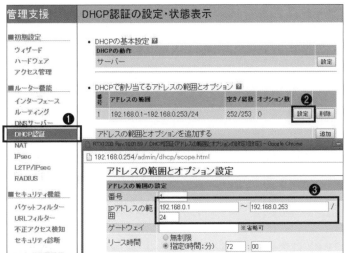

○図2.2.6：IPアドレスの変更

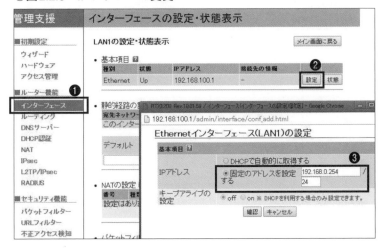

Chapter 2：ヤマハルーターの基礎知識

　管理者パスワードの変更は、［アクセス管理］からアクセス管理ページを開き、［管理者パスワード］の［設定］ボタンをクリックすると設定画面が現れます。**図2.2.7**の画面で管理者パスワードを変更します。

　ログインパスワードを変更するための画面がないので、GUI上でコマンドを入れます。GUIによるコマンド入力の方法は、［保守］から保守ページを開き、［コマンドの入力］の［実行］ボタンをクリックするとコマンド入力の画面が現れます。**図2.2.8**の画面でコマンドを入力ができ、複数行のコマンドをまとめて入力することもできます。

　また、コンソールのプロンプト表示とログインタイマも専用の設定画面がないので、ログインパスワードと同様にGUI上でコマンドを実行します。

　セキュリティクラスの変更は、［アクセス管理］からアクセス管理ページを開き、［セキュリティクラスの設定］の［設定］ボタンをクリックすると設定画面が現れます。**図2.2.9**の画面でレベルを「2」、パスワード忘れ対策を「する」、TELNETコマンドの使用を「使用する」に変更します。

○図2.2.7：管理者パスワードの変更

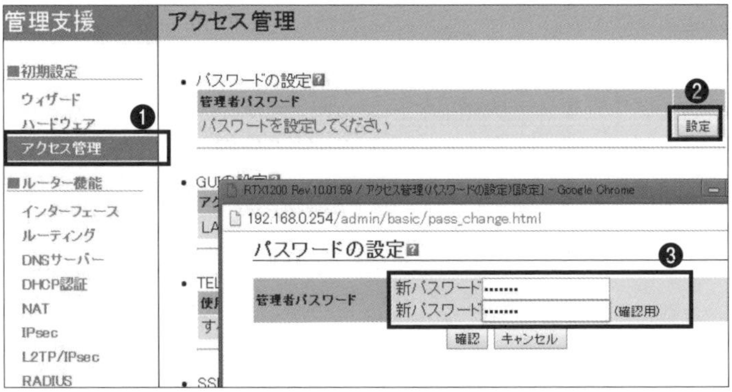

○図2.2.8：ログインパスワードの変更

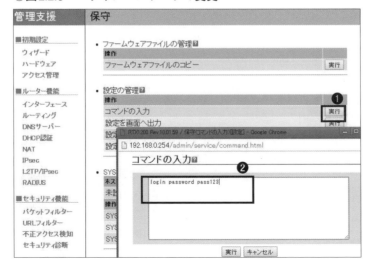

○図2.2.9：セキュリティレベルの変更

2-2-5 GUI設定による変更（RTX1210）

次に、RTX1210のGUI設定を行います。RTX1210もデフォルトでDHCPサーバが有効になっているので、RTX1200のときと同様にLANケーブルをLAN1インタフェースに接続すると、自動的にIPアドレスを取得できます。

ブラウザを立ち上げて、アドレスバーに「192.168.100.1」を入力してRTX1210へログインします。すると、管理パスワードの認証ダイアログが起動します。初期パスワードは設定されていないので、Enterキーを押してダッシュボード画面（図2.2.10）に入ります。

○図2.2.10：ダッシュボード画面

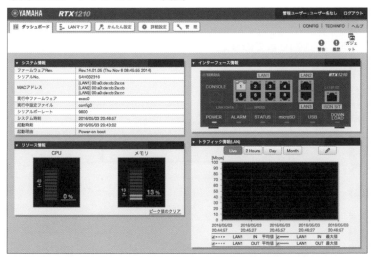

RTX1200と同じ理由でDHCPの設定をIPアドレスの設定よりも先に行います。設定変更の手順は、［詳細設定］でDHCPサーバの設定画面（**図2.2.11**）を開き、［DHCPによるアドレス割り当ての一覧］の［設定］ボタンをクリックするとアドレス割り当ての設定画面（**図2.2.12**）が現れます。この画面でアドレスの範囲を変更します。

IPアドレスの変更は、［かんたん設定］、［基本設定］、［LAN1アドレス］の順でLAN1アドレスの設定画面を開いて、IPv4アドレスを「192.168.0.254/24」に変更します（**図2.2.13**）。

IPアドレスを変更したあと、PCのIPアドレスをリリースして再度取得を行う必要があります。

管理パスワードの変更は、[管理]、［アクセス管理］の順でアクセス管理画面を開いて、この画面で管理者パスワードを変更します（**図2.2.14**）。

ログインパスワードを変更するための画面がないので、GUI上でコマンドを入れます。GUIによるコマンド入力の方法は、［管理］、［保守・コマンドの実行］の順にコマンドの実行画面を開いて、この画面でコマンドを入力します。なお、複数行のコマンドをまとめて入力することもできます（**図2.2.15**）。

また、コンソールのプロンプト表示、ログインタイマおよびセキュリティクラスも専用の設定画面がないので、ログインパスワードと同様にGUI上でコマンドを実行します。

○図2.2.11：DHCPサーバの設定画面

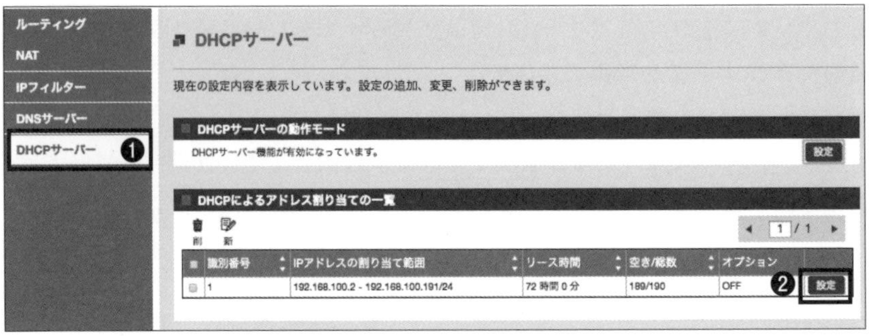

○図2.2.12：アドレス割り当ての設定

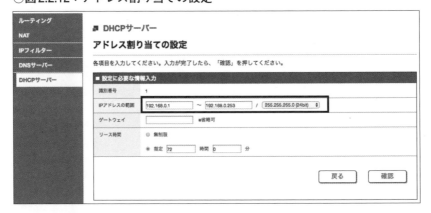

2-2：初期設定の変更

○図2.2.13：IPアドレスの変更

○図2.2.14：管理パスワードの変更

○図2.2.15：ログインパスワードの変更

2-3 基本的なコマンド操作

GUIによるRTX1210/1200の設定はある程度できますが、詳細設定を行うとどうしてもコマンドによる操作が必要になってきます。Cisco IOSコマンドと若干操作の勝手が違うが、慣れればそれほど気になりません。ここでは、覚えておきたいコマンドと効率的な操作方法を紹介します。

2-3-1 基本コマンド

2-2（初期設定の変更）ですでにいくつかのコマンドを紹介しました。一部重複となる部分もありますが、ここでヤマハルーターの基本コマンドを紹介します。

administratorコマンド

administrator											
RTX5000	RTX3500	RTX3000	RTX1500	RTX1210	RTX1200	RTX1100	RTX810	RT250i	RT107e	SRT100

ルーターの設定は、管理ユーザでしかできません。ルーターにログインした状態ではまだ一般ユーザであるので、administratorコマンドで一般ユーザから管理ユーザに昇格する必要がありあす。一般ユーザのコンソールプロンプトは「>」ですが、管理ユーザに昇格するとコンソールプロンプトは「#」に変わります。デフォルトでは、管理パスワードが設定されていないので、Enterキーを押すだけで管理ユーザになれます（**リスト2.3.1**）。

○リスト2.3.1：administratorコマンドの実行例

```
> administrator  ①
Password:
#
```

❶ ルーター設定を行うため、一般ユーザから管理ユーザへ昇格する  conf t

login passwordコマンド

login password											
RTX5000	RTX3500	RTX3000	RTX1500	RTX1210	RTX1200	RTX1100	RTX810	RT250i	RT107e	SRT100

ユーザはまず一般ユーザとしてコンソールログインします。login passwordコマンドで一般ユーザのログインパスワードを設定できます（**リスト2.3.2**）。デフォルトでは、ログインパスワードはありません。パスワードに使用できるのは、32文字以内の英数記号文字です。

○リスト2.3.2：login passwordコマンドの実行例

```
# login password ❶
Old_Password:
New_Password: ※故意に33文字以上のパスワードを設定してみる
エラー： パスワードは32文字以内で入力してください
#
# login password
Old_Password:
New_Password:
New_Password:
```

❶ ログインパスワードを設定する (IOS) line ⇒ pass ⇒ login

administrator passwordコマンド

administrator password										
RTX5000	RTX3500	RTX3000	RTX1500	RTX1210	RTX1200	RTX1100	RTX810	RT250i	RT107e	SRT100

　管理パスワードを設定するためのコマンドです。ログインパスワードと同様で、32文字以内の英数記号文字を使用します（リスト2.3.3）。

○リスト2.3.3：administrator passwordコマンドの実行例

```
# administrator password ❶
Old_Password:
New_Password:
New_Password:
```

❶ 管理パスワードを設定する (IOS) enable pass

saveコマンド

save										
RTX5000	RTX3500	RTX3000	RTX1500	RTX1210	RTX1200	RTX1100	RTX810	RT250i	RT107e	SRT100

　設定を不揮発性メモリに保存するコマンドです。ヤマハルーターでは、コマンドを実行するとすぐにルーター機能に反映しますが、設定はRAMに一時的に保存しているため、電源オフでRAM上の設定は消えます。設定を永続的に保存するには、saveコマンドを使ってRAM上の設定を不揮発性メモリに保存しなければなりません（図2.3.1）。

　リスト2.3.4は、saveコマンドの実行例です。saveコマンドにオプションをつけることで、保存先を外部メモリにしたり、保存設定にコメントを付け加えたりすることもできます。後述のルーターの管理方法でこれらの方法を紹介します。

○図2.3.1：RAMと不揮発性メモリの関係

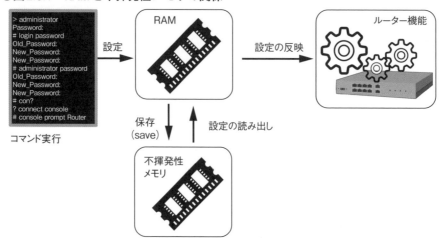

○リスト2.3.4：saveコマンド

```
# save ①
セーブ中... CONFIG0 終了
#
```

❶ 設定を保存する IOS `write`

dateコマンド

date [*年月日*]										
RTX5000	RTX3500	RTX3000	RTX1500	RTX1210	RTX1200	RTX1100	RTX810	RT250i	RT107e	SRT100

現在の年月日を設定するコマンドです。年月日パラメータ値は、YYYY/MM/DDかYYYY-MM-DDのいずれかの書式で指定します（**リスト2.3.5**）。

○リスト2.3.5：dateコマンドの実行例

```
# show environment | grep 現在  ①
Searching ...
現在の時刻: 2016/05/04 15:00:28 +09:00
#
# date 2016/05/05  ②
# show environment | grep 現在
Searching ...
現在の時刻: 2016/05/05 15:01:12 +09:00
#
```

❶ 機器状態の設定のうち「現在」を含む行のみ表示する
   IOS `show ver | inc`
       `show env | inc`
       `show process cpu | inc`
       `show process memory | inc`

❷ 年月日を設定する IOS `clock set`

time コマンド

time [時刻]										
RTX5000	RTX3500	RTX3000	RTX1500	RTX1210	RTX1200	RTX1100	RTX810	RT250i	RT107e	SRT100

現在の時刻を設定するコマンドです。時刻パラメータ値の書式はhh:mm:ssです（リスト2.3.6）。

○リスト2.3.6：timeコマンドの実行例

```
# show environment | grep 現在
Searching ...
現在の時刻: 2016/05/05 15:05:40 +09:00
#
# time 02:50:00  ❶
#
# show environment | grep 現在
Searching ...
現在の時刻: 2016/05/05 02:50:02 +09:00
#
```

❶ 時刻を設定する IOS clock set

timezone コマンド

timezone [タイムゾーン]										
RTX5000	RTX3500	RTX3000	RTX1500	RTX1210	RTX1200	RTX1100	RTX810	RT250i	RT107e	SRT100

タイムゾーンを設定するコマンドです。パラメータ値として、jst（初期値）とutcの他に直接入力（-12:00 ～ +11:59）もできます（リスト2.3.7）。

○リスト2.3.7：timezoneコマンドの実行例

```
# show environment | grep 現在
Searching ...
現在の時刻: 2016/05/05 03:00:30 +09:00
#
# timezone +8:00  ❶
#
# show environment | grep 現在
Searching ...
現在の時刻: 2016/05/05 02:02:30 +08:00
#
```

❶ タイムゾーンを設定する IOS clock timezone

ip interface address コマンド

ip [インタフェース] address [IPアドレス]										
RTX5000	RTX3500	RTX3000	RTX1500	RTX1210	RTX1200	RTX1100	RTX810	RT250i	RT107e	SRT100

インタフェースのIPアドレスを設定するコマンドです。interfaceパラメータには、LANインタフェースのほかにloopbackインタフェース、ppインタフェースなどがあります。リスト2.3.8では、LAN2インタフェースとloopback1インタフェースにIPアドレスの設定例です。

○リスト2.3.8：ip interface addressコマンドの実行例

```
# show config | grep address  ①
Searching ...
ip lan1 address 192.168.0.254/24
#
# ip lan2 address 10.0.0.254/24  ②
#
# ip loopback1 address 7.7.7.7/32  ③
#
# show config | grep address
Searching ...
ip lan1 address 192.168.0.254/24
ip lan2 address 10.0.0.254/24
ip loopback1 address 7.7.7.7/32
#
```

❶ 設定内容のうち「address」を含む行のみ表示する (IOS) show run | inc
❷ LAN2インタフェースのIPアドレスを設定する (IOS) interface ⇒ ip address
❸ ループバック1インタフェースのIPアドレスを設定する (IOS) interface loopback ⇒ ip address

ip route コマンド

ip route [宛先ネットワーク] gateway [ネクストホップ]										
RTX5000	RTX3500	RTX3000	RTX1500	RTX1210	RTX1200	RTX1100	RTX810	RT250i	RT107e	SRT100

スタティックルートを設定するコマンドです。宛先ネットワークパラメータ値の記述例は表2.3.1のとおりです。

リスト2.3.9の設定例では、ネクストホップを10.0.0.5とする10.10.20.0/24へのスタティックルートと、デフォルトゲートウェイがpp1インタフェースのスタティックルートを設定している。

○表2.3.1：宛先ネットワークパラメータ

パラメータ値の記述例	内容
default	デフォルトゲートウェイの設定
10.10.20.0/24	ネットワークアドレスの設定

2-3：基本的なコマンド操作

○リスト2.3.9：ip routeコマンドの実行例

```
# show config | grep route  ①
Searching ...
#
# ip route 10.10.20.0/24 gateway 10.0.0.5  ②
#
# ip route default gateway pp 1  ③
#
# show config | grep route
Searching ...
ip route default gateway pp 1
ip route 10.10.20.0/24 gateway 10.0.0.5
#
```

① 設定内容のうち「route」を含む行のみ表示する　**IOS** `show run | inc`
② 10.0.0.5をネクストホップとする10.10.20.0/24へのスタティックルートを設定する　**IOS** `ip route`
③ PP1インタフェースをネクストホップとするデフォルトゲートを設定する　**IOS** `ip route`

dns serverコマンド

dns server [*IPアドレス*]										
RTX5000	RTX3500	RTX3000	RTX1500	RTX1210	RTX1200	RTX1100	RTX810	RT250i	RT107e	SRT100

DNSサーバのIPアドレスを設定するコマンドです（リスト2.3.10）。

○リスト2.3.10：dns serverコマンドの実行例

```
# show config | grep dns  ①
Searching ...
#
# dns server 10.0.0.53  ②
#
# show config | grep dns
Searching ...
dns server 10.0.0.53
#
```

① 設定内容のうち「dns」を含む行のみ表示する　**IOS** `show run | inc`
② DNSサーバのIPアドレスを設定する　**IOS** `ip name server`

syslog hostコマンド

syslog host [*IPアドレス*]										
RTX5000	RTX3500	RTX3000	RTX1500	RTX1210	RTX1200	RTX1100	RTX810	RT250i	RT107e	SRT100

syslogサーバのIPアドレスを設定するコマンドです。IPアドレスパラメータ値をスペース区切りで最大4個まで設定可能です（リスト2.3.11）。

Chapter 2：ヤマハルーターの基礎知識

○リスト2.3.11：syslog hostコマンドの実行例

```
# show config | grep syslog ❶
Searching ...
#
# syslog host 10.0.0.100 ❷
#
# show config | grep syslog
Searching ...
syslog host 10.0.0.100
#
```

❶ 設定内容のうち「syslog」を含む行のみ表示する (IOS) `show run | inc`
❷ syslogサーバのIPアドレスを設定する (IOS) `ip name server`

httpd hostコマンド

httpd host [*HTTPサーバ*]										
RTX5000	RTX3500	RTX3000	RTX1500	RTX1210	RTX1200	RTX1100	RTX810	RT250i	RT107e	SRT100

　ルーターのHTTPサーバへのアクセスを制御するコマンドです。HTTPサーバパラメータ値の記述例は**表2.3.2**のとおりです。

　デフォルトでは、LAN内からのアクセスしか許可されていないので、ネットワーク越しのアクセスはできません。**リスト2.3.12**では、すべてのホストからのアクセスを許可する「any」パラメータを使っています。anyのほかにIPアドレスの範囲も指定できます。

○表2.3.2：HTTPサーバパラメータ

パラメータ値の記述例	内容
192.168.0.1	192.168.0.1からのアクセスのみを許可する
192.168.0.1-192.168.0.10	192.168.0.1から192.168.0.10までのIPレンジからのアクセスを許可する
any	すべてのIPからのアクセスを許可する
none	すべてのIPからのアクセスを許可しない
lan	LAN内のIPからのアクセスだけを許可する。初期値

○リスト2.3.12：httpd hostコマンドの実行例

```
# show config | grep httpd ❶
Searching ...
#
# httpd host any ❷
# show config | grep httpd
Searching ...
httpd host any
# httpd host 11.0.0.1-11.0.0.100 ❸
#
# show config | grep httpd
Searching ...
httpd host 11.0.0.1-11.0.0.100
```

（つづく）

(つづき)
❶ 設定内容のうち「httpd」を含む行のみ表示する [IOS] `show run | inc`
❷ すべてのホストからのHTTPアクセスを許可する [IOS] `ip http server`
❸ 指定範囲のIPアドレスからのHTTPアクセスを許可する [IOS] `ip http server ⇒ access-list`

restartコマンド

restart										
RTX5000	RTX3500	RTX3000	RTX1500	RTX1210	RTX1200	RTX1100	RTX810	RT250i	RT107e	SRT100

ルーターの再起動をするコマンドです。設定を保存しない状態でこのコマンドを実行すると、保存の要否にいて尋ねられます（**リスト2.3.13**）。

○リスト2.3.13：restartコマンドの実行例

```
# restart  ❶
新しい設定を保存しますか？ (Y/N) Y
セーブ中... CONFIG0 終了
Restarting ...
```

❶ ルーターを再起動する [IOS] `reloaod`

exit（quit）コマンド

exit										
RTX5000	RTX3500	RTX3000	RTX1500	RTX1210	RTX1200	RTX1100	RTX810	RT250i	RT107e	SRT100

ルーターログアウトと管理ユーザから一般ユーザへの移行するためのコマンドです。exitとquitはまったく内容が同じコマンドです（**リスト2.3.14**）。

○リスト2.3.14：exitコマンドの実行例

```
# exit  ❶
> exit  ❶
```

❶ ルーターログアウト、管理ユーザから一般ユーザへ移行する [IOS] `exit`

show commandコマンド

show command										
RTX5000	RTX3500	RTX3000	RTX1500	RTX1210	RTX1200	RTX1100	RTX810	RT250i	RT107e	SRT100

コマンドの一覧とその概要を表示するコマンドです（**リスト2.3.15**）。

リスト2.3.15：show commandコマンドの実行例

```
# show command ❶
account threshold:      課金の閾値を設定します
account threshold pp:   課金の閾値を設定します
administrator:          管理ユーザとしてログインします
administrator password: 管理パスワードを設定します

...略...
```

❶ コマンド一覧とその概要を表示する **IOS** `show parser dump`

show environmentコマンド

show environment										
RTX5000	RTX3500	RTX3000	RTX1500	RTX1210	RTX1200	RTX1100	RTX810	RT250i	RT107e	SRT100

ルーターの状態を確認するコマンドです（リスト2.3.16）。

リスト2.3.16：show environmentコマンドの実行例

```
# show environment ❶
RTX1200 BootROM Ver.1.01
RTX1200 Rev.10.01.65 (Tue Oct 13 12:23:48 2015)
  main:   RTX1200 ver=b0 serial=D26049051 MAC-Address=00:a0:de:67:65:3e MAC-Addr
ess=00:a0:de:67:65:3f MAC-Address=00:a0:de:67:65:40
CPU:     0%(5sec)    0%(1min)    0%(5min)       メモリ: 23% used
パケットバッファ:     0%(small)    0%(middle)    5%(large)    0%(huge) used
実行中ファームウェア: exec0   実行中設定ファイル: config0
デフォルトファームウェア: exec0  デフォルト設定ファイル: config0
起動時刻: 2016/05/04 22:31:54 +09:00
現在の時刻: 2016/05/04 23:01:23 +09:00
起動からの経過時間: 0日 00:29:29
セキュリティクラス レベル: 2, FORGET: ON, TELNET: ON
筐体内温度(℃): 33
#
```

❶ 機器状態を表示する **IOS** `show ver` ⇒ `show env` ⇒ `show process cpu` ⇒ `show process memory`

show config（less config）コマンド

show config										
RTX5000	RTX3500	RTX3000	RTX1500	RTX1210	RTX1200	RTX1100	RTX810	RT250i	RT107e	SRT100

設定を確認するコマンドです。「show config」と「less config」は同じ内容のコマンドです（リスト2.3.17）。

○リスト 2.3.17：show config コマンドの実行例

```
# show config ①
# RTX1200 Rev.10.01.65 (Tue Oct 13 12:23:48 2015)
# MAC Address : 00:a0:de:67:65:3e, 00:a0:de:67:65:3f, 00:a0:de:67:65:40
# Memory 128Mbytes, 3LAN, 1BRI
# main:   RTX1200 ver=b0 serial=D26049051 MAC-Address=00:a0:de:67:65:3e
MAC-Addr
ess=00:a0:de:67:65:3f MAC-Address=00:a0:de:67:65:40
# Reporting Date: May 4 23:11:13 2016
security class 2 on on off
login timer clear
ip route default gateway 192.168.0.1
ip lan1 address 192.168.0.254/24
syslog host 10.0.0.100
dhcp service server
dhcp server rfc2131 compliant except remain-silent
dhcp scope 1 192.168.100.2-192.168.100.191/24
dns server 10.0.0.53
dns server dhcp lan1
httpd host 11.0.0.1-11.0.0.100
#
```

❶ 設定内容を表示する `IOS` `show run`

show ip route コマンド

show ip route										
RTX5000	RTX3500	RTX3000	RTX1500	RTX1210	RTX1200	RTX1100	RTX810	RT250i	RT107e	SRT100

ルーティングテーブルを表示するコマンドです（リスト 2.3.18）。

○リスト 2.3.18：show ip route コマンドの実行例

```
# show ip route ①
宛先ネットワーク        ゲートウェイ       インタフェース     種別        付加情報
default                192.168.0.1       LAN1              static
#
```

❶ ルーティングテーブルを表示する `IOS` `show ip route`

show log（less log）コマンド

show log										
RTX5000	RTX3500	RTX3000	RTX1500	RTX1210	RTX1200	RTX1100	RTX810	RT250i	RT107e	SRT100

システムログを表示するコマンドです。「show log」と「less log」の内容は同じです（リスト 2.3.19）。

リスト2.3.19：show logコマンドの実行例

```
# show log ①
2016/04/26 11:58:00: success to extract syslog
2016/04/26 11:58:02: [LUA] Lua script function was enabled.
2016/04/26 11:58:07: LAN1: PORT1 link up (1000BASE-T Full Duplex)
---つづく---
#
# show log reverse ②
2016/05/04 23:46:41: same message repeated 1 times
2016/05/04 22:40:44: 'administrator' succeeded for Serial
2016/05/04 22:40:41: Login succeeded for Serial
---つづく---
#
```

❶ システムログを表示する（時間順） **IOS** `show logging`
❷ システムログを表示する（時間逆順） **IOS** `show logging tail`

show status interfaceコマンド

show status [インタフェース名]										
RTX5000	RTX3500	RTX3000	RTX1500	RTX1210	RTX1200	RTX1100	RTX810	RT250i	RT107e	SRT100

インタフェースの状態を確認するコマンドです（リスト2.3.20）。

リスト2.3.20：show status interfaceコマンドの実行例

```
# show status lan1 ①
LAN1
説明:
IPアドレス:              192.168.0.254/24
イーサネットアドレス:    00:a0:de:67:65:3e
動作モード設定:          Type (Link status)
            PORT1:       Auto Negotiation (Link Down)
            PORT2:       Auto Negotiation (Link Down)
            PORT3:       Auto Negotiation (Link Down)
            PORT4:       Auto Negotiation (Link Down)
            PORT5:       Auto Negotiation (Link Down)
            PORT6:       Auto Negotiation (Link Down)
            PORT7:       Auto Negotiation (Link Down)
            PORT8:       Auto Negotiation (Link Down)
最大パケット長(MTU):     1500 オクテット
プロミスキャスモード:    OFF
送信パケット:            0 パケット(0 オクテット)
  IPv4(全体/ファストパス): 0 パケット / 0 パケット
  IPv6(全体/ファストパス): 0 パケット / 0 パケット
受信パケット:            0 パケット(0 オクテット)
  IPv4:                  0 パケット
  IPv6:                  0 パケット
#
```

❶ インタフェースのステータスを表示する **IOS** `show interface`

clear log コマンド

clear log										
RTX5000	RTX3500	RTX3000	RTX1500	RTX1210	RTX1200	RTX1100	RTX810	RT250i	RT107e	SRT100

システムログを消去するコマンドです（リスト2.3.21）。

○リスト2.3.21：clear logコマンドの実行例

```
# show log
2016/04/26 11:58:00: success to extract syslog
2016/04/26 11:58:02: [LUA] Lua script function was enabled.
2016/04/26 11:58:07: LAN1: PORT1 link up (1000BASE-T Full Duplex)
---つづく---
#
# clear log   ❶
#
# show log
#
```

❶ システムログを消去する **IOS** `clear logging`

2-3-2 コマンド操作

ここでは、便利なコマンド操作を紹介します。どれも実用向きですので、基本コマンドと一緒に覚えると作業がはかどります。

設定の削除

設定の削除は、コマンドの前に「no」を加えるだけです（リスト2.3.22）。

○リスト2.3.22：設定の削除例

```
# show config | grep httpd   ❶
Searching ...
httpd host 11.0.0.1-11.0.0.100
#
# no httpd host 11.0.0.1-11.0.0.100   ❷
#
# show config | grep httpd
Searching ...
#
```

❶ 設定のうち「httpd」を含む行のみ表示する **IOS** `show run | inc`
❷ 「no」以降のコマンドを削除する **IOS** `no`

コマンド完結候補の表示

コマンドの入力途中で[?]キーを押すと、完結するコマンドの候補が表示されます。また、スペースをまたぐコマンドの場合、スペースのあとに[?]キーを押すと候補が表示されます。リスト2.3.23の実行例では、まず「lo」に続き[?]キーを入力すると1つだけの候補「login」

が表示されました。次に、「login 」(loginとスペース)に続き⑦キーを入力すると「password」、「radius」、「timer」、「user」の4個の候補が表示されます。

○リスト2.3.23：コマンド完結候補の表示

```
# lo?
? login
# login ?
? password radius timer user
# login
```

コマンド名称の補完

コマンドの入力途中でTabキーを押すと、後続部分が一意的に決まるものは自動的に補完されます。また、後続部分が一意的に決まる場合、途中まで入力した文字列でもコマンドとして認識されます。リスト2.3.24の実行例では、「show en」だけ入力してTabキーを押すと、自動的に「show environment」に補完されます。次に、「show en」だけ入力してEnterキーを押すと、自動的に「show environment」に補完されたうえ実行されます。

○リスト2.3.24：コマンド補完

```
# show environment    ※「show en」だけ入力してTabキーを押した結果
#
# show environment ❶  ※「show en」だけ入力してEnterキーを押した結果
RTX1200 BootROM Ver.1.01
RTX1200 Rev.10.01.65 (Tue Oct 13 12:23:48 2015)
  main:   RTX1200 ver=b0 serial=D26049051 MAC-Address=00:a0:de:67:65:3e
MAC-Addr
ess=00:a0:de:67:65:3f MAC-Address=00:a0:de:67:65:40
CPU:    1%(5sec)    0%(1min)    0%(5min)    メモリ: 23% used
パケットバッファ:    0%(small)    0%(middle)    5%(large)    0%(huge) used
実行中ファームウェア: exec0   実行中設定ファイル: config0
デフォルトファームウェア: exec0   デフォルト設定ファイル: config0
起動時刻: 2016/05/05 18:10:50 +09:00
現在の時刻: 2016/05/05 18:45:48 +09:00
起動からの経過時間: 0日 00:34:58
セキュリティクラス レベル: 2, FORGET: ON, TELNET: ON
筐体内温度(℃): 31
#
```

❶ 機器状態を表示する IOS show ver ⇒ show env ⇒ show process cpu ⇒ show process memory

コマンドヒストリ

↑キーかCtrl+Pで過去に入力したコマンドを呼び出せます。さらに、過去のコマンドを呼び出してから↓キーかCtrl+Nを使って後続の入力コマンドに切り替えることもできます（図2.3.2）。

○図2.3.2：コマンドヒストリ

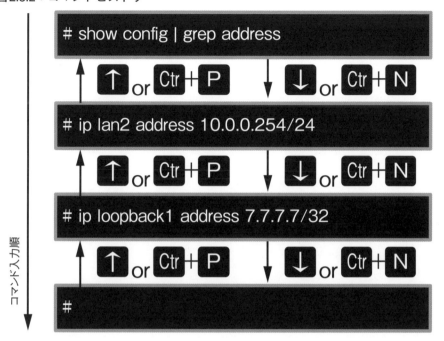

キーボード操作

　カーソルをコマンドラインの先頭に移動するなどの操作は、コマンドラインが長くなるほど便利に感じるようになります。すべてのキーボード操作を覚える必要はありませんが、カーソルの先頭移動、コマンドラインのクリア、カーソル前後のコマンドラインのクリアを知っているだけで作業効率が上がります。**表2.3.3**（次ページ）はキーボード操作の一覧です。

コメントアウト

　コンソール画面にコメントアウトを記載するには、コメントの前に「#」を加えるだけです。設定の中にコメントを挿入したいならdescriptionコマンドを使います。descriptionコマンドは、システム全体と個別インタフェースの2箇所で使用でき、システム全体に対してコメントIDで複数行のコメントを書き込めます。インタフェースの場合のコメントは1行だけという制限があります（**リスト2.3.25**）。

出力結果の全表示

　出力結果が一画面に収まりきれなかった場合、続きがあることを示す「---つづく---」が表示されます。この状態で Enter キーを押すと続きの1行が表示され、space キーを押すと続きの1画面が表示されます。また、Q キーを押すと表示が終了します。「---つづく---」を表示せずにすべての出力を表示させるには「console lines infinity」コマンドを用います。

Chapter 2：ヤマハルーターの基礎知識

○表2.3.3：キーボード操作の例（「|」はカーソルの位置を表す）

キーボード操作	操作前のコマンドライン	操作後のコマンドライン
Ctrl + A（カーソルの先頭移動）	# syslog host 10.0.0.100|	# |syslog host 10.0.0.100
Ctrl + E（カーソルの末尾移動）	# |syslog host 10.0.0.100	# syslog host 10.0.0.100|
Ctrl + U（行のクリア）	# syslog host 10.0.0.100|	# |
Ctrl + K（カーソル以降のクリア）	# syslog host |10.0.0.100	# syslog host |
Ctrl + W（カーソル以降のクリア）	# syslog host |10.0.0.100	# |10.0.0.100
Ctrl + B / ←（カーソルの左1文字移動）	# syslog host 10.0.0.100|	# syslog host 10.0.0.10|0
Ctrl + F / →（カーソルの右1文字移動）	# syslog host 10.0.0.10|0	# syslog host 10.0.0.100|
Ctrl + D（カーソル箇所の文字削除）	# syslog ho|st 10.0.0.100	# syslog ho|t 10.0.0.100
Ctrl + C（コマンド実行せずに改行）	# syslog host 10.0.0.100|	# syslog hot 10.0.0.100 # |

○リスト2.3.25：コメントアウト

```
# syslog host 10.0.0.100  ①
# #シスログサーバのアドレスです  ※コンソール画面にコメントを記載
#
# description 1 comment1コメント1  ②  ※システム全体にコメントを記載（設定ファイルに記載）
#
# description 2 comment2コメント2  ②  ※システム全体にコメントを記載（設定ファイルに記載）
#
# description lan1 interfaceコメント  ③  ※インタフェースにコメントを記載（設定ファイルに記載）
#
# show config  ④
# RTX1200 Rev.10.01.65 (Tue Oct 13 12:23:48 2015)
# MAC Address : 00:a0:de:67:65:3e, 00:a0:de:67:65:3f, 00:a0:de:67:65:40
# Memory 128Mbytes, 3LAN, 1BRI
# main:   RTX1200 ver=b0 serial=D26049051 MAC-Address=00:a0:de:67:65:3e MAC-Addr
ess=00:a0:de:67:65:3f MAC-Address=00:a0:de:67:65:40
# Reporting Date: May 6 12:11:23 2016
description 1 comment1コメント1  ※システム全体のコメント
description 2 comment2コメント2  ※システム全体のコメント
security class 2 on on off
login timer clear
ip route default gateway 192.168.0.1
description lan1 interfaceコメント  ※インタフェースのコメント
ip lan1 address 192.168.0.254/24
syslog host 10.0.0.100
dhcp service server
```

（つづく）

```
(つづき)
dhcp server rfc2131 compliant except remain-silent
dhcp scope 1 192.168.100.2-192.168.100.191/24
dns server 10.0.0.53
dns server dhcp lan1
httpd host 11.0.0.1-11.0.0.100
#
```

❶ syslog サーバの IP アドレスを設定する [IOS] `ip name server`
❷ システム全体のコメントを設定に書き込む [IOS] `-`
❸ インタフェースのコメントを設定に書き込む [IOS] `interface ⇒ description`
❹ 設定内容を表示する [IOS] `show run`

出力結果の検索

すでに何度も grep を使った出力結果の検索例を紹介してきました。ここでは、改めて grep の使い方とそのオプションについて紹介します。grep のもっとも簡単な使い方は、出力結果からある文字列を含む行のみを抜き出すことです。たとえば、リスト 2.3.26 のように、「show config」コマンドの出力結果から「Rev」の文字列を含む行を抽出できます。

○ リスト 2.3.26：grep のもっとも簡単な使い方

```
# show config
# RTX1200 Rev.10.01.65 (Tue Oct 13 12:23:48 2015)
# MAC Address : 00:a0:de:67:65:3e, 00:a0:de:67:65:3f, 00:a0:de:67:65:40
# Memory 128Mbytes, 3LAN, 1BRI
# main:   RTX1200 ver=b0 serial=D26049051 MAC-Address=00:a0:de:67:65:3e
MAC-Addr
ess=00:a0:de:67:65:3f MAC-Address=00:a0:de:67:65:40
# Reporting Date: May 6 09:32:12 2016
security class 2 on on off
login timer clear
ip route default gateway 192.168.0.1
ip lan1 address 192.168.0.254/24
syslog host 10.0.0.100
dhcp service server
dhcp server rfc2131 compliant except remain-silent
dhcp scope 1 192.168.100.2-192.168.100.191/24
dns server 10.0.0.53
dns server dhcp lan1
httpd host 11.0.0.1-11.0.0.100
# show config | grep Rev  ❶
Searching ...
# RTX1200 Rev.10.01.65 (Tue Oct 13 12:23:48 2015)
#
```

❶ 設定内容のうち「Rev」を含む行のみ表示する [IOS] `show run | inc`

「Rev」の代わりに「rev」を検索対象とすると検索結果は出てきません。なぜなら、show config の出結果に「rev」はありません。大文字と小文字を区別せずに検索したいなら「-i」オプションをつけます（リスト 2.3.27）。

○リスト2.3.27：大文字と小文字を区別しないgrepの使い方

```
# show config | grep rev  ❶
Searching ...
#
# show config | grep -i rev  ❷
Searching ...
# RTX1200 Rev.10.01.65 (Tue Oct 13 12:23:48 2015)
#
```

❶ 設定内容のうち「rev」を含む行のみ表示する　IOS `show run | inc`
❷ -iオプションは検索条件に大文字と小文字の区別をなくす　IOS -

検索対象が一致しない行を抽出するには「-v」オプションをつけます（リスト2.3.28）。

○リスト2.3.28：検索対象が一致しない行の抽出例

```
# show config | grep -v Rev  ❶
Searching ...
# MAC Address : 00:a0:de:67:65:3e, 00:a0:de:67:65:3f, 00:a0:de:67:65:40
# Memory 128Mbytes, 3LAN, 1BRI
# main:   RTX1200 ver=b0 serial=D26049051 MAC-Address=00:a0:de:67:65:3e MAC-Addr
ess=00:a0:de:67:65:3f MAC-Address=00:a0:de:67:65:40
# Reporting Date: May 6 10:14:53 2016
security class 2 on on off
login timer clear
ip route default gateway 192.168.0.1
ip lan1 address 192.168.0.254/24
syslog host 10.0.0.100
dhcp service server
dhcp server rfc2131 compliant except remain-silent
dhcp scope 1 192.168.100.2-192.168.100.191/24
dns server 10.0.0.53
dns server dhcp lan1
httpd host 11.0.0.1-11.0.0.100
#
```

❶ 設定内容のうち「Rev」を含まない行のみ表示する　IOS `show run | exc`

検索対象がワードの場合のみ抽出するには「-w」オプションを使います。ワードは、スペースや記号で区切られた文字列です。リスト2.3.29の実行例では、ワード「RTX1200」を含む行を抽出しています。「RTX」だけのワードがないので、ワード「RTX」を含む行は抽出されません。

ここまで例は、すべての検索対象は文字列でした。文字列の代わりに正規表現を使うこともできます。正規表現は、文字列のパターンを特殊記号で記載方法です。表2.3.4は、使える特殊記号の一覧です。

◯リスト2.3.29：指定ワードを含む行の抽出例

```
# show config | grep -w RTX  ❶
Searching ...
#
# show config | grep -w RTX1200  ❷
Searching ...
# RTX1200 Rev.10.01.65 (Tue Oct 13 12:23:48 2015)
# main:   RTX1200 ver=b0 serial=D26049051 MAC-Address=00:a0:de:67:65:3e
MAC-Addr
ess=00:a0:de:67:65:3f MAC-Address=00:a0:de:67:65:40
#
```

❶ 設定内容のうち「RTX1」の単語を含まない行のみ表示する IOS –
❷ 設定内容のうち「RTX1200」の単語を含まない行のみ表示する IOS –

◯表2.3.4：正規表現で使える特殊文字

特殊文字	概要	使用例	マッチする文字列の例
.	任意の1文字	RTX12.0	RTX1200 RTX1210
?	直前の文字が0か1回の出現	Address?	Addres Address
*	直前の文字が0回以上の出現	mo*n	mn mon moon mooooon
+	直前の文字が1回以上の出現	mo*n	mon moon mooooon
|	前後のいずれかの文字	RTX121|00	RTX1210 RTX1200
[ ]	[ ]内のいずれかの文字	RTX12[10]0	RTX1210 RTX1200
[^]	[ ]内のいずれか以外の文字	RTX12[^9]0	RTX1200 RTX1250
^	行の先頭の文字マッチ	^ip	ipで開始する行
$	行の末尾の文字マッチ	server$	serverで終了する行
( )	文字のグルーピング	(mo)+	mo momo momomomomo
¥	記号のエスケープ	10¥.01¥.65	10.01.65

2-4 ルーターの管理方法

　ここでは、ヤマハルーターの日常運用において知っておきたい管理方法を紹介します。ファームウェアのリビジョンアップ、設定ファイルの管理、パスワードリカバリーなどがその内容です。なお、紹介する管理方法はRTX1200を用いた例です。

2-4-1 ファームウェアのリビジョンアップ

　ファームウェアのリビジョンアップは、次の3つの方法があります。

- 外部メモリ（USBまたはmicroSD）の利用
- TFTPの利用
- Web経由

外部メモリによるファームウェアのリビジョンアップ

　USBメモリを使ったリビジョンアップの方法から紹介します。まず最新のRTX1200のファームウェアをファームウェア配布ページ[注7]（**図2.4.1**）からダウンロードします。ダウンロードしたファームウェアはUSBメモリの最上位のディレクトリに置きます。ファームウェアのファイル名が「rtx1200.bin」となっていることを確認してください。違うファイル名のままリビジョンアップする場合、「external memory exec filename」コマンドを使ってファイル名を指定し直す必要があります。**リスト2.4.1**では、読み込み対象のファームウェアのファイル名を「rtx1200-rev100165.bin」に指定しています。

○図2.4.1：最新ファームウェアのダウンロード

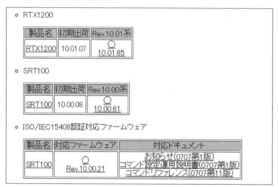

○リスト2.4.1：読み込みファームウェアのファイル名の変更

```
# external-memory exec filename usb1:/rtx1200-rev100165.bin ①
#
```

❶ 読み込むファームウェアを指定する (IOS) boot system

　今回は、ファームウェアのファイルを変えずに「rtx1200.bin」のままリビジョンアップします。USBメモリをUSBポートに差し込むと、システム音が鳴ると同時にUSBランプが緑に点灯します。**リスト2.4.2**では、USBメモリ内のファイルとUSBホスト機能の動作状況を確認しています。

　これでファームウェアの準備が整いました。リビジョンアップを開始するには、装置のUSBボタンを押しながらDOWNLOADボタンを3秒以上押し続けます。成功すると、microSDランプとUSBランプとDOWNLOADランプが交互に光り出し、しばらくすると自動的に再起動します。再起動後、正しくリビジョンアップされたことを確認します（**リスト2.4.3**）。

注7　http://www.rtpro.yamaha.co.jp/RT/firmware/index.php#rtx1200

○リスト2.4.2：USBメモリ内のファイルとUSBホスト機能の動作状況の確認

```
# show file list usb1:/  ❶  ※USB内のファイルを確認する
2016/05/06 17:13:34 <DIR>               10.01.59
2016/05/06 16:51:16             4952364 RTX1200.BIN
#
# show status usbhost  ❷  ※USBホスト機能が動作中であることを確認する
ホストコントローラ:         動作中

usb1
  給電:                    ON
  接続中のデバイス:
    デバイス名:            0x1000 <USB DISK>
    ベンダー名:            0x090c <SMI Corporation>
    最大転送速度:          480Mbps(High speed)
    記憶容量:              1957856 KB
MASS Storage Class転送統計
    タイムアウト:          0
    ストール:              0
    キャンセル:            0
    I/Oエラー:             0
    その他エラー:          0
#
```

❶ USB内のファイル一覧を表示する **IOS** `dir usbflashX:`
❷ USBホスト機能の動作状況を確認する **IOS** `show file system`

○リスト2.4.3：リビジョンアップ結果の確認

```
# show environment | grep Rev  ❶
Searching ...
RTX1200 Rev.10.01.65 (Tue Oct 13 12:23:48 2015)
#
```

❶ 設定内容中「Rev」を含む行のみ表示する **IOS** `show run | inc`

TFTPよるファームウェアのリビジョンアップ

　TFTP[注8]はUDPの69番ポートを使用したファイル転送プロトコルです。FTPのような認証機能やTCP通信ではないので、比較的動作の軽いプロトコルです。ネットワーク機器の設定ファイルやファームウェアなどのファイル転送によく使われます。

　TFTPによるリビジョンアップの方法は、RTX1200をTFTPサーバとし、TFTPクライアントのPC端末からファームウェアをPUT（送信）します。RTX1200側のファームウェアは「exec」という名前で保存するようにします（図2.4.2）。

　RTX1200をTFTPサーバにするには、**リスト2.4.4**のようなコマンドを入力します。TFTPクライアントのIPアドレスは192.168.0.1とします。

　TFTPクライアントがWindows端末の場合、**リスト2.4.5**のようなコマンドプロンプトを

注8　HyperText Transfer Protocol

○図2.4.2：TFTPによるリビジョンアップ

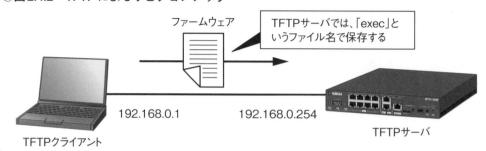

入力します。「-i」オプションは、転送ファイルをバイナリファイルとして扱うようにします。また、Windows端末でTFTPクライアント機能を事前に有効にします。

○リスト2.4.4：TFTPサーバ

```
# tftp host 192.168.0.1 ①
#
```

❶ TFTPクライアントのIPアドレスを192.168.0.1に設定する [IOS] -

○リスト2.4.5：Windows端末でのTFTPコマンド実行例

```
C:\tmp>tftp -i 192.168.0.254 PUT rtx1200.bin exec
```

Webアクセスによるファームウェアのリビジョンアップ

最後の方法は、インターネット接続経由のリビジョンアップです。まず、Webアクセスによるファームウェアのリビジョンアップに関する機能を有効にします（**リスト2.4.6**）。

機能を有効化したら、DOWNLOADボタンを3秒以上押し続けると、最新のファームウェアのダウンロードが開始します。ダウンロードが完了したら、自動的に再起動します。

○リスト2.4.6：Webアクセスによるファームウェアのリビジョンアップ機能の有効化

```
# operation http revision-up permit on ①
#
```

❶ Webアクセスによるファームウェアのリビジョンアップ機能を有効化する [IOS] -

2-4-2 設定ファイルの管理

saveコマンドで設定を保存します。保存された設定は、不揮発性メモリの中で0番の設定ファイルとして保存されます。再度saveすると、新設定が0番の設定ファイルとなり、旧設定は0.1番になります。設定は最大3世代まで保存でき、つまり0.2番まで存在します。1～4番目の設定ファイルとして保存するには、手動による明示的に指定する必要があります。

リスト2.4.7は、saveコマンドのさまざまな使い方で、さらに設定を保存するさいにコメントを残すこともできます。「show config list」は、保存した設定ファイルの一覧を表示するコマンドです。現在読み込み中の設定の番号に「*」マークが付きます。

ルーターを起動すると、0番の設定ファイルをデフォルト設定ファイルとして読み込みます。デフォルト設定ファイルを0番以外にするには「set-default-config」コマンドを使います。リスト2.4.8の例では、4番の設定をデフォルト設定ファイルに変更しています。

○リスト2.4.7：saveコマンドのさまざまな使い方

```
# show config list ❶
No.   Date       Time      Size   Sects    Comment
----- ---------- --------  -----  -------  -------------------
*  0  2016/05/07 10:08:42    411  126/126
   0.1 2016/05/07 09:35:37   411  124/124
   0.2 2016/05/07 09:34:53   389  125/125
----- ---------- --------  -----  -------  -------------------
#
# save ❷
セーブ中... CONFIG0 終了
#
# show config list
No.   Date       Time      Size   Sects    Comment
----- ---------- --------  -----  -------  -------------------
*  0  2016/05/07 12:58:37    411  125/125
   0.1 2016/05/07 10:08:42   411  126/126
   0.2 2016/05/07 09:35:37   411  124/124
----- ---------- --------  -----  -------  -------------------
#
# save 0 ❸
セーブ中... CONFIG0 終了
#
# show config list
No.   Date       Time      Size   Sects    Comment
----- ---------- --------  -----  -------  -------------------
*  0  2016/05/07 12:58:58    411  124/124
   0.1 2016/05/07 12:58:37   411  125/125
   0.2 2016/05/07 10:08:42   411  126/126
----- ---------- --------  -----  -------  -------------------
#
# save 4 一時保存用 ❹
セーブ中... CONFIG4 終了
#
# show config list
No.   Date       Time      Size   Sects    Comment
----- ---------- --------  -----  -------  -------------------
*  0  2016/05/07 12:58:58    411  124/124
   0.1 2016/05/07 12:58:37   411  125/125
   0.2 2016/05/07 10:08:42   411  126/126
   4   2016/05/07 12:59:32   425  123/123  一時保存用
----- ---------- --------  -----  -------  -------------------
```

❶ 設定ファイルの一覧を表示する **IOS** `dir`
❷ 設定を保存する **IOS** `write`
❸ 設定を0番設定として保存する。saveコマンドと同じ動作 **IOS** `write`
❹ 設定をコメント（一時保存用）付きで4番設定として保存する **IOS** `copy`

○リスト2.4.8：デフォルト設定ファイルの変更

```
# show environment | grep デフォルト設定ファイル ①
Searching ...
デフォルトファームウェア: exec0　デフォルト設定ファイル: config0
#
# set-default-config 4 ②
#
# show environment | grep デフォルト設定ファイル
Searching ...
デフォルトファームウェア: exec0　デフォルト設定ファイル: config4
#
# restart ③

...略...

# show config list ④
No.　Date　　　　Time　　　　Size　　Sects　　Comment
----- ---------- -------- ------- ------- --------------------------
　0　2016/05/07 12:58:58　　411 124/124
　0.1 2016/05/07 12:58:37　　411 125/125
　0.2 2016/05/07 10:08:42　　411 126/126
* 4　2016/05/07 12:59:32　　425 123/123 一時保存用
----- ---------- -------- ------- ------- --------------------------
```

❶ 機器状態の設定のうち中「デフォルト設定ファイル」を含む行のみ表示する
　`IOS` show ver | inc
　　　show env | inc show process cpu | inc
　　　show process memory | inc
❷ デフォルト設定ファイルを4番設定に変更する `IOS` copy
❸ ルーターを再起動する `IOS` reloaod
❹ 設定ファイルの一覧を表示する `IOS` dir

「show config」コマンドは、設定内容を表示するコマンドで、とくに指定がなければ表示対象は0番の設定です。0番以外の設定内容を表示するには明示的に設定の番号を指定する必要があります。リスト2.4.9の例では、0.2番の設定を表示しています。また、番号指定での「show config」コマンドの実行は、ログインパスワードと管理パスワードの入力を求められます。

○リスト2.4.9：0番以外の設定内容の確認

```
# show config 0.2 ①
Input passwords of CONFIG0.2
Login Password:
Administrator Password:
#10 1 65 0
security class 2 on on off
login timer clear
ip route default gateway 192.168.0.1
ip lan1 address 192.168.0.254/24

...略...
```

❶ 0.2番の設定を表示する `IOS` −

最後に設定のコピーについて紹介します。設定のコピーは、不揮発性メモリ内はもちろん、外部メモリと不揮発性メモリ間でも可能です。**リスト2.4.10**の例では、不揮発性メモリ内のコピー（0番設定を3番設定にコピー）と不揮発性メモリの3番設定からUSBメモリへのコピーの2つのコピーを実施しています。

○リスト2.4.10：設定のコピー

```
# show config list  ❶
No.   Date       Time       Size    Sects    Comment
----- ---------- --------   ------- -------- ---------------------------------
*  0  2016/05/07 12:58:58    411    124/124
   0.1 2016/05/07 12:58:37   411    125/125
   0.2 2016/05/07 10:08:42   411    126/126
   4  2016/05/07 12:59:32    425    123/123  一時保存用
----- ---------- --------   ------- -------- ---------------------------------
#
# show file list usb1:/  ❷
2016/05/06 16:51:16         4952364 RTX1200.BIN
#
# copy config 0 3  ❸
#
# show config list
No.   Date       Time       Size    Sects    Comment
----- ---------- --------   ------- -------- ---------------------------------
*  0  2016/05/07 12:58:58    411    124/124
   0.1 2016/05/07 12:58:37   411    125/125
   0.2 2016/05/07 10:08:42   411    126/126
   3  2016/05/07 16:45:29    411    122/122
   4  2016/05/07 12:59:32    425    123/123  一時保存用
----- ---------- --------   ------- -------- ---------------------------------
#
# copy config 3 usb1:backup3  ❹
#
# show file list usb1:/
2016/05/07 16:46:12              748 backup3
2016/05/06 16:51:16         4952364 RTX1200.BIN
#
```

❶ 設定ファイルの一覧を表示する **IOS** `dir`
❷ USB内のファイル一覧を表示する **IOS** `dir`
❸ 0番設定ファイルを3番設定ファイルにコピーする **IOS** `copy`
❹ 0番設定ファイルをUSBメモリにコピーする **IOS** `copy`

2-4-3 パスワードリカバリ

ログインパスワードか管理パスワードを忘れたとき、特別なパスワードで管理ユーザとしてルーターにログインすることができます。この方法は、TelnetやSSHの遠隔ログインには対応していないので、コンソールポートからパスワードリカバリする必要があります。もう1つの制約条件として、セキュリティクラスの第2パラメータが「ON」になっていることです。パスワードリカバリのための特別なパスワードは「w,lXlma」です。

セキュリティクラスの第2パラメータが「OFF」になっていると、特別なパスワードを使うことができません。この場合のパスワードリカバリはできないので、販売代理店かヤマハルーターのサポートに問い合わせする必要があります。**リスト2.4.11**ではパスワードのリカバリの手順例を示しています。

○リスト2.4.11：パスワードリカバリの手順例

```
# show environment | grep セキュリティ  ①
Searching ...
セキュリティクラス レベル: 2, FORGET: ON, TELNET: ON
#
# exit
> exit

Password:w,lXlma  ※特別なパスワード（実際には表示されない）

RTX1200 Rev.10.01.65 (Tue Oct 13 12:23:48 2015)
  Copyright (c) 1994-2015 Yamaha Corporation. All Rights Reserved.
  Copyright (c) 1991-1997 Regents of the University of California.
   ...略...
  Copyright (c) 2005 JSON.org
00:a0:de:67:65:3e, 00:a0:de:67:65:3f, 00:a0:de:67:65:40
Memory 128Mbytes, 3LAN, 1BRI
#  ※特別なパスワードで管理ユーザとしてログイン
# login password  ②
Old_Password:
New_Password:
New_Password:
#
# administrator password  ③
Old_Password:
New_Password:
New_Password:
#
```

❶ 機器状態の設定中「デフォルト設定ファイル」を含む行のみ表示する
　IOS show ver | inc
　　　show env | inc
　　　show process cpu | inc
　　　show process memory | inc
❷ ログインパスワードを設定する **IOS** line ⇒ pass ⇒ login
❸ 管理パスワードを設定する **IOS** enable pass

2-4-4 設定の初期化

設定を初期化すると、不揮発性メモリに保存されている設定とシステムログがすべて消えます。初期化は、次の2つの方法があります。

- cold startコマンド
- 筐体ボタン操作

cold startコマンドによる初期化

cold startコマンドを実行するには、再度管理パスワードを入れる必要があります（リスト2.4.12）。

○リスト2.4.12：cold startコマンドによる初期化

```
# cold start  ❶
Password:
```

❶ 設定を初期化する　IOS erase start

筐体ボタン操作による初期化

この方法は、ルーターにログインする必要がないので、パスワードリカバリ不可時の最終手段として使うことができます。設定などがすべて消えるので、普段から設定を定期的に外部保存するなどの運用を行うことをおすすめします。

操作方法は、まずRTX1200の電源をOFFして、SDボタンとUSBボタンとDOWNLOADボタンを同時に押しながら電源ONします。

2-4-5　起動プロセスの選択

電源ONまたは再起動後に10秒のカウントダウンが開始し、10秒以内に Enter キーを押すと、読み込む設定と起動するファームウェアの選択ができます。

ファームウェアは、0番と1番の2つがあり、普段は0番のフォームウェアがデフォルトで起動するファームウェアです。

リスト2.4.13の例では、まずUSBメモリに保存しているRev.10.01.59のファームウェアを1番のファームウェアでとして保存します。0番のファームウェアは、Rev10.01.65です。次に、restartコマンドで再起動して、カウントダウン10秒以内に Enter キーを押します。ファームウェアと設定ファイルの選択では、それぞれ1番ファームウェアと1番設定ファイルを選びます。最後に、起動プロセスで選択したファームウェアと設定ファイルが無事に起動したことを「show exec list」コマンドと「show config list」コマンドで確認します。「*」マークは起動中を意味しています。

○リスト2.4.13：起動プロセスの選択

```
# copy exec usb1:/10.01.59/rtx1200.bin 1  ❶
Searching files in USB Memory... Done.
コピー中... usb1:rtx1200.bin 終了
#
# restart  ❷
Restarting ...

RTX1200 BootROM Ver.1.01
  Copyright (c) 2009 Yamaha Corporation
```

（つづく）

Chapter 2：ヤマハルーターの基礎知識

（つづき）

```
Press 'Enter' or 'Return' to select a firmware and a configuration.
Default settings :   exec0 and config0

Will start automatically in : 10   ※10秒のカウントダウンが開始する

RTX1200 BootROM Ver.1.01
  Copyright (c) 2009 Yamaha Corporation

Press 'Enter' or 'Return' to select a firmware and a configuration.
Default settings :   exec0 and config0

No.    Revision
-----  ----------------------------------
*  0   Rev.10.01.65
   1   Rev.10.01.59
-----  ----------------------------------
Select the firmware [0 or 1] : 1   ※1番のファームウェアを選択
 No.    Date         Time       Size   Sects    Comment
 -----  -----------  --------   ------ -------  ---------------------
 *  0   2016/05/07   22:43:00      204 126/126
    1   2016/05/07   22:43:37      216 125/125  商用設定
    2   2016/05/07   22:44:26      218 124/124  検証用設定
 -----  -----------  --------   ------ -------  ---------------------
Select the configuration
  [Number in upper list, or '-'(hyphen) to go back] : 1   ※1番の設定ファイルを選択

   ...略...

# show exec list  ③
 No.    Revision
 -----  ----------------------------------
    0   Rev.10.01.65
 *  1   Rev.10.01.59  ※1番のファームウェアで起動中
 -----  ----------------------------------
#
# show config list  ④
 No.    Date         Time       Size   Sects    Comment
 -----  -----------  --------   ------ -------  ---------------------
    0   2016/05/07   22:43:00      204 126/126
 *  1   2016/05/07   22:43:37      216 125/125  商用設定  ※1番の設定ファイルを使用中
    2   2016/05/07   22:44:26      218 124/124  検証用設定
 -----  -----------  --------   ------ -------  ---------------------
#
```

❶ USBメモリにあるファームウェアを1番ファームウェアとして不揮発性メモリに保存する
  `IOS` copy
❷ ルーターを再起動する `IOS` reloaod
❸ ファームウェアの一覧を表示する `IOS` dir
❹ 設定ファイルの一覧を表示する `IOS` dir

2-5 章のまとめ

本章では、次のトピックを説明しました。

- ヤマハルーターについて
- 初期設定の変更
- 基本的なコマンド操作
- ルーターの管理方法

　ヤマハルーターは、企業向けルーターの市場でCiscoルーターと1位を争うほど人気があり、とくにSOHOや中小企業ユーザに支持されています。ヤマハルーターの歴史は、電子楽器で使われたLSI技術の転用からはじまり、その後インターネットの普及を先取りして、常に数年先を見据えた製品をリリースしてきました。現在の主力製品はRTX1210で、RTX1200から大きく性能が向上した製品です。また、ヤマハルーターの人気の要因として豊富な情報ソースとサポート体制などが挙げられます。

　「初期設定の変更」では、CUIとGUIの2つの方法で初期設定を変更しました。変更したのは、LANインタフェースのIPアドレス、ログインパスワード、管理パスワードなどです。RTX1210のGUI画面は、RTX1200とまったく違っていることと、GUIですべての設定ができないことを確認しました。おすすめする方法は、コンソールポート経由で行うCUI設定です。

　「基本的なコマンド操作」では、普段の運用でよく使用するコマンドと効率的なコマンド操作を紹介しました。コマンドによっては、オプションでさらに細かい設定もできますが、ここではごく基本的な使い方のみの紹介でした。コマンド操作をより速くよりスマートに行うにはいくつかのコマンド操作を覚えるとよいでしょう。

　最後の「ルーターの管理方法」は、主に保守業務で知っておきたい事項をまとめてあります。ファームウェアのリビジョンアップ、設定ファイルの管理、パスワードリカバリなどがその内容です。どれもいざというときに必要な知識ですので、ぜひ一度練習してみてください。

Chapter 3

インタフェースと
スイッチ機能

　ヤマハルーターには、LANポートやWANポートなどのインタフェースがあり、機種に応じてその仕様もまちまちです。ヤマハルーターのインタフェースで詳しく紹介したいのはLANポートです。LANポートにはスイッチングハブ機能を備えており、ハブとして使うことが多いですが、VLAN、ポートミラーリング、リンクアグリゲーションのような機能も実現できます。

3-1 ヤマハルーターのインタフェース

ここでは、現行ヤマハルーターのインタフェース仕様、LANポートのスイッチングハブ機能、インタフェース管理、特殊なインタフェースを紹介します。

3-1-1 インタフェース仕様

表3.1.1は、ヤマハルーターのインタフェース仕様一覧です。すべての機種のLANポートにスイッチングハブ機能があります。RTX810とVNR500以外では、任意のLANポートをWANポートに使うことができます。RTX1210とRTX1200のインタフェースの違いは、コンソールポートがRJ45かD-sub9の違いのみです。

○表3.1.1：インタフェースの機種別比較

ポート／スロット	RTX5000	RTX3500	RTX1210	RTX1200	RTX810	NVR500
LANポート	4 ※うち2ポート（LAN1&LAN2）は4ポートスイッチングハブ	4 ※うち2ポート（LAN1&LAN2）は4ポートスイッチングハブ	3 ※うち1ポート（LAN1）は8ポートスイッチングハブ	3 ※うち1ポート（LAN1）は8ポートスイッチングハブ	1 ※4ポートスイッチングハブ	1 ※4ポートスイッチングハブ
WANポート	任意のLANポートを利用	任意のLANポートを利用	任意のLANポートを利用	任意のLANポートを利用	1	1
ISDN Uポート	-	-	-	-	-	1
ISDN S/Tポート	拡張モジュール追加可	拡張モジュール追加可	1	1	-	1
PRIポート	拡張モジュール追加可	拡張モジュール追加可	-	-	-	-
LINEポート	-	-	-	-	-	1
TELポート	-	-	-	-	-	2
microSDスロット	1	1	1	1	1	1
USBポート	-	-	1	1	1	2
コンソールポート	1 ※RJ45	1 ※RJ45	1 ※RJ45	1 ※D-sub9	1 ※D-sub9	1 ※D-sub9

3-1-2 スイッチングハブ機能

ヤマハルーターは、スイッチングハブ機能のあるLANポートを1個以上もっています。この機能は、ルーターの内部にハブが組み込まれていると想像するとわかりやすいです（図3.1.1）。ハブと違うのは、IPアドレスを保持することができる点です。

通常、これらのポートをハブとして使用しますが、ポートを分割して複数のハブを仮想的に作ったり、ポートごとに異なるVLANにマッピング（VLAN分割）する応用的な使い方もあります。後ほどこの2つの技術を詳細に説明します。

○図3.1.1：スイッチングハブ機能

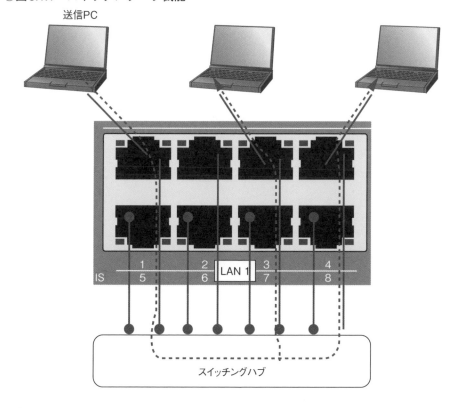

3-1-3 仮想インタフェース

ルーター筐体にある物理的なインタフェース（LAN1やLAN2など）が実インタフェースなら、実際に見えないが存在している仮想インタフェースと呼ばれるインタフェースがあります。さらに、仮想インタフェースの一種で、通信に使用しない特殊インタフェースもあります。具体的は次のようなインタフェースが仮想インタフェースです。

- VLANインタフェース
- PPインタフェース
- トンネルインタフェース
- ブリッジインタフェース
- ループバックインタフェース（特殊インタフェース）
- NULLインタフェース（特殊インタフェース）

それぞれの仮想インタフェースの概要を説明します。

VLANインタフェース

VLANは、Virtual LANの略で、物理的な構成に依存せずに論理的にLANセグメントを

形成するための技術です。この論理的なLANセグメントに属する仮想インタフェースをVLANインタフェースと呼びます（**図3.1.2**）。後述となりますが、VLAN間のルーティングはVLANインタフェースで実現されます。VLANインタフェースに関する設定は、タグVLANの解説のところで紹介します。

◯図3.1.2：VLANインタフェースの概念

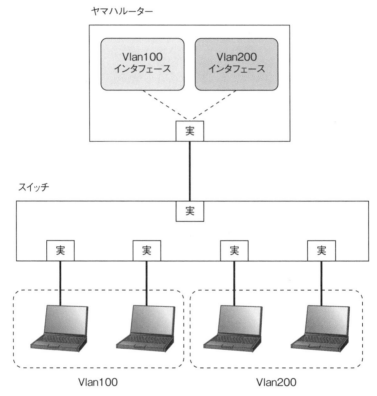

PPインタフェース

PPインタフェースは、ポイントツーポイントインタフェースのことで、別ネットワークのホストと1対1で接続するためのインタフェースです。PPインタフェースの設定は、主にインターネット接続するときに行います（**図3.1.3**）。

◯図3.1.3：PPインタフェースの概念

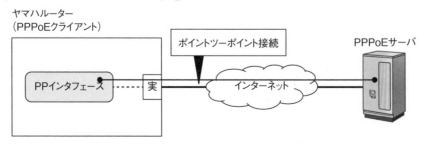

個々のPPインタフェースを設定するには、「pp select」コマンドでPPインタフェース番号を指定します。**リスト3.1.1**のように、「pp select」コマンドを実行すると、プロンプトがPPインタフェースのプロンプトに変わります。PPインタフェースのプロンプトから元のプロンプトに戻るには、「pp select none」コマンドを用います。

○リスト3.1.1：「pp select」コマンドの実行例

```
# pp select 1 ①
pp1# pp select none ②
#
```

① PP1インタフェースを指定する [IOS] interface dialer
② PPインタフェースのプロンプトから抜ける [IOS] exit

トンネルインタフェースの概念

トンネルインタフェースは、IPsecやL2TPなどで構築する仮想専用回線の終端インタフェースです（**図3.1.4**）。

○図3.1.4：トンネルインタフェースの概念

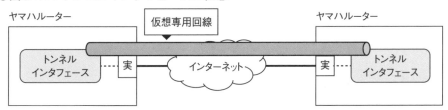

個々のトンネルインタフェースを設定するには、「tunnel select」コマンドを用います。また、「tunnel select none」コマンドでトンネルインタフェースのプロンプトから元のプロンプトに戻ることができます（**リスト3.1.2**）。

○リスト3.1.2：tunnel selectコマンドの実行例

```
# tunnel select 1 ①
tunnel1# tunnel select none ②
#
```

① Tunnel1インタフェースを指定する [IOS] -
② トンネルインタフェースのプロンプトから抜ける [IOS] -

ブリッジインタフェース

ブリッジは、複数のインタフェースを1つの仮想インタフェースに束ねることで、実インタフェースに接続しているホストが同一セグメント配下に置くことができます。このときの

仮想インタフェースをブリッジインタフェースと呼びます。ブリッジの対象インタフェースは、実インタフェースのほかにVLANインタフェースとトンネルインタフェースも可能です。ブリッジインタフェースがよく使用されるのは、L2VPNを構築するためのトンネルインタフェースと実インタフェースのブリッジングです（図3.1.5）。

○図3.1.5：ブリッジインタフェースの概念

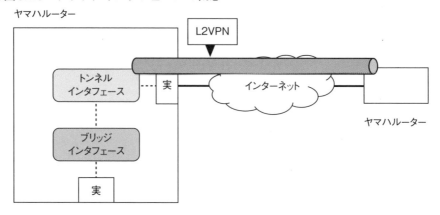

リスト3.1.3の設定と確認例では、ブリッジインタフェースのIPアドレス設定、ブリッジ対象インタフェースの選択、ブリッジインタフェースのステータス情報、ブリッジのMACアドレスのラーニング情報を示しています。

ループバックインタフェース（特殊インタフェース）

ループバックインタフェースは、ルーターが起動している限り常にONになっている特殊なインタフェースです。また、ループバックインタフェースは、自ホストとのみ接続するインタフェースですので、ループバックインタフェースへの通信は、折り返し再びループバックインタフェースで受信します（図3.1.6）。常にONの性質を利用して、OSPFやBGPのルーターIDとしてよく使われます。

○図3.1.6：ループバックインタフェースの概念

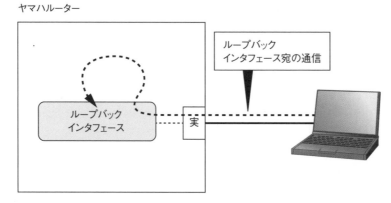

○リスト3.1.3：ブリッジインタフェースの設定と確認例

```
# ip bridge1 address 192.168.10.1/24   ❶
#
# bridge member bridge1 lan1 tunnel1   ❷
※LAN1とTunnel1をブリッジインタフェースに束ねる
#
# show status bridge1   ❸
BRIDGE1
IPアドレス:                        192.168.10.1/24
リンク状態:                        DOWN
ブリッジ:                          LAN1 TUNNEL[1]
イーサネットアドレス:              00:a0:de:c0:e5:38
送信パケット:                      2 パケット(84 オクテット)
  IPv4:                            0 パケット
  IPv6:                            0 パケット
受信パケット:                      0 パケット(0 オクテット)
  IPv4:                            0 パケット
  IPv6:                            0 パケット
LAN1
説明:
IPアドレス:
イーサネットアドレス:              00:a0:de:c0:e5:38
動作モード設定:                       Type (Link status)
            PORT1:                    Auto Negotiation (Link Down)
            PORT2:                    Auto Negotiation (Link Down)
            PORT3:                    Auto Negotiation (Link Down)
            PORT4:                    Auto Negotiation (Link Down)
            PORT5:                    Auto Negotiation (Link Down)
            PORT6:                    Auto Negotiation (Link Down)
            PORT7:                    Auto Negotiation (Link Down)
            PORT8:                    Auto Negotiation (Link Down)
最大パケット長(MTU):               1500 オクテット
プロミスキャスモード:              ON
送信パケット:                      0 パケット(0 オクテット)
  IPv4(全体/ファストパス):         0 パケット / 0 パケット
  IPv6(全体/ファストパス):         0 パケット / 0 パケット
受信パケット:                      0 パケット(0 オクテット)
  IPv4:                            0 パケット
  IPv6:                            0 パケット
#
# show bridge learning bridge1   ❹
カウント数: 1
MACアドレス              インタフェース    TTL(秒)
00:11:22:aa:bb:cc        LAN1              285
#
```

❶ ブリッジ1インタフェースのIPアドレスを設定する `IOS` –
❷ LAN1インタフェースとTunnel1インタフェースをブリッジ1インタフェースに束ねる `IOS` –
❸ ブリッジ1インタフェースのステータスを確認する `IOS` –
❹ ブリッジ1インタフェースのMACアドレスのラーニング情報を確認する `IOS` –

リスト3.1.4はループバックインタフェースの設定例です。設定できるループバックインタフェースの数は、loopback1からloopback9までの9つです。

○リスト3.1.4：ループバックインタフェースの設定例

```
# ip loopback?
? loopback1 loopback2 loopback3 loopback4 loopback5 loopback6 loopback7 loopbac
k8 loopback9
#
# ip loopback1 address 5.5.5.5/32  ①
#
```

❶ ループバック1インタフェースのIPアドレスを設定する　IOS `interface ⇒ ip address`

NULLインタフェース（特殊インタフェース）

NULLインタフェースもループバックインタフェースと同様で、ルーターが起動している限り常にONになっているインタフェースです。NULLインタフェースに届いたパケットはすべて破棄されるので、不正パケットの破棄に使うことが多いです（図3.1.7）。

リスト3.1.5のコマンド使用例では、デフォルトルートをすべてNULLインタフェースに向けるように設定しています。

○図3.1.7：NULLインタフェースの概念

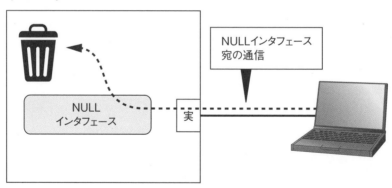

○リスト3.1.5：NULLインタフェースの使用例

```
# ip route default gateway null  ①
#
```

❶ デフォルトゲートをNULLインタフェースに設定する　IOS `ip route`

3-1-4 インタフェースのシャットダウンと再起動

「lan shutdown」コマンドと「interface reset」コマンドで実インタフェースのシャットダウンと再起動ができます。また、「no lan shutdown」コマンドを使えばシャットダウンを解除できます（リスト3.1.6）。

○リスト3.1.6：インタフェースのシャットダウンと再起動

```
# show status lan3                ①
LAN3
説明:
IPアドレス:
イーサネットアドレス:         00:a0:de:6a:c8:7c
動作モード設定:              Auto Negotiation (100BASE-TX Full Duplex)
最大パケット長(MTU):          1500 オクテット
プロミスキャスモード:          OFF
送信パケット:                2 パケット(120 オクテット)
  IPv4(全体/ファストパス):    0 パケット / 0 パケット
  IPv6(全体/ファストパス):    1 パケット / 0 パケット
受信パケット:                392 パケット(30043 オクテット)
  IPv4:                     0 パケット
  IPv6:                     0 パケット
# lan shutdown lan3       ②  ※LAN3のシャットダウン
#
# show status lan3
LAN3
説明:
IPアドレス:
イーサネットアドレス:         00:a0:de:6a:c8:7c
動作モード設定:              Shutdown (Link Down)  ※リンクダウン
最大パケット長(MTU):          1500 オクテット
プロミスキャスモード:          OFF
送信パケット:                2 パケット(120 オクテット)
  IPv4(全体/ファストパス):    0 パケット / 0 パケット
  IPv6(全体/ファストパス):    1 パケット / 0 パケット
受信パケット:                400 パケット(30523 オクテット)
  IPv4:                     0 パケット
  IPv6:                     0 パケット
# no lan shutdown lan3    ③  ※LANのシャットダウン解除
#
# show status lan3
LAN3
説明:
IPアドレス:
イーサネットアドレス:         00:a0:de:6a:c8:7c
動作モード設定:              Auto Negotiation (100BASE-TX Full Duplex) ※リンクアップ
最大パケット長(MTU):          1500 オクテット
プロミスキャスモード:          OFF
送信パケット:                4 パケット(240 オクテット)
  IPv4(全体/ファストパス):    0 パケット / 0 パケット
  IPv6(全体/ファストパス):    2 パケット / 0 パケット
受信パケット:                403 パケット(31092 オクテット)
  IPv4:                     0 パケット
  IPv6:                     0 パケット
#
```

（つづく）

Chapter 3：インタフェースとスイッチ機能

(つづき)

```
# interface reset lan3   ❹
#
# show status lan3   ※LAN3のリセット
LAN3
説明：
IPアドレス：
イーサネットアドレス：    00:a0:de:6a:c8:7c
動作モード設定：          Auto Negotiation (100BASE-TX Full Duplex)   ※リンクアップ
最大パケット長(MTU)：     1500 オクテット
プロミスキャスモード：    OFF
送信パケット：                      6 パケット(360 オクテット)
  IPv4(全体/ファストパス)：         0 パケット / 0 パケット
  IPv6(全体/ファストパス)：         3 パケット / 0 パケット
受信パケット：                    516 パケット(42151 オクテット)
  IPv4：                            0 パケット
  IPv6：                            0 パケット
```

❶ インタフェースのステータスを確認する [IOS] `show interface`
❷ インタフェースをシャットダウンする [IOS] `interface ⇒ shut`
❸ インタフェースのシャットダウンを解除する [IOS] `interface ⇒ no shut`
❹ インタフェースをリセットする [IOS] `interface ⇒ shut ⇒ no shut`

3-2 VLAN

　ヤマハルーターのLAN1（RTX810とNVR500ではLAN）インタフェースは、デフォルトでスイッチングハブとして機能します。したがって、LAN1の任意のポートに接続したホストは同一LANセグメントになります。
　LAN1の物理ポートを仮想的なグループに分け、複数のVLANを形成することができます。VLANは、次の3つ方法で作れます。

- ポート分離
- ポートベースVLAN（LAN分割）
- タグVLAN

3-2-1 ポート分離

　ポート分離は、CiscoでいうプライベートVLANに似た機能です。ポート分離では、LAN1インタフェースのポートをL1レベルで仮想的なグループに分けることでVLANを実現しています。ポートを分離しても、LAN1インタフェースのすべてのポートのIPアドレスは1つのままです。
　図3.2.1を例にポート分離機能を説明します。RTX1200のLAN1インタフェースをポート分離を使って2つのグループに分けます。1番ポートから5番ポートまでをグループA、残りのポートをグループBとします。グループ内のポートに接続したホスト同士は通信ができ、さらにこれのホストはルーター自身および外部とも通信できます。しかし、グループ間の通信はできません。

○図3.2.1：ポート分離（基本機能）

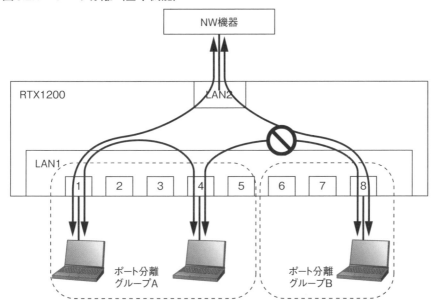

ポート分離の設定

lan type [*LANインタフェース名*] port-based-option=[*分離方法*]										
RTX5000	RTX3500	RTX3000	RTX1500	RTX1210	RTX1200	RTX1100	RTX810	RT250i	RT107e	SRT100

分離方法パラメータ値の記述例は**表3.2.1**のとおりです。

○表3.2.1：分離方法パラメータ

パラメータ値の記述例	内容
split-into-12345:678	基本機能と呼ばれる分離方法
8+,+,+,+,+,+,1-	拡張機能と呼ばれる分離方法
off	ポート分離機能を無効にする、初期値
divide-network	ポートベースVLANを有効にする

図3.2.1のポート分離を基本機能の分離方法で行うと**リスト3.2.1**のようになります。「:」でポートをグループ分けします。2つの「:」を使うとポートを3つのグループに分けることもできます。

○リスト3.2.1：ポート分離

```
# lan type lan1 port-based-option=split-into-12345:678 ❶
#
```

❶ LAN1インタフェースにて基本機能のポート分離を行う IOS -

Chapter 3：インタフェースとスイッチ機能

　上記の基本機能に対して、ポート個別で受信パケットをどこへ転送するかを指定できる拡張機能もあります。なお、拡張機能は、Rev.11.01以上のファームウェアが必要です。

　図3.2.2の拡張機能を使用したポート分離では、次のような通信を実現できます。

- 1番ポートで受信したパケットは、8番ポートへ転送する
- 1番ポートで受信したパケットは、ルーター自身と外部へ転送する
- 8番ポートで受信したパケットは、1番ポートへ転送する
- 8番ポートで受信したパケットは、ルーター自身と外部へ転送しない

　図3.2.2のようなポート分離を実現するには、リスト3.2.2のようなコマンドを入力します。この例では、2番から7番ポートはルーター自身と外部への転送を許可としています。

　カンマで区切られた8箇所は、左から1番ポート、2番号ポートと続きます。数値はパケットの転送先ポート番号で、「+」と「-」は、ルーター自身および外部への転送可否を意味します。「8+」なら8番ポートとルーター自身と外部への転送を許可します。なお、「+」は省略して表記できます。

○図3.2.2：ポート分離（拡張機能）

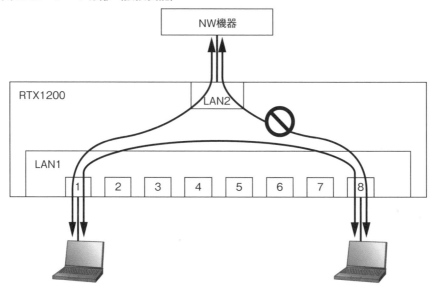

○リスト3.2.2：ポート分離（拡張機能）

```
# lan type lan1 port-based-option=8+,+,+,+,+,+,+,1-   ❶
#
```

❶ LAN1インタフェースにて拡張機能のポート分離を行う IOS -

3-2-2 ポートベースVLAN（LAN分割）

ポートベースVLANはCiscoのポートVLANと同じ機能と考えていいです。この機能を有効にすると、LAN1インタフェースの各ポートをそれぞれ異なるVLANに割り当てられます。それまであったLAN1のIPアドレスはVLAN1のIPアドレスに変わります（**図3.2.3**）。

ポートベースVLAN機能を有効にするには、**リスト3.2.3**のようなコマンドを入力します。

○図3.2.3：ポートベースVLAN機能有効化前後の状態

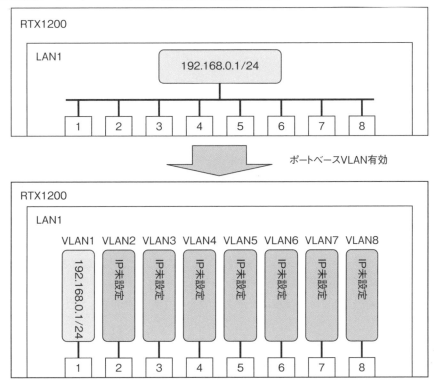

○リスト3.2.3：ポートベースVLAN機能の有効化

```
# show status lan1    ❶
LAN1
説明:
IPアドレス:                    192.168.0.1/24

  ...略...

#
# lan type lan1 port-based-option=divide-network    ❷  ※ポートベースVLAN機能の有効化
#
# show status lan1
```

（つづく）

Chapter 3：インタフェースとスイッチ機能

（つづき）

```
VLAN1
説明：
IPアドレス：                    192.168.0.1/24
VLAN2
説明：
IPアドレス：
VLAN3
説明：
IPアドレス：
VLAN4
説明：
IPアドレス：
VLAN5
説明：
IPアドレス：
VLAN6
説明：
IPアドレス：
VLAN7
説明：
IPアドレス：
VLAN8
説明：
IPアドレス：
   ...略...
```

❶ LAN1 インタフェースのステータスを確認する **IOS** `show inteface`
❷ LAN1 インタフェースにてポートベースVLAN機能を有効化する **IOS** -

次に、図3.2.3のデフォルトの状態から表3.2.2のように変更します。図3.2.4は変更後の状態です。

このとき、ポートとVLANのマッピングする設定をします。使用するコマンドは次のとおりです。

ポートとVLANのマッピング設定

vlan port mapping [ポート] [VLAN]									
RTX5000	RTX3500			RTX1210	RTX1200		RTX810		

リスト3.2.4は、この変更例のコマンド設定です。ポートとVLANのマッピングを確認するには「show config」コマンドを使用するといいでしょう。

3-2：VLAN

○表3.2.2：変更内容

ポート番号	VLAN	IPアドレス
1	1	192.168.1.1/24
2	1	192.168.1.1/24
3	1	192.168.1.1/24
4	1	192.168.1.1/24
5	2	192.168.2.1/24
6	2	192.168.2.1/24
7	3	192.168.3.1/24
8	3	192.168.3.1/24

○図3.2.4：ポートベースVLANの設定後の状態

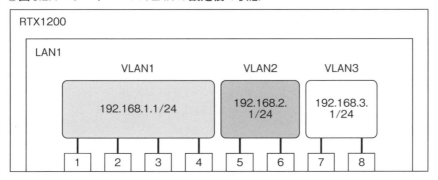

○リスト3.2.4：ポートベースVLANの設定例

```
# vlan port mapping lan1.1 vlan1    ①
# vlan port mapping lan1.2 vlan1    ①
# vlan port mapping lan1.3 vlan1    ①
# vlan port mapping lan1.4 vlan1    ①
# vlan port mapping lan1.5 vlan2    ①
# vlan port mapping lan1.6 vlan2    ①
# vlan port mapping lan1.7 vlan3    ①
# vlan port mapping lan1.8 vlan3    ①
#
# ip vlan1 address 192.168.1.1/24   ②
# ip vlan2 address 192.168.2.1/24   ②
# ip vlan3 address 192.168.3.1/24   ②
#
# show status lan1
VLAN1
説明:
IPアドレス:                       192.168.1.1/24
VLAN2
説明:
IPアドレス:                       192.168.2.1/24
VLAN3
説明:
IPアドレス:                       192.168.3.1/24
```

(つづく)

Chapter 3：インタフェースとスイッチ機能

（つづき）

```
VLAN4
説明:
IPアドレス:
VLAN5
説明:
IPアドレス:
VLAN6
説明:
IPアドレス:
VLAN7
説明:
IPアドレス:
VLAN8
説明:
IPアドレス:
#
# show config | grep mapping ❸
Searching ...
vlan port mapping lan1.1 vlan1
vlan port mapping lan1.2 vlan1
vlan port mapping lan1.3 vlan1
vlan port mapping lan1.4 vlan1
vlan port mapping lan1.5 vlan2
vlan port mapping lan1.6 vlan2
vlan port mapping lan1.7 vlan3
vlan port mapping lan1.8 vlan3
#
```

❶ LANnのn番ポートとVLANnのマッピングをする **IOS** interface ⇒ switch mode access ⇒ switch access vlan
❷ VLAN1インタフェースにIPアドレスを設置する **IOS** interface ⇒ ip address
❸ 設定内容のうち「mapping」を含む行のみ表示する **IOS** show run | inc

3-2-3 タグVLAN

　タグVLANは、フレーム（L2のデータグラム）にVLAN番号の情報を挿入することでVLANを実現します。したがって、同じ回線上に複数のVLANが重畳できます。このような回線をトランクリンクといいます。

　トランクリンクで接続した機器同士で、VLAN番号を含むタグ情報をどのようにフレームに挿入するかはトランキングプロトコルで決めています。このプロトコルには数種類があるが、ヤマハルーターはIEEE802.1Qのみサポートしています。IEEE802.1Qのタグフィールドは4バイトで、そのうち12ビットがVLAN番号のフィールドで、VLAN番号のとりうる値は0から4095までです。

　注意したい制約条件が2つあります。1つは、ポートベースVLANが有効になっているLANインタフェースでは、タグVLANを使うことができません。もう1つは、トランクリンクに重畳できるVLANには上限があります。

　タグVLANを設定するためのコマンドは次のようになっています。

タグVLANの設定

vlan [*LAN サブインタフェース*] 802.1q vid=[*VLAN番号*] name=[*VLAN名*]										
RTX5000	RTX3500	RTX3000	RTX1500	RTX1210	RTX1200	RTX1100	RTX810		RT107e	SRT100

　LANサブインタフェータパラメータ値の記述例は**表3.2.3**のとおりです。VLAN名パラメータ値は、VLANごとに付与する任意の名前で、省略してもよいです。

　図3.2.5は、タグVLANによるVLAN間のルーティング例です。この例では、スイッチで分離されたVLAN100とVLAN150は、ルーターのルーティング機能で相互に通信できるようになります。

○表3.2.3：LANサブインタフェースパラメータ

パラメータ値の記述例	内容
lan1/3	左記の例は、LAN1の3番目のサブインタフェースを表す。サブインタフェースの数の上限は機種に依存する。RTX5000/3500/3000/1210/1200は32個まで、それ以外は8個まで設定できる

○図3.2.5：タグVLANによるVLAN間ルーティング

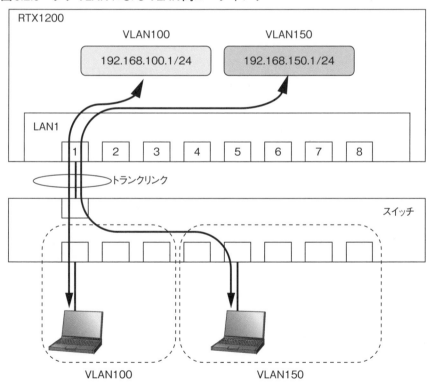

　図3.2.5のコマンド設定は、**リスト3.2.5**のようになります。また、**リスト3.2.6**は、対向スイッチをCatalystスイッチとして使用したときの設定例です。

Chapter 3：インタフェースとスイッチ機能

○リスト3.2.5：タグVLANの設定例

```
# vlan lan1/1 802.1q vid=100 name=VLAN100    ❶
# vlan lan1/2 802.1q vid=150 name=VLAN150    ❶
#
# ip lan1/1 address 192.168.100.1/24    ❷
# ip lan1/2 address 192.168.150.1/24    ❷
#
# show status vlan    ❸
LAN1
  リンク状態：    Up
 Virtual LAN  lan1/1
      名前：    VLAN100
    VLAN ID:  100
  IPアドレス：    192.168.100.1/24
 Virtual LAN  lan1/2
      名前：    VLAN150
    VLAN ID:  150
  IPアドレス：    192.168.150.1/24
#
```

❶ LANnのn番目のサブインタフェースにVLANnnnを割り当て、さらにVLAN名を「VLANnnn」に設定する1 `IOS` vlan ⇒ name、interface ⇒ encap dot1q
❷ LAN1の1番目のサブインタフェースにIPアドレスを設定する `IOS` interface ⇒ ip address
❸ VLANインタフェースの情報を表示する `IOS` show interface

Cisco設定

○リスト3.2.6：対向スイッチ（Catalystスイッチ）の設定例

```
Switch(config)#vlan 100
Switch(config-vlan)#exit
Switch(config)#vlan 200
Switch(config-vlan)#exit
Switch(config)#interface fastEthernet 0/X
Switch(config-if)#switchport mode access
Switch(config-if)#switchport access vlan 100
Switch(config)#interface fastEthernet 0/X
Switch(config-if)#switchport mode access
Switch(config-if)#switchport access vlan 200
Switch(config)#interface fastEthernet 0/X
Switch(config-if)#switchport mode trunk
```

3-3 ポートミラーリング

ヤマハルーターのポートミラーリング機能の概要とその設定について紹介します。

3-3-1 ポートミラーリングの概要

ポートミラーリングとは、スイッチングハブインタフェースの任意のポート上の通信を別

のポートにコピーする機能です。この機能により、特定ポート上の通信をモニタリングでき、ネットワークの監視に大変役立つ機能です（図3.3.1）。

なお、ポートベースVLAN機能が有効になっている場合、ポートミラーリングを使うことはできません。

○図3.3.1：ポートミラーリング

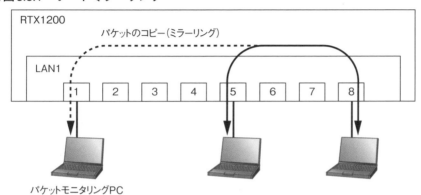

3-3-2 ポートミラーリングの設定

ポートミラーリングの設定では、次のコマンドを使います。

ポートミラーリングの設定

lan port-mirroring [LANインタフェース名] [LANポート番号] [観測方向] [観測ポート番号]									
RTX5000	RTX3500		RTX1500	RTX1210	RTX1200	RTX1100	RTX810		SRT100

LANインタフェース名とLANポート番号のパラメータでモニタリングポートを設定します。観測方向パラメータ値には、「in」と「out」の2つがあります。「in」は、観測ポートに着信するパケットをモニタリングポートへコピーします。「out」は、観測ポートから発信するパケットをモニタリングポートへコピーします。観測ポート番号パラメータでは、スペース区切りで複数のポート番号を指定できます。

図3.3.1のポートミラーリングを例にリスト3.3.1のように設定できます。この例では、LAN1インタフェースの1番ポートをモニタリングポートとしていて、5番と8番ポートの送受信パケットがモニタリング対象です。

○リスト3.3.1：ポートミラーリングの設定例

```
# lan port-mirroring lan1 1 in 5 8 out 5 8  ①
#
```

❶ LAN1インタフェースにてポートミラーリングを設定する　**IOS** monitor session X source ⇒ monitor session X dest

3-4 リンクアグリゲーション

ヤマハルーターのリンクアグリゲーション機能の概要とその設定について紹介します。

3-4-1 リンクアグリゲーションの概要

リンクアグリゲーションは、複数の物理回線を論理的に1本にまとめる技術です。通信は、リンクアグリゲーションを構成する複数の物理回線を同時に通ることができます。一部の物理回線が切断されたとしても、残りの物理回線で継続的に通信することも可能です（図3.4.1）。

○図3.4.1：リンクアグリゲーション

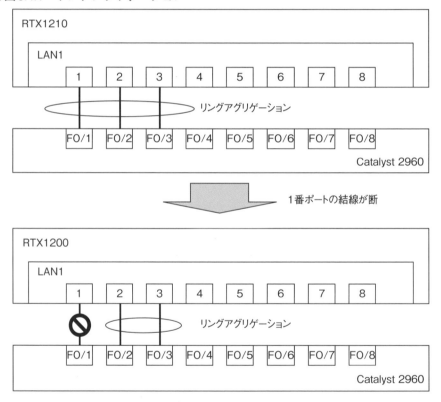

通信が実際にどの物理回線を通るかは、送信元IPアドレス、宛先IPアドレス、送信元MACアドレス、宛先MACアドレスによって決まります。ヤマハルーターの場合、送信元MACアドレスと宛先MACアドレスの2つを使って物理回線を決めています。

制約条件として、すでにリンクアグリゲーションに参加しているポートは、他方のリンクアグリゲーションに参加することはできません。なお、リンクアグリゲーションの対応機種は、RTX1210/3500/5000の3種類のみです。

3-4-1 リンクアグリゲーションの設定

リンクアグリゲーションの設定では、次のコマンドを使います。

リンクアグリゲーションの設定

lan link-aggregation static [リンクID] [アグリゲーション対象ポート]				
RTX5000	RTX3500		RTX1500	RTX1210

リンクIDパラメータは、リンクアグリゲーションの識別番号で、1から10までの数字で指定します。アグリゲーション対象ポートパラメータ値の記述例は**表3.4.1**のとおりです。

○表3.4.1：アグリゲーション対象ポートパラメータ

パラメータ値の記述例	内容
lan1:1 lan1:2 lan1:3	「:」を使ってLANインタフェースとLANポート番号の組み合わせを表現する。この組み合わせは、スペース区切りで複数記述できる

図3.4.1のリンクアグリゲーションの例では、LAN1インタフェースの1番ポートから3番ポートまでを論理的に束ねています。このときのRTX1210側の設定は、**リスト3.4.1**のようになります。

○リスト3.4.1：リンクアグリゲーションの設定例

```
# lan link-aggregation static 1 lan1:1 lan1:2 lan1:3  ①
#
# show status switching-hub macaddress  ②
LAN1 switching-hub dynamic MAC address cache off
port 1:0
port 2:0
port 3:3
    00:23:5d:f2:be:02
    00:23:5d:f2:be:01
    00:23:5d:f2:be:03
port 4:0
port 5:0
port 6:0
port 7:0
port 8:0
#
```

❶ LAN1インタフェースの1から3番のポートをリンクID「1」としてリンクアグリゲーションする **IOS** `interface range` ⇒ `switchport mode trunk` ⇒ `channel-group`
❷ 各スイッチングハブのポートが学習したMACアドレスの情報を表示する **IOS** －

対向のCatalystスイッチの設定が終わったら、「show status switching-hub macaddress」コマンドでポートが学習した対向CatalystスイッチのインタフェースのMACアドレスを確認できます。これらのMACアドレス情報は、リンクアグリゲーションを形成する物理ポートで番号が一番大きいところに記載されます。

リンクアグリゲーションのステータスを確認できるコマンドがないので、ステータス確認はCatalystスイッチ側で行います。

リスト3.4.2は、Catalystスイッチ側の設定です。すべての設定が終わったら、「show etherchannel summary」コマンドでリンクアグリゲーションのステータスを確認します。RTX1210のLAN1インタフェースの1番ポートとの接続を切断する前では、Po1にフラグUがたっているので、論理リンクはUPになっています。切断後では、Fa0/1がダウン（フラグDがたっている）となったが、論理リンクはUPのままです。つまり、リンクアグリゲーションの論理リンクは、物理回線が部分的に切断されても生き続けることを意味します。

Cisco設定

○リスト3.4.2：対向スイッチ（Catalystスイッチ）の設定例

```
Switch(config)#interface range fastEthernet 0/1-3
Switch(config-if-range)#switchport mode trunk
Switch(config-if-range)#channel-group 1 mode on
Switch(config-if-range)#end
Switch#show etherchannel summary
Flags:  D - down         P - bundled in port-channel
        I - stand-alone  s - suspended
        H - Hot-standby (LACP only)
        R - Layer3       S - Layer2
        U - in use       f - failed to allocate aggregator

        M - not in use, minimum links not met
        u - unsuitable for bundling
        w - waiting to be aggregated
        d - default port

Number of channel-groups in use: 1
Number of aggregators:           1

Group  Port-channel  Protocol    Ports
------+-------------+-----------+-----------------------------------------------
1      Po1(SU)         -         Fa0/1(P)    Fa0/2(P)    Fa0/3(P)
```
※RTX1210のLAN1インタフェースの1番ポートとの接続を切断する
```
Switch#show etherchannel summary
Flags:  D - down         P - bundled in port-channel
        I - stand-alone  s - suspended
        H - Hot-standby (LACP only)
        R - Layer3       S - Layer2
        U - in use       f - failed to allocate aggregator

        M - not in use, minimum links not met
        u - unsuitable for bundling
        w - waiting to be aggregated
        d - default port

Number of channel-groups in use: 1
Number of aggregators:           1

Group  Port-channel  Protocol    Ports
------+-------------+-----------+-----------------------------------------------
1      Po1(SU)         -         Fa0/1(D)    Fa0/2(P)    Fa0/3(P)
```

3-5 章のまとめ

本章では、次のトピックを説明しました。

- ヤマハルーターのインタフェース
- VLAN
- ポートミラーリング
- リンクアグリゲーション

ヤマハルーターは、機種によってインタフェースの仕様が異なります。しかし、共通したものとして、スイッチングハブ機能を持つLANインタフェースがあることです。このLANインタフェースは、普段ただのハブとして利用されることが多いですが、多様な利用シーンに応じた機能を備えています。

LANインタフェースで最大の機能は、LANセグメントを仮想的に分割するVLAN機能です。ヤマハルーターでは、ポート分離、ポートベースVLAN、タグVLANの3つ方法でVLANを実現しています。

ポートミラーリングは、スイッチングハブのあるポートの送受信をモニターリングポートにコピーする機能です。モニターリングポートに接続したパケットアナライザーでパケットを解析できます。

リンクアグリゲーションは、複数の物理ポートを論理的に束ねる機能です。論理リンクを構成する物理ポートが多ければ多いほど、帯域が大きくなり、耐故障性も上がります。

Chapter

4

IPルーティング

　IPルーティングは、ネットワークのなかでもっともコアな部分といえます。ルーターにはさまざまな機能はあるものの、やはり第一の機能はIPパケットのルーティングです。この章の前半では、ルーターの機能やルーティングテーブルなどといったルーティングの概要を説明し、後半では、ルーティングプロトコルの概要を説明します。

4-1 ルーティングの概要

ルーティングプロトコルの理解をする前に、まずルーターの役割とルーターによるIPパケットの転送方法をしっかり理解したいです。また、ルーティングテーブルの見方がちゃんとできることは、ルーティングを理解できるだけでなく、ネットワークの管理とトラブルシュートに欠かせないスキルです。そのほかに、スタティックルートとダイナミックルートの違い、ルート集約、ルート再配布もここで学んでいきます。

4-1-1 ルーターの役割

ルーターの役割にブロードキャストドメインの分割というものがあります。ブロードキャストドメインとは、L2フレームの一斉送信が届く範囲のことです。ブロードキャストドメインを分割することで、不要な通信を減らしたり、スイッチの処理を軽減できます（図4.1.1）。代表的なブロードキャストは、ARPによるMACアドレスの問い合わせです。MACアドレスを問い合わせるたびに、同じブロードキャストドメイン配下にあるすべてのホストに対して通信が発生します。

○図4.1.1：ブロードキャストドメインの分割

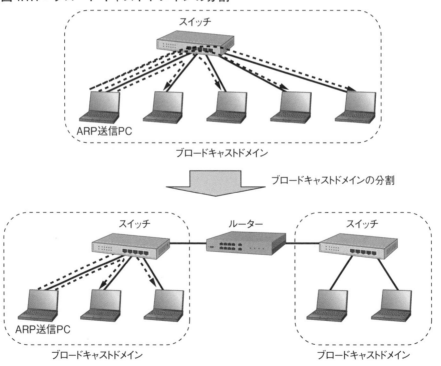

ルーターによってブロードキャストドメインが分割されるので、異なるブロードキャストドメイン間のMACアドレスの解決ができなくなります。そこで、ルーターのもっとも重要な役割のルーティングという機能が必要となります。ルーターはL3で機器で、ブロードキャ

ストドメイン間の通信をIPパケットで運び、宛先をIPアドレスで識別しています。また、ルーターのそのほかの役割には、アドレス変換（NAT）やパケットフィルタリングなどがあります。

4-1-2 ルーティングテーブル

　ルーターは、ルーティングテーブルの情報を参照してルーティングします。ルーティングテーブルには、パケットの宛先と次の転送先（ネクストホップ）のマッピング情報が載っています。

　通信したい相手にパケットが届かないようなときは、ルーティングテーブル上に相手側の経路がないことが原因になっていることが多いです。したがって、ネットワークのトラブルシューティングの基本は、ルーティングテーブルの記載内容をきちんと理解することです。

　ルーティングテーブルを確認するコマンドは、ヤマハルーターとCiscoルーターは同じ「show ip route」です。同じ経路がヤマハルーターとCiscoルーターでどのように表示が異なっているかを見比べてみましょう。**リスト4.1.1**はヤマハルーターのルーティングテーブルで、**リスト4.1.2**はCiscoルーターのルーティングテーブルです。

　双方のルーティングテーブルで共通する記載内容は次の3つです。

- 宛先ネットワーク
- ネクストホップ（ゲートウェイ）アドレス
- 送出先インタフェース
- ルーティングプロトコル種別
- メトリック値

　Ciscoルーターでは、さらにアドミニストレーティブディスタンス値とルーター学習の経過時間がルーティングテーブルに載っています。

○リスト4.1.1：ヤマハルーターのルーティングテーブル例

```
# show ip route  ❶
宛先ネットワーク      ゲートウェイ      インタフェース   種別     付加情報
default                           192.168.2.2            LAN2     static
192.168.1.0/24       192.168.1.1                         LAN1     implicit
192.168.2.0/24       192.168.1.1                         LAN1     implicit
172.16.10.0/24       192.168.2.2                         LAN2     static
172.16.20.0/24       192.168.1.1                         LAN1     RIP  metric=1
172.16.30.0/24       192.168.2.2                         LAN2     OSPF cost=2
172.16.40.0/24       192.168.2.2                         LAN2     BGP
#
```

❶ ルーティングテーブルを表示する **IOS** `show ip route`

Cisco設定

○リスト4.1.2：Ciscoルーターのルーティングテーブル例

```
Router#show ip route
Gateway of last resort is 192.168.2.2 to network 0.0.0.0
C    192.168.1.0 is directly connected, FastEthernet0
C    192.168.2.0 is directly connected, FastEthernet1
S*   0.0.0.0/0 [1/0] via 192.168.2.2
S    172.16.10.0/24 [1/0] via 192.168.2.2
R    172.16.20.0/24 [120/1] via 192.168.1.1, 00:00:02, FastEthernet0
O    172.16.30.0/24 [110/2] via 192.168.2.2, 00:00:20, FastEthernet1
B    172.16.40.0/24 [20/0] via 192.168.2.2, 00:24:45, FastEthernet1
```

ヤマハルーターのルーティングテーブルには、宛先ネットワークから付加情報までの5つの情報を確認できます。それぞれの内容は次のとおりです。

- 宛先ネットワーク
  パケットの行き先を示す情報で、もしパケットの宛先アドレスに該当する宛先ネットワークがなければ、パケットの行き先が不明となり、パケットは破棄される
- ゲートウェイ
  パケットの次の転送先を示す情報
- インタフェース
  どのインタフェースからパケットを送出すかの情報
- 種別
  このルート情報はどのルーティングプロトコルで学習したかの情報
- 付加情報
  メトリック値の情報。メトリック値の計算方法は、ルーティングプロトコルで違う

4-1-3 ロングストマッチのルール

ルーティングには、ロングストマッチという基本的なルールがあります。ルーターが受け取ったパケットの宛先アドレスが、ルーティングテーブル上の複数の宛先ネットワークに該当するとき、このルールにしたがってパケットの転送先を決めます。決める方法は、どの宛先ネットワークのプレフィックス長が受信パケットの宛先アドレスとより長く一致しているかです。

図4.1.2を用いてロングストマッチを説明します。ルーターが受信したパケットの宛先アドレスが192.168.1.10で、このアドレスはルーティングテーブルにある3つの宛先ネットワーク（192.168.1.0/24と192.168.1.0/26と192.168.1.0/28）に該当します。そこで、ロングストマッチを実施したところ、受信パケットの宛先アドレスと192.168.1.0/28のプレフィックスと一番長くマッチしていることが判明しました。したがって、宛先が192.168.1.10のパケットは、L3インタフェースから送出されます。

○図4.1.2：ロンゲストマッチ

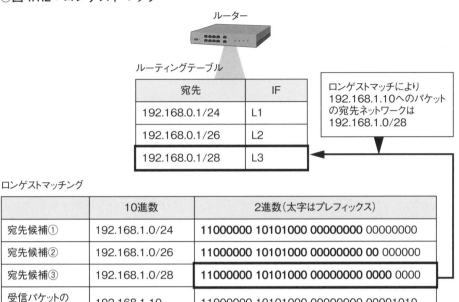

4-1-4 ルーティングテーブルの生成方法

ルーティングテーブルに経路（ルート）情報が追加される経緯は次のようなものがあります。

- 自ルーターのインタフェースのネットワークは自動的に追加される
- 手動による追加（スタティックルート）
- ルーティングプロトコルによる自動追加（ダイナミックルート）

初期のルーターは、自分のインタフェースのネットワークしか知りません。ルーティングテーブル上の種別が「implicit」となっているルートがこれに該当します。このルートは、

○図4.1.3：インタフェースのネットワークのルーティングテーブルへの自動追加

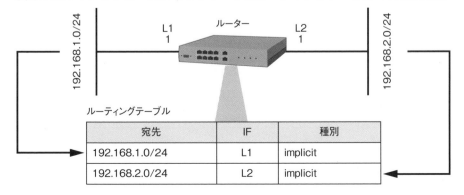

自動的にルーティングテーブルに登録されるので、特別な設定は一切必要はありません（図4.1.3）。

各ルーターが、自分が隣接するネットワークのみをルーティングテーブルに登録した状態では、ネットワークのエンドツーエンドの疎通はまだできません。なぜなら、各ルーターは、1ホップより先のルートを知る手段を持っていないからです。

図4.1.4を例に説明すると、Router1から見て1ホップより先のルートは自動追加されないので、192.168.23.0/24と192.168.200.0/24の2つルートは知らないことになります。

そこで、自分の知らないルートをルーティングテーブルに追加するには、スタティックルーティングとダイナミックルーティングの2つの方法を用います。

スタティックルーティングは、手動によるルートの追加方法です。手動によるルートの追加は、設定が簡単なだけでなく、ルーティングプロトコルの複雑な動作を理解する必要もありません。また、ダイナミックルーティングのようにルーターに最適ルートの計算をさせることもないので、ルーターの負荷も軽いです。

スタティックルーティングは、一般的に小規模なネットワークの構築に向いてます。なぜなら、ネットワークの規模が大きくなると、全てのルーターで手動で設定するのはとても手間のかかることです。ささいなネットワーク設定の変更の場合でも、パケットが通る経路上のすべてのルーターに対して手を加える場合もあります。さらに、ダイナミックルーティングのようにネットワーク障害時における自動的なルート切り替えもできません。

図4.1.5は、図4.1.4の各ルーターに自分が知らないルートを手動で追加したあとの状態です。

○図4.1.4：ルーティング設定のない状態のネットワーク

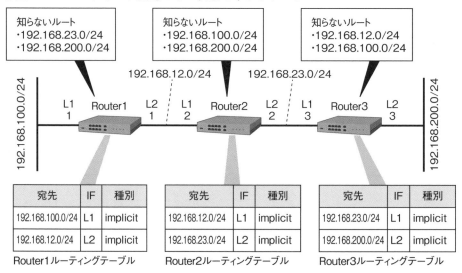

図4.1.5：手動によるルート追加したときのネットワーク

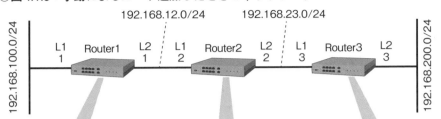

宛先	IF	種別
192.168.100.0/24	L1	implicit
192.168.12.0/24	L2	implicit
192.168.23.0/24	L2	static
192.168.200.0/24	L2	static

Router1ルーティングテーブル

宛先	IF	種別
192.168.12.0/24	L1	implicit
192.168.23.0/24	L2	implicit
192.168.100.0/24	L1	static
192.168.200.0/24	L2	static

Router2ルーティングテーブル

宛先	IF	種別
192.168.23.0/24	L1	implicit
192.168.200.0/24	L2	implicit
192.168.12.0/24	L1	static
192.168.100.0/24	L1	static

Router3ルーティングテーブル

このときのRouter1、Router2、Router3の設定は、それぞれリスト4.1.3、リスト4.1.4、リスト4.1.5のようになります。

リスト4.1.3：スタティックルーティングの設定例（Router1）

```
Router1# show ip route ❶ ※スタティックルート追加前のルーティングテーブル
宛先ネットワーク       ゲートウェイ       インタフェース  種別  付加情報
192.168.12.0/24        192.168.12.1                      LAN2  implicit
192.168.100.0/24       192.168.100.1                     LAN1  implicit
Router1#
Router1# ping 192.168.23.2 ❷

10個のパケットを送信し、0個のパケットを受信しました。100.0%パケットロス
Router1# ping 192.168.200.3

10個のパケットを送信し、0個のパケットを受信しました。100.0%パケットロス
Router1#
Router1# ip route 192.168.23.0/24 gateway 192.168.12.2 ❸
Router1#
Router1# ip route 192.168.200.0/24 gateway 192.168.12.2 ❹
Router1#
Router1# show ip route ※スタティックルート追加後のルーティングテーブル
宛先ネットワーク       ゲートウェイ       インタフェース  種別  付加情報
192.168.12.0/24        192.168.12.1                      LAN2  implicit
192.168.23.0/24        192.168.12.2                      LAN2  static
192.168.100.0/24       192.168.100.1                     LAN1  implicit
192.168.200.0/24       192.168.12.2                      LAN2  static
Router1#
Router1# ping 192.168.23.2
192.168.23.2から受信： シーケンス番号=0 ttl=254 時間=0.382ミリ秒
192.168.23.2から受信： シーケンス番号=1 ttl=254 時間=0.272ミリ秒
192.168.23.2から受信： シーケンス番号=2 ttl=254 時間=0.273ミリ秒

3個のパケットを送信し、3個のパケットを受信しました。0.0%パケットロス
往復遅延 最低/平均/最大 = 0.272/0.309/0.382 ミリ秒
Router1#
```

（つづく）

```
Router1# ping 192.168.200.3
192.168.200.3から受信：シーケンス番号=0 ttl=253 時間=0.641ミリ秒
192.168.200.3から受信：シーケンス番号=1 ttl=253 時間=0.527ミリ秒
192.168.200.3から受信：シーケンス番号=2 ttl=253 時間=0.528ミリ秒

3個のパケットを送信し、3個のパケットを受信しました。0.0%パケットロス
往復遅延 最低/平均/最大 = 0.527/0.565/0.641 ミリ秒
Router1#
```

❶ ルーティングテーブルを表示する **IOS** `show ip route`
❷ 192.168.23.2へのping疎通を確認する **IOS** `ping`
❸ 192.168.12.2をネクストホップとする192.168.23.0/24へスタティックルートを設定する
　IOS `ip route`
❹ 192.168.12.2をネクストホップとする192.168.200.0/24へスタティックルートを設定する
　IOS `ip route`

○リスト4.1.4：スタティックルーティングの設定例（Router2）

```
Router2# ip route 192.168.100.0/24 gateway 192.168.12.1
Router2# ip route 192.168.200.0/24 gateway 192.168.23.3
Router2#
Router2# show ip route
宛先ネットワーク      ゲートウェイ       インタフェース   種別    付加情報
192.168.12.0/24      192.168.12.2                      LAN1    implicit
192.168.23.0/24      192.168.23.2                      LAN2    implicit
192.168.100.0/24     192.168.12.1                      LAN1    static
192.168.200.0/24     192.168.23.3                      LAN2    static
Router2#
```

○リスト4.1.5：スタティックルーティングの設定例（Router3）

```
Router3# ip route 192.168.100.1/24 gateway 192.168.23.2
Router3# ip route 192.168.12.0/24 gateway 192.168.23.2
Router3#
Router3# show ip route
宛先ネットワーク      ゲートウェイ       インタフェース   種別    付加情報
192.168.12.0/24      192.168.23.2                      LAN1    static
192.168.23.0/24      192.168.23.3                      LAN1    implicit
192.168.100.0/24     192.168.23.2                      LAN1    static
192.168.200.0/24     192.168.200.3                     LAN1    implicit
Router3#
```

　ある程度の規模のネットワークになると、スタティックルーティンよりもダイナミックルーティングを用いてネットワークを構築するやり方が現実的です。

　ダイナミックルーティングでは、各ルーター間でルーティングプロトコルを使ってルートを交換し合い、さらに最適なルート計算を行います。本書で紹介するルーティングプロトコルはRIP、OSPF、BGPの3種類です。

　では、最後にスタティックルーティングとダイナミックルーティングの比較を**表4.1.1**にまとめます。どっちが一方的に優れているというわけではないので、構築するネットワークの環境に応じて選択するとよいでしょう。

○表4.1.1：スタティックルーティングとダイナミックルーティングの比較

	スタティックルーティング	ダイナミックルーティング
設定	簡単	やや複雑、各ルーティングプロトコルごとにコマンド記述が違う
必要知識	少ない	ルーティングプロトコルの理解が不可欠
ネットワークの規模	小規模	中規模以上
帯域への影響	なし	あり（アップデートパケットなどが発生する）
ルーター負荷	ほぼなし	あり（最適ルートの計算などが発生する）
運用・保守	規模が大きくなると急激に難しくなる	比較的簡単

4-1-5 ルート集約

　ネットワークの規模が大きくなると、ルーティングテーブルも肥大化になりやすいです。ルーティングテーブルに登録されるルート情報が多くなったときに、次のような弊害が生じる可能性があります。

運用管理の困難

　ルーティングテーブルの登録ルート情報（エントリ数）が多くなると、「show ip route」コマンド出力が長くなり、運用が煩わしくなります。

トラフィック量の増加

　ルーティングプロトコルを使用したダイナミックルーティングでは、ルート情報の交換などのトラフィックが増えると、帯域の圧迫につながります。

ルーター負荷の増大

　ルーターがパケットを転送するたびに、ルーティングテーブルをエントリを検索してネクストホップを決めています。エントリ数が多ければ検索処理も増えるので、それだけルーターの負荷も増えます。

障害範囲の拡大

　ネットワーク障害が発生すると、ルーティングプロトコルによってすぐに他のルーターに通知します。通知を受けたルーターは、ルーティングテーブルの書き換えなどの処理を行います。しかし、ネットワーク障害が頻繁に発生する事態の場合、他のルーターもつられて異常な挙動を示す可能性があります。

　集約後のルートは、集約対象のルート同士で共通しているビット列の位置までサブネット

マスクを左に移動して作ります。次の5つのルートを使って、集約ルートの作り方を説明します。

- 192.168.1.0/24
- 192.168.2.0/24
- 192.168.5.0/24
- 192.168.7.0/24
- 192.168.12.0/24

これら5つのルートを2進数に変換して、共通するビット列を見つけ出します。共通するビット列の位置（20ビット）までサブネットマスクを移動して、得られるのが集約ルート（192.168.0.0/20）です（**表4.1.2**）。

ルートを集約したおかげで、ルーティングテーブルの肥大化問題を避けることができ、さきほどの懸念も払拭できました。今までの問題点は、ルート集約によって次のように改善されます。

運用管理の簡単化

ルーティングテーブル上のエントリ数が減り、show ip routeコマンドによる運用管理もしやすくなり、確認漏れなどの人為ミスも未然に防止できます（**図4.1.6**）。

○図4.1.6：ルート集約による運用管理の簡単化

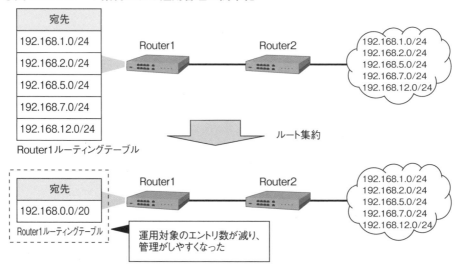

トラフィック量の減少

ルート集約を実施後、集約されたルートのみを交換するようになるので、トラフィック量は以前よりも減ります（**図4.1.7**）。

○表4.1.2：集約ルートの作成例（太字は共通するビット列）

	ルート（10進数）	ルート（2進数）
集約対象ルート	192.168.1.0/24	**11000000 10101000 0000** 0001 00000000
	192.168.2.0/24	**11000000 10101000 0000** 0010 00000000
	192.168.5.0/24	**11000000 10101000 0000** 0101 00000000
	192.168.7.0/24	**11000000 10101000 0000** 0111 00000000
	192.168.12.0/24	**11000000 10101000 0000** 1100 00000000
集約ルート	192.168.0.0/20	**11000000 10101000 0000** 0000 00000000

○図4.1.7：ルート集約によるトラフィック量の減少

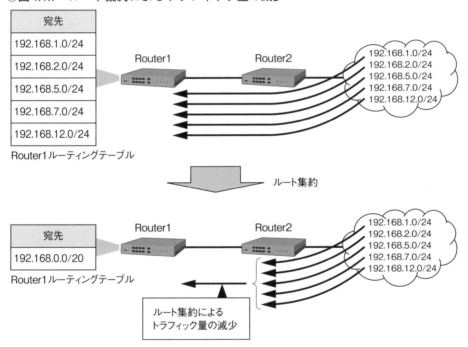

ルーター負荷の減少

　ルート集約により、ルーティングテーブルのエントリ数が減るので、ルーターの負荷の原因だったエントリ検索処理も減ります（図4.1.8）。

障害範囲の拡大防止

　ルートを集約するということは、送信側にとってはルート情報の隠蔽を意味し、受信側にとってはルートの詳細情報の省略になります。したがって、送信側で起こるネットワーク障害やルート変更による影響が、いちいち外に染み出さなくなります（図4.1.9）。

○図4.1.8：ルート集約によるルーター負荷の減少

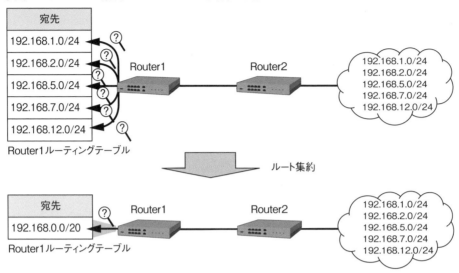

○図4.1.9：ルート集約による障害範囲の拡大防止

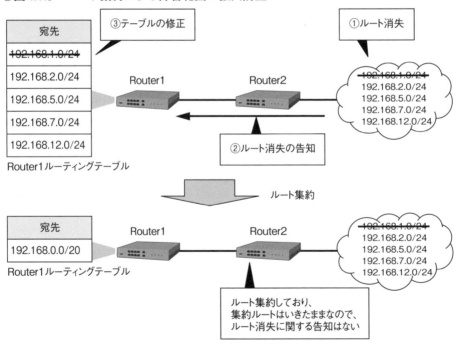

4-1-6 ルート再配布

　ネットワークは必ずしも単一のルーティングプロトコルで成り立っているわけではありません。場合によって、異なるルーティングプロトコルで学習したルートを伝播し合う必要があります。このようなルートの伝播をルート再配布といいます。次のような場合にルート再

配布を行う必要があります。

- 企業の併合などによるネットワークの統合
- 一部のルーターは、ベンダ独自のルーティングプロトコルを使用
- 新旧のルーターが入れ乱れて、ルーターによって使用できるルーティングプロトコルが異なる
- 新しいルーティングプロトコルへの移行

図4.1.10は、OSPFとBGPの再配布の例です。再配布を設定する前では、Router1とRouter2はBGPでルートを交換していて、Router2とRouter3はOSPFでルートを交換しているのみです。この段階では、Route1は192.168.200.0/24を知らなくて、Router3は192.168.100.0/24を知りません。Router2でルート再配布を設定すると、Router2はRouter1に対して192.168.200.0/24をBGPルートとして広告して、同じようにRouter3に対して192.168.100.0/24をOSPFルートとして広告します。

○図4.1.10：ルート再配布の例

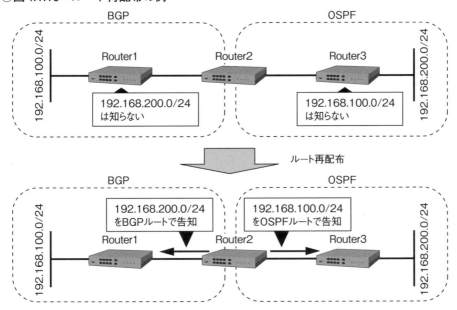

ルート再配布は、あくまで仕方なくやることですので、できればルート再配布のないネットワーク設計が望ましいです。しかし、先ほど列挙した諸事情により、どうしてもルート再配布をしないといけない場合もあります。その際、一番注意しなければいけないのがルーティングループの発生です。図4.1.11のようなネットワークでルート再配布を行うとき、常にルーティングループの可能性を考慮しなければなりません。ルーティングループを防止するには、ルーティングプロトコルの優先度の調整やルートフィルタの設定があります。

○図4.1.11：ルート再配布によるルーティングループ

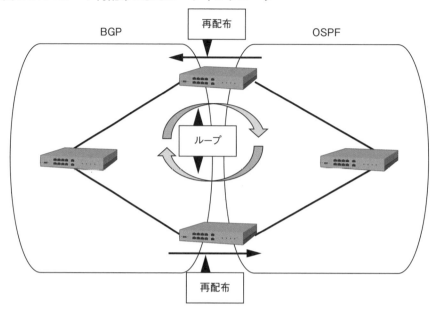

4-2 ルーティングプロトコル

ルーティングプロトコルの意義とその種類について説明します。

4-2-1 ルーティングプロトコルとは

　ルーティングプロトコルは、ルーター同士で互いに保持しているルート情報を交換するための通信プロトコルです。ダイナミックルーティングと呼ばれるルート登録の手法は、ルーティングプロトコルを使います。すでに、スタティックルーティングとダイナミックルーティングの両者を比較し、これらの長所と短所について述べました。ここで、もう一度ルーティングプロトコルによるダイナミックルーティングの主なメリットを確認します。

運用が簡単
　ダイナミックルーティングによるネットワーク構築が一度完成すれば、ネットワークの変更に応じて各ルーターのルーティングテーブルも自動的に変更され、スタティックルーティングでの運用よりもしやすいです。規模が大きくなればなるほど、その恩恵をより大きく感じるようになるはずです。

ネットワーク障害時のルートの自動切り替え
　ネットワークの障害を自動的に検知して、代替パスへの切り替えも自動的に行われます（図4.2.1）。

○図4.2.1：ネットワーク障害時のルート自動切り替え

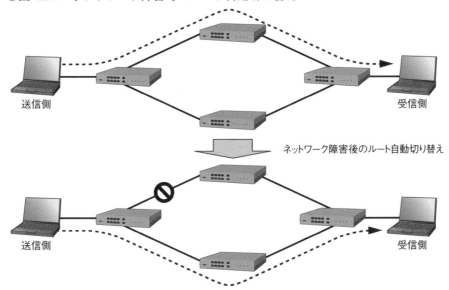

4-2-2 ルーティングプロトコルの種類

一口にルーティングプロトコルと言っても、その種類はさまざまです。本書はヤマハルーターがサポートしているRIP、OSPF、BGPについて詳しく説明しますが、ここでは一般的に知られているルーティングプロトコルを簡単に紹介します。

表4.2.1は、主なルーティングプロトコルの一覧です。IGRPとEIGRPはCisco独自のルーティングプロトコルですので、この2つのルーティングプロトコルを使用するCiscoルーターとヤマハルーターの間でルート交換をするさいにルート再配布が必要です。IS-ISは、もともとOSIプロトコルスイートのために開発されたもので、今はTCP/IPにも対応しているが、あまり普及していません。

○表4.2.1：ルーティングプロトコルの種類

ルーティングプロトコル	使用場所	アルゴリズム	アドレッシング	ヤマハルーターサポート
RIPv1	IGP	ディスタンスベクタ	クラスフル	○
RIPv2	IGP	ディスタンスベクタ	クラスレス	○
IGRP[注1]	IGP	ディスタンスベクタ	クラスフル	×
EIGRP[注2]	IGP	ハイブリッド	クラスレス	×
OSPF	IGP	リンクステート	クラスレス	○
IS-IS[注3]	IGP	リンクステート	クラスレス	×
BGP	EGP	パスベクタ	クラスレス	○

注1 Interior Gateway Routing Protocol
注2 Enhanced Interior Gateway Routing Protocol
注3 Intermediate System to Intermediate System

ルーティングプロトコルは、次のような性質で種類分けできます。

- 使用する場所（ASの内外）
- ルート計算用のアルゴリズム
- 伝播ルートのアドレッシング

4-2-3 IGPとEGP

ルーティングプロトコルの使われる場所がAS[注4]（自律システム）の内か外かによるルーティングプロトコルの分類方法があります。ASの内部のルーティングプロトコルはIGPで、外部ならEGPとして分類できます。表4.2.1に羅列しているルーティングプロトコルの中でEGPはBGPのみで、その他はすべてIGPです。

ASとは、同じ管理ポリシのもとにあるネットワークの集合です。プロバイダ、企業、団体の単位でAS番号が割り当てられています。AS番号は2バイト長のデータですので、取りうる値は1から65535までで、AS内部で使えるプライベートASの番号は64512から65535までです。

○図4.2.2：IGPとEGP

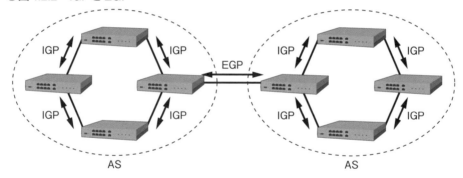

4-2-4 ルーティングアルゴリズム

ルーティングアルゴリズムによる分類方法もあります。次のような3種類のアルゴリズムに分類できます。

- ディスタンスベクタ
- リンクステート
- ハイブリッド

注4　Autonomous System

ディスタンスベクタ型ルーティングアルゴリズム

　ヤマハルーターにおけるディスタンスベクタ型のルーティングプロトコルはRIPです。ディスタンスベクタのルーティングアルゴリズムは、距離（ディスタンス）と方向（ベクタ）を基準にして、最適なルートを算出します。距離は、ルーターから見てある経路までのルーターホップ数のことです。そして、方向はその経路へ行くためのネクストホップのことです。

　ディスタンスベクタ型ルーティングアルゴリズムにおいて、隣合うルーター同士でルーティングテーブル情報を交換し合い、自分が知らないルート情報を自分のルーティングテーブルに追加します。さらに、隣接するルーターにルーティングテーブルの情報を伝播し、すべてのルーターに行渡るまで続きます（図4.2.3）。

　ディスタンスベクタ型ルーティングアルゴリズムのルート情報の伝播方式は、伝言ゲームに似ており、右となりから仕入れた情報を左となりへ流します。ルート情報を1個1個のルーターで伝播しているので、すべてのルーターにルート情報が行渡るまでの時間（収束時間）が長いのが欠点です。それゆえ、ディスタンスベクタ型のルーティングプロトコルのRIPでは、最大ホップ数が15という制限があります。

○図4.2.3：ディスタンスベクタ型アルゴリズム

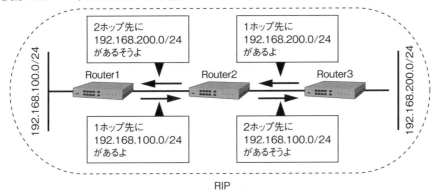

リンクステート型ルーティングアルゴリズム

　リンクステートとは、ルーターのインタフェース情報のことです。リンクステート型ルーティングアルゴリズムは、ルーターのインタフェース情報を基準にして、最適なルートを算出します。

　リンクステート情報は、一般的にLSA[注5]と呼ばれています。ルーターは、ネイバー関係にあるルーターからLSAを受け取ると、ネットワークのトポロジデータベースを作成します。このデータベースを見れば、ネットワークの構成がどうなっているかがわかります。さらに、このデータベースは、一般的にLSDB[注6]と呼ばれています。LSDBの情報をもとに、SPF[注7]というアルゴリズムを使ってSPFツリーを構成します。このSPFツリーは、ルー

注5　Link State Advertisement
注6　Link State DataBase
注7　Shortest Path First

自身を起点とした各ルーターへの最短パスです。最後に、SPFツリーで算出した最短パスをルーティングテーブルに登録します。

リンクステート型ルーティングプロトコルがルーター内部に保持する情報を次のようにまとめます。

- ネイバーテーブル
  自ルーターとネイバー関係にあるルーターの情報
- リンクステートデータベース（LSDB）
  すべてのルーターから収集したLSAをもとに作ったネットワークトポロジ情報
- SPFツリー
  LSDBをもとに作った自ルーターを中心とした最短パスのツリー図
- ルーティングテーブル
  宛先への最適ルートの情報

○図4.2.4：リンクステート型ルーティングアルゴリズムによるルーティングテーブルの生成

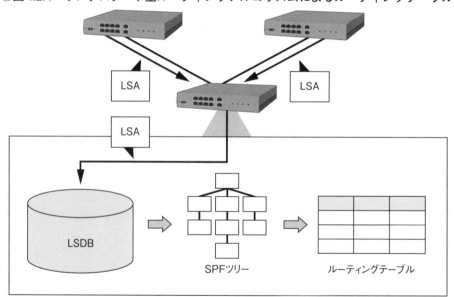

ハイブリッド型ルーティングアルゴリズム

ハイブリッド型は、拡張ディスタンスベクタ型とも呼ばれ、ディスタンスベクタ型とリンクステート型の両方の長所を取り入れたルーティングアルゴリズムです。

ハイブリッド型ルーティングアルゴリズムでは、最適ルートのほかに、2番目の最適をルートを常に用意しているので、ネットワークの障害が発生するとすぐにルートの切り替えができます。また、複数の経路を使うロードバランシングができるのも特徴的な点です。

今は、EIGRPのみがハイブリッド型で、EIGRPはCisco独自のルーティングプロトコルと

なっているため、ヤマハルーターで使用することはできません。

3種類のルーティングアルゴリズムの特徴は、**表4.2.2**のようになります。

○表4.2.2：ルーティングアルゴリズムの特徴

	ディスタンスベクタ型	リンクステート型	ハイブリッド型
最適ルート算出のための元情報	ホップ数とネクストホップ	インタフェースの情報	主に帯域幅と遅延の情報
最適ルート算出手法	ベルマンフォード	SPF（ダイクストラ）	DUAL[注8]
アップデートタイミング	定期	随時（差分発生時）	随時（差分発生時）
アップデート方法	ブロードキャスト（RIPv1）、マルチキャスト（RIPv2）	マルチキャスト	マルチキャスト
収束時間	長い	短い	短い
ルーター負荷	小	大	小〜中
ルーティングプロトコル例	RIPv1、RIPv2、IGRP	OSPF、IS-IS	EIGRP

4-2-5 クラスフルルーティングプロトコルとクラスレスルーティングプロトコル

　ルート情報のアップデートにサブネットマスクの情報が含まれているかで、ルーティングプロトコルをクラスフルルーティングプロトコルとクラスレスルーティングプロトコルに分類できます。クラスフルルーティングプロトコルでは、アップデートにサブネットマスクの情報は含まれません。一方、クラスレスルーティングプロトコルでは、アップデートにサブネットマスクの情報は含まれます。RIPv1やIGRPのような古いルーティングプロトコルはクラスフルで、新しいルーティングプロトコルはクラスレスとなっています。

クラスフルルーティングプロトコル

　クラスフルルーティングプロトコルにおける、ルートのルーティングテーブル登録には、受信したルート情報と受信インタフェースのIPアドレスのメジャーネットワークの関係で異なる動作になります。ここで言うメジャーネットワークとは、クラスの概念（クラスA、B、C）に基づくネットワークアドレスのことです。また、各クラスのサブネットマスクをナチュラルマスクと呼びます（**表4.2.3**）。

○表4.2.3：メジャーネットワークとナチュラルマスク

クラス	ナチュラルマスク	メジャーネットワークの例
クラスA	255.0.0.0	10.1.0.0/16 → 10.0.0.0
クラスB	255.255.0.0	172.16.10.0/24 → 172.16.0.0
クラスC	255.255.255.0	192.168.20.16/28 → 192.168.20.0

注8　Diffusing Update Algorithm

受信したルート情報と受信インタフェースのIPアドレスのメジャーネットワークが同じの場合、ルーティングテーブルに登録するルート情報のサブネットマスクは受信インタフェースのサブネットマスクを用います（図4.2.5）。

図4.2.5では、Router1から172.16.1.0/24のルートをRouter2に教えようとしています。クラスフルルーティングプロトコルのため、アップデート情報にサブネットマスクがないので、ルート情報は172.16.1.0となります。Router2で172.16.1.0のルート情報を受け取り、このルート情報とL1（受信インタフェース）のIPアドレスのメジャーネットワークが同じなので、L1インタフェースのサブネットマスクを使って、ルート情報を172.16.1.0/24としてRouter2のルーティングテーブルに登録します。Router2は、異なる2つのメジャーネットワークの境界ルーターですので、Router2からRouter3への172.16.1.0/24のアップデート情報は、172.16.0.0のようにナチュラルマスクで集約したルートとなります。

○図4.2.5：メジャーネットワークが同じの場合

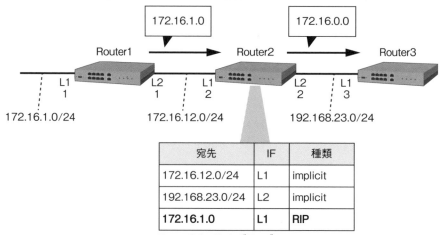

受信したルート情報と受信インタフェースのIPアドレスのメジャーネットワークが異なる場合、ルーティングテーブルに登録するルート情報のサブネットマスクはナチュラルマスクを用います（図4.2.6）。

図4.2.6では、Router1から10.1.1.0/24のルートをRouter2に教えようとしています。Router1はメジャーネットワークの境界ルーターであるので、ルート情報はサブネットマスクのない10.0.0.0となります。Router2で10.0.0.0のルート情報を受け取り、このルート情報とL1（受信インタフェース）のIPアドレスのメジャーネットワークが異なるので、ナチュラルマスクを使って、ルート情報を10.0.0.0/8としてRouter2のルーティングテーブルに登録します。

可変長サブネットマスクを使用したネットワークでクラスフルルーティングプロトコルを使うと、正しくルーティングできないことがあります。図4.2.7は、このときに起こりうる不具合の一例です。この例では、Router1とRouter3がともに172.16.0.0のルート情報を

Router2に広告します。したがって、Router2からRouter1のL1インタフェースへの通信は、Router1とRouter3へのロードバランシングとなってしまいます。

　上記の問題点を改善したのがクラスレスルーティングプロトコルです。クラスレスルーティングプロトコルでは、アップデート情報の中にサブネットマスクの情報を格納しています。図4.2.7のネットワーク環境にクラスレスルーティングプロトコルを適用した結果が図4.2.8のようになり、クラスフルのときに懸念だった問題は解消されます。

○図4.2.6：メジャーネットワークが異なる場合

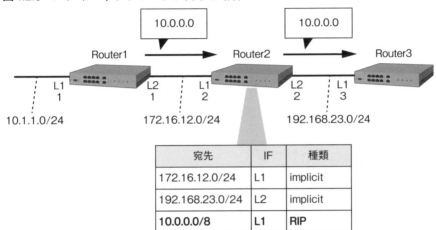

○図4.2.7：可変長サブネットマスクとクラスフルルーティングプロトコルの併用問題

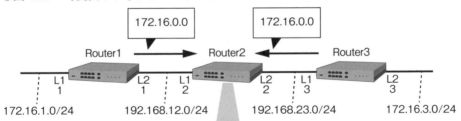

○図4.2.8：クラスレスルーティングプロトコル

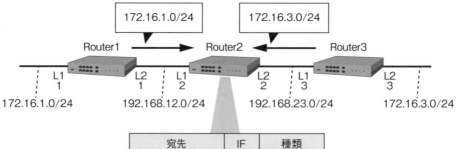

Router2ルーティングテーブル

4-2-6 経路の優先度とメトリック

ルーティングテーブルのエントリを選択するとき、ロンゲストマッチという基本的なルールにしたがいます。もし複数のルーティングプロトコルから同じルート情報を学習した場合、経路の優先度の高いルートを選びます。さらに、同じルーティングプロトコルから複数の同じルート情報を学習した場合、そのルーティングプロトコルのメトリック値を使って、メトリック値がもっとも低いルートを選択します。Ciscoでは、経路の優先度のことをアドミニストレーティブディスタンス（AD）値とよんでいます。

以下は、ルート選択の優先順位です。

- ロンゲストマッチ
- 経路の優先度（AD値）
- メトリック値

各ルーティングプロトコルの経路の優先度（初期値）は、**表4.2.4**のようになります。注意したいのは、経路の優先度では、高いほど優先となっているのに対して、AD値は低いほ

○表4.2.4：各ルーティングプロトコルの経路の優先度（初期値）

ルーティングプロトコル	経路の優先度 （ヤマハルーター）	AD値（Ciscoルーター）
スタティックルート	10000（固定値）	1
implicit（直接接続しているインタフェース）	10000	0
OSPF	2000	110
RIP	1000	120
BGP	500	20（eBGP）、200（iBGP）

ど優先となっていることです。なお、経路の優先度は、1から2147483647までの値に設定できます。

implicitとスタティックルートが同じ経路の優先度なら、スタティックルートのほうが優先されます。また、implicitとダイナミックルートが同じ経路の優先度のとき、先にルーティングテーブルに登録したほうが優先されます。ちなみに、スタティックルートの経路の優先度は固定値で、変更することはできません。

図4.2.9は、経路の優先度によるルートの選択を行う例です。このとき、同じルート情報（192.168.1.0/24）をOSPFとRIPの両方から受け取ったが、経路の優先度のより高いOSPFのルートを選択します。また、「show ip route」のコマンドは、最適なルート（OSPFのルート情報）しか確認できません。最適なルート以外も確認したいなら、「show ip route detail」コマンドを使います。

○図4.2.9：経路の優先度によるルート選択

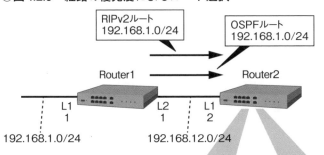

同じルーティングプロトコルで複数の同じルート情報を受信したとき、ルーティングテーブルに登録すべき最適なルートは、メトリックの値によって決められます。

図4.2.10は、メトリック値によるルートを選択する例です。この例では、192.168.10.0/24のルート情報が、RIPで2方向から学習しています。それぞれのメトリックは1と2となっているので、最適ルートとして選択されるのはメトリック値の低いほう（metric=1）です。

メトリック値は、ルーティングプロトコルの種類によって異なる算出方法で計算されます。RIPのメトリックは、ルーターのホップ数で、OSPFのメトリックは、インタフェースの帯域幅（コスト）です。BGPの場合、パスアトリビュートと呼ばれるBGPの属性がメトリックです。

表4.2.5は、各ルーティングプロトコルのメトリックに関する比較です。

○図4.2.10：メトリック値によるルート選択

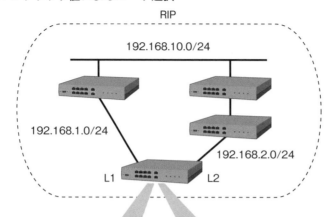

ルーティングテーブル（詳細）

○表4.2.5：各ルーティングプロトコルのメトリック

ルーティングプロトコル	メトリック	
	ヤマハルーター	Ciscoルーター
RIP	ホップ（1〜15）	ホップ（1〜15）
EIGRP	-	帯域幅、遅延、信頼性、負荷、MTUの複合メトリック
OSPF	コスト	コスト
BGP	パスアトリビュート	パスアトリビュート

　メトリックを紹介したところで、ついでにシードメトリックというものを紹介します。各ルーティングプロトコルのメトリック値はまったく違う方法で計算されるので、単純にお互いの比較はできません。たとえば、RIPの5ホップとOSPFの5コストとでは、次元が違うので、比較すること自体がナンセンスです。
　ルート情報を異なるルーティングプロトコルへ再配布するとき、メトリック値の比較ができるように、メトリック変換の基準が必要です。このときの基準がシードメトリックです。たとえば、ヤマハルーターのRIPの場合、RIPに再配布されるOSPFルートのメトリック値は1ホップです（図4.2.11）。

◯図4.2.11：シードメトリックの使用例

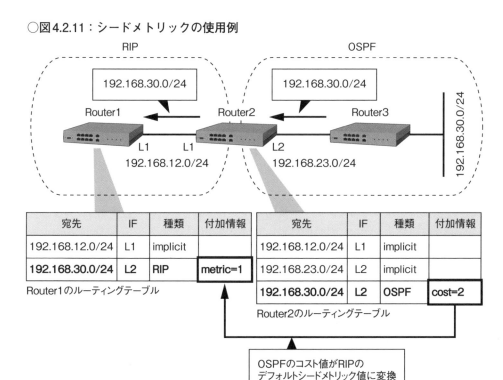

表4.2.6は、ヤマハルーターとCiscoルーターにおける各ルーティングプロトコルのデフォルトシードメトリック値に関する比較です。

Ciscoルーターでの「無限大」というのは、再配布するときにメトリック値を明示的に示す必要があり、デフォルトのままでは到達不可を意味します。ヤマハルーターのBGPにある「なし」は、デフォルトではMED値を使用しないが、明示的にMED値を指定する必要があるという意味です。

◯表4.2.6：各ルーティングプロトコルのデフォルトシードメトリック値

ルーティングプロトコル	デフォルトシードメトリック値	
	ヤマハルーター	Ciscoルーター
RIP	1ホップ	無限大
EIGRP	-	無限大
OSPF	1コスト	20コスト、1コスト（BGPから再配布の場合）
BGP	なし	MED値（IGPのメトリック値を転用）

4-3 章のまとめ

　ルーターには、ブロードキャストドメインの分割やルーティングなどの役割があり、ネットワークにおいて欠かせない存在となっています。ルーティングをするさいに、ルーターは自身が持っているルーティングテーブルにしたがってパケットをネクストホップへ転送します。ルーティングテーブルは、スタティックルーティングとダイナミックルーティングの2つの手法で作ることができます。それぞれの手法に一長一短があり、自組織のネットワーク規模や環境に合わせて手法を選択します。ネットワークの規模が大きくなると、ルーターが広告するルート情報が増えたり、異なるルーティングプロトコルがネットワークに混在したりするような状況になりうるので、ルート集約とルート再配布を用いる必要がでてきます。

　ダイナミックルーティングは、自動的にルート情報を交換したり、障害を検知したりします。ルーターにダイナミックルーティングを使用するには、ルーター上でルーティングプロトコルを有効にする必要があります。ルーティングプロトコルにはいろんな種類がありますが、ヤマハルーターではRIP、OSPF、BGPの3種類をサポートしています。ルーティングプロトコルは、その性質や特徴で次のような分類ができます。

- IGPとEGP
- ルーティングアルゴリズム
- クラスフルルーティングプロトコルとクラスレスルーティングプロトコル

　最後に紹介した経路の優先度とメトリックは、ロンゲストマッチのルールと合わせて、最適ルートを選択するための手法です。経路の優先度は、Ciscoルーターでいうアドミニストレーティブディスタンス値のことですが、ヤマハルーターとCiscoルーターでの定義が違っていることに留意したいです。

Chapter 5

ルーティングプロトコル —— RIP

　Chapter 5〜7はルーティングプロコトルの話になります。まず本章では、RIP（Routing Information Protocol）という簡単なルーティングプロトコルについて紹介して、次章以降でOSPFとBGPを紹介します。
　RIPは、古くから使われているディタンスベクタ型のルーティングプロトコルです。RIPの歴史やディタンスベクタアルゴリズムなどRIPの概要と、ヤマハルーターでのRIPの設定をここで述べます。

5-1 RIPの概要

RIP（Routing Information Protocol）は、OSPFよりもルート計算が簡単のため、ルーターの処理能力がまだ低い時代によく使われていたルーティングプロトコルです。今は、ホームネットワークなど小規模なネットワークにおいてまだまだ現役です。ここで、ディスタントベクタアルゴリズム、RIPの2つのバージョンの違い、およびループ防止のメカニズムを理解しておきましょう。

5-1-1 RIPの歴史

インターネットは、軍用ネットワークのARPANETを商用ネットワークに転用して生まれたネットワークです。RIPは、まだインターネットが生まれる前にすでにARPANETで使われていました。

RIPは、1988年にUNIXのroutedプログラムをベースにRFC化（RFC1058）されました。この初期のRIPをRIPv1と呼ばれています。その後、RIPv1のいくつかの制約を克服して作られたのがRIPv2（RFC2453）です。RIPv1とRIPv2は、ともにIPv4のルーティングプロトコルですが、IPv6用のRIPとしてRIPng[注1]（RFC 2080）も用意されています。

5-1-2 RIPの特徴

RIPは、簡単なアルゴリズムで動作するルーティングプロトコルのため、ルーターへの負荷も低く、とても実装しやすいです。古いルーティングプロトコルですが、いまだに至るところで使われています。しかし、動作が簡単であることは、きめ細かい仕様となっていないことの裏返しです。そこで、もう少しRIPを理解するため、特徴を次のようにまとめました。

- IGP
  RIPは、AS内で動作するルーティングプロトコルである
- 2つのバージョンがある
  RIPには、RIPv1とRIPv2の2バージョンがあり、RIPv1を改善したバージョンがRIPv2である
- ディスタンスベクタ型ルーティングプロトコル
  RIPは、最適ルートを決める基準は、距離（ディスタンス）と方向（ベクタ）である
- ルーターのホップ数をメトリックとして利用
  RIPのメトリックはホップ数で、メトリックの最大値は15である
- 30秒間隔（デフォルト）でルート情報をフラディング
  RIPは、30秒ごとにルート情報をフラッディングする。フラディングの方法は、ブロードキャスト（RIPv1）とマルチキャスト（RIPv2）の2通りがある

注1　RIP Next Generation

- 収束時間が長い
ルート情報の更新がすべてルーターが終わるまでの時間を収束時間という。RIPでは、30秒ごとにアップデートする仕様となっているため、すべてのルーターが収束するまでの時間は長い
- ルーティングループが発生しやすい
RIPの収束時間が長いので、ネットワークの変更がすぐにすべてのルーターに行渡らないため、一部のルーターは古いルート情報を保持し続け、これがルーティングループの原因となりやすい

5-1-3 RIPのバージョン

RIPの2つのバージョンの解説に入る前に、RIPパケットとはどんなものかを見てみましょう。RIPは、アプリケーション層のプロトコルで、UDPの520番ポートを使用します。IPヘッダの宛先アドレスは、RIPv1とRIPv2で違います。RIPv1は、ブロードキャストでアップデートを送信します。これに対して、RIPv2は、マルチキャスト（224.0.0.9）を使います。

RIPのパケットフォーマットは図5.1.1のようになります。

○図5.1.1：RIPのパケットフォーマット

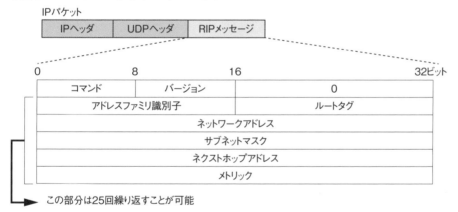

RIPパケットの各フィールドの概要は次のとおりです。

- コマンド
リクエスト（1）とレスポンス（2）の2値を取りうる。リクエストは、30秒間隔のフラッディングを待たずにルート情報を要求するときに使う。レスポンスはリクエストに対する応答と、30秒間隔のルート情報のフラッディングである
- バージョン
RIPのバージョン情報。RIPv1（1）とRIPv2（2）の2値を取りうる
- アドレスファミリ識別子
固定値（2）と考えてよい。IP以外の環境なら違う値になるが、今はIPのみであるので、

他の値をとることはない
- ルートタグ
BGPと連携するために使用するが、明確な定義がないので、使われていない
- ネットワークアドレス
宛先のネットワークアドレスの情報である
- サブネットマスク
RIPv2特有のフィールドで、RIPv1では「0」となっている。RIPv2では、サブネットマスクの情報を広告するために使う
- ネクストホップアドレス
ネクストホップのIPアドレスの情報である
- メトリック
RIPのメトリック値である。最大値は16だが、RIPの最大ホップ数は15であるので、16は到達不可を意味する

アドレスファミリ識別子からメトリックまでの領域を1個のエントリとすると、1つのRIPパケットで最大25エントリを同時に送信できます。もし、ルート情報のエントリ数が25よりも大きい場合、RIPパケットは25エントリ単位でパケットを分割します。
RIPv2は、RIPv1の欠点を補完して作られた改良版RIPです。では、RIPv1の何が欠点だったのかを見てみましょう。

RIPv1の欠点①　クラスレスに対応していない

RIPv1の一番の欠点は、クラスレスに対応していないことです。RIPv1は、クラスフルのルーティングプロトコルであるため、広告するルート情報はメジャーネットワークです。

サブネットのある環境でRIPv1を使うと、どのような不都合が潜んでいるかを図5.1.2の例で説明します。図5.1.2では、Router1のL1インタフェースの接続先のネットワークが192.168.0.0/28で、Router2のL2インタフェースの接続先のネットワークが192.168.0.16/28となっています。ここで注意したいのが、192.168.0.0/28と192.168.0.16/28がともにメジャーネットワーク192.168.0.0/24のサブネットとなっていることです。RIPv1はクラスフル型のルーティングプロトコルですので、2つのサブネットは192.168.0.0/24に自動変換されてしまいます。しかし、双方のルーターには、すでに192.168.0.0/24よりも細かい経路があるので、RIPv1で学習した経路はルーティングテーブルに載ることはありません。したがって、192.168.0.0/28と192.168.0.16/28のネットワーク同士の疎通ができない事象となります。

RIPv2は、クラスレス型のルーティングプロトコルとなっているので、このような不具合は発生しません。

○図5.1.2：サブネット環境でのRIPv1の振る舞い

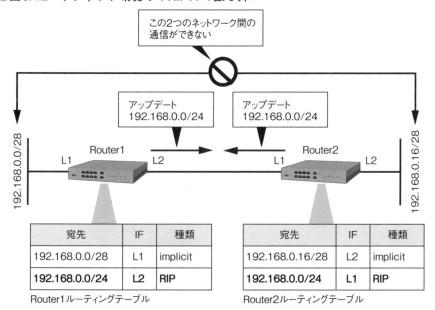

RIPv1の欠点②　ブロードキャストによるアップデート

　RIPv1は、ブロードキャストでルート情報を30秒間隔でフラッディングします。ルーターの数とルート情報が多いほど、ネットワークの帯域を圧迫します。RIPv2では、ブロードキャストの代わりにマルチキャストを使います。マルチキャストのアドレスは、224.0.0.9です。

RIPv1の欠点③　認証機能がない

　RIPv1では、ルーター同士の認証機能がないため、アップデートが偽装される可能性があります。RIPv2では、認証機能をサポートしているので、よりセキュアなネットワークを構築できます。

　図5.1.3は、RIPv1の認証機能のない欠点を悪用した攻撃例です。攻撃者は、本当の宛先（192.168.1.0/24）のゲートウェイアドレスを自分にした偽装アップデートをフラッディングして、偽装アップデートを受信したルーターは、これを最適ルートとしてルーティングテーブルに登録します。すると、192.168.1.0/24へのパケットは攻撃者のルーターに送信されてしまいます。

　RIPv2は、RIPv1よりも何点かにおいて改善されたとはいえ、依然としてディスタンスベクタ型のルーティングプロトコルであるため、収束時間やルーティングループの問題は解決されていません。

○図5.1.3：RIPv1アップデートの偽装

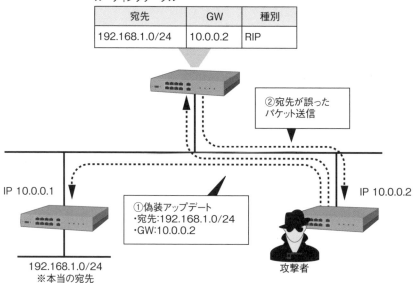

5-1-4 RIPの動作

RIPは、ディスタンスベクタというアルゴリズムを使用して、パケットの宛先までの最適なルートを自動的に算出します。

ディスタンスベクタは、距離（ディスタンス）と方向（ベクタ）をベースとした最適経路決定アルゴリズムです。もっと平たく言うと、宛先までの最小ルーターホップ数の経路を最適経路として選出するアルゴリズムです。RIPでは、ルーターのホップ数をメトリックとよんでいます。

では、図5.1.4.のようなネットワークを例に、ディスタンスベクタアルゴリズムによる最適経路の算出過程を見てみましょう。

まだRIPが動いていない状態では、各ルーターのルーティングテーブル上の経路は、自ルーターのインタフェースが接しているネットワークのみです。

次に、各ルーターでRIPを有効化すると、ルーターから経路情報のアップデートが隣接のルーターに向け送出されます。図5.1.5では、Router1からRouter2に向けて送出されたアップデートを示す図です。Router1からのアップデートには、Router1のルーティングテーブルの経路情報と、各経路のメトリック値に1を加算した値が入ってます。このアップデートを受けたRouter2は、自身が持っていない経路（192.168.100.0/24）をルーティングテーブルに追記します。192.168.12.0/24の経路はRouter2の隣接ネットワークですので、とくに変更はありません。

○図5.1.4：RIPの動作①

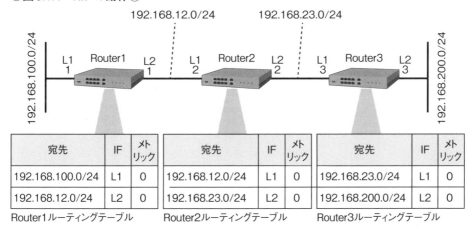

○図5.1.5：RIPの動作②

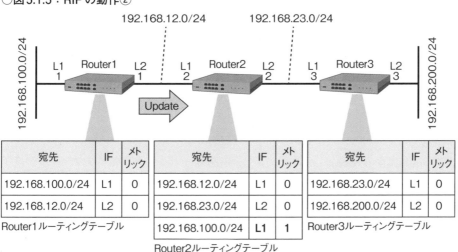

　図5.1.6は、Router2からRouter3へのアップデートとルーティングテーブルの変化を表しています。このとき、Router3のルーティングテーブルにRouter1の経路情報が伝わり、一番遠い192.168.100.0/24の経路がメトリック2として登録されました。つまり、Router3から見て、192.168.100.0/24の経路はルーター2台分先の距離にあることを意味しています。

○図5.1.6：RIPの動作③

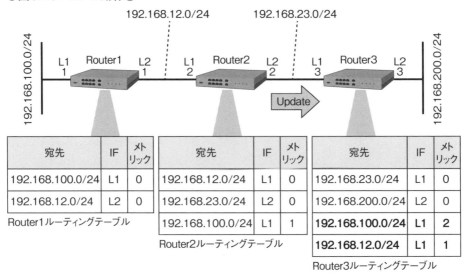

今度はRouter3からRouter1の方向に向けたアップデートになります。Router3からのアップデートを受け取ったRouter2は、192.168.100.0/24と192.168.200.0/24の経路をそれぞれメトリック1で登録します（**図5.1.7**）。

このときのRouter3からのアップデートには、192.168.100.0/24の経路情報（メトリック3）が含まれていますが、すでに同経路はRouter2のルーティングテーブルでメトリック1となっているため、メトリック3に更新されることはありません。

最後に、Router2からRouter1へのアップデートをもって、すべてのアップデートが終了して収束状態となります（**図5.1.8**）。以上がディスタンスベクタアルゴリズムによるRIPの動作でした。実際のアップデータは、30秒ごとにフラッディングしていて、1個ずつシーケンシャルに動いているわけではありません（わかりやすくするため、故意にこのような説明となっている）。

5-1-5 RIPのタイマー

RIPのタイマーは、ルート情報を広告する時間間隔や、無効なルート情報を消去するまでの時間などを調整する役割を果たしています。ヤマハルーターでは次の3種類のRIPタイマーがあります。

- updateタイマー
    - ルート情報を広告する時間間隔
    - 設定可能範囲：10〜60秒
    - デフォルト：30秒

○図5.1.7：RIPの動作④

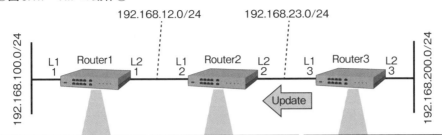

Router1ルーティングテーブル / Router2ルーティングテーブル / Router3ルーティングテーブル

○図5.1.8：RIPの動作⑤

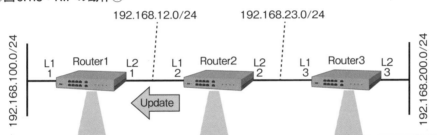

Router1ルーティングテーブル / Router2ルーティングテーブル / Router3ルーティングテーブル

- invalidタイマー
  - 最後にアップデートを受信してからの経過時間、タイマー満了時に該当ルート情報を削除
  - 設定可能範囲：30 ～ 360秒
  - デフォルト：180秒
  - 制約条件：update x 3 ≦ invalid ≦ update x 6
- holddownタイマー
  - ルート情報が消えると、一定期間中メトリック16でこのルートを広告し続ける

- 設定可能範囲：20 ～ 240秒
- デフォルト：120秒
- 制約条件：update x 2 ≦ holddown ≦ update x 4

　ヤマハルーターのRIPタイマーには、update、invalid、holddownの3種類のタイマーがあり、これに対してCiscoルーターでは、update、invalid、holddown、flushの4種類のタイマーがあります。図5.1.9と図5.1.10は、送信側のルーターでルート情報が消失したとき場合のRIPタイマーの動作を図示したものです。

○図5.1.9：ヤマハルーターのRIPタイマー動作

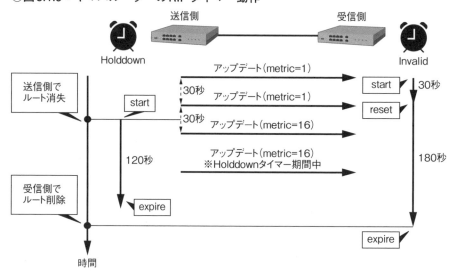

○図5.1.10：CiscoルーターのRIPタイマー動作

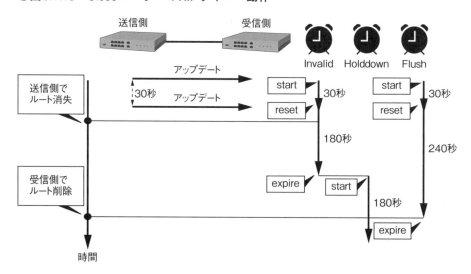

5-1-6 ルーティングループの防止

ディスタンスベクタ型のルーティングプロトコルは、30秒間隔でルート情報をフラッディングする仕様となっています。それゆえにRIPで構成されたネットワーク全体の収束時間はどうしても長くなってしまいます。収束時間が長いということは、収束状態までの過渡期において、一部のルーターは古いルート情報を保持しいることです。このような状況下では、ルーティングループが発生しやすくなっています。

ルーティングループが発生しやすいのは、ディスタンスベクタの性質に起因するもので、持って生まれた宿命です。しかし、RIPには次のようなルーティングループを防止する方法があります。

- スプリットホライズン
- ポイズンリバース
- ルートポイズニング
- トリガードアップデート
- ホップ数の上限

それぞれのルーティングループ防止方法について詳しく見てみましょう。

スプリットホライズン

スプリットホライズンは、あるインタフェースで受信したルート情報を、同じインタフェースから送信しない機能です。スプリットホライズンが有効になっていないとき、ネットワークの障害時にルーティングループが発生する可能性があります。このルーティングループの発生メカニズムを説明しているのが図5.1.11です。

図5.1.11の初期状態では、Router2とRouter3の192.168.1.0/24へのルートはともにL1が出力インタフェースとなっています。次に、Router1とRouter2のリンクが断するネットワーク障害が発生すると、Router2のルーティングテーブルから192.168.1.0/24のルート情報が消えます。スプリットホライズンが無効になっているので、Router2は、192.168.1.0/24のルート情報をRouter3から送り返される形で再びルーティングテーブルに登録します。しかし、このときに登録した192.168.1.0/24のルート情報は、Router3から受信したものなので、出力インタフェースはL2となってしまいます。最終的に、Router2とRouter3の192.168.1.0/24へのルートの出力インタフェースが、それぞれL2とL1になり、両ルーターから192.168.1.0/24へのパケットはルーティングループに陥ります。

○図5.1.11：スプリットホライズン無効の場合

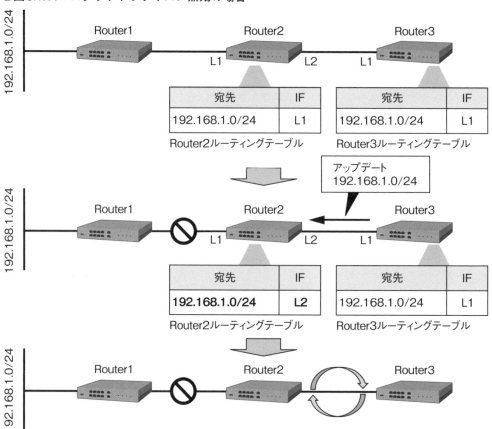

　次に、スプリットホライズンが有効にするとどうなるかは図5.1.12を使って説明します。図5.1.12のRouter3でスプリットホライズンが有効になっていると、192.168.1.0/24のルート情報をL1インタフェースから送信しないので、Router2のルーティングテーブルにRouter3から送り返される192.168.1.0/24のルート情報が登録されることはありません。Router3から192.168.1.0/24あてのパケットは、Router2のルーティングテーブルに192.168.1.0/24のルート情報がないため破棄されます。

ポイズンリバース
　ポイズンリバースは、ルーターがあるインタフェースから受信したルート情報をメトリック16にして、受信インタフェースから送り返す機能です。これにより、送り返された先のルーターに不必要なルート情報がルーティングテーブルに登録されることを未然に防ぐことができます。

○図5.1.12：スプリットホライズン有効の場合

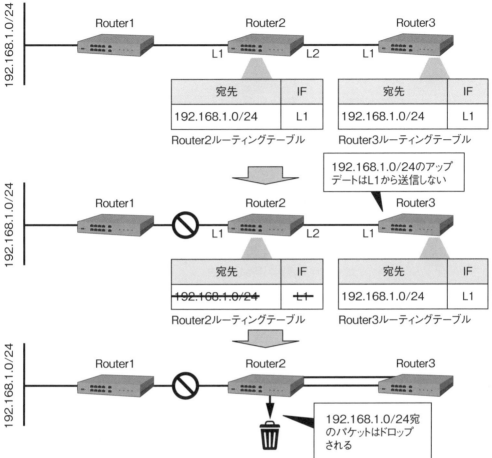

ルートポイズニング

ルートポイズニングは、ルーターのインタフェースのルート情報が消失したときに、ただちに隣接ルーターに対してそのルート情報を到達不能を意味するメトリック16で広告する機能です。この機能がないと、隣接ルーターがそのルートが到達不能と知るまで最大30秒（アップデート間隔）を要します。

図5.1.13は、ルートポイズニングの動作を説明した図です。ネットワーク障害により192.168.1.0/24のルート情報がRouter1のルーティングテーブルから消えると、Router1はただちにアップデート（メトリック16の192.168.1.0/24ルート情報）をRouter2に送信します。このアップデートを受け取ったRouter2は、自分のRIPルート情報テーブルの該当ルート情報のホップ数を1から16に変え、このルートへの到達ができなくなったことを学習します。ホップ数が16になったと同時にinvalidタイマーが作動し、ネットワーク障害がこのまま続くと、180秒後に192.168.1.0/24のルート情報はRouter2のRIPルート情報テーブルから消えます。

○図5.1.13：ルートポイズニング

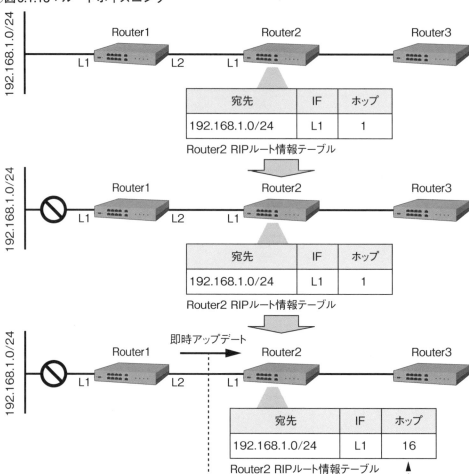

トリガードアップデート

ルートポイズニングでは、ルーター自身のインタフェースのルート情報が消えると、ただちに隣接ルーターにアップデートを送信します。しかし、2ホップ先のルーターはすぐにルート障害を知ることはできません。

トリガードアップデートが有効になっていると、メトリック値に変化があると、ただちにアップデートを送信できるようになり、収束時間の短縮につながります。図5.1.14は、トリガードアップデートがないとある場合のアップデート動作を図解しています。

ホップ数の上限

ルーティングループの防止のための万策を尽くしても、それでもループが発生したときの最後の砦がホップ数の上限です。RIPでは、15ホップが上限となっているため、ルート情報

○図5.1.14：トリガードアップデート

●トリガードアップデートがない場合

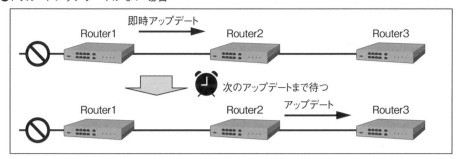

●トリガードアップデートがある場合

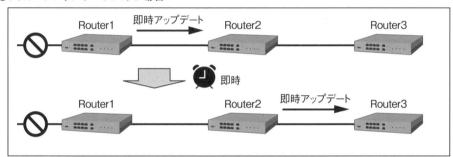

のホップ数が16になった時点でそのルート情報をルーティングテーブルから削除され、ルーティングループが止まります。

5-2 RIPの設定

ヤマハルーターでRIPを動かすための設定をここで解説します。Ciscoルーターの設定との違いにも留意して、基本的なネットワーク設定からセキュリティ関連の設定までできることを目標にしています。ここで次の設定内容を紹介します。

- RIP有効化設定
- RIPv2の設定
- ルート選択の設定（ホップ数と経路の優先度）
- RIPフィルタの設定
- セキュリティ設定（RIPv2テキスト認証）
- セキュリティ設定（信用ゲートウェイ）
- デフォルトルート配信の設定
- RIPタイマー設定
- RIPへの再配布について

5-2-1 RIP有効化設定

RIPを有効化するためのコマンドは次のとおりです。

RIP有効化の設定

rip use [ON/OFF]											
RTX5000	RTX3500	RTX3000	RTX1500	RTX1210	RTX1200	RTX1100	RTX810	RT250i	RT107e	SRT100

ON/OFFパラメータを「on」にするとRIPが有効化され、「off」にすると無効化されます。設定例として、図5.2.1のネットワークのすべてのルーターでRIPを有効化します。

○図5.2.1：RIPの有効化（ヤマハルーター）

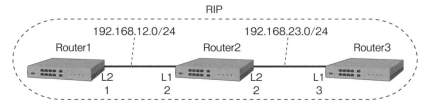

ヤマハルーターのデフォルトでは、送信するRIPパケットはバージョン1と2ですが、受信するRIPパケットはバージョン1のみです（リスト5.2.1a～5.2.1c）。

○リスト5.2.1a：Router1の設定（ヤマハルーター）

```
Router1# ip lan2 address 192.168.12.1/24 ①
Router1# rip use on ②
Router1#
Router1# show ip route ③
宛先ネットワーク        ゲートウェイ        インタフェース        種別        付加情報
192.168.12.0/24       192.168.12.1       LAN2              implicit
192.168.23.0/24       192.168.12.2       LAN2              RIP        metric=1
Router1#
```

❶ LAN2インタフェースのIPアドレスを設定する (IOS) interface ⇒ ip address
❷ RIPを有効化する (IOS) router rip ⇒ network
❸ ルーティングテーブルを表示する (IOS) show ip route

○リスト5.2.1b：Router2の設定（ヤマハルーター）

```
Router2# ip lan1 address 192.168.12.2/24
Router2# ip lan2 address 192.168.23.2/24
Router2# rip use on
Router2#
Router2# show ip route
宛先ネットワーク        ゲートウェイ        インタフェース        種別        付加情報
192.168.12.0/24       192.168.12.2       LAN1              implicit
192.168.23.0/24       192.168.23.2       LAN2              implicit
Router2#
```

○リスト5.2.1c：Router3の設定（ヤマハルーター）

```
Router3# ip lan1 address 192.168.23.3/24
Router3# rip use on
Router3#
Router3# show ip route
宛先ネットワーク          ゲートウェイ        インタフェース         種別      付加情報
192.168.12.0/24        192.168.23.2       LAN1             RIP     metric=1
192.168.23.0/24        192.168.23.3       LAN1             implicit
Router3#
```

Ciscoルーターの場合

　ネットワーク図は図5.2.2で、Ciscoルーターでの設定はリスト5.2.2a〜2cようになります。Ciscoルーターのデフォルトもヤマハルーターと同様で、送信するRIPパケットはバージョン1と2で、受信するRIPパケットはバージョン1のみとなっています。

○図5.2.2：RIPの有効化（Ciscoルーター）

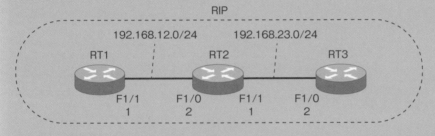

○リスト5.2.2a：RT1の設定（Ciscoルーター）

```
RT1#configure terminal
RT1(config)#interface FastEthernet 1/1
RT1(config-if)#ip address 192.168.12.1 255.255.255.0
RT1(config-if)#no shutdown
RT1(config-if)#exit
RT1(config)#router rip
RT1(config-router)#network 192.168.12.0
RT1(config-router)#end
RT1#show ip route

    ...略...

C    192.168.12.0/24 is directly connected, FastEthernet1/1
R    192.168.23.0/24 [120/1] via 192.168.12.2, 00:00:17, FastEthernet1/1
```

○リスト5.2.2b：RT2の設定（Ciscoルーター）

```
RT2#configure terminal
RT2(config)#interface FastEthernet 1/0
RT2(config-if)#ip address 192.168.12.2 255.255.255.0
RT2(config-if)#no shutdown
RT2(config-if)#exit
```

（つづく）

```
（つづき）
RT2(config)#interface FastEthernet 1/1
RT2(config-if)#ip address 192.168.23.2 255.255.255.0
RT2(config-if)#no shutdown
RT2(config-if)#exit
RT2(config)#router rip
RT2(config-router)#network 192.168.12.0
RT2(config-router)#network 192.168.23.0
RT2(config-router)#end
RT2#show ip route

...略...

C    192.168.12.0/24 is directly connected, FastEthernet1/0
C    192.168.23.0/24 is directly connected, FastEthernet1/1
```

○リスト5.2.2c：RT3の設定（Ciscoルーター）

```
RT3#configure terminal
RT3(config)#interface FastEthernet 1/0
RT3(config-if)#ip address 192.168.23.3 255.255.255.0
RT3(config-if)#no shutdown
RT3(config-if)#exit
RT3(config)#router rip
RT3(config-router)#network 192.168.23.0
RT3(config-router)#end
RT3#show ip route

...略...

R    192.168.12.0/24 [120/1] via 192.168.23.2, 00:00:10, FastEthernet1/0
C    192.168.23.0/24 is directly connected, FastEthernet1/0
```

5-2-2 RIPv2の設定

　ヤマハルーターには、Ciscoルーターのようなルーターのようなルーターのようなルーターのようなルーター全体をRIPv2に設定するversionコマンドに相当するコマンドはありません。ヤマハルーターでRIPv2のみを動かすには、インタフェースにRIPv2パケットの送受信の設定を行う必要があります。

RIPパケット送信の設定

ip [インタフェース名] rip send [ON/OFF] version [バージョン]											
RTX5000	RTX3500	RTX3000	RTX1500	RTX1210	RTX1200	RTX1100	RTX810	RT250i	RT107e	SRT100

　ON/OFFパラメータでは、「on」なら送信する、「off」なら送信しないようにできます。バージョンパラメータは、「1」と「2」と「1 2」の3パターンから選択でき、初期値は「1」です。

RIPパケット受信の設定

ip [インタフェース名] rip receive [ON/OFF] version [バージョン]										
RTX5000	RTX3500	RTX3000	RTX1500	RTX1210	RTX1200	RTX1100	RTX810	RT250i	RT107e	SRT100

ON/OFFパラメータでは、「on」なら受信する、「off」なら受信しないようにできます。バージョンパラメータは、「1」と「2」と「1 2」の3パターンから選択でき、初期値は「1 2」です。

図5.2.3は、RIPv2の設定で使用するネットワークで、図5.2.1との差分は次の2点です。

- RIPv2のみを動かす
- Router1とRouter3にループバックインタフェース（Lo1）の追加

RIPv2の有効化後、ルート情報にサブネット情報も伝播されるようになったことを確認できます（リスト5.2.3a～5.2.3c）。

○図5.2.3：RIPv2の設定（ヤマハルーター）

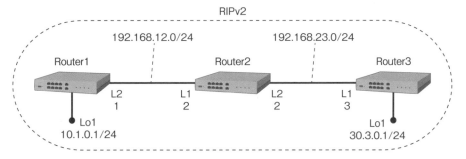

○リスト5.2.3a：Router1の設定（ヤマハルーター）

```
Router1# ip lan2 address 192.168.12.1/24  ①
Router1# ip loopback1 address 10.1.0.1/24  ②
Router1# rip use on  ③
Router1#
Router1# show ip route  ④
宛先ネットワーク    ゲートウェイ    インタフェース    種別      付加情報
10.1.0.0/24        10.1.0.1       LOOPBACK1        implicit
30.0.0.0/8         192.168.12.2   LAN2             RIP       metric=2  ※サブネットマスクなし
192.168.12.0/24    192.168.12.1   LAN2             implicit
192.168.23.0/24    192.168.12.2   LAN2             RIP       metric=1
Router1#
Router1# ip lan2 rip send on version 2     ⑤  ※RIPv2のみ送信
Router1# ip lan2 rip receive on version 2  ⑥  ※RIPv2のみ受信
Router1#
Router1# show ip route
宛先ネットワーク    ゲートウェイ    インタフェース    種別      付加情報
10.1.0.0/24        10.1.0.1       LOOPBACK1        implicit
30.3.0.0/24        192.168.12.2   LAN2             RIP       metric=2  ※サブネットマスクあり
192.168.12.0/24    192.168.12.1   LAN2             implicit
192.168.23.0/24    192.168.12.2   LAN2             RIP       metric=1
Router1#
```

（つづく）

Chapter 5：ルーティングプロトコル――RIP

（つづき）
❶ LAN2インタフェースのIPアドレスを設定する【IOS】 `interface ⇒ ip address`
❷ Loopback1インタフェースのIPアドレスを設定する【IOS】 `interface ⇒ ip address`
❸ RIPを有効化する【IOS】 `router rip ⇒ network`
❹ ルーティングテーブルを表示する【IOS】 `show ip route`
❺ LAN2インタフェースからRIPv2のみを送信する【IOS】 `interface ⇒ rip send version`
❻ LAN2インタフェースでRIPv2のみを受信する【IOS】 `interface ⇒ rip receive version`

○リスト5.2.3b：Router2の設定（ヤマハルーター）

```
Router2# ip lan1 address 192.168.12.2/24   ❶
Router2# ip lan2 address 192.168.23.2/24
Router2# rip use on   ❷
Router2#
Router2# show ip route   ❸
宛先ネットワーク     ゲートウェイ     インタフェース    種別    付加情報
10.0.0.0/8          192.168.12.1    LAN1           RIP    metric=1   ※サブネットマスクなし
30.0.0.0/8          192.168.23.3    LAN2           RIP    metric=1   ※サブネットマスクなし
192.168.12.0/24     192.168.12.2    LAN1           implicit
192.168.23.0/24     192.168.23.2    LAN2           implicit
Router2#
Router2# ip lan1 rip send on version 2      ❹   ※RIPv2のみ送信
Router2# ip lan1 rip receive on version 2   ❺   ※RIPv2のみ受信
Router2# ip lan2 rip send on version 2          ※RIPv2のみ送信
Router2# ip lan2 rip receive on version 2       ※RIPv2のみ受信
Router2#
Router2# show ip route
宛先ネットワーク     ゲートウェイ     インタフェース    種別    付加情報
10.1.0.0/24         192.168.12.1    LAN1           RIP    metric=1   ※サブネットマスクあり
30.3.0.0/24         192.168.23.3    LAN2           RIP    metric=1   ※サブネットマスクあり
192.168.12.0/24     192.168.12.2    LAN1           implicit
192.168.23.0/24     192.168.23.2    LAN2           implicit
Router2#
```

○リスト5.2.3c：Router3の設定（ヤマハルーター）

```
Router3# ip lan1 address 192.168.23.3/24
Router3# ip loopback1 address 30.3.0.1/24
Router3# rip use on
Router3#
Router3# show ip route
宛先ネットワーク     ゲートウェイ     インタフェース    種別       付加情報
10.0.0.0/8          192.168.23.2    LAN1            RIP       metric=2
30.3.0.0/24         30.3.0.1        LOOPBACK1       implicit
192.168.12.0/24     192.168.23.2    LAN1            RIP       metric=1   ※サブネットマスクなし
192.168.23.0/24     192.168.23.3    LAN1            implicit
Router3#
Router3# ip lan1 rip send on version 2       ※RIPv2のみ送信
Router3# ip lan1 rip receive on version 2    ※RIPv2のみ受信
Router3#
Router3# show ip route
宛先ネットワーク     ゲートウェイ     インタフェース    種別       付加情報
10.1.0.0/24         192.168.23.2    LAN1            RIP       metric=2   ※サブネットマスクあり
30.3.0.0/24         30.3.0.1        LOOPBACK1       implicit
192.168.12.0/24     192.168.23.2    LAN1            RIP       metric=1
192.168.23.0/24     192.168.23.3    LAN1            implicit
Router3#
```

Ciscoルーターの場合

ネットワーク図は図5.2.4で、Ciscoルーターでの設定はリスト5.2.4a ～ 5.2.4cようになります。

○図5.2.4：RIPv2の設定（Ciscoルーター）

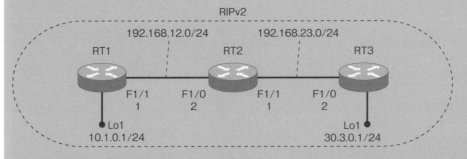

○リスト5.2.4a：RT1の設定（Ciscoルーター）

```
RT1#configure terminal
RT1(config)#interface FastEthernet 1/1
RT1(config-if)#ip address 192.168.12.1 255.255.255.0
RT1(config-if)#no shutdown
RT1(config-if)#exit
RT1(config)#interface Loopback 1
RT1(config-if)#ip address 10.1.0.1 255.255.255.0
RT1(config-if)#exit
RT1(config)#router rip
RT1(config-router)#network 192.168.12.0
RT1(config-router)#network 10.0.0.0
RT1(config-router)#end
RT1#show ip route

    ...略...

C    192.168.12.0/24 is directly connected, FastEthernet1/1
     10.0.0.0/24 is subnetted, 1 subnets
C       10.1.0.0 is directly connected, Loopback1
R    192.168.23.0/24 [120/1] via 192.168.12.2, 00:00:09, FastEthernet1/1
R    30.0.0.0/8 [120/2] via 192.168.12.2, 00:00:09, FastEthernet1/1
RT1(config)#router rip
RT1(config-router)#version 2
RT1(config-router)#no auto-summary
RT1(config-router)#end
RT1#show ip route

    ...略...

C    192.168.12.0/24 is directly connected, FastEthernet1/1
     10.0.0.0/24 is subnetted, 1 subnets
C       10.1.0.0 is directly connected, Loopback1
R    192.168.23.0/24 [120/1] via 192.168.12.2, 00:00:14, FastEthernet1/1
     30.0.0.0/24 is subnetted, 1 subnets
R       30.3.0.0 [120/2] via 192.168.12.2, 00:00:14, FastEthernet1/1
```

Chapter 5：ルーティングプロトコル──RIP

○リスト 5.2.4b：RT2 の設定（Cisco ルーター）

```
RT2#configure terminal
RT2(config)#interface FastEthernet 1/0
RT2(config-if)#ip address 192.168.12.2 255.255.255.0
RT2(config-if)#no shutdown
RT2(config-if)#exit
RT2(config)#interface FastEthernet 1/1
RT2(config-if)#ip address 192.168.23.2 255.255.255.0
RT2(config-if)#no shutdown
RT2(config-if)#exit
RT2(config)#router rip
RT2(config-router)#network 192.168.12.0
RT2(config-router)#network 192.168.23.0
RT2(config-router)#end
RT2#show ip route
  ...略...
C    192.168.12.0/24 is directly connected, FastEthernet1/0
R    10.0.0.0/8 [120/1] via 192.168.12.1, 00:00:24, FastEthernet1/0
C    192.168.23.0/24 is directly connected, FastEthernet1/1
R    30.0.0.0/8 [120/1] via 192.168.23.3, 00:00:29, FastEthernet1/1
RT2(config)#router rip
RT2(config-router)#version 2
RT2(config-router)#no auto-summary
RT2(config-router)#end
RT2#show ip route
  ...略...
C    192.168.12.0/24 is directly connected, FastEthernet1/0
     10.0.0.0/24 is subnetted, 1 subnets
R       10.1.0.0 [120/1] via 192.168.12.1, 00:00:12, FastEthernet1/0
C    192.168.23.0/24 is directly connected, FastEthernet1/1
     30.0.0.0/24 is subnetted, 1 subnets
R       30.3.0.0 [120/1] via 192.168.23.3, 00:00:01, FastEthernet1/1
```

○リスト 5.2.4c：RT3 の設定（Cisco ルーター）

```
RT3#configure terminal
RT3(config)#interface FastEthernet 1/0
RT3(config-if)#ip address 192.168.23.3 255.255.255.0
RT3(config-if)#no shutdown
RT3(config-if)#exit
RT3(config)#interface Loopback 1
RT3(config-if)#ip address 30.3.0.1 255.255.255.0
RT3(config-if)#exit
RT3(config)#router rip
RT3(config-router)#network 192.168.23.0
RT1(config-router)#network 30.0.0.0
RT3(config-router)#end
RT3#show ip route
  ...略...
R    192.168.12.0/24 [120/1] via 192.168.23.2, 00:00:00, FastEthernet1/0
R    10.0.0.0/8 [120/2] via 192.168.23.2, 00:00:00, FastEthernet1/0
C    192.168.23.0/24 is directly connected, FastEthernet1/0
     30.0.0.0/24 is subnetted, 1 subnets
C       30.3.0.0 is directly connected, Loopback1
```

```
RT3(config)#router rip
RT3(config-router)#version 2
RT3(config-router)#no auto-summary
RT3(config-router)#end
RT3#show ip route
    ...略...
R    192.168.12.0/24 [120/1] via 192.168.23.2, 00:00:18, FastEthernet1/0
     10.0.0.0/24 is subnetted, 1 subnets
R       10.1.0.0 [120/2] via 192.168.23.2, 00:00:18, FastEthernet1/0
C    192.168.23.0/24 is directly connected, FastEthernet1/0
     30.0.0.0/24 is subnetted, 1 subnets
C       30.3.0.0 is directly connected, Loopback1
```

5-2-3 ルート選択の設定（ホップ数と経路の優先度）

ルーターがアップデートを送受信するときに、ホップ数を手動で加算して、任意のRIPルートを優先することができます。また、経路の優先度を調整することにより、特定のルーティングプロトコルで学習したルートを優先することもできます。

ホップ数の加算と経路の優先度に関するコマンドは次のとおりです。

ホップ数の加算の設定

`ip [インタフェース名] rip hop [方向] [ホップ数]`										
RTX5000	RTX3500	RTX3000	RTX1500	RTX1210	RTX1200	RTX1100	RTX810	RT250i	RT107e	SRT100

方向パラメータ値は、受信時に加算の「in」と送信時に加算の「out」の2つがあります。ホップ数パラメータ値は、加算するホップ数で、0から15までの数字です。

経路の優先度の設定

`rip preference [優先度]`										
RTX5000	RTX3500	RTX3000	RTX1500	RTX1210	RTX1200	RTX1100	RTX810	RT250i	RT107e	SRT100

優先度パラメータ値は、1以上の数字です。RIPの初期値は1000です。

図5.2.5のネットワークを使って、ホップ数の加算と経路の優先度の設定例を示します。
　この例では、Router4はRouter2とRouter3からの2方向経由で10.1.0.1/24のルートを学習しています。そこで、LAN2から学習したルート情報に10ホップを加算して、LAN1経由のルートを優先させます。この例では、Router4でコマンド「ip lan2 rip hop in 10」を使っていますが、Router2で「ip lan2 rip hop out 10」としても同じ結果になります。
　次に、R4でスタティックルートを設定して、LAN2方向のルートが優先されます。なぜ

Chapter 5：ルーティングプロトコル──RIP

なら、経路の優先度において、RIP（経路の優先度1000）よりスタティックルート（経路の優先度10000）のほうが優先度が高いからです。最後に、RIPの経路の優先度を15000に設定して、スタティックルートよりもRIPのほうを優先させるように設定します。

リスト5.2.5a 〜 5.2.5dがヤマハルーターの設定と確認です。

○図5.2.5：ルート選択の設定（ヤマハルーター）

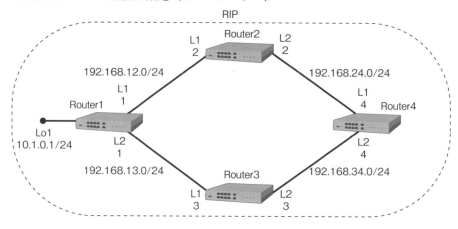

○リスト5.2.5a：Router1の設定（ヤマハルーター）

```
Router1# ip lan1 address 192.168.12.1/24  ①
Router1# ip lan2 address 192.168.13.1/24
Router1# ip loopback1 address 10.1.0.1/24
Router1#
Router1# ip lan1 rip send on version 2  ②
Router1# ip lan1 rip receive on version 2  ③
Router1# ip lan2 rip send on version 2
Router1# ip lan2 rip receive on version 2
Router1#
Router1# rip use on  ④
Router1#
```

❶ LAN1インタフェースのIPアドレスを設定する (IOS) `interface` ⇒ `ip address`
❷ LAN1インタフェースからRIPv2のみを送信する (IOS) `interface` ⇒ `rip send version`
❸ LAN1インタフェースでRIPv2のみを受信する (IOS) `interface` ⇒ `rip receive version`
❹ RIPを有効化する (IOS) `router rip` ⇒ `network`

○リスト5.2.5b：Router2の設定（ヤマハルーター）

```
Router2# ip lan1 address 192.168.12.2/24
Router2# ip lan2 address 192.168.24.2/24
Router2#
Router2# ip lan1 rip send on version 2
Router2# ip lan1 rip receive on version 2
Router2# ip lan2 rip send on version 2
Router2# ip lan2 rip receive on version 2
Router2#
Router2# rip use on
Router2#
```

5-2：RIP の設定

○リスト 5.2.5c：Router3 の設定（ヤマハルーター）

```
Router3# ip lan1 address 192.168.13.3/24
Router3# ip lan2 address 192.168.34.3/24
Router3#
Router3# ip lan1 rip send on version 2
Router3# ip lan1 rip receive on version 2
Router3# ip lan2 rip send on version 2
Router3# ip lan2 rip receive on version 2
Router3#
Router3# rip use on
Router3#
```

○リスト 5.2.5d：Router4 の設定（ヤマハルーター）

```
Router4# ip lan1 address 192.168.24.4/24
Router4# ip lan2 address 192.168.34.4/24
Router4#
Router4# ip lan1 rip send on version 2
Router4# ip lan1 rip receive on version 2
Router4# ip lan2 rip send on version 2
Router4# ip lan2 rip receive on version 2
Router4#
Router4# rip use on
Router4#
Router4# show ip route         ①
宛先ネットワーク      ゲートウェイ      インタフェース    種別     付加情報
10.1.0.0/24          192.168.34.3     LAN2             RIP      metric=2   ※最初はLAN2経由
192.168.12.0/24      192.168.24.2     LAN1             RIP      metric=1
192.168.13.0/24      192.168.34.3     LAN2             RIP      metric=1
192.168.24.0/24      192.168.24.4     LAN1             implicit
192.168.34.0/24      192.168.34.4     LAN2             implicit
Router4#
Router4# ip lan2 rip hop in 10    ②   ※LAN2経由のルートのホップ数を増やす
Router4#
Router4# show ip route
宛先ネットワーク      ゲートウェイ      インタフェース    種別     付加情報
10.1.0.0/24          192.168.24.2     LAN1             RIP      metric=2   ※LAN1経由が優先
192.168.12.0/24      192.168.24.2     LAN1             RIP      metric=1
192.168.13.0/24      192.168.24.2     LAN1             RIP      metric=2
192.168.24.0/24      192.168.24.4     LAN1             implicit
192.168.34.0/24      192.168.34.4     LAN2             implicit
Router4#
※NHOPがRouter3のスタティックルート
Router4# ip route 10.1.0.0/24 gateway 192.168.34.3   ③
Router4#
Router4# show ip route
宛先ネットワーク      ゲートウェイ      インタフェース    種別     付加情報
10.1.0.0/24          192.168.34.3     LAN2             static   ※スタティックルートが優先ルート
192.168.12.0/24      192.168.24.2     LAN1             RIP      metric=1
192.168.13.0/24      192.168.24.2     LAN1             RIP      metric=2
192.168.24.0/24      192.168.24.4     LAN1             implicit
192.168.34.0/24      192.168.34.4     LAN2             implicit
Router4#
Router4# rip preference 15000    ④   ※RIPの経路の優先度をスタティックルートより高くする
Router4#
Router4# show ip route
```

（つづく）

（つづき）

```
宛先ネットワーク      ゲートウェイ       インタフェース    種別        付加情報
10.1.0.0/24          192.168.24.2      LAN1        RIP       metric=2    ※再びLAN1経由が優先
192.168.12.0/24      192.168.24.2      LAN1        RIP       metric=1
192.168.13.0/24      192.168.24.2      LAN1        RIP       metric=2
192.168.24.0/24      192.168.24.4      LAN1        implicit
192.168.34.0/24      192.168.34.4      LAN2        implicit
Router4#
```

❶ ルーティングテーブルを表示する 【IOS】 `show ip route`
❷ LAN2インタフェースで受信するRIPルートに10ホップを加える 【IOS】 `router rip` ⇒ `offset-list`
❸ 192.168.34.3をネクストホップとする10.1.0.0/24へのスタティックルートを設定する 【IOS】 `ip route`
❹ RIPの経路の優先度を15000に変更する 【IOS】 `router rip` ⇒ `distance`

Ciscoルーターの場合

　ネットワーク図は図5.2.6で、Ciscoルーターでの設定はリスト5.2.6a〜5.2.6dのようになります。RT4でのAD値の調整では、スタティックルートのAD値をRIPのそれよりも高い125としています。

○図5.2.6：ルート選択の設定（Ciscoルーター）

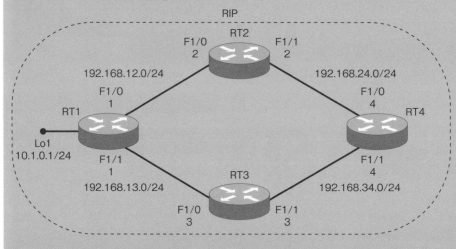

○リスト5.2.6a：RT1の設定（Ciscoルーター）

```
RT1#configure terminal
RT1(config)#interface FastEthernet 1/0
RT1(config-if)#ip address 192.168.12.1 255.255.255.0
RT1(config-if)#no shutdown
RT1(config-if)#exit
RT1(config)#interface FastEthernet 1/1
RT1(config-if)#ip address 192.168.13.1 255.255.255.0
RT1(config-if)#no shutdown
RT1(config-if)#exit
RT1(config)#interface Loopback 1
```

（つづく）

（つづき）

```
RT1(config-if)#ip address 10.1.0.1 255.255.255.0
RT1(config-if)#exit
RT1(config)#router rip
RT1(config-router)#version 2
RT1(config-router)#no auto-summary
RT1(config-router)#network 192.168.12.0
RT1(config-router)#network 192.168.13.0
RT1(config-router)#network 10.0.0.0
```

○リスト5.2.6b：RT2の設定（Ciscoルーター）

```
RT2#configure terminal
RT2(config)#interface FastEthernet 1/0
RT2(config-if)#ip address 192.168.12.2 255.255.255.0
RT2(config-if)#no shutdown
RT2(config-if)#exit
RT2(config)#interface FastEthernet 1/1
RT2(config-if)#ip address 192.168.24.2 255.255.255.0
RT2(config-if)#no shutdown
RT2(config-if)#exit
RT2(config)#router rip
RT2(config-router)#version 2
RT2(config-router)#no auto-summary
RT2(config-router)#network 192.168.12.0
RT2(config-router)#network 192.168.24.0
```

○リスト5.2.6c：RT3の設定（Ciscoルーター）

```
RT3#configure terminal
RT3(config)#interface FastEthernet 1/0
RT3(config-if)#ip address 192.168.13.3 255.255.255.0
RT3(config-if)#no shutdown
RT3(config-if)#exit
RT3(config)#interface FastEthernet 1/1
RT3(config-if)#ip address 192.168.34.3 255.255.255.0
RT3(config-if)#no shutdown
RT3(config-if)#exit
RT3(config)#router rip
RT3(config-router)#version 2
RT3(config-router)#no auto-summar
RT3(config-router)#network 192.168.13.0
RT3(config-router)#network 192.168.34.0
```

○リスト5.2.6d：RT4の設定（Ciscoルーター）

```
RT4#configure terminal
RT4(config)#interface FastEthernet 1/0
RT4(config-if)#ip address 192.168.24.4 255.255.255.0
RT4(config-if)#no shutdown
RT4(config-if)#exit
RT4(config)#interface FastEthernet 1/1
RT4(config-if)#ip address 192.168.34.4 255.255.255.0
RT4(config-if)#no shutdown
RT4(config-if)#exit
RT4(config)#router rip
```

（つづく）

```
(つづき)
RT4(config-router)#version 2
RT4(config-router)#no auto-summary
RT4(config-router)#network 192.168.24.0
RT4(config-router)#network 192.168.34.0
RT4(config-router)#do show ip route
R    192.168.12.0/24 [120/1] via 192.168.24.2, 00:00:17, FastEthernet1/0
R    192.168.13.0/24 [120/1] via 192.168.34.3, 00:00:20, FastEthernet1/1
C    192.168.24.0/24 is directly connected, FastEthernet1/0
     10.0.0.0/24 is subnetted, 1 subnets
R       10.1.0.0 [120/2] via 192.168.34.3, 00:00:20, FastEthernet1/1
                 [120/2] via 192.168.24.2, 00:00:17, FastEthernet1/0
C    192.168.34.0/24 is directly connected, FastEthernet1/1
RT4(config-router)#offset-list 1 in 10 FastEthernet 1/1
                                                        ※F1/1受信のルートに10ホップ加算
RT4(config-router)#exit
RT4(config)#access-list 1 permit 10.1.0.0 0.0.0.255
RT4(config)#do show ip route

   ...略...

R    192.168.12.0/24 [120/1] via 192.168.24.2, 00:00:09, FastEthernet1/0
R    192.168.13.0/24 [120/1] via 192.168.34.3, 00:00:11, FastEthernet1/1
C    192.168.24.0/24 is directly connected, FastEthernet1/0
     10.0.0.0/24 is subnetted, 1 subnets
R       10.1.0.0 [120/2] via 192.168.24.2, 00:00:09, FastEthernet1/0
                                                         ※RT2経由が優先
C    192.168.34.0/24 is directly connected, FastEthernet1/1
RT4(config)#ip route 10.1.0.0 255.255.255.0 192.168.34.3
                                                        ※スタティックルートを設定
RT4(config)#do show ip route

   ...略...

R    192.168.12.0/24 [120/1] via 192.168.24.2, 00:00:06, FastEthernet1/0
R    192.168.13.0/24 [120/1] via 192.168.34.3, 00:00:06, FastEthernet1/1
C    192.168.24.0/24 is directly connected, FastEthernet1/0
     10.0.0.0/24 is subnetted, 1 subnets
S       10.1.0.0 [1/0] via 192.168.34.3  ※RT3経由が優先
C    192.168.34.0/24 is directly connected, FastEthernet1/1
RT4(config)#ip route 10.1.0.0 255.255.255.0 192.168.34.3 125
                                                        ※スタティックルートのADを125に
RT4(config)#do show ip route
R    192.168.12.0/24 [120/1] via 192.168.24.2, 00:00:25, FastEthernet1/0
R    192.168.13.0/24 [120/1] via 192.168.34.3, 00:00:24, FastEthernet1/1
C    192.168.24.0/24 is directly connected, FastEthernet1/0
     10.0.0.0/24 is subnetted, 1 subnets
R       10.1.0.0 [120/2] via 192.168.24.2, 00:00:25, FastEthernet1/0
                                                         ※RT2経由が優先
C    192.168.34.0/24 is directly connected, FastEthernet1/1
```

5-2-4 RIPフィルタの設定

　ルーターから送出するルート情報と、ルーターで受信するルート情報をRIPフィルタで制限できます。RIPフィルタの設定では次に示すコマンドを使用します。

5-2：RIPの設定

RIPフィルタの設定

ip [インタフェース名] rip fileter [方向] [フィルタリスト]
RTX5000　RTX3500　RTX3000　RTX1500　RTX1210　RTX1200　RTX1100　RTX810　RT250i　RT107e　SRT100

　方向パラメータ値には、受信時のフィルタの「in」と送信時のフィルタ「out」の2つがあります。フィルタリストパラメータでは、静的フィルタ番号をスペース区切りで100個まで記載できます。

　図5.2.7のネットワークを使ってRIPフィルタの設定例を示します。この例では、Router1から3つのRIPルート（10.1.1.0/24、10.2.2.0/24、10.3.3.0/24）をRouter2に対して広告しています。3つのRIPルートのうち10.3.3.0/24のルートのみを、Router1のLAN1インタフェースから送出しないように設定します。次に、Router2のL1インタフェースで10.2.2.0/24のルートのみを受信しないように設定します。結果的に、3つのRIPルートのうち、10.1.1.0/24のみがRouter2のルーティングテーブルに登録されます。

　リスト5.2.7a～5.2.7bがヤマハルーターの設定と確認です。

○図5.2.7：RIPルートのフィルタリング（ヤマハルーター）

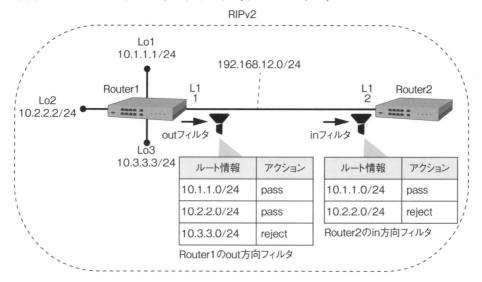

○リスト5.2.7a：Router1の設定（ヤマハルーター）

```
Router1# ip lan1 address 192.168.12.1/24    ①
Router1#
Router1# ip lan1 rip send on version 2      ②
Router1# ip lan1 rip receive on version 2   ③
Router1#
Router1# ip loopback1 address 10.1.1.1/24
Router1# ip loopback2 address 10.2.2.2/24
Router1# ip loopback3 address 10.3.3.3/24
```

（つづく）

Chapter 5：ルーティングプロトコル──RIP

（つづき）

```
Router1#
Router1# rip use on  ❹
Router1#
Router1# ip lan1 rip filter out 1 2  ❺ ※LAN2のOUT側のフィルタを設定
Router1#
Router1# ip filter 1 pass 10.1.1.0/24  ❻ ※10.1.1.0/24のルートを許可
Router1# ip filter 2 pass 10.2.2.0/24    ※10.2.2.0/24のルートを許可
※上記の2ルート以外は自動的に拒否される
Router1#
```

❶ LAN1インタフェースのIPアドレスを設定する **IOS** `interface ⇒ ip address`
❷ LAN1インタフェースからRIPv2のみを送信する **IOS** `interface ⇒ rip send version`
❸ LAN1インタフェースでRIPv2のみを受信する **IOS** `interface ⇒ rip receive version`
❹ RIPを有効化する **IOS** `router rip ⇒ network`
❺ フィルタ番号1と2のRIPフィルタをLAN1インタフェースのIN方向に適用する **IOS** `router rip ⇒ distribute-list`
❻ 10.1.1.0/24からのパケットを通過させるフィルタ（フィルタ番号1）を設定する
　 IOS `access-list`

○リスト5.2.7b：Router2の設定（ヤマハルーター）

```
Router2# ip lan1 address 192.168.12.2/24
Router2#
Router2# ip lan1 rip send on version 2
Router2# ip lan1 rip receive on version 2
Router2#
Router2# rip use on
Router2#
Router2# show ip route ※両方のルーターにフィルタがないとき
宛先ネットワーク        ゲートウェイ        インタフェース        種別    付加情報
10.1.1.0/24            192.168.12.1        LAN1                 RIP    metric=1
10.2.2.0/24            192.168.12.1        LAN1                 RIP    metric=1
10.3.3.0/24            192.168.12.1        LAN1                 RIP    metric=1
192.168.12.0/24        192.168.12.2        LAN1                 implicit
Router2#
Router2# show ip route ※Router1にフィルタを設定したあと
宛先ネットワーク        ゲートウェイ        インタフェース        種別    付加情報
10.1.1.0/24            192.168.12.1        LAN1                 RIP    metric=1
10.2.2.0/24            192.168.12.1        LAN1                 RIP    metric=1
192.168.12.0/24        192.168.12.2        LAN1                 implicit
Router2#
Router2# ip lan1 rip filter in 1  ※LAN2のIN側のフィルタを設定
Router2#
Router2# ip filter 1 pass 10.1.1.0/24  ※10.1.1.0/24のルートを許可
※上記のルート以外は自動的に拒否される
Router2#
Router2# show ip route
宛先ネットワーク        ゲートウェイ        インタフェース        種別    付加情報
10.1.1.0/24            192.168.12.1        LAN1                 RIP    metric=1
                                                                      ※10.1.1.0/24のみ残る
192.168.12.0/24        192.168.12.2        LAN1                 implicit
Router2#
```

Ciscoルーターの場合

ネットワーク図は図5.2.8で、Ciscoルーターでの設定はリスト5.2.8a～5.2.8bのようになります。

○図5.2.8：RIPルートのフィルタリング（Ciscoルーター）

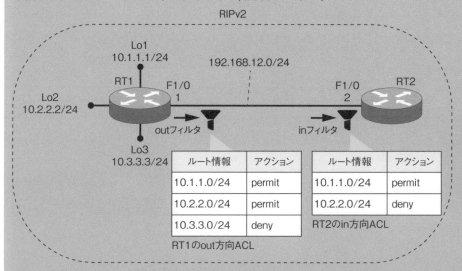

○リスト5.2.8a：RT1の設定（Ciscoルーター）

```
RT1#configure terminal
RT1(config)#interface FastEthernet 1/0
RT1(config-if)#ip address 192.168.12.1 255.255.255.0
RT1(config-if)#no shutdown
RT1(config-if)#exit
RT1(config)#interface Loopback 1
RT1(config-if)#ip address 10.1.1.1 255.255.255.0
RT1(config-if)#exit
RT1(config)#interface Loopback 2
RT1(config-if)#ip address 10.2.2.2 255.255.255.0
RT1(config-if)#exit
RT1(config)#interface Loopback 3
RT1(config-if)#ip address 10.3.3.3 255.255.255.0
RT1(config-if)#exit
RT1(config)#router rip
RT1(config-router)#version 2
RT1(config-router)#no auto-summary
RT1(config-router)#network 192.168.12.0
RT1(config-router)#network 10.0.0.0
RT1(config-router)#distribute-list 1 out FastEthernet 1/0   ※F1/0のOUT側のフィルタを設定
RT1(config-router)#exit
RT1(config)#access-list 1 permit 10.1.1.0 0.0.0.255   ※10.1.1.0/24のルートを許可
RT1(config)#access-list 1 permit 10.2.2.0 0.0.0.255   ※10.2.2.0/24のルートを許可
```

リスト5.2.8b：RT2の設定（Ciscoルーター）

```
RT2#configure terminal
RT2(config)#interface FastEthernet 1/0
RT2(config-if)#ip add 192.168.12.2 255.255.255.0
RT2(config-if)#no shutdown
RT2(config-if)#exit
RT2(config)#router rip
RT2(config-router)#version 2
RT2(config-router)#no auto-summary
RT2(config-router)#network 192.168.12.0
RT2(config-router)#do show ip route  ※両方のルーターにフィルタがないとき

...略...

C    192.168.12.0/24 is directly connected, FastEthernet1/0
     10.0.0.0/8 is variably subnetted, 4 subnets, 2 masks
R       10.3.3.0/24 [120/1] via 192.168.12.1, 00:00:11, FastEthernet1/0
R       10.2.2.0/24 [120/1] via 192.168.12.1, 00:00:11, FastEthernet1/0
R       10.1.1.0/24 [120/1] via 192.168.12.1, 00:00:11, FastEthernet1/0
RT2(config-router)#do show ip route  ※RT1にフィルタを設定したあと

...略...

C    192.168.12.0/24 is directly connected, FastEthernet1/0
     10.0.0.0/8 is variably subnetted, 4 subnets, 2 masks
R       10.2.2.0/24 [120/1] via 192.168.12.1, 00:00:21, FastEthernet1/0
R       10.1.1.0/24 [120/1] via 192.168.12.1, 00:00:21, FastEthernet1/0
RT2(config-router)#distribute-list 1 in FastEthernet 1/0  ※F1/0のIN側のフィルタを設定
RT2(config)#exit
RT2(config)#access-list 1 per 10.1.1.0 0.0.0.255  ※10.1.1.0/24のルートを許可
RT2(config)#do show ip route

...略...

C    192.168.12.0/24 is directly connected, FastEthernet1/0
     10.0.0.0/24 is subnetted, 2 subnets
R       10.2.2.0/24 is possibly down,
          routing via 192.168.12.1, FastEthernet1/0
R       10.1.1.0 [120/1] via 192.168.12.1, 00:00:19, FastEthernet1/0
                                             ※10.1.1.0/24のみ残る
```

5-2-5 セキュリティ設定（RIPv2テキスト認証）

　RIPv2にはルーターの認証機能があります。これにより、不必要なルーターとのアップデート交換をしなくてすみます。また、持ち込みルーターが勝手にネットワークに接続することを防ぐことで、ネットワークのセキュリティが向上します。

　セキュリティ設定では、次に示す2つのコマンドが必要です。

RIPv2のテキスト認証の設定

ip[インタフェース名] rip auth type text											
RTX5000	RTX3500	RTX3000	RTX1500	RTX1210	RTX1200	RTX1100	RTX810	RT250i	RT107e	SRT100

RIPv2の認証キーの設定

ip[インタフェース名] rip auth key text [認証キー]											
RTX5000	RTX3500	RTX3000	RTX1500	RTX1210	RTX1200	RTX1100	RTX810	RT250i	RT107e	SRT100

認証キーパラメータ値の記述例は**表5.2.1**のとおりです。**図5.2.9**はヤマハルーターを使ったRIP2認証のネットワーク構成です。**リスト5.2.9a～5.2.9b**がヤマハルーターの設定です。この設定例では、「yamaha」がRouter1とRouter2の間で行われるRIPv2認証の認証キーです。

○表5.2.1：認証キーパラメータ

パラメータ値の例	説明
yamha123	スペースがない場合は、そのまま指定する
"yamaha 123"	スペースを含む場合、全体をダブルクオテーションで囲む

○図5.2.9：RIPv2認証（ヤマハルーター）

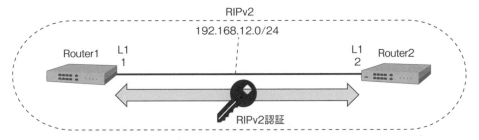

○リスト5.2.9a：Router1の設定（ヤマハルーター）

```
Router1# ip lan1 address 192.168.12.1/24      ❶
Router1#
Router1# ip lan1 rip send on version 2        ❷
Router1# ip lan1 rip receive on version 2     ❸
Router1#
Router1# ip lan1 rip auth type text           ❹  ※LAN1でRIPv2テキスト認証を使う
Router1# ip lan1 rip auth key text yamaha     ❺  ※認証キーは「yamaha」
Router1#
Router1# rip use on                           ❻
Router1#
```

❶ LAN1インタフェースのIPアドレスを設定する **IOS** `interface ⇒ ip address`
❷ LAN1インタフェースからRIPv2のみを送信する **IOS** `interface ⇒ rip send version`
❸ LAN1インタフェースでRIPv2のみを受信する **IOS** `interface ⇒ rip receive version`

(つづく)

Chapter 5：ルーティングプロトコル——RIP

（つづき）
❹ LAN1インタフェースでRIPv2テキスト認証を使う
　　`IOS` `interface` ⇒ `ip rip authentication mode text`
❺ LAN1インタフェースのRIPv2認証キー「yamaha」を指定する
　　`IOS` `key chain` ⇒ `key` ⇒ `key-string`
　　　　`interface` ⇒ `ip rip authentication key-chain`
❻ RIPを有効化する `IOS` `router rip network`

○リスト5.2.9b：Router2の設定（ヤマハルーター）

```
Router2# ip lan1 address 192.168.12.2/24
Router2#
Router2# ip lan1 rip send on version 2
Router2# ip lan1 rip receive on version 2
Router2#
Router2# ip lan1 rip auth type text       ※LAN1でRIPv2テキスト認証を使う
Router2# ip lan1 rip auth key text yamaha ※認証キーは「yamaha」
Router2#
Router2# rip use on
Router2#
```

Ciscoルーターの場合

　ネットワーク図は図5.2.10で、Ciscoルーターでの設定はリスト5.2.10a～5.2.10bです。このときの認証キーは「cisco」です。

○図5.2.10：RIPv2認証（Ciscoルーター）

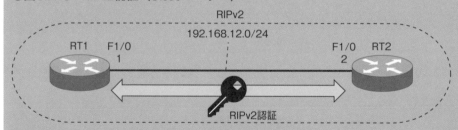

○リスト5.2.10a：RT1の設定（Ciscoルーター）

```
RT1#configure terminal
RT1(config)#interface FastEthernet 1/0
RT1(config-if)#ip address 192.168.12.1 255.255.255.0
RT1(config-if)#no shutdown
RT1(config-if)#exit
RT1(config)#router rip
RT1(config-router)#version 2
RT1(config-router)#no auto-summary
RT1(config-router)#network 192.168.12.0
RT1(config-router)#exit
RT1(config)#key chain rip-auth                ※RIPキーチェーンの作成
RT1(config-keychain)#key 1
RT1(config-keychain-key)#key-string cisco     ※認証キーは「cisco」
RT1(config-keychain-key)#exit
RT1(config-keychain)#exit
RT1(config)#interface FastEthernet 1/0
RT1(config-if)#ip rip authentication mode text           ※RIPv2テキスト認証を使う
RT1(config-if)#ip rip authentication key-chain rip-auth  ※RIPキーチェーンの指定
```

○リスト5.2.10b：RT2の設定（Ciscoルーター）

```
RT2#configure terminal
RT2(config)#interface FastEthernet 1/0
RT2(config-if)#ip address 192.168.12.2 255.255.255.0
RT2(config-if)#no shutdown
RT2(config-if)#exit
RT2(config)#router rip
RT2(config-router)#version 2
RT2(config-router)#no auto-summary
RT2(config-router)#no network 192.168.12.0
RT2(config-router)#exit
RT2(config)#key chain rip-auth           ※RIPキーチェーンの作成
RT2(config-keychain)#key 1
RT2(config-keychain-key)#key-string cisco  ※認証キーは「cisco」
RT2(config-keychain-key)#exit
RT2(config-keychain)#exit
RT2(config)#interface FastEthernet 1/0
RT2(config-if)#ip rip authentication mode text  ※RIPv2テキスト認証を使う
RT2(config-if)#ip rip authentication key-chain rip-auth  ※RIPキーチェーンの指定
```

5-2-6 セキュリティ設定（信用ゲートウェイ）

RIPの信用ゲートウェイの設定では、指定したゲートウェイからのRIPのみを受信するかどうかを決めることができます。同一LAN上に複数台のRIPルーターがある場合、一部のルーターのみからRIPパケットを受信したいときに使います。以下は、信用ゲートウェイに関するコマンドです。

信用できるゲートウェイの設定

ip [インタフェース名] rip trust gateway [ゲートウェイ]										
RTX5000	RTX3500	RTX3000	RTX1500	RTX1210	RTX1200	RTX1100	RTX810	RT250i	RT107e	SRT100

ゲートウェイパラメータ値は、信用するRIPルーターのIPアドレスで、最大10個をスペース区切りで記載できます。

信用できないゲートウェイの設定

ip [インタフェース名] rip trust gateway except [ゲートウェイ]										
RTX5000	RTX3500	RTX3000	RTX1500	RTX1210	RTX1200	RTX1100	RTX810	RT250i	RT107e	SRT100

ゲートウェイはパラメータ値、信用できないRIPルーターのIPアドレスで、最大10個をスペース区切りで記載できます。

図5.2.11はヤマハルーターを使った信用ゲートウェイのネットワーク構成です。この例では、Router1はRouter2のみを信用できるゲートウェイとするように設定します。

Chapter 5：ルーティングプロトコル——RIP

Router1でRouter2を信用できるゲートウェイとして設定するには、Router2を信用ゲートウェイとして設定する方法と、Router3を信用できないゲートウェイとして設定する2通りの方法があります。今回の設定例は、前者の方法を用います（**リスト5.2.11a〜5.2.11c**）。

○図5.2.11：信用ゲートウェイ（ヤマハルーター）

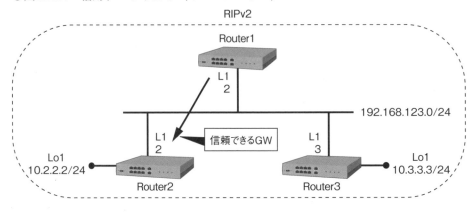

○リスト5.2.11a：Router1の設定（ヤマハルーター）

```
Router1# ip lan1 address 192.168.123.1/24  ❶
Router1#
Router1# ip lan1 rip send on version 2  ❷
Router1# ip lan1 rip receive on version 2  ❸
Router1#
Router1# rip use on  ❹
Router1#
Router1# show ip route  ❺  ※信用ゲートウェイの設定前の状態確認（10.3.3.0/24はまだある）
宛先ネットワーク      ゲートウェイ    インタフェース    種別    付加情報
10.2.2.0/24          192.168.123.2   LAN1             RIP     metric=1
10.3.3.0/24          192.168.123.3   LAN1             RIP     metric=1
192.168.123.0/24 192.168.123.1       LAN1 implicit
Router1#
Router1# ip lan1 rip trust gateway 192.168.123.2  ❻  ※Router2のみを信用する
Router1#
Router1# show ip route  ※信用ゲートウェイの設定後の状態確認
宛先ネットワーク      ゲートウェイ    インタフェース    種別    付加情報
10.2.2.0/24          192.168.123.2   LAN1             RIP     metric=1
192.168.123.0/24 192.168.123.1       LAN1 implicit
Router1#
```

❶ LAN1インタフェースのIPアドレスを設定する **IOS** interface ⇒ ip address
❷ LAN1インタフェースからRIPv2のみを送信する **IOS** interface ⇒ rip send version
❸ LAN1インタフェースでRIPv2のみを受信する **IOS** interface ⇒ rip receive version
❹ RIPを有効化する **IOS** router rip ⇒ network
❺ ルーティングテーブルを表示する **IOS** show ip route
❻ LAN1インタフェースにて信用できるゲートウェイは「192.168.123.2」である **IOS** -

○リスト5.2.11b：Router2の設定（ヤマハルーター）

```
Router2# ip lan1 address 192.168.123.2/24
Router2# ip loopback1 address 10.2.2.2/24
Router2#
Router2# ip lan1 rip send on version 2
Router2# ip lan1 rip receive on version 2
Router2#
Router2# rip use on
Router2#
```

○リスト5.2.11c：Router2の設定（ヤマハルーター）

```
Router3# ip lan1 address 192.168.123.3/24
Router3# ip loopback1 address 10.3.3.3/24
Router3#
Router3# ip lan1 rip send on version 2
Router3# ip lan1 rip receive on version 2
Router3#
Router3# rip use on
Router3#
```

Ciscoルーターの場合

ネットワーク図は図5.2.12です。Ciscoルーターには、ヤマハルーターのような信用ゲートウェイのコマンドはありませんが、インタフェースに特定送信元からRIPパケットを許可するアクセスリストをもって代替えできます。Ciscoルーターでの設定はリスト5.2.12a～5.2.12cのようになります。

○図5.2.12：信用ゲートウェイ（Ciscoルーター）

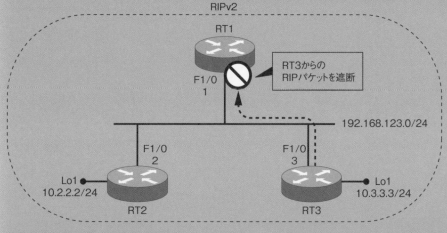

○リスト5.2.12a：RT1の設定（Ciscoルーター）

```
RT1#configure terminal
RT1(config)#interface FastEthernet 1/0
RT1(config-if)#ip address 192.168.123.1 255.255.255.0
```

(つづく)

```
(つづき)
RT1(config-if)#no shutdown
RT1(config-if)#exit
RT1(config)#router rip
RT1(config-router)#version 2
RT1(config-router)#no auto-summary
RT1(config-router)#network 192.168.123.0
RT1(config-router)#do show ip route

    ...略...

C    192.168.123.0/24 is directly connected, FastEthernet1/0
     10.0.0.0/24 is subnetted, 2 subnets
R       10.3.3.0 [120/1] via 192.168.123.3, 00:00:06, FastEthernet1/0
R       10.2.2.0 [120/1] via 192.168.123.2, 00:00:25, FastEthernet1/0
RT1(config-router)#exit
RT1(config)#access-list 100 permit udp host 192.168.123.2 any eq rip
RT1(config)#interface FastEthernet 1/0
RT1(config-if)#ip access-group 100 in
RT1(config-if)#do show ip route

    ...略...

C    192.168.123.0/24 is directly connected, FastEthernet1/0
     10.0.0.0/24 is subnetted, 2 subnets
R       10.2.2.0 [120/1] via 192.168.123.2, 00:00:06, FastEthernet1/0
```

○リスト5.2.12b：RT2の設定（Ciscoルーター）

```
RT2#configure terminal
RT2(config)#interface FastEthernet 1/0
RT2(config-if)#ip address 192.168.123.2 255.255.255.0
RT2(config-if)#no shutdown
RT2(config-if)#exit
RT2(config)#interface Loopback 1
RT2(config-if)#ip address 10.2.2.2 255.255.255.0
RT2(config-if)#exit
RT2(config)#router rip
RT2(config-router)#version 2
RT2(config-router)#no auto-summary
RT2(config-router)#network 192.168.123.0
RT2(config-router)#network 10.0.0.0
```

○リスト5.2.12c：RT3の設定（Ciscoルーター）

```
RT3#configure terminal
RT3(config)#interface FastEthernet 1/0
RT3(config-if)#ip address 192.168.123.3 255.255.255.0
RT3(config-if)#no shutdown
RT3(config-if)#exit
RT3(config)#interface Loopback 1
RT3(config-if)#ip address 10.3.3.3 255.255.255.0
RT3(config-if)#exit
RT3(config)#router rip
RT3(config-router)#version 2
RT3(config-router)#no auto-summar
RT3(config-router)#network 192.168.123.0
RT3(config-router)#network 10.0.0.0
```

5-2-7 デフォルトルート配信の設定

ヤマハルーターは、自身のルーティングテーブルに存在しないルートをRIPルートとして配信できます。この機能を利用して、デフォルトルートをほかのルーターに対して教えることができます。このときに用いるコマンドは次のとおりです。

デフォルトルート配信の設定

ip [インタフェース名] rip force-to-advertise default										
RTX5000	RTX3500	RTX3000	RTX1500	RTX1210	RTX1200	RTX1100	RTX810		RT107e	SRT100

任意ルート配信の設定

ip [インタフェース名] rip force-to-advertise [配信ルート]										
RTX5000	RTX3500	RTX3000	RTX1500	RTX1210	RTX1200	RTX1100	RTX810		RT107e	SRT100

配信ルートパラメータ値は、「192.168.1.0/24」のようなサブネットマスク付きのネットワークアドレスです。

図5.2.13はヤマハルーターを使ったデフォルトルート配信のネットワーク構成です。Router1でRIPのデフォルトルートをRouter2とRouter3に配信します。設定後、Router2とRouter3のルーティングテーブル上にRIP1をネクストホップとするデフォルトルートを確認することができます。

リスト5.2.13a～5.2.13cがヤマハルーターの設定と確認です。

○図5.2.13：デフォルトルート配信（ヤマハルーター）

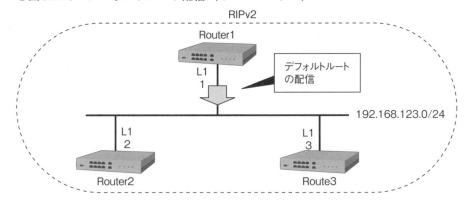

Chapter 5：ルーティングプロトコル──RIP

○リスト5.2.13a：Router1の設定（ヤマハルーター）

```
Router1# ip lan1 address 192.168.123.1/24  ❶
Router1#
Router1# ip lan1 rip send on version 2  ❷
Router1# ip lan1 rip receive on version 2  ❸
Router1#
Router1# rip use on  ❹
Router1#
Router1# ip lan1 rip force-to-advertise default  ❺ ※デフォルトルートを配信
Router1#
```

❶ LAN1インタフェースのIPアドレスを設定する **IOS** `interface ⇒ ip address`
❷ LAN1インタフェースからRIPv2のみを送信する **IOS** `interface ⇒ rip send version`
❸ LAN1インタフェースでRIPv2のみを受信する **IOS** `interface ⇒ rip receive version`
❹ RIPを有効化する **IOS** `router rip ⇒ network`
❺ LAN1インタフェースからRIPのデフォルトルートを配信する **IOS** `default-information originate`

○リスト5.2.13b：Router2の設定（ヤマハルーター）

```
Router2# ip lan1 address 192.168.123.2/24
Router2#
Router2# ip lan1 rip send on version 2
Router2# ip lan1 rip receive on version 2
Router2#
Router2# rip use on
Router2#
Router2# show ip route  ❶
宛先ネットワーク       ゲートウェイ       インタフェース    種別   付加情報
default                192.168.123.1     LAN1              RIP    metric=1  ※デフォルトルート
192.168.123.0/24 192.168.123.2           LAN1   implicit
Router2#
```

❶ ルーティングテーブルを表示する **IOS** `show ip route`

○リスト5.2.13c：Router3の設定（ヤマハルーター）

```
Router3# ip lan1 address 192.168.123.3/24
Router3#
Router3# ip lan1 rip send on version 2
Router3# ip lan1 rip receive on version 2
Router3#
Router3# rip use on
Router3#
Router3# show ip route
宛先ネットワーク       ゲートウェイ       インタフェース    種別   付加情報
default                192.168.123.1     LAN1              RIP    metric=1  ※デフォルトルート
192.168.123.0/24 192.168.123.3           LAN1   implicit
Router3#
```

Ciscoルーターの場合

　ネットワーク図は図5.2.14で、Ciscoでは「default-information originate」というコマンドを使用します（リスト5.2.14a～5.2.14c）。

5-2：RIP の設定

○図5.2.14：デフォルトルートの配信（Ciscoルーター）

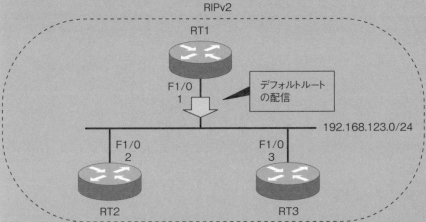

○リスト5.2.14a：RT1の設定（Ciscoルーター）

```
RT1#configure terminal
RT1(config)#interface FastEthernet 1/0
RT1(config-if)#ip address 192.168.123.1 255.255.255.0
RT1(config-if)#no shutdown
RT1(config-if)#exit
RT1(config)#router rip
RT1(config-router)#version 2
RT1(config-router)#no auto-summary
RT1(config-router)#network 192.168.123.0
RT1(config-router)#default-information originate   ※デフォルトルートを配信
```

○リスト5.2.14b：RT2の設定（Ciscoルーター）

```
RT2(config)#interface FastEthernet 1/0
RT2(config-if)#ip address 192.168.123.2 255.255.255.0
RT2(config-if)#no shutdown
RT2(config-if)#exit
RT2(config)#router rip
RT2(config-router)#version 2
RT2(config-router)#no auto-summary
RT2(config-router)#network 192.168.123.0
RT2#show ip route

    ...略...

C    192.168.123.0/24 is directly connected, FastEthernet1/0
R*   0.0.0.0/0 [120/1] via 192.168.123.1, 00:00:18, FastEthernet1/0
※デフォルトルート
```

○リスト5.2.14c：RT3の設定（Ciscoルーター）

```
RT3#configure terminal
RT3(config)#interface FastEthernet 1/0
RT3(config-if)#ip address 192.168.123.3 255.255.255.0
RT3(config-if)#no shutdown
```

（つづく）

（つづき）

```
RT3(config-if)#exit
RT3(config)#router rip
RT3(config-router)#version 2
RT3(config-router)#no auto-summary
RT3(config-router)#network 192.168.123.0
RT3#show ip route

...略...

C    192.168.123.0/24 is directly connected, FastEthernet1/0
R*   0.0.0.0/0 [120/1] via 192.168.123.1, 00:00:06, FastEthernet1/0
```
※デフォルトルート

5-2-8 RIPタイマー設定

RIPタイマーの調整は、自由にできますが、次の2つの不等式が制約条件となっています。

- update x 3 ≦ invalid ≦ update x 6
- update x 2 ≦ holddown ≦ update x 4

RIPタイマーの設定

rip timer [*update*タイマー] [*invalid*タイマー] [*holddown*タイマー]										
RTX5000	RTX3500	RTX3000	RTX1500	RTX1210	RTX1200	RTX1100	RTX810		RT107e	SRT100

invalidタイマーパラメータとholddownタイマーパラメータは、省略できます。その場合の両者の値は、それぞれupdateタイマーの6倍と4倍の値となります。

次のヤマハルーターでの設定例では、updateタイマー、invalidタイマー、holddownタイマーをぞれぞれ10秒、30秒、20秒に設定しています（IOSではrouter rip、timer basicに相当します）。

```
Router# rip timer 10 30 20
```

5-2-9 RIPへの再配布について

ヤマハルーターでは、RIPへの再配布の設定はなく、境界ルーターが自身のルーティングテーブルのルート情報を自動的にRIPルートとして配布します。

図5.2.15はヤマハルーターを使ったRIPへの再配布のネットワーク構成です。この例では、OSPFの10.3.3.0/24のルートをRIPへ再配布して、反対にRIPの10.1.1.0/24のルートをOSPFへ再配布します。OSPFの設定は、次章で詳しく説明します。

リスト5.2.15a〜5.2.15cまでがヤマハルーターの設定と確認です。

5-2：RIPの設定

○図5.2.15：デフォルトルートの配信（ヤマハルーター）

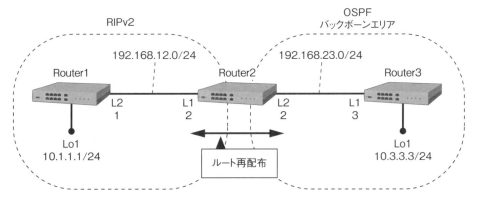

○リスト5.2.15a：Router1の設定（ヤマハルーター）

```
Router1# ip lan2 address 192.168.12.1/24 ❶
Router1# ip loopback1 address 10.1.1.1/24
Router1#
Router1# ip lan2 rip send on version 2 ❷
Router1# ip lan2 rip receive on version 2 ❸
Router1#
Router1# rip use on ❹
Router1#
Router1# show ip route ❺
宛先ネットワーク     ゲートウェイ      インタフェース   種別      付加情報
10.3.3.3/32         192.168.12.2     LAN2            RIP       metric=1  ※OSPFからのルート
192.168.12.0/24     192.168.12.1     LAN2            implicit
192.168.23.0/24     192.168.12.2     LAN2            RIP       metric=1
Router1#
```

❶ LAN2インタフェースのIPアドレスを設定する (IOS) `interface ⇒ ip address`
❷ LAN2インタフェースからRIPv2のみを送信する (IOS) `interface ⇒ rip send version`
❸ LAN2インタフェースでRIPv2のみを受信する (IOS) `interface ⇒ rip receive version`
❹ RIPを有効化する (IOS) `router rip ⇒ network`
❺ ルーティングテーブルを表示する (IOS) `show ip route`

○リスト5.2.15b：Router2の設定（ヤマハルーター）

```
Router2# ip lan1 address 192.168.12.2/24
Router2# ip lan2 address 192.168.23.2/24
Router2#
Router2# ip lan1 rip send on version 2
Router2# ip lan1 rip receive on version 2
Router2#
Router2# ip lan2 ospf area backbone ❶
Router2#
Router2# rip use on
Router2#
Router2# ospf use on ❷
Router2#
Router2# ospf import from rip ❸  ※RIPからOSPFへの再配布
Router2# ospf area backbone ❹
Router2#
```

（つづく）

Chapter 5：ルーティングプロトコル——RIP

（つづき）
❶ LAN2インタフェースをOSPFのバックボーンエリアに割り当てる　[IOS]　`router ospf` ⇒ `network X area`
❷ OSPFを有効化する　[IOS]　-
❸ RIPルートをOSPFに再配布する　[IOS]　`router ospf` ⇒ `redistribute rip`
❹ OSPFのバックボーンエリアを定義する　[IOS]　-

○リスト5.2.15c：Router3の設定（ヤマハルーター）

```
Router3# ip lan1 address 192.168.23.3/24
Router3# ip loopback1 address 10.3.3.3/24
Router3#
Router3# ip lan1 ospf area backbone
Router3#
Router3# ip loopback1 ospf area backbone
Router3#
Router3# ospf use on
Router3# ospf area backbone
Router3#
```

Ciscoルーターの場合

　ネットワーク図は図5.2.16で、Ciscoルーターの場合、RIPへの再配布を行うには、明示的にコマンドで設定することが必要です（リスト5.2.16a～5.2.16c）。

○図5.2.16：RIPへの再配布（Ciscoルーター）

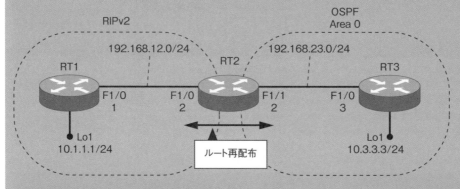

○リスト5.2.16a：RT1の設定（Ciscoルーター）

```
RT1#configure terminal
RT1(config)#interface FastEthernet 1/0
RT1(config-if)#ip address 192.168.12.1 255.255.255.0
RT1(config-if)#no shutdown
RT1(config-if)#exit
RT1(config)#interface Loopback 1
RT1(config-if)#ip address 10.1.1.1 255.255.255.0
RT1(config-if)#exit
RT1(config)#router rip
RT1(config-router)#version 2
RT1(config-router)#no auto-summary
```

（つづく）

5-2：RIPの設定

(つづき)
```
RT1(config-router)#network 192.168.12.0
RT1(config-router)#network 10.0.0.0
RT1(config-router)#do show ip route

   ...略...

C    192.168.12.0/24 is directly connected, FastEthernet1/0
     10.0.0.0/8 is variably subnetted, 2 subnets, 2 masks
R       10.3.3.3/32 [120/1] via 192.168.12.2, 00:00:09, FastEthernet1/0
                                                              ※OSPFのルート
C       10.1.1.0/24 is directly connected, Loopback1
R    192.168.23.0/24 [120/1] via 192.168.12.2, 00:00:25, FastEthernet1/0
```

○リスト5.2.16b：RT2の設定（Ciscoルーター）

```
RT2#configure terminal
RT2(config)#interface FastEthernet 1/0
RT2(config-if)#ip address 192.168.12.2 255.255.255.0
RT2(config-if)#no shutdown
RT2(config-if)#exit
RT2(config)#interface FastEthernet 1/1
RT2(config-if)#ip address 192.168.23.2 255.255.255.0
RT2(config-if)#no shutdown
RT2(config-if)#exit
RT2(config)#router rip
RT2(config-router)#version 2
RT2(config-router)#no auto-summary
RT2(config-router)#network 192.168.12.0
RT2(config-router)#redistribute ospf 1 metric 1  ※OSPFからRIPへの再配布
RT2(config-router)#exit
RT2(config)#router ospf 1
RT2(config-router)#network 192.168.23.0 0.0.0.255 area 0
RT2(config-router)#redistribute rip subnets  ※RIPからOSPFへの再配布
```

○リスト5.2.16c：RT3の設定（Ciscoルーター）

```
RT3#configure terminal
RT3(config)#interface FastEthernet 1/0
RT3(config-if)#ip address 192.168.23.3 255.255.255.0
RT3(config-if)#no shutdown
RT3(config-if)#exit
RT3(config)#interface Loopback 1
RT3(config-if)#ip address 10.3.3.3 255.255.255.0
RT3(config-if)#exit
RT3(config)#router ospf 1
RT3(config-router)#network 192.168.23.0 0.0.0.255 area 0
RT3(config-router)#network 10.3.3.0 0.0.0.255 area 0
RT1(config-router)#do show ip route

   ...略...

O E2 192.168.12.0/24 [110/20] via 192.168.23.2, 00:01:38, FastEthernet1/0
     10.0.0.0/24 is subnetted, 2 subnets
C       10.3.3.0 is directly connected, Loopback1
O E2    10.1.1.0 [110/20] via 192.168.23.2, 00:01:38, FastEthernet1/0
C    192.168.23.0/24 is directly connected, FastEthernet1/0
```

5-3 章のまとめ

　RIPは古いルーティングプロトコルですが、実装しやすいため未だに使われています。当初のRIPはRIPv1で、クラスフル型であるため、サブネット環境での通信には向かないなどのデメリットがあります。RIPv1を改善して作られたのがRIPv2です。しかし、RIPv1もRIPv2もディスタンスベクタ型のルーティングプロトコルであるため、収束時間やルーティングループなど潜在的な問題点を抱えています。そこで、スプリットホライズンやポイズンリバースなどの方法を用いて、ルーティングループを未然に防止するようにしています。

　RIPの設定では、次のような項目の内容を紹介しました。

- RIPの有効化
- RIPv2の設定
- ルート選択の設定（ホップ数と経路の優先度）
- RIPフィルタの設定
- セキュリティ設定（RIPv2テキスト認証）
- セキュリティ設定（信用ゲートウェイ）
- デフォルトルート配信の設定
- RIPタイマー設定
- RIPへの再配布について

　特に注意したい点は、RIPへの再配布です。ヤマハルーターの場合、RIPルーターのルーティングテーブル上のルートが自動的にRIPに配布されるため、明示的な再配布コマンドはありません。したがって、意図しないルートがRIPへ流入することもあるので、RIPフィルタによる制御は場合によって必要となります。

Chapter 6

ルーティングプロトコル ——OSPF

　OSPFは、リンクステート型のルーティングプロトコルで、現在もっともポピュラーなIGPとして知られています。RIPには、ホップ数の上限や長い収束時間によるルーティングループの問題がありましたが、OSPFはこれらの問題を解決するために設計されたルーティングプロトコルです。この章で、OSPFの仕組みと設定方法について紹介します。

6-1 OSPFの概要

OSPFは、RIPと違うタイプのルーティングプロトコルですので、RIPとは違った特徴をたくさんもっています。OSPFがどのようにしてRIPの弱点を克服しているのかを理解するには、OSPFのパケットやOSPFの動作の仕様をわからないといけません。ここでは、OSPFの特徴をはじめ、パケットフォーマット、動作方法、LSAの種類、エリアの概念などを個々に詳しく解説します。

6-1-1 OSPFの特徴

ホームネットワークや一部の小規模な企業ネットワークを除くと、ほとんどのIGPのネットワークではOSPFが使われています。OSPFは、IETFで提唱されたルーティングプロトコルであるため、マルチベンダにも対応しています。最初の標準化（1989年）から現在に至るまで3つのバージョンがありますが、バージョン1はすでに使われておらず、バージョン2とバージョン3はそれぞれIPv4とIPv6用となっています。特に断りがなければOSPFはバージョン2のOSPFのことをさします。

OSPFの特徴を紹介する前に、OSPFの用語について確認しておきましょう。表6.1.1がOSPF用語の一覧です。

○表6.1.1：OSPFの用語

用語	説明
リンク	ルーターのインタフェースと同義
LSA	リンクステート情報
LSR[注1]	LSAを要求するパケット
LSU[注2]	複数のLSAを束ねた情報、LSRに対する返信
DBD[注3]	LSDBの同期に使用されるパケット
ネイバー	共通のネットワークにある2台のルーターの関係、近接関係ともいう。ネイバーの検出と関係維持は、マルチキャストのHelloパケットを使用する
アジャセンシー	LSAを交換する相手との関係、隣接関係ともいう
ネイバーテーブル	ネイバー関係にあるルーターを登録したテーブル
LSDB	すべてのルーターから集められたLSAをもとに作られたネットワークトポロジのデータベース、リンクステートデータベースともいう
エリア	同じLSDBを保持するルーターの論理グループ
コスト	OSPFのメトリックで、インタフェースの帯域幅をもとに算出される値
ルーターID	OSPFルーターを一意に識別するための番号
DR[注4]	同一セグメントから選ばれる代表ルーター
BDR[注5]	DRのバックアップルーター

注1 Link-State Request
注2 Link-State Update
注3 Database Description
注4 Designated Router
注5 Backup Designated Router

クラスレス型ルーティングプロトコル

OSPFは、最初から可変長サブネットマスクや不連続サブネットをサポートしているため、LSAと呼ばれるルート情報にサブネットマスクの情報が含まれています。

リンクステート型ルーティングプロトコル

最適なルートを算出するとき、ネットワークとサブネットだけでなく、リンクの状態を示す情報(リンクステート情報)も使われます。リンクステート情報は、ルーターのインタフェースがどのようにネットワークに接続しているかを教えてくれます。これらの情報は、LSAと呼ばれるメッセージに格納されています。

ルーターホップ数の上限がない

RIPには15ホップという制限があったため、大規模なネットワーク構築に不向きでした。これに対して、OSPFにはそのような制限はありません。

エリアによる効率的なルーティング

OSPFにはエリアという概念があります。エリアとは、LSAを交換し合うルーターのグループで、同グループ内のルーターは同じLSDBを保持します。ルーターをエリアごとに分割することで、交換するLSAが減少するので、帯域の消費の抑制やルーター負荷の低減などのメリットがあります。

収束時間が短い

同じエリアにあるルーターは、常に同一のLSDBをもっています。ネットワークに変化が生じたとき、LSDBの差分情報だけを即時配信します。差分情報を受信したルーターは、差分のみを考慮して最適なルートを再計算することで瞬時に収束します。また、エリアを分割することで、LSAを交換する範囲を小さく限定できます。その結果、限定した範囲での収束も速くなります。収束時間が短くなると、それだけ古いルーティング情報に起因するルーティングループの発生が起こりにくくなります。

コストによる最適ルートの選択

OSPFは、コストと呼ばれるメトリック値で最適ルートを選択します。それぞれのインタフェースにコストの値があり、コストは帯域幅によって次の計算式で算出されます。

- コストの計算式
  コスト = 100000 / 帯域幅（kbps）

100Mbpsのインタフェースのコストは1（100000／100000kpbs）、10Mbpsのインタフェースのコストは10です。送信元から宛先までのルート上のコストの合計がパスコストと呼ばれ、最小のパスコストのルートがOSPFの最適ルートです。

図6.1.1は、コストとホップ数による最適ルートの選択の違いを示した図です。この例では、ホップ数による最適ルートの選択は、帯域幅を考慮していないので、必ずしもベストな方法ではないことを示しています。

○図6.1.1：コストとホップ数による最適ルートの選択

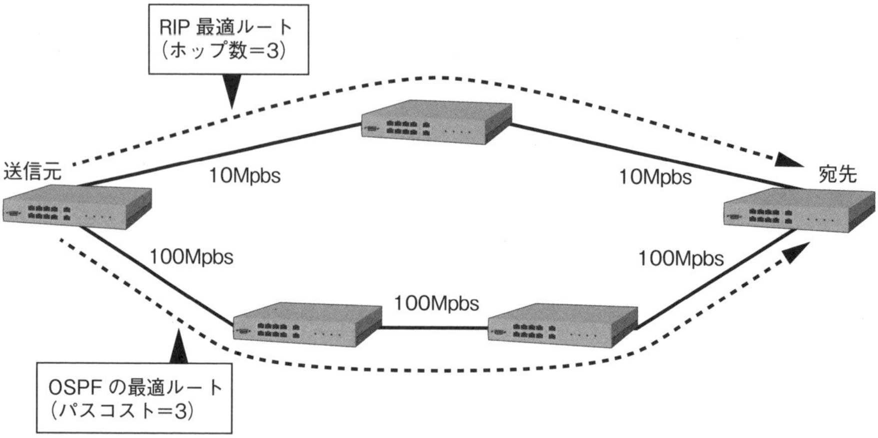

マルチキャストによるルート情報の交換

OSPFは、224.0.0.5と224.0.0.6の2つのマルチキャストアドレスでルート情報を交換します。224.0.0.5は、エリア内すべてのOSPFルーターあてで、224.0.0.6は、DRとBDRあてのマルチキャストアドレスです。マルチキャストはブロードキャストより少ないパケットでルート情報の交換ができます。

ルーターの認証機能

RIPv2と同様、ネットワークセキュリティためのの認証機能をサポートしています。認証機能により、意図しない相手とのLSA交換を回避できます。

6-1-2 OSPFのパケット

OSPFは、RIPやBGPのようにTCPの上で動くルーティングプロトコルではく、IP上（IPプロトコル89番）で直接動くルーティングプロトコルです。したがって、OSPFはIPとの親和性の高いプロトコルといえます。

OSPFはRIPよりも複雑な動作仕様となっていて、OSPFのパケットも複数のタイプが存在します。ここでは、OSPFのヘッダフォーマットと、OSPFの各タイプのパケットフォーマットを見ていきましょう。

OSPFのヘッダフォーマット

図6.1.2は、OSPFのヘッダフォーマットです。

○図6.1.2：OSPFのヘッダフォーマット

IPパケット

| IPヘッダ | OSPFヘッダ | OSPFペイロード |

0	8	16	32ビット
バージョン	タイプ	パケット長	
ルーターID			
エリアID			
チェックサム		認証タイプ	
認証データ			
認証データ			

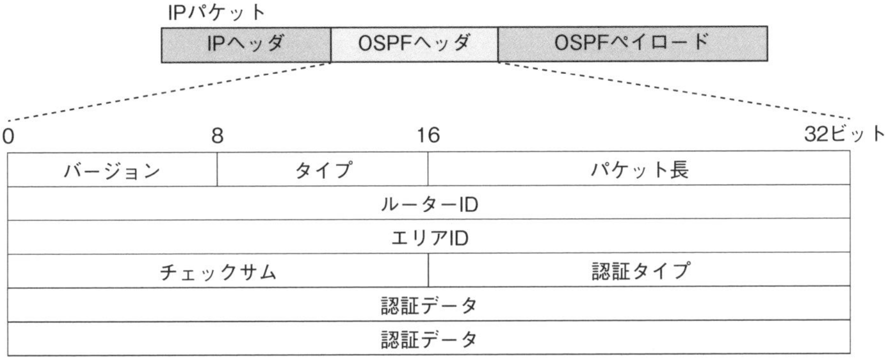

OSPFのヘッダの各フィールドの概要は次のとおりです。

- バージョン（8ビット）
 OSPFパケットのバージョン情報、IPv4なら「2」、IPv6なら「3」の値が入っている
- タイプ（8ビット）
 OSPFのパケットタイプ、タイプ番号とOSPFパケット名の対応は次のようになっている
    - タイプ「1」： Helloパケット
    - タイプ「2」： DBDパケット
    - タイプ「3」： LSRパケット
    - タイプ「4」： LSUパケット
    - タイプ「5」： LSAckパケット
- パケット長（16ビット）
 OSPFヘッダを含むパケット長をバイト単位でこのフィールドに記入する
- ルーターID（32ビット）
 ルーターIDの値が入っているフィールド
- エリアID（32ビット）
 エリアIDの値が入っているフィールド
- チェックサム（16ビット）
 パケットのエラーチェックのためのチェックサム計算に使われる
- 認証タイプ（16ビット）
 OSPFの認証タイプ、認証タイプには次の3種類がある
    - 認証タイプ「0」： 認証なし
    - 認証タイプ「1」： テキストベース認証
    - 認証タイプ「2」： MD5認証

- 認証タイプ（64ビット）
  認証タイプ「1」または「2」のときに使うフィールド

Helloパケットのフォーマット

Helloパケット（**図6.1.3**）は、OSPFヘッダのタイプフィールドが「1」のOSPFパケットです。Helloパケットは、ルーターのネイバー検出、アジャセンシーの確立とその後のキープアライブに使われます。Helloパケットの宛先アドレスは、224.0.0.5のマルチアドレスです。

○図6.1.3：Helloパケットのフォーマット

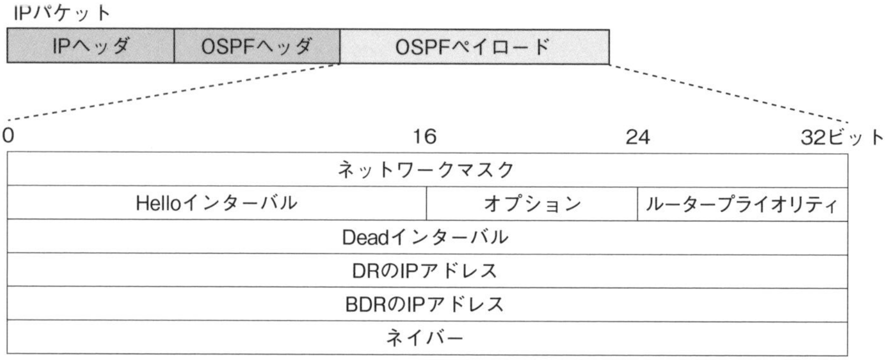

IPパケット

| IPヘッダ | OSPFヘッダ | OSPFペイロード |

0	16	24	32ビット
ネットワークマスク			
Helloインターバル	オプション		ルータープライオリティ
Deadインターバル			
DRのIPアドレス			
BDRのIPアドレス			
ネイバー			

Helloパケットの各フィールドの概要は次のようになっています。

- ネットワークマスク（32ビット）
  Helloパケットを送出するインタフェースのネットワークマスクの情報が入っている
- Helloインターバル（16ビット）
  Helloパケットを送出する秒数間隔、ネイバールーターと同じ値である必要がある。ヤマハルーターのデフォルト値は10である
- オプション（8ビット）
  OSPFの付加機能を提供する。DBDパケットと各種LSAでも使われている
- ルータープライオリティ（8ビット）
  DRとBDRを選出するための値が入っている。値が大きいほどDR/BDRとして選出される優先度が高くなる。「0」のとき、DR/BDRに選出されない
- Deadインターバル（32ビット）
  ネイバールーターがダウンしたと見なす秒数間隔、ヤマハルーターのデフォルトは、Helloインターバルの4倍である
- DRのIPアドレス（32ビット）
  DRのIPアドレスが入っている。DRがネットワークにないとき、値は「0.0.0.0」となる
- BDRのIPアドレス（32ビット）
  BDRのIPアドレスが入っている。DRがネットワークにないとき、値は「0.0.0.0」となる

- ネイバー（32ビット X ネイバー数）
  ルーターが認識しているネイバーのルーターIDの一覧が入っている

DBDパケットのフォーマット

　DBDパケット（図6.1.4）は、OSPFヘッダのタイプフィールドが「2」のOSPFパケットで、アジャセンシーの確立段階でルーター間のLSDBの同期に使われます。DBDパケットの中身は、LSDB内のLSAヘッダ一覧です。ルーターが、DBDパケットを受信したら、自身のLSDB内のLSAと比較を行い、不足のLSAをLSRパケットで要求します。

○図6.1.4：DBDパケットのフォーマット

```
IPパケット
┌──────┬────────┬──────────────┐
│IPヘッダ│OSPFヘッダ│ OSPFペイロード │
└──────┴────────┴──────────────┘
```

0	16	24	32ビット
インターフェースMTU	オプション	フラグ	
DBDシーケンス			
LSAヘッダ#1			
LSAヘッダ#2			
.....			
LSAヘッダ#n			

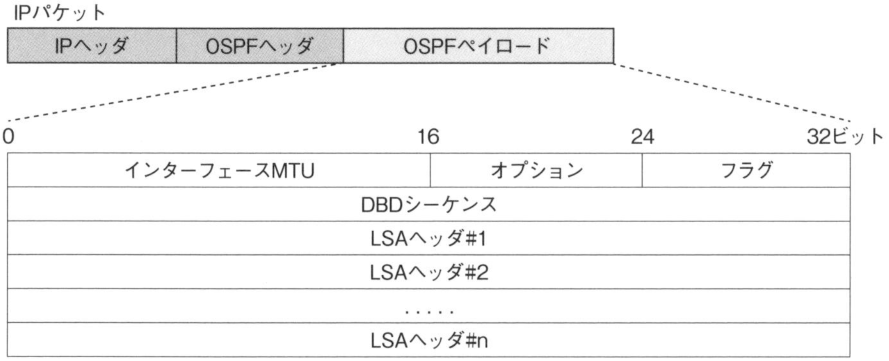

　DBDパケットの各フィールドの概要は次のようになっています。

- インタフェースMTU（16ビット）
  DBDパケットの送信ルーターがIPパケットをフラグメントせずに送信できるIPパケットの最大サイズ
- オプション（8ビット）
  OSPFの付加機能を提供する。Helloパケットと各種LSAでも使われている。詳細はLSAを解説するときに紹介する
- フラグ（8ビット）
  フラグフィールドでは、先頭から5ビット目までは未使用となっていて、6から8ビット目はそれぞれ「Iビット」、「Mビット」、「MSビット」と呼ばれている
  - フラグフィールドのフォーマット

0	0	0	0	0	I	M	MS

  この3種類（I、M、MS）のビットの意味は次のとおり
  - Iビット
    Initビットの略で、値が「1」なら一連のDBDパケットの最初のDBDパケットを表す
  - Mビット
    Moreビットの略で、値が「1」なら後続のDBDパケットがあることを表す

- MSビット

 Master/Slaveビットの略で、DBDパケットを送信するルーターがマスターまたはスレーブを表す。値が「1」ならマスターである
- DBDシーケンス（32ビット）

 DBDパケットの交換順序に使用され、初期値はマスタールーターが決める
- LSAヘッダ

 LSDB内にあるLSAエントリの要約が入っている

LSRパケットのフォーマット

　DBDパケットは、OSPFヘッダのタイプフィールドが「3」のOSPFパケットです。ルーター同士でDBDパケット交換を行い、自身にない情報をLSRパケットを使って相手ルーターに要求します。図6.1.5は、LSRパケットのフォーマットで、1つのLSRパケットで複数のLSRを格納できます。

　LSRパケットの各フィールドの概要は次のようになっています。

- リンクステートタイプ（32ビット）

 LSAのタイプを表す番号が入っている。LSAタイプはLSAのところで詳しく説明する
- リンクステートID（32ビット）

 リンクステートIDは、LSAのタイプごとに意味が違う。ここでの説明は割愛する
- アドバタイズ元ルーターID（32ビット）

 要求するLSAの生成元ルーターのIDが入っている

○図6.1.5：LSRパケットのフォーマット

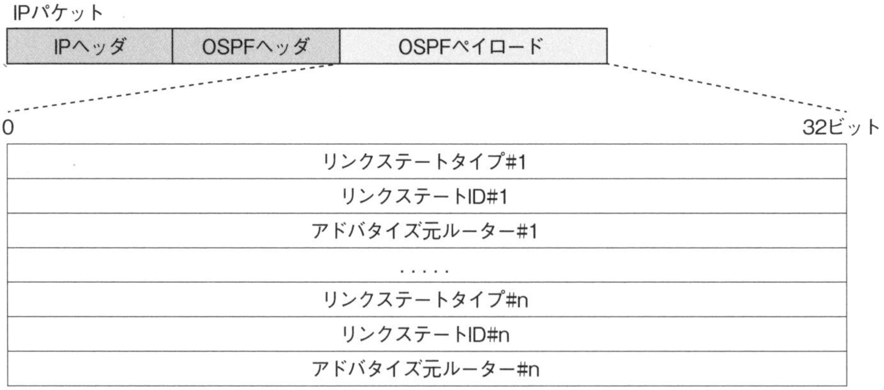

LSUパケットのフォーマット

　LSUパケットは、OSPFヘッダのタイプフィールドが「4」のOSPFパケットです。LSUパケットは、LSRに対する返信とネットワークの変更の通知に使われます。LSUパケットの中身は、1つ以上のLSAから構成されています（図6.1.6）。

○図6.1.6：LSUパケットのフォーマット

```
IPパケット
┌─────┬────────┬──────────────┐
│IPヘッダ│OSPFヘッダ│ OSPFペイロード │
└─────┴────────┴──────────────┘
```

0	32ビット
LSA数	
LSA#1	
.....	
.....	
LSA#n	

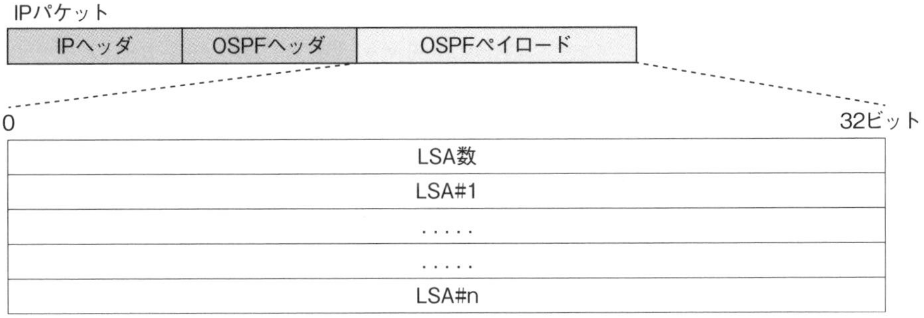

LSUパケットの各フィールドの概要は次のようになっています。

- LSA数（32ビット）
  LSUパケットに含まれているLSAの数を表すフィールドである
- LSA
  LSAの詳細情報が入っている

LSAckパケットのフォーマット

LSUパケットは、OSPFヘッダのタイプフィールドが「5」のOSPFパケットで、LSAを受信したさいの応答メッセージとして使われます。1つのLSAackパケットで複数のLSA応答メッセージを含むことができます。図6.1.7は、LSAckパケットのフォーマットです。

○図6.1.7：LSAckパケットのフォーマット

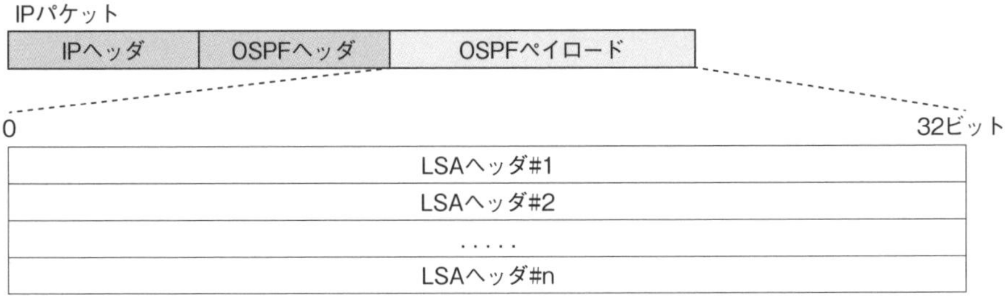

```
IPパケット
┌─────┬────────┬──────────────┐
│IPヘッダ│OSPFヘッダ│ OSPFペイロード │
└─────┴────────┴──────────────┘
```

0	32ビット
LSAヘッダ#1	
LSAヘッダ#2	
.....	
LSAヘッダ#n	

LSAckパケットの各フィールドの概要は次のようになっています。

- LSAヘッダ
  受信したLSAのヘッダが入っている

6-1-3 OSPFの動作仕様

OSPFは、RIPのように不特定多数の相手にルート情報をブロードキャストをせず、あら

かじめ決められた相手とルート情報を交換します。したがって、OSPFの動作仕様では、ルート情報を交換する相手（ネイバー）を見つけ出すことから始めます。次に、ルーター同士でLSAを交換して、LSDBの同期を行います。LSDBの同期後、個々のルーターでSPFアルゴリズムを使ってOSPFの最適ルートを計算します。

ルーター同士がアジャセンシーの確立に達するまで、7つのルーター状態を経ています。**表6.1.2**が各ルーター状態の名称と概要です。さらに、**図6.1.8**がルーター状態の遷移を図化したものです。

ここからOSPFの動作仕様について、次の6ステップに分けて詳しく説明します。

- ネイバーの確立（Down、Init、2Way）
- DRとBDRの選出
- マスタールーターとスレーブルーターの選出（Exstart）
- DBDの交換（Exchange）
- 不足LSAの交換（Loading）
- アジャセンシーの確立（Full）
- 最適ルートの計算
- キープアライブ

ネイバーの確立（Down、Init、2Way）

ネイバーの確立とは、同じネットワーク上にあるOSPFルーターが互いに存在を認め合う状態です。ネイバーを確立するには、Helloパケットを交換し合います。初期のDown状態のルーターがHelloパケットを受信するとInit状態に遷移します。HelloパケットにルーターID認識しているネイバーのルーターIDのリストが入っていて、そのリストの中に自分のルーターIDがあると、相手に対して自分が2Way状態となります。互いに2Way State状態になると、ネイバーの確立となります。

ルーターIDとは、OSPFルーターを一意に識別するための番号です。ヤマハルーターとCiscoルーターのルーターIDの決め方は、**表6.1.3**にあるルールにしたがいます。

ネイバーの確立がうまくできない場合、双方のルーターで次のパラメータ値が同じであるかを確認してください。

- エリアID
- HelloインターバルとDeadインターバル
- ネットワークマスク
- 認証キー（ルーター認証を使う場合）
- スタブエリアフラグ（スタブエリアは6-1-5を参照）

○表6.1.2：OSPFルーター状態

ルーター状態	概要
Down State	OSPFを起動した直後の状態で、まだ近接ルーターからHelloパケットを受信していない
Init State	近接ルーターからHelloパケットを受信した状態
2Way State	Helloパケットを送信して、これに対する返信のHelloパケットを受信した状態、または、Helloパケットを受信して、これに対する返信の返信Helloパケットを受信した状態、この状態のルーター間はネイバー確立の関係となる
Exstart State	LSAを先に送信するルーターを決める段階、送信するほうがマスターで、受信するほうがスレーブである
Exchange State	マスタールーターとスレーブルーター間のDBDパケットの交換段階
Loading State	受信したDBDを自身のLSDBと比較して、不足分をLSRで要求する段階
Full State	LSDBの同期が完了した状態

○図6.1.8：ルーターの状態遷移図

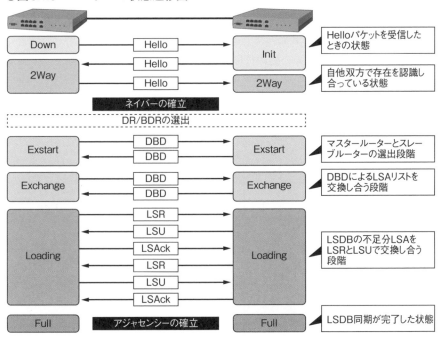

○表6.1.3：ルーターIDの決め方

優先順位	ヤマハルーター	Ciscoルーター
1	手動設定のIPアドレス	手動設定のIPアドレス
2	LANインタフェース番号の最小のインタフェースに付与されているプライマリIPアドレス	アクティブなループバックインタフェースのうち最大のIPアドレス
3	PPインタフェース番号の最小のインタフェースに付与されているプライマリIPアドレス	アクティブな物理または論理インタフェースのうち最大のIPアドレス

DRとBDRの選出

　ルーターが、同じネットワーク上のルーターとネイバーの確立をしたら、一部のルーターとアジャセンシーの確立を行います。ルーター同士がアジャセンシー関係になると、LSDB同期のための通信とルーター処理が発生します。したがって、ネットワーク内のすべてのルーター間でアジャセンシーの確立を行うと、帯域の圧迫とルーターリソースの消耗となります。ちなみにこの場合、n台のルーターでn(n-1)/2ものアジャセンシーが必要となります。

　L2プロトコルがイーサネットの場合、すべてのルーター間でアジャセンシーの確立を行なうのはどうも具合が悪いようです。そこで、イーサネットでは、DRとBDRを選出して、ほかのルーター（DRother）は、DRとBDRだけとアジャセンシーの確立を行なうようにしています。DRは代表ルーターとも呼ばれ、通常このルーターがLSDBの同期を管理しています。BDRは、DRに問題が発生したときのバックアップルーターです。

　L2プロトコルがイーサネット以外の場合はどうなるでしょうか。例えば、PPPの場合は、最初から1対1の通信であるので、DRとBDRを選ぶ必要はありません。このように、OSPFでは、使用するL2プロトコルの種類に応じて異なるネットワークタイプに分類され、ネットワークタイプが違うと動作仕様も変わってきます。**表6.1.4**は、ヤマハルーターで設定できるOSPFのネットワークタイプとその動作仕様の概要です。本書では、イーサネットの場合のみの動作仕様を説明します。

○表6.1.4：OSPFのネットワークタイプ

ネットワークタイプ	Hello送信間隔	ネイバー検出	DR/BDR選出	L2プロトコル
broadcast	10秒	自動	する	イーサネット
point-to-point	10秒	自動	しない	PPP、HDLC
point-to-multipoint	30秒	自動	しない	フレームリレー
non-broadcast	30秒	手動	する	-

　ネットワーク内のルーターからBRとBDRの選出は、**表6.1.5**のようにルーターのプライオリティとルーターIDを使います。ルーターのプライオリティが同じの場合、ルーターIDでDRとBDRを決めます。この選出基準にしたがって、優先度の高い順にDRとBDRが決定されます。

○表6.1.5：DRとBDRの選出基準

基準の優先順位	選出基準の内容
1	プライオリティ値が大きいほど優先される。プライオリティ値の範囲は0～255で、デフォルトは「1」である。ルーター同士のプライオリティが同じなら、ルーターIDを使ってDRとBDRを選出する。また、プライオリティを「0」に設定すると、ルーターを意図的にDRotherにすることができる
2	ルーターIDが大きいほど優先される

　ネットワークに新たなOSPFルーターが追加されたとき、たとえこの新参ルーターのプライオリティが一番高くてもDRにはなれません。つまり、一度決めたDRとBDRの再選は行

なわれないことです。この仕様をDRの粘着性といいます。DRがダウンしたら、BDRがDRになり、BDRは先ほどの選出基準で新たに選ばれます。

図6.1.9はDRとDBRの選出とDRの粘着性を示した例です。この例では、Router1とRouter2のプライオリティが100で、Router3のプライオリティが1となっています。プライオリティ値が大きいほど優先されるので、Router1とRouter2がDRの候補となります。次に、Router1とRouter2のルーターIDを比較して、Router2のほうが大きいので、Router2がDRでRouter1がBDRとなります。同ネットワークにプライオリティ200のRouter4が追加されたとき、DRの粘着性の仕様により、DRの再選は行なわれず、Router4はDRotherとなります。

○図6.1.9：DR／BDR選出とDRの粘着性

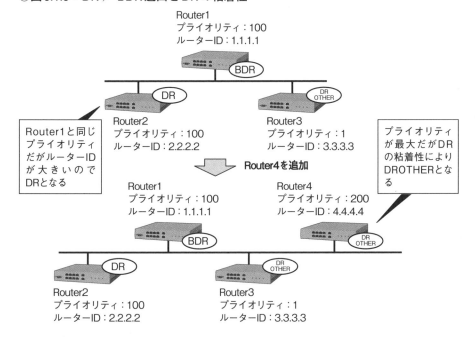

マスタールーターとスレーブルーターの選出

ネットワーク内でDRとBDRの選出後、ルーターは、LSDB構築のためのLSA交換を始めます。LSAの交換は、マスタールーターからスレーブルーターに向けて開始します。マスタールーターとなるのは、隣接関係のルーター間でルーターIDがもっとも大きいルーターです。マスタールーターの選出では、ルーターのプライオリティを使わないので、DRであってもスレーブとなることもあります。また、この段階で、マスタールーターがDBDのシーケンスの初期値を決めます。

図6.1.10は、マスタールーターとスレーブルーターの選出方法を示した図です。この例では、Router3が最大のルーターIDであるため、マスタールーターとして選ばれ、ほかのルーターはスレーブルーターとなります。このとき、Router3のプライオリティが最大であっても、マスタールーターの選出に影響を与えません。

○図6.1.10：マスタールーターとスレーブルーターの選出

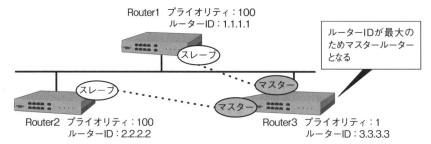

DBDの交換（Exchange）

マスタールーターとスレーブルーターが選出されると、マスタールーターからスレーブルーターに向けてDBDパケットを送信します。DBDパケットには、LSDBに格納しているLSAのヘッダ情報が入ってます。同様に、スレーブルーターからもマスタールーターに向けてDBDパケットを送信します。このような一連なやり取りで、自分のLSDBに登録していないLSAを知ることができます。なお、DBDシーケンスは、LSDBのエントリの一個ずつに対応しているので、LSDBのエントリの到達確認に使われています。

不足LSAの交換（Loading）

Exchange状態では、ルーターは、自分のLSDBにどのようなLSAが不足しているかを判明します。そこで、不足LSAを入手するため、LSRパケットで完全なLSAを要求します。LSRパケットを受信したルーターは、LSUパケットに完全なLSAを格納して送り返します。最後に、LSUパケットを受信したことをLSAckパケットで確認応答します。

アジャセンシーの確立（Full）

不足LSAの交換が終われば、マスタールーターとスレーブルーター同士で同一のLSDBを持つようになります。このとき、ルーターはFull状態となり、相手ルーターとアジャセンシーの確立のステータスに至ります。

最適ルートの計算

OSPFは、完全なLSDBが完成したあと、SPF（ダイクストラ）アルゴリズムを使って最短パスツリーを作ります。最短パスツリーは、自分起点から各ルーターまでの最小パスコストのルートをつなぎ合わせたツリー図です。パスツリーが完成すると、任意のネットワークまでの最適ルートがわかるようになり、このような最適ルートを記載したものがルーティングテーブルです。

キープアライブ

OSPFは、近接ルーターとのキープアライブ確認にHelloパケットを使います。キープアライブのHelloパケットは、10秒間隔（Helloインターバル）で送信され、40秒間（Deadイ

ンターバル）応答がなければ相手がダウンしたとみなします。相手がダウンしたと判断したら、LSUを使ってDRにネットワークの変更を知らせます。LSUを受信したDRは、全ルーターに向けて同変更を示すLSUを224.0.0.5のマルチキャストでフラッディングします。

図6.1.11は、OSPFのキープアライブの動作を示した図です。この例では、Router1のあるリンクがダウンして、dead-interval満了をもって、ネットワークの変更を知らせるLSUをDRに送信します。次に、LSUを受け取ったDRは、同ネットワーク内のすべてのルーターに対してLSUをフラッディングします。さらに、Router4は別ネットワークにもつながっているので、そのネットワーク内にあるDRに向けてLSU送信することで、エリア内のLSDBの同期を行っています。

○図6.1.11：ネットワーク障害時の動作

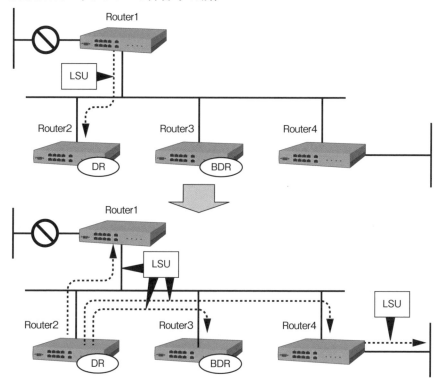

6-1-4 LSA

LSAは、ルーターのインタフェース情報（コストなど）やインタフェースが接続しているネットワークの情報です。ルーター同士でLSAを交換することで、ネットワーク全体のトポロジ情報をLSDBという形で保存します。LSAには、数種類のタイプがあり、LSAを生成するルーターでその呼び名と役割が違ってきます。また、マルチエリアのOSPFネットワークにおいて、エリアの種類ごとに存在できるLSAも異なります。エリアの種類は次項（6-1-5）で説明することにして、ここでは、ルーターの種類とLSAの種類と役割について見

ていきましょう。

　まずルーターの種類は、**図6.1.12**を例に説明します。**図6.1.12**のネットワークでは、Router1 ～ Router3までがOSPFの非バックボーンエリアにインタフェースをもち、そのうちRouter1とRouter2のすべてのインタフェースがこのエリアにあるため、この2つのルーターは内部ルーターと呼びます。同様にRouter7も内部ルーターです。Router3 ～ Router5は、バックボーンエリアにあるので、バックボーンルーターと呼ぶことができます。バックボーンエリアとは、OSPFで必ず必要となるエリアのことです。エリアの境界にあるルーターRouter3とRouter5は、ABR（エリア境界ルーター）、非OSPFドメインとの境界にあるRouter4は、ASBR（AS境界ルーター）といいます。**表6.1.6**は、ルーターの種類をまとめたものです。

○図6.1.12：OSPFネットワーク例

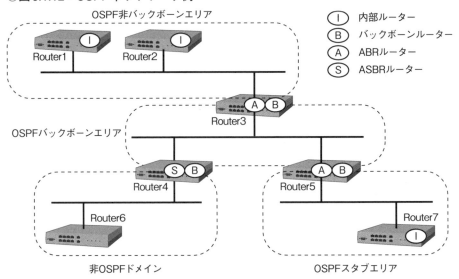

○表6.1.6：ルーターの種類

ルーターの種類	略称	ルーターの役割	図6.1.12の該当ルーター
内部ルーター	-	すべてのインタフェースが同じエリアにあるルーター、LSDBを1つのみを持つ	Router1、Router2、Rotuer7
バックボーンルーター	-	1つ以上のインタフェースがバックボーンエリアにあるルーター、ヤマハルーター用語にバックボーンルーターは正式にないが、慣例で呼ぶことがある	Router3、Router4、Router5
エリア境界ルーター	ABR[注6]	複数のエリアにインタフェースを持つルーター、LSDBもエリアの数だけある	Router3、Router5
AS境界ルーター	ASBR[注7]	1つ以上のインタフェースが非OSPFドメインにあるルーター	Router4

次に、LSAのタイプですが、ヤマハルーターとCiscoルーターでサポートしているLSAタイプに違いがあります。ヤマハルーターは、NSSA[注8]エリアをサポートしていないため、タイプ7のLSAはありません。**表6.1.7**は、LSAタイプの一覧です。

以上が、LSAの各タイプの概要でした。LSAが運ぶ情報は、タイプによってさまざまです。各LSAタイプのパケットフォーマットを参照しながら、その中身を詳しく見てみましょう。

LSAヘッダのフォーマット

LSAは、LSUパケットに含まれており、各LSAタイプは共通のヘッダをもっています。まず、LSAのヘッダを覗いてみましょう。LSAヘッダのフォーマットは**図6.1.13**のようになっています。

○図6.1.13：LSAヘッダのフォーマット

0	16	24	32ビット
リンクステートエージ	オプション	LSAタイプ	
リンクステートID			
アドバタイズ元ルーター			
シーケンス番号			
チェックサム	LSAバイト長		

LSAヘッダの各フィールドの概要は次のようになっています。

- リンクステートエージ（16ビット）
  LSAが作成されてから経過した秒数が入っている
- オプション（8ビット）
  ルーターがオプション機能をサポートしているかの情報
- LSAタイプ（8ビット）
  LSAのタイプ番号（**表6.1.7**）が入っている
- リンクステートID（32ビット）
  リンクステートIDの内容は、**表6.1.8**のようになっており、LSAタイプによってその内容が異なる
- アドバタイズ元ルーター（32ビット）
  LSAを生成したルーターのルーターIDが入っている
- シーケンス番号（32ビット）
  LSAのリビジョン管理に使われる番号、値が大きいほど新しい
- チェックサム（32ビット）
  リンクステートエージフィールドを除く、LSA全体のチェックサムが入っている
- LSAバイト長（32ビット）
  LSAヘッダの20バイトを含む、LSA全体のバイト長が入っている

注6　Area Border Router
注7　AS Boundary Router
注8　Not So Stubby Area

表6.1.7：LSAのタイプ

タイプ	生成ルーター	範囲（ヤマハルーターの場合）	概要	ヤマハルーター	Ciscoルーター
1	全ルーター	エリア内	ルーターLSAとも呼ばれる。すべてのルーターが生成するLSAで、エリア内に向けてそのエリアにあるインタフェースのルーターID、リンク数、リンクタイプ、コストなどの情報が入っている	○	○
2	DR	エリア内	ネットワークLSAとも呼ばれる。DRが生成するLSAで、サブネットマスクやネットワーク上すべてのルーターIDなどが入っている	○	○
3	ABR	全エリア	ネットワークサマリーLSAとも呼ばれる。ABRが生成するLSAで、エリアのネットワークアドレスなどが入っていて、バックボーンエリアを通過してほかの非バックボーンエリアにもフラッディングされる	○	○
4	ABR	スタブエリア以外	ASBRサマリーLSAとも呼ばれる。ABRが生成するLSAで、ASBRのルーターIDなどが入っていて、ネットワークサマリーLSAと同様バックボーンエリアを通過してほかの非バックボーンエリアにフラッディングされる	○	○
5	ASBR	スタブエリア以外	AS外部LSAとも呼ばれる。ASBRが生成するLSAで、非OSPFドメインのネットワークなどの情報が入っている	○	○
7	NSSA内のASBR	-	ヤマハルーターでサポートしていないLSAである。スタブエリアのASBRが生成する非OSPFドメインのネットワークなどが入っている	×	○

表6.1.8：リンクステートID

LSAタイプ	リンクステートIDの中身
1	LSA生成元のルーターID
2	DRのインタフェースのIPアドレス
3	転送先のネットワークアドレス
4	ASBRのルーターID
5	転送先のネットワークアドレス

LSAタイプ1（ルーターLSA）のフォーマット

ルーターLSAは、すべてのルーターが生成でき、ルーターのインタフェースに関する情報が入っているLSAです（**図6.1.14**）。フラッディングの範囲はインタフェースが属しているエリア内に限定されています。

○図6.1.14：LSAタイプ1（ルーターLSA）のフォーマット

0	5 6 7 8	16	32ビット
0	V E B	0	リンク長
リンクID			
リンクデータ			
タイプ	TOS長	メトリック	
TOS	0	TOSメトリック	

（リンクID以降は繰り返し可）

ルーターLSAデータの各フィールドの概要は次のようになっています。

- Vビット（1ビット）
  Vビットが「1」ならルーターは仮想リンクの終端を意味する
- Eビット（1ビット）
  Eビットが「1」ならLSA生成したルーターはASBRであることを示す
- Bビット（1ビット）
  Bビットが「1」ならLSA生成したルーターはABRであることを示す
- リンク数（16ビット）
  OSPFが有効になっているインタフェースの数が入っている。この数だけ後続のリンクIDからTOSメトリックまでのフィールドが繰り返される
- リンクID（32ビット）
  リンクが何に接続しているか示すフィールドである。リンクのタイプ（リンクデータの後続フィールド）によって、リンクIDの内容は**表6.1.9**のように異なる。リンクIDは、ルーティングテーブルの計算のときに、LSDBからネイバーのLSAを見つけ出すために使用される
- リンクデータ（32ビット）
  リンクデータもリンクのタイプで内容が異なる。概要は、**表6.1.10**に示す。リンクデータ

○表6.1.9：リンクID

タイプ	リンクID
1	ネイバールーターのルーターID
2	DRのIPアドレス
3	ネットワーク／サブネット
4	ネイバールーターのルーターID

○表6.1.10：リンクデータ

タイプ	リンクデータ
1	インタフェースのIPアドレス ※Unnumbered P2Pインタフェースの場合はMIBⅡ ifIndex値
2	インタフェースのIPアドレス
3	ネットワークアドレス
4	インタフェースのIPアドレス

○表6.1.11：リンクのタイプ

タイプ	リンクデータ
1	ポイントツーポイントでほかのルーターと接続
2	トランジットネットワークと接続
3	スタブネットワークと接続
4	仮想リンク

は、ルーティングテーブルにおけるネクストホップの計算に使われる
- タイプ（8ビット）
リンクのタイプを表す数が入っている。**表6.1.11**がその概要である
- メトリック（16ビット）
コスト値が入っている

TOS関連のフィールドは現在使用されていないため、説明は割愛します。

LSAタイプ2（ネットワークLSA）のフォーマット

ネットワークLSAは、DRのみが生成することが可能で、ネットワークのサブネット情報とルーターIDの情報が入っているLSAです（**図6.1.15**）。フラッディングの範囲は、ルーターLSA同様エリア内となっています。

○図6.1.15：LSAタイプ2（ネットワークLSA）のフォーマット

0	32ビット
ネットワークマスク	
接続ルーター	
接続ルーター	
……	
接続ルーター	

ネットワークLSAデータの各フィールドの概要は次のようになっています。

- ネットワークマスク（32ビット）
サブネットマスクの情報が入っている
- 接続ルーター（32ビット）
DRとアジャセンシー関係にあるネットワーク内のルーターのルーターIDである

LSAタイプ3（ネットワークサマリーLSA）とLSAタイプ4（ASBRサマリーLSA）のフォーマット

ネットワークサマリーLSAとASBRサマリーLSAのフォーマットは同じです（**図6.1.16**）。この2つのLSAは、ともにABRが生成するLSAで、フラッディング範囲も同じくスタブエリアを除く全エリアです。

○図6.1.16：LSAタイプ3/4のフォーマット

0	8	32ビット
ネットワークマスク		
0	メトリック	
TOS	TOSメトリック	

繰り返し可

ネットワークサマリー LSA データの各フィールドの概要は次のようになっています。

- ネットワークマスク（32ビット）
  ネットワークのサブネットマスクが入っている。このフィールドは、ネットワークサマリー LSA のときのみ有効で、ASBR サマリー LSA のときは「0」である
- メトリック（24ビット）
  広告するルートのコスト値が入っている

ASBR サマリー LSA が運ぶ ASBR のルーター ID は、LSA ヘッダのリンクステート ID のフィールドに入っています。TOS 関連のフィールドは使用されていないため、説明は割愛します。

LSA タイプ5（AS外部LSA）のフォーマット

AS 外部 LSA（**図6.1.17**）は、ASBR によって生成され、スタブエリア以外の全エリアに非 OSPF ドメインのネットワーク情報などをフラッディングします。

○図6.1.17：LSAタイプ5（AS外部LSA）のフォーマット

0	1	8	32ビット
ネットワークマスク			
E	0	メトリック	
転送アドレス			
外部ルートタグ			
E	TOS	メトリック	
転送アドレス			

AS 外部 LSA データの各フィールドの概要は次のようになっています。

- ネットワークマスク（32ビット）
  広告するルートのサブネットマスクが入っている
- Eビット（1ビット）
  外部メトリックタイプを表すビットである（**表6.1.12**）

○表6.1.12：Eビット

E	外部メトリックタイプ	外部メトリックがOSPFドメインを通過時の挙動
0	タイプ2	不変、ASBRで付与したコストを維持したまま
1	タイプ1	加算、ルーターを通過するごとにコストを加算する

6-1-5 エリアの種類

OSPF には、エリアという概念があります。エリアによって、OSPF ネットワークが細分化されることで、次のようなメリットが生まれます。

- 収束時間の短縮
- 帯域消費の低減
- ルーター負荷の低減
- 運用管理の簡単化

　OSPFの仕様では、エリア内のルーターは、LSAを交換して共通のLSDBを構築します。エリア内のルーターが増えると、交換するLSAの量も多くなり、ネットワーク帯域を圧迫するようになります。また、LSAが多いと、LSDBの構築やルーティングテーブルの計算が、ルーターにとって大きな負担となります。ルーティングテーブルの計算時間が長くなると、その分だけ収束時間も長くなります。そこで、肥大化したOSPFのネットワークを複数のエリアに分けると、そのような不具合を回避できます。また、エリアを接続するABRでネットワークの集約ができるので、運用管理もしやすくなります。

　OSPFでは、必ず1つのバックボーンエリアが存在しないといけないルールがあります。非バックボーンエリアは、基本的にバックボーンエリアと接続しますが、仮想リンクによる非バックボーンエリア同士の接続も例外的にあります。OSPFのネットワークを俯瞰すると、バックボーンエリアを中心とした階層的なネットワーク構成となっています。

　エリアは、役割に応じて数種類のエリアに分けることができます。ヤマハルーターでは、バックボーンエリア、非バックボーンエリア、スタブエリアの3種類のエリアをサポートしています。一方Ciscoルーターでは、バックボーンエリア、標準エリア、スタブエリア、完全スタブエリア、NSSAエリア、完全NSSAエリアの6種類です。ヤマハルーターでいう非バックボーンエリアは、Ciscoルーターの標準エリアと同義です。**表6.1.13**は、エリアの種類とその概要です。

○表6.1.13：エリアの種類と概要

エリアの種類	概要	ヤマハルーター	Ciscoルーター
バックボーンエリア	マルチエリア構成のときに必ず必要となるエリア	対応	対応
非バックボーンエリア（標準エリア）	非バックボーンエリアで、標準的な役割を持つエリア	対応	対応
スタブエリア	無駄なLSAを少なくするために考えられたエリア	対応	対応
完全スタブエリア	Cisco独自のエリアで、さらに無駄なLSAを少なくするために考えられたエリア	非対応	対応
NSSAエリア	ヤマハルーター非対応のエリアで、スタブエリアにASBRが存在することができるエリア	非対応	対応
完全NSSAエリア	これもヤマハルーター非対応で、完全スタブエリアにASBRが存在することができるエリア	非対応	対応

　エリアに存在しうるLSAのタイプは、エリアの種類によって異なります。エリアによっては、無駄とされるLSAもあります。無駄とされる理由はエリアごとの説明で詳しく述べ

ます。エリアの種類と対応LSAタイプは、**表6.1.14**のようになります。
　ここから各種のエリアについて詳しく説明します。

○表6.1.14：エリアの種類と対応LSAタイプ

エリアの種類	LSAタイプ					
	1	2	3	4	5	7
バックボーンエリア	○	○	○	○	○	×
非バックボーンエリア（標準エリア）	○	○	○	○	○	×
スタブエリア	○	○	○	×	×	×
完全スタブエリア	○	○	△	×	×	×
NSSAエリア	○	○	○	×	×	○
完全NSSAエリア	○	○	△	×	×	○

△：LSAタイプ3のデフォルトルートのみが流入する

バックボーンエリア

　バックボーンは、魚の「背骨」のようなイメージのエリアです。OSPFのネットワークにおいて、複数のエリアで構築されるマルチエリア環境で必ず設定しなければならないエリアです。非バックボーンエリアは、子どもが親にぶら下がるようにバックボーンエリアに接続します。また、バックボーンエリアのエリアIDは「0」（IPアドレス表記では「0.0.0.0」）で予約されています

　図6.1.18は、バックボーンエリアのイメージ図です。バックボーンエリア内に存在できるLSAのタイプは1から5までです。

○図6.1.18：バックボーンエリア

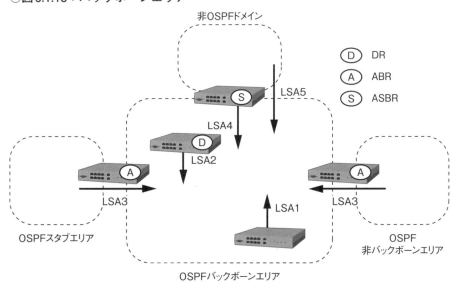

非バックボーンエリア（標準エリア）

非バックボーンエリアは、バックボーンエリアと同様で、タイプ1からタイプ5のLSAが存在するできるエリアです（図6.1.19）。

○図6.1.19：非バックボーンエリア（標準エリア）

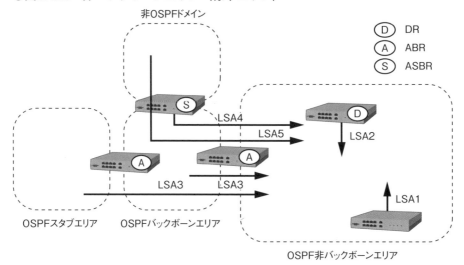

スタブエリア

スタブエリアは、無駄なLSAを少なくするために考案されたエリアです。スタブエリアにとって無駄なLSAとは、LSAタイプ4と5のLSAのことです。これら2つのLSAは、必ずバックボーンエリアと非バックボーンエリアをつなぐABRを通って流れてきます。したがって、スタブエリア内において、個別のLSAタイプ5のLSAを流す代わりに、デフォルトルートを1つだけ流すほうが効率的です。スタブエリアでは、LSAタイプ4と5の代わりにLSAタイプ3のデフォルトルート（0.0.0.0）を流しています（図6.1.20）。

スタブエリアの設定では、スタブエリア内すべてのルーターでスタブエリアに関する設定を行う必要があります。スタブエリアの設定を実施すると、Helloパケットのオプションフィールドの E ビット（スタブエリアフラグ）が「0」になります。ネイバーの確立条件の1つに、スタブエリアフラグの一致がありますので、スタブエリア内のすべてのルーターでスタブエリアに関する同じ設定をしなければなりません。

完全スタブエリア

完全スタブエリアはCisco独自のエリアです。LSAタイプ4と5のほかにLSAタイプ3のLSAも、LSAタイプ3のデフォルトルートとして扱います（図6.1.21）。

NSSA

NSSAは、スタブエリアが非OSPFドメインと接続できるエリアです。非OSPFドメインとの接続にはASBRを用います。スタブエリア内にLSAタイプ5のLSAは存在することが

○図6.1.20：スタブエリア

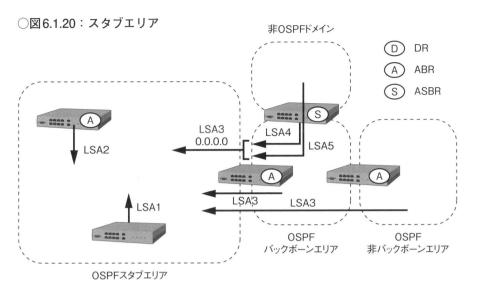

○図6.1.21：完全スタブエリア

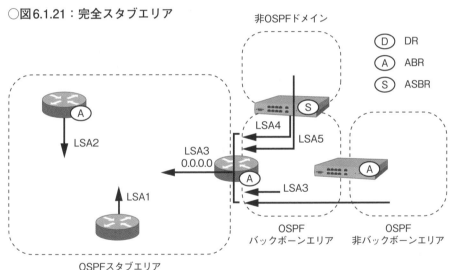

できない決まりでしたので、NSSAに直接接続する非OSPFドメインから流入するLSAは、LSAタイプ7のLSAとなります。NSSA内のLSAタイプ7のLSAがバックボーンエリアに入ったら、ABRによってLSAタイプ5のLSAに変換されます。

ヤマハルーターは、NSSAをサポートしていません（2016年6月現在）。

完全NSSA

完全NSSAは、完全スタブエリアが非OSPFドメインと接続できるエリアです。完全NSSAに入ってくるLSAタイプ3から5までのLSAは、LSAタイプ3のデフォルトルート（0.0.0.0）として通知されます。

6-1-6 ルート集約

OSPFネットワークをエリアに分けると、エリア内のLSAを抑える効果があることを紹介しました。しかし、バックボーンエリアと接続する非バックボーンエリアやスタブエリアの数が多くなると、LSAタイプ3と5のLSAも多くなります。せっかくエリア分けしたのに、エリア分けによるメリットが薄くなってしまいます。そこで、エリア分けと同時に、適切なルート集約を行うことが大事となります。

ルート集約を行うと次のようなメリットがあります。

- LSAタイプ3と5のLSAが減少する
- LSDBサイズが小さくなり、ルーターのメモリ使用量が減る
- ルート計算の頻度が減り、ルーターのCPU使用率が下がる

ルート集約によって、エリアに流れるLSAが減るので、LSDBサイズが小さくなります。LSDBが小さくなった分だけルーターのメモリ使用量も減ります。さらに、ネットワーク障害によるルートの消失が起きた場合、ほかのエリアには集約ルートを広告しているので、障害によるルートの再計算は発生しません（図6.1.22）。

6-1-7 仮想リンク

OSPFのエリアでは、非バックボーンエリアは必ずバックボーンエリアに接続する決まりがあります。しかし、物理的な制約によりどうしても直接バックボーンエリアに接続できない場合もあります。そのようなとき、仮想リンクを使って、間接的に非バックボーンエリアをバックボーンエリアに接続します（図6.1.23）。

仮想リンクが通るエリアのことをトランジットエリアといい、トランジットエリアとなれるのは、バックボーンエリアと非バックボーンエリア（標準エリア）のみです。仮想リンクを設定できるのは、同一エリア内にある2台のABRで、そのうち少なくとも1台はバックボーンエリアにも接続している必要があります。

仮想リンクを設定すると、ネットワーク全体の構成が難しくなるので、暫定的に利用する場合以外の使用はおすすめしません。

○図6.1.23：仮想リンク

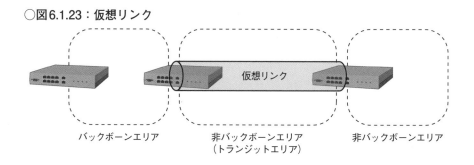

○図6.1.22：ルート集約

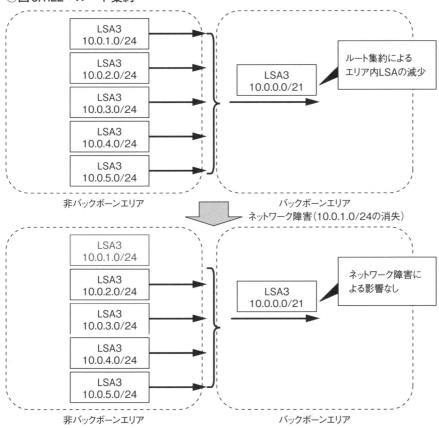

6-2 OSPFの設定

ヤマハルーターでOSPFを動かすための設定をここで解説します。Ciscoルーターの設定例と見比べながら、ヤマハルーターの設定方法を習得していきましょう。

次の設定内容を紹介します。

- OSPFの基本設定
- マルチエリアの設定
- ルート選択の設定（コストと経路の優先度）
- ルート情報の抑制の設定
- 仮想リンクの設定

- DRとBDR選出の設定
- OSPFの動作確認
- エリア間のルート集約の設定
- ルート再配布と外部ルート制御の設定
- 認証の設定

6-2-1 OSPFの基本設定

ヤマハルーターでOSPFを使うには、まずOSPFを使用することを宣言します。次に、ルーターがどのエリアにあるのか、どのインタフェースがどのエリアに属するかを指定します。

OSPFの使用設定

ospf use [ON/OFF]										
RTX5000	RTX3500	RTX3000	RTX1500	RTX1210	RTX1200	RTX1100	RTX810	RT250i	RT107e	SRT100

ON/OFFパラメータを「on」にするとOSPFの使用を開始します。「off」で使用の中止となります。デフォルトは「off」です。

エリアの設定

ospf area [エリアID]										
RTX5000	RTX3500	RTX3000	RTX1500	RTX1210	RTX1200	RTX1100	RTX810	RT250i	RT107e	SRT100

ルーターのエリアを定義するコマンドです。エリアIDパラメータは、表6.2.1のようにエリアの種類でパラメータ値が異なります。

○表6.2.1：エリアパラメータ

パラメータ値	パラメータ値の例	エリアの種類
backbone	backbone	バックボーンエリア
1以上の数字	10	非バックボーンエリア
「0.0.0.0」以外のIPアドレス表示	10.0.0.1	非バックボーンエリア

インタフェースのエリア設定

ip [インタフェース名] ospf area [エリア]										
RTX5000	RTX3500	RTX3000	RTX1500	RTX1210	RTX1200	RTX1100	RTX810	RT250i	RT107e	SRT100

このコマンドは、インタフェースがどのエリアに属するかを指定するためのコマンドです。エリアパラメータは、表6.2.1と同じ内容です。

OSPFの有効設定

ospf configure refresh										
RTX5000	RTX3500	RTX3000	RTX1500	RTX1210	RTX1200	RTX1100	RTX810	RT250i	RT107e	SRT100

OSPFの設定を有効化するためのコマンドです。このコマンドの代わりにルーターの再起動を実施してもよいです。

図6.2.1は、ヤマハルーターを使ったOSPFの基本設定のネットワーク構成です。このOSPFネットワークは、バックボーンエリアのみが存在するシングルエリアの構成です。す

べてのルーターにOSPFの基本設定を実施すると、Router1とRouter3のルーティングテーブルに、OSPFのルート情報が見えるようになり、両ルーターの疎通も可能となります。Ciscoルーターと違って、ヤマハルーターでは、「ospf configure refresh」コマンドによる設定の有効化を明示的に行う必要があります（リスト6.2.1a～リスト6.2.1c）。

○図6.2.1：OSPFの基本設定（ヤマハルーター）

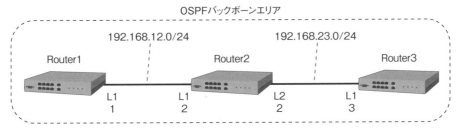

○リスト6.2.1a：Router1の設定（ヤマハルーター）

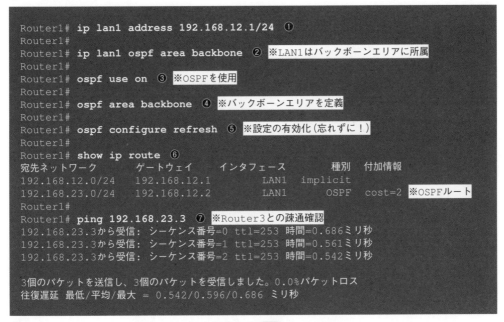

❶ LAN1インタフェースのIPアドレスを設定する (IOS) `interface` ⇒ `ip address`
❷ LAN1インタフェースをバックボーンエリアに割り当てる (IOS) `router ospf` ⇒ `network X area`
❸ OSPFを有効化する (IOS) `router ospf`
❹ バックボーンエリアを定義する (IOS) -
❺ OSPF設定を有効化する (IOS) `clear ip ospf proc`
❻ ルーティングテーブルを表示する (IOS) `show ip route`
❼ 192.168.23.3への疎通を確認する (IOS) `ping`

Chapter 6：ルーティングプロトコル──OSPF

○リスト6.2.1b：Router2の設定（ヤマハルーター）

```
Router2# ip lan1 address 192.168.12.2/24
Router2# ip lan2 address 192.168.23.2/24
Router2#
Router2# ip lan1 ospf area backbone    ※LAN1はバックボーンエリアに所属
Router2# ip lan2 ospf area backbone    ※LAN2はバックボーンエリアに所属
Router2#
Router2# ospf use on    ※OSPFを使用
Router2#
Router2# ospf area backbone    ※バックボーンエリアを定義
Router2#
Router2# ospf configure refresh    ※設定の有効化(忘れずに！)
Router2#
```

○リスト6.2.1c：Router3の設定（ヤマハルーター）

```
Router3# ip lan1 address 192.168.23.3/24
Router3#
Router3# ip lan1 ospf area backbone    ※LAN1はバックボーンエリアに所属
Router3#
Router3# ospf use on    ※OSPFを使用
Router3#
Router3# ospf area backbone    ※バックボーンエリアを定義
Router3#
Router3# ospf configure refresh    ※設定の有効化(忘れずに！)
Router3#
Router3# show ip route
宛先ネットワーク      ゲートウェイ      インタフェース      種別      付加情報
192.168.12.0/24      192.168.23.2      LAN1              OSPF      cost=2    ※OSPFルート
192.168.23.0/24      192.168.23.3      LAN1              implicit
Router3#
Router3# ping 192.168.12.1    ※Router1との疎通確認
192.168.12.1から受信：シーケンス番号=0 ttl=253 時間=0.751ミリ秒
192.168.12.1から受信：シーケンス番号=1 ttl=253 時間=0.571ミリ秒
192.168.12.1から受信：シーケンス番号=2 ttl=253 時間=0.539ミリ秒

3個のパケットを送信し、3個のパケットを受信しました。0.0%パケットロス
往復遅延 最低/平均/最大 = 0.539/0.620/0.751 ミリ秒
```

Ciscoルーターの場合

ネットワーク図は図6.2.2で、Ciscoルーターでの設定はリスト6.2.2a～6.2.2cのようになります。

○図6.2.2：OSPFの基本設定（Ciscoルーター）

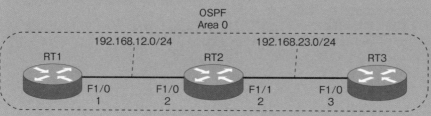

○リスト6.2.2a：RT1の設定（Ciscoルーター）

```
RT1#configure terminal
RT1(config)#interface FastEthernet 1/0
RT1(config-if)#ip address 192.168.12.1 255.255.255.0
RT1(config-if)#no shutdown
RT1(config-if)#exit
RT1(config)#router ospf 1
RT1(config-router)#network 192.168.12.0 0.0.0.255 area 0
RT1(config-router)#end
RT1#show ip route
   ...略...
O    192.168.12.0/24 [110/2] via 192.168.23.2, 00:00:30, FastEthernet1/0  ※OSPFルート
C    192.168.23.0/24 is directly connected, FastEthernet1/0
RT3#ping 192.168.12.1  ※Router3との疎通確認
   ...略...
!!!!!
Success rate is 100 percent (5/5), round-trip min/avg/max = 60/96/128 ms
```

○リスト6.2.2b：RT2の設定（Ciscoルーター）

```
RT2#configure terminal
RT2(config)#interface FastEthernet 1/0
RT2(config-if)#ip address 192.168.12.2 255.255.255.0
RT2(config-if)#no shutdown
RT2(config-if)#exit
RT2(config)#interface FastEthernet 1/1
RT2(config-if)#ip address 192.168.23.2 255.255.255.0
RT2(config-if)#no shutdown
RT2(config-if)#exit
RT2(config)#router ospf 1
RT2(config-router)#network 192.168.12.0 0.0.0.255 area 0
RT2(config-router)#network 192.168.23.0 0.0.0.255 area 0
```

○リスト6.2.2c：RT3の設定（Ciscoルーター）

```
RT3#configure terminal
RT3(config)#interface FastEthernet 1/0
RT3(config-if)#ip address 192.168.23.3 255.255.255.0
RT3(config-if)#no shutdown
RT3(config-if)#exit
RT3(config)#router ospf 1
RT3(config-router)#network 192.168.23.0 0.0.0.255 area 0
RT3(config-router)#end
RT3#show ip route
   ...略...
O    192.168.12.0/24 [110/2] via 192.168.23.2, 00:00:30, FastEthernet1/0  ※OSPFルート
C    192.168.23.0/24 is directly connected, FastEthernet1/0
RT3#ping 192.168.12.1  ※Router1との疎通確認
   ...略...
!!!!!
Success rate is 100 percent (5/5), round-trip min/avg/max = 68/76/92 ms
```

6-2-2 DRとBDR選出の設定

ここで、プライオリティとルーターIDの設定コマンドを使って、DRとBDRの選出方法とDRの粘着性について確認します。

プライオリティの設定

ip [インタフェース名] ospf area [エリア] priority=[ルータープライオリティ]										
RTX5000	RTX3500	RTX3000	RTX1500	RTX1210	RTX1200	RTX1100	RTX810	RT250i	RT107e	SRT100

インタフェースにルーターのプライオリティを設定するコマンドです。ルータープライオリティパラメータ値は、0から255までの数字です。このプライオリティの初期値は「1」です。

ルーターIDの設定

ospf router id [ルーターID]										
RTX5000	RTX3500	RTX3000	RTX1500	RTX1210	RTX1200	RTX1100	RTX810	RT250i	RT107e	SRT100

ルーターIDパラメータは、ルーターIDを示すIPアドレスの表示です。コマンドによる明示的な設定がないとき、ルーターIDは、LANインタフェースの若番順、ループバックインタフェースの若番順のIPアドレスとなります。

DRとBDR選出の設定例は、図6.2.3のネットワーク構成を使って説明します。この設定例では、表6.2.2のように設定シナリオを4段階に分けて、DRとBDRの選出方法とDRの粘着性を確認しています（リスト6.2.3a〜リスト6.2.3d）。

○図6.2.3：OSPFの基本設定（ヤマハルーター）

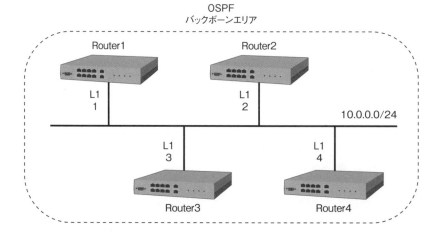

表6.2.2：DRとBDR選出の設定シナリオ

段階	シナリオ 概要	プライオリティ（上段）ルーターID（中段）ルーターの種類（下段）			
		Router1	Router2	Router3	Router4
1	デフォルトの状態、すべてのルーターのプライオリティは1で、ルーターIDはLANインタフェースのIPアドレスである。最大ルーターIDのRouter4がDRに選出される	1 10.0.0.1 DRother	1 10.0.0.2 DRother	1 10.0.0.3 BDR	1 10.0.0.4 DR
2	Router1とRouter2のプライオリティとRouter1のルーターIDを手動で変え、DRをRouter1に変更する	100 11.1.1.1 DR	100 10.0.0.2 BDR	1 10.0.0.3 DRother	1 10.0.0.4 DRother
3	Router1のLAN1インタフェースが断すると、Router2のDRへの昇格と、Route3がBDRに選出されることを確認する		100 10.0.0.2 DR	1 10.0.0.3 DRother	1 10.0.0.4 BDR
4	Router1のLAN1インタフェースが復旧してもDRとBDRは変わらないこと（DRの粘着性）を確認する	100 11.1.1.1 DRother	100 10.0.0.2 DR	1 10.0.0.3 DRother	1 10.0.0.4 BDR

○リスト6.2.3a：Router1の設定（ヤマハルーター）

```
※シナリオ1の設定
Router1# ip lan1 address 10.0.0.1/24  ❶
Router1# ip lan1 ospf area backbone   ❷
Router1#
Router1# ospf use on                  ❸
Router1#
Router1# ospf area backbone           ❹
※ここですべてのルーターを一斉に再起動
※シナリオ1の結果確認
Router1# show status ospf interface   ❺  ※OSPFインタフェースの状態確認
LAN1: Area backbone
   Router ID: 10.0.0.1,  Interface address: 10.0.0.1/24  ※ルーターIDは10.0.0.1
   Interface type: BROADCAST   cost=1
   Interface state: DROTHER   priority=1  ※ルーターの種類はDRother、プライオリティは1
   Designated router ID: 10.0.0.4,  IP address: 10.0.0.4  ※Router4がDR
   Backup designated router ID: 10.0.0.3,  IP address: 10.0.0.3  ※Router3がBDR
※シナリオ2の設定
Router1# ip lan1 ospf area backbone priority=100  ❻
Router1#
Router1# ospf router id 11.1.1.1      ❼
※ここですべてのルーターを一斉に再起動
※シナリオ2の結果確認
Router1# show status ospf interface
LAN1: Area backbone
   Router ID: 11.1.1.1,  Interface address: 10.0.0.1/24  ※ルーターIDが11.1.1.1になった
   Interface type: BROADCAST   cost=1
   Interface state: DR   priority=100  ※ルーターの種類がDR、プライオリティが100になった
   Designated router ID: 11.1.1.1,  IP address: 10.0.0.1  ※Router1がDRになった
   Backup designated router ID: 10.0.0.2,  IP address: 10.0.0.2  ※Router2がBDRになった
※ここでRouter1のLAN1インタフェースが断
※ここでRouter1のLAN1インタフェースが復旧
```

(つづく)

Chapter 6：ルーティングプロトコル——OSPF

(つづき)
❶ LAN1インタフェースのIPアドレスを設定する **IOS** `interface ⇒ ip address`
❷ LAN1インタフェースをバックボーンエリアに割り当てる **IOS** `router ospf ⇒ network X area`
❸ OSPFを有効化する **IOS** `router ospf`
❹ バックボーンエリアを定義する **IOS** `-`
❺ OSPFが有効になっているインタフェースの状態を確認する **IOS** `show ip ospf inter`
❻ LAN1インタフェースをバックボーンエリアに割り当て、ルーターのプライオリティを100に変更する **IOS** `interface ⇒ ip ospf priority`
❼ ルーターIDを11.1.1.1に変更する **IOS** `router ospf ⇒ router-id`

○リスト6.2.3b：Router2の設定（ヤマハルーター）

```
※シナリオ1の設定
Router2# ip lan1 address 10.0.0.2/24
Router2# ip lan1 ospf area backbone
Router2#
Router2# ospf use on
Router2#
Router2# ospf area backbone
※ここですべてのルーターを一斉に再起動
※シナリオ1の結果確認
Router2# show status ospf interface
LAN1: Area backbone
   Router ID: 10.0.0.2,  Interface address: 10.0.0.2/24  ※ルーターIDは10.0.0.2
   Interface type: BROADCAST   cost=1
   Interface state: DROTHER   priority=1  ※ルーターの種類はDRother、プライオリティは1
   Designated router ID: 10.0.0.4,  IP address: 10.0.0.4  ※Router4がDR
   Backup designated router ID: 10.0.0.3,  IP address: 10.0.0.3  ※Router3がBDR
※シナリオ2の設定
Router2# ip lan1 ospf area backbone priority=100
※ここですべてのルーターを一斉に再起動
※ここでRouter1のLAN1インタフェースが断
※シナリオ3の結果確認
Router2# show status ospf interface
LAN1: Area backbone
   Router ID: 10.0.0.2,  Interface address: 10.0.0.2/24
   Interface type: BROADCAST   cost=1
   Interface state: DR   priority=100  ※ルーターの種類がDRになった
   Designated router ID: 10.0.0.2,  IP address: 10.0.0.2  ※Router2がDRになった
   Backup designated router ID: 10.0.0.4,  IP address: 10.0.0.4  ※Router4がBDRになった
※ここでRouter1のLAN1インタフェースが復旧
※シナリオ4の結果確認
Router2# show status ospf interface
LAN1: Area backbone
   Router ID: 10.0.0.2,  Interface address: 10.0.0.2/24
   Interface type: BROADCAST   cost=1
   Interface state: DR   priority=100  ※ルーターの種類がDRのまま（DRの粘着性）
   Designated router ID: 10.0.0.2,  IP address: 10.0.0.2
   Backup designated router ID: 10.0.0.4,  IP address: 10.0.0.4  ※BDRも変わらず
```

○リスト6.2.3c：Router3の設定（ヤマハルーター）

```
※シナリオ1の設定
Router3# ip lan1 address 10.0.0.3/24
Router3# ip lan1 ospf area backbone
Router3#
```

(つづく)

（つづき）

```
Router3# ospf use on
Router3#
Router3# ospf area backbone
※ここですべてのルーターを一斉に再起動
※シナリオ1の結果確認
Router3# show status ospf interface
  LAN1: Area backbone
    Router ID: 10.0.0.3,  Interface address: 10.0.0.3/24  ※ルーターIDは10.0.0.3
    Interface type: BROADCAST   cost=1
    Interface state: BDR  priority=1  ※ルーターの種類はBDR、プライオリティは1
    Designated router ID: 10.0.0.4,  IP address: 10.0.0.4  ※Router4がDR
    Backup designated router ID: 10.0.0.3,  IP address: 10.0.0.3  ※Router3がBDR
```

○リスト6.2.3d：Router4の設定（ヤマハルーター）

```
※シナリオ1の設定
Router4# ip lan1 address 10.0.0.4/24
Router4# ip lan1 ospf area backbone
Router4#
Router4# ospf use on
Router4#
Router4# ospf area backbone
※ここですべてのルーターを一斉に再起動
※シナリオ1の結果確認
Router4# show status ospf interface
  LAN1: Area backbone
    Router ID: 10.0.0.4,  Interface address: 10.0.0.4/24  ※ルーターIDは10.0.0.4
    Interface type: BROADCAST   cost=1
    Interface state: DR  priority=1  ※ルーターの種類はDR、プライオリティは1
    Designated router ID: 10.0.0.4,  IP address: 10.0.0.4  ※Router4がDR
    Backup designated router ID: 10.0.0.3,  IP address: 10.0.0.3  ※Router3がBDR
```

Ciscoルーターの場合

ネットワーク図は**図6.2.4**で、Ciscoルーターでの設定は**リスト6.2.4a～6.2.4d**のようになります。

○図6.2.4：OSPFの基本設定（Ciscoルーター）

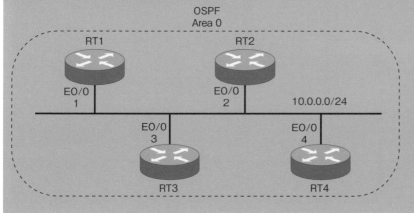

Chapter 6：ルーティングプロトコル──OSPF

○リスト6.2.4a：RT1の設定（Ciscoルーター）

```
※シナリオ1の設定
RT1#configure terminal
RT1(config)#interface Ethernet 0/0
RT1(config-if)#ip address 10.0.0.1 255.255.255.0
RT1(config-if)#exit
RT1(config)#router ospf 1
RT1(config-router)#network 10.0.0.0 0.0.0.255 area 0
※ここですべてのルーターを一斉に再起動
※シナリオ1の結果確認
RT1(config-router)#do show ip ospf interface Ethernet 0/0
Ethernet0/0 is up, line protocol is up
  Internet Address 10.0.0.1/24, Area 0
  Process ID 1, Router ID 10.0.0.1, Network Type BROADCAST, Cost: 10
  Transmit Delay is 1 sec, State DROTHER, Priority 1
  Designated Router (ID) 10.0.0.4, Interface address 10.0.0.4
  Backup Designated router (ID) 10.0.0.3, Interface address 10.0.0.3
    ...略...
※シナリオ2の設定
RT1(config-router)#router-id 11.1.1.1
RT1(config-router)#exit
RT1(config)#interface Ethernet 0/0
RT1(config-if)#ip ospf priority 100
※ここですべてのルーターを一斉に再起動
※シナリオ2の結果確認
RT1#show ip ospf interface Ethernet 0/0
Ethernet0/0 is up, line protocol is up
  Internet Address 10.0.0.1/24, Area 0
  Process ID 1, Router ID 11.1.1.1, Network Type BROADCAST, Cost: 10
  Transmit Delay is 1 sec, State DR, Priority 100
  Designated Router (ID) 11.1.1.1, Interface address 10.0.0.1
  Backup Designated router (ID) 10.0.0.2, Interface address 10.0.0.2
※ここでRT1のE0/0インタフェースが断
※ここでRT1のE0/0インタフェースが復旧
```

○リスト6.2.4b：RT2の設定（Ciscoルーター）

```
※シナリオ1の設定
RT2#configure terminal
RT2(config)#interface Ethernet 0/0
RT2(config-if)#ip address 10.0.0.2 255.255.255.0
RT2(config-if)#exit
RT2(config)#router ospf 1
RT2(config-router)#network 10.0.0.0 0.0.0.255 area 0
※ここですべてのルーターを一斉に再起動
※シナリオ1の結果確認
RT2(config-router)#do show ip ospf interface Ethernet 0/0
Ethernet0/0 is up, line protocol is up
  Internet Address 10.0.0.2/24, Area 0
  Process ID 1, Router ID 10.0.0.2, Network Type BROADCAST, Cost: 10
  Transmit Delay is 1 sec, State DROTHER, Priority 1
  Designated Router (ID) 10.0.0.4, Interface address 10.0.0.4
  Backup Designated router (ID) 10.0.0.3, Interface address 10.0.0.3
    ...略...
※シナリオ2の設定
```

（つづく）

6-2：OSPFの設定

(つづき)
```
RT2(config-router)#exit
RT2(config)#interface Ethernet 0/0
RT2(config-if)#ip ospf priority 100
※ここですべてのルーターを一斉に再起動
※ここでRT1のE0/0インタフェースが断
※シナリオ3の結果確認
RT2#show ip ospf interface Ethernet 0/0
Ethernet0/0 is up, line protocol is up
  Internet Address 10.0.0.2/24, Area 0
  Process ID 1, Router ID 10.0.0.2, Network Type BROADCAST, Cost: 10
  Transmit Delay is 1 sec, State DR, Priority 100
  Designated Router (ID) 10.0.0.2, Interface address 10.0.0.2
  Backup Designated router (ID) 10.0.0.4, Interface address 10.0.0.4
  ...略...
※ここでRT1のE0/0インタフェースが復旧
※シナリオ4の結果確認
RT2#show ip ospf interface Ethernet 0/0
Ethernet0/0 is up, line protocol is up
  Internet Address 10.0.0.2/24, Area 0
  Process ID 1, Router ID 10.0.0.2, Network Type BROADCAST, Cost: 10
  Transmit Delay is 1 sec, State DR, Priority 100
  Designated Router (ID) 10.0.0.2, Interface address 10.0.0.2
  Backup Designated router (ID) 10.0.0.4, Interface address 10.0.0.4
  ...略...
```

○リスト6.2.4c：RT3の設定（Ciscoルーター）

```
※シナリオ1の設定
RT3#configure terminal
RT3(config)#interface Ethernet 0/0
RT3(config-if)#ip address 10.0.0.3 255.255.255.0
RT3(config-if)#exit
RT3(config)#router ospf 1
RT3(config-router)#network 10.0.0.0 0.0.0.255 area 0
※ここですべてのルーターを一斉に再起動
※シナリオ1の結果確認
RT3#show ip ospf interface Ethernet 0/0
Ethernet0/0 is up, line protocol is up
  Internet Address 10.0.0.3/24, Area 0
  Process ID 1, Router ID 10.0.0.3, Network Type BROADCAST, Cost: 10
  Transmit Delay is 1 sec, State BDR, Priority 1
  Designated Router (ID) 10.0.0.4, Interface address 10.0.0.4
  Backup Designated router (ID) 10.0.0.3, Interface address 10.0.0.3
  ...略...
```

○リスト6.2.4d：RT4の設定（Ciscoルーター）

```
※シナリオ1の設定
RT4#configure terminal
RT4(config)#interface Ethernet 0/0
RT4(config-if)#ip address 10.0.0.4 255.255.255.0
RT4(config-if)#exit
RT4(config)#router ospf 1
RT4(config-router)#network 10.0.0.0 0.0.0.255 area 0
```

(つづく)

```
(つづき)
※ここですべてのルーターを一斉に再起動
※シナリオ1の結果確認
RT4#show ip ospf interface Ethernet 0/0
Ethernet0/0 is up, line protocol is up
  Internet Address 10.0.0.4/24, Area 0
  Process ID 1, Router ID 10.0.0.4, Network Type BROADCAST, Cost: 10
  Transmit Delay is 1 sec, State DR, Priority 1
  Designated Router (ID) 10.0.0.4, Interface address 10.0.0.4
  Backup Designated router (ID) 10.0.0.3, Interface address 10.0.0.3

  ...略...
```

6-2-3 マルチエリアの設定

　エリア内に流れるLSAのタイプは、エリアの種類によって異なります。この様子を、マルチエリアのOSPFネットワークを使って検証します。ここで登場するマルチエリアのネットワークは、バックボーンエリアに非バックボーンエリア（標準エリア）とスタブエリアを合わせたネットワークです。
　マルチエリアの設定に必要なコマンドは次のとおりです。

スタブエリアの設定

ospf area [エリアID] stub										
RTX5000	RTX3500	RTX3000	RTX1500	RTX1210	RTX1200	RTX1100	RTX810	RT250i	RT107e	SRT100

　スタブエリアを設定するコマンドです。エリアIDパラメータの内容は、**表6.2.1**を参照してください。スタブエリアを構成するすべてのルーターにこの設定が必要です。
　マルチエリアの設定例は、**図6.2.5**のネットワーク構成を使って説明します。

○図6.2.5：マルチエリアの設定（ヤマハルーター）

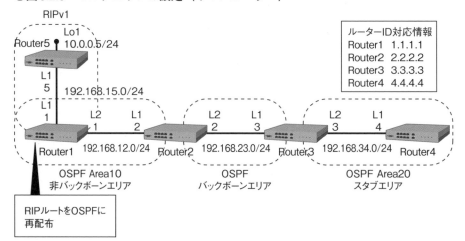

図6.2.5のようなマルチエリアのネットワークを構成したとき、各エリアのLSDBの内容が表6.2.3のようになっていることを確認します。ここでいうLSDBの内容とは、OSPFヘッダのリンクステートIDのことです。表6.1.8で示したように、リンクステートIDの中身は、リンクタイプで異なります。

非バックボーンエリアのLSAタイプ4が空欄になっているのは、ABRであるRouter2が他エリアにLSAタイプ4をフラッディングしているため、この構成での非バックボーンエリアにはLSAタイプ4が流れないからです。スタブエリアには、LSAタイプ4と5のLSAは流れないので、LSAタイプ4と5の2ヶ所が空欄です。

リスト6.2.5a～6.2.5eがヤマハルーターの設定と確認です。Router3でスタブエリアを設定するとき、costパラメータが必要となります。costパラメータがないと、スタブエリア内にデフォルトルート（0.0.0.0）が生成されない仕様となっています。また、各ルーターのLSDBを確認するには、「show state ospf database」コマンドを使います。

○表6.2.3：図6.2.5のネットワークにおける各エリアのLSDBの内容

LSAタイプ	リンクステートID		
	非バックボーンエリア	バックボーンエリア	スタブエリア
1 （ルーターLSA）	1.1.1.1 2.2.2.2	2.2.2.2 3.3.3.3	3.3.3.3 4.4.4.4
2 （ネットワークLSA）	192.168.12.2	192.168.23.3	192.168.34.4
3 （ネットワークサマリーLSA）	192.168.23.0 192.168.34.0	192.168.12.0 192.168.34.0	0.0.0.0 192.168.12.0 192.168.23.0
4 （ASBRサマリーLSA）	-	1.1.1.1	-
5 （AS外部LSA）	10.0.0.0	10.0.0.0	-

○リスト6.2.5a：Router1の設定（ヤマハルーター）

```
Router1# ip lan1 address 192.168.15.1/24  ①
Router1# ip lan2 address 192.168.12.1/24
Router1#
Router1# ip lan2 ospf area 10  ②
Router1#
Router1# ospf use on  ③
Router1#
Router1# ospf router id 1.1.1.1  ④
Router1#
Router1# ospf area 10  ⑤
Router1#
Router1# ospf import from rip  ⑥   ※RIPルートをOSPFに再配布
Router1#
Router1# rip use on  ⑦
Router1#
※すべてのルーターの設定が完了後、OSPFルーターを一斉に再起動
```

(つづく)

Chapter 6：ルーティングプロトコル──OSPF

（つづき）

```
Router1# show status ospf database  ⑧  ※LSDBの確認
        OSPF Router ID: 1.1.1.1
                  Router Link States (Area 10)
※非バックボーンエリアのルーターLSA情報
※Link IDの内容はLSA生成元のルーターID
Link ID          ADV Router       Age     Seq#        Checksum Link count
1.1.1.1          1.1.1.1          163     0x8000000D  0x73DD   1
2.2.2.2          2.2.2.2          189     0x8000000D  0x3217   1
                   Net Link States (Area 10)
※非バックボーンエリアのネットワークLSA情報
※Link IDの内容はDRのインタフェースのIPアドレス
Link ID          ADV Router       Age     Seq#        Checksum
192.168.12.2     2.2.2.2          189     0x80000002  0x8D42
                Summary Net Link States (Area 10)
※非バックボーンエリアのネットワークサマリーLSA情報
※Link IDの内容は転送先のネットワークアドレス
Link ID          ADV Router       Age     Seq#        Checksum
192.168.23.0     2.2.2.2          174     0x80000007  0x9B34
192.168.34.255   2.2.2.2          174     0x8000000A  0x269A
                    AS External Link States
※AS外部LSA情報
※Link IDの内容は転送先のネットワークアドレス
Link ID          ADV Router       Age     Seq#        Checksum Tag
10.0.0.0         1.1.1.1          194     0x80000002  0x7A49   1
```

❶ LAN1インタフェースのIPアドレスを設定する **IOS** `interface` ⇒ `ip address`
❷ LAN2インタフェースをエリア10に割り当てる **IOS** `router ospf` ⇒ `network`
❸ OSPFを有効化する **IOS** `router ospf`
❸ ルーターIDを1.1.1.1に変更する **IOS** `router ospf` ⇒ `router-id`
❹ エリア10を定義する **IOS** －
❺ RIPルートをOSPFに再配布する **IOS** `router ospf` ⇒ `redistribute rip`
❻ RIPを有効化する **IOS** `router rip` ⇒ `network`
❼ LSDBを表示する **IOS** `show ip ospf database`

○リスト6.2.5b：Router2の設定（ヤマハルーター）

```
Router2# ip lan1 address 192.168.12.2/24
Router2# ip lan2 address 192.168.23.2/24
Router2#
Router2# ip lan1 ospf area 10
Router2# ip lan2 ospf area backbone
Router2#
Router2# ospf use on
Router2#
Router2# ospf router id 2.2.2.2
Router2#
Router2# ospf area backbone  ❶
Router2# ospf area 10
Router2#
※すべてのルーターの設定が完了後、OSPFルーターを一斉に再起動
Router2# show status ospf database
        OSPF Router ID: 2.2.2.2
```

（つづく）

(つづき)

```
                Router Link States (Area backbone)
※バックボーンエリアのルーターLSA情報
Link ID         ADV Router      Age  Seq#       Checksum Link count
2.2.2.2         2.2.2.2         547  0x8000000B 0x3301   1
3.3.3.3         3.3.3.3         573  0x8000000D 0xF038   1
                Net Link States (Area backbone)
※バックボーンエリアのネットワークLSA情報
Link ID         ADV Router      Age  Seq#       Checksum
192.168.23.3    3.3.3.3         573  0x80000002 0x4077
                Summary Net Link States (Area backbone)
※バックボーンエリアのネットワークサマリーLSA情報
Link ID         ADV Router      Age  Seq#       Checksum
192.168.12.255  2.2.2.2         453  0x80000005 0x19C3
192.168.34.255  3.3.3.3         707  0x80000002 0x0EB7
                Summary ASB Link States (Area backbone)
※バックボーンエリアのASBRサマリーLSA情報
Link ID         ADV Router      Age  Seq#       Checksum
1.1.1.1         2.2.2.2         453  0x80000002 0x1937
                Router Link States (Area 10)
Link ID         ADV Router      Age  Seq#       Checksum Link count
1.1.1.1         1.1.1.1         443  0x8000000D 0x73DD   1
2.2.2.2         2.2.2.2         468  0x8000000D 0x3217   1
                Net Link States (Area 10)
Link ID         ADV Router      Age  Seq#       Checksum
192.168.12.2    2.2.2.2         468  0x80000002 0x8D42
                Summary Net Link States (Area 10)
Link ID         ADV Router      Age  Seq#       Checksum
192.168.23.0    2.2.2.2         453  0x80000007 0x9B34
192.168.34.255  2.2.2.2         453  0x8000000A 0x269A
                AS External Link States
Link ID         ADV Router      Age  Seq#       Checksum Tag
10.0.0.0        1.1.1.1         475  0x80000002 0x7A49   1
```

❶ バックボーンエリアを定義する IOS –

○リスト6.2.5c：Router3の設定（ヤマハルーター）

```
Router3# ip lan1 address 192.168.23.3/24
Router3# ip lan2 address 192.168.34.3/24
Router3#
Router3# ip lan1 ospf area backbone
Router3# ip lan2 ospf area 20
Router3#
Router3# ospf use on
Router3#
Router3# ospf router id 3.3.3.3
Router3#
Router3# ospf area backbone
Router3# ospf area 20 stub cost=1    ❶ ※スタブエリアの設定(costパラメータは忘れずに！)
Router3#
※すべてのルーターの設定が完了後、OSPFルーターを一斉に再起動
```

(つづく)

(つづき)

```
Router3# show status ospf database
        OSPF Router ID: 3.3.3.3
                 Router Link States (Area backbone)
Link ID         ADV Router       Age  Seq#        Checksum Link count
2.2.2.2         2.2.2.2          839  0x8000000B  0x3301   1
3.3.3.3         3.3.3.3          863  0x8000000D  0xF038   1
                 Net Link States (Area backbone)
Link ID         ADV Router       Age  Seq#        Checksum
192.168.23.3    3.3.3.3          863  0x80000002  0x4077
                 Summary Net Link States (Area backbone)
Link ID         ADV Router       Age  Seq#        Checksum
192.168.12.255  2.2.2.2          745  0x80000005  0x19C3
192.168.34.255  3.3.3.3          997  0x80000002  0x0EB7
                 Summary ASB Link States (Area backbone)
Link ID         ADV Router       Age  Seq#        Checksum
1.1.1.1         2.2.2.2          745  0x80000002  0x1937
                 Router Link States (Area 20)
※スタブエリアのルーターLSA情報
Link ID         ADV Router       Age  Seq#        Checksum Link count
3.3.3.3         3.3.3.3          1091 0x80000009  0xF520   1
4.4.4.4         4.4.4.4          1112 0x8000000B  0xB05B   1
                 Net Link States (Area 20)
※スタブエリアのネットワークLSA情報
Link ID         ADV Router       Age  Seq#        Checksum
192.168.34.4    4.4.4.4          1112 0x80000003  0xF0AD
                 Summary Net Link States (Area 20)
※スタブエリアのネットワークサマリーLSA情報
Link ID         ADV Router       Age  Seq#        Checksum
0.0.0.0         3.3.3.3          997  0x80000004  0x331C
192.168.12.255  3.3.3.3          857  0x80000001  0x0DCE
192.168.23.0    3.3.3.3          997  0x80000005  0x814C
                 AS External Link States
Link ID         ADV Router       Age  Seq#        Checksum Tag
10.0.0.0        1.1.1.1          767  0x80000002  0x7A49   1
```

❶ スタブエリア（エリア20）を定義する。スタブエリアにデフォルトルートを配布するためにはcostパラメータが必要である IOS `router ospf ⇒ area X stub`

○リスト6.2.5d：Router4の設定（ヤマハルーター）

```
Router4# ip lan1 address 192.168.34.4/24
Router4#
Router4# ip lan1 ospf area 20
Router4#
Router4# ospf use on
Router4#
Router4# ospf router id 4.4.4.4
Router4#
Router4# ospf area 20 stub  ※スタブエリアの設定
Router4#
```

(つづく)

6-2：OSPFの設定

（つづき）

```
※すべてのルーターの設定が完了後、OSPFルーターを一斉に再起動
Router4# show status ospf database

      OSPF Router ID: 4.4.4.4

            Router Link States (Area 20)
Link ID         ADV Router      Age   Seq#        Checksum Link count
3.3.3.3         3.3.3.3         1242  0x80000009  0xF520   1
4.4.4.4         4.4.4.4         1260  0x8000000B  0xB05B   1

            Net Link States (Area 20)
Link ID         ADV Router      Age   Seq#        Checksum
192.168.34.4    4.4.4.4         1260  0x80000003  0xF0AD

            Summary Net Link States (Area 20)
Link ID         ADV Router      Age   Seq#        Checksum
0.0.0.0         3.3.3.3         1148  0x80000004  0x331C
192.168.12.255  3.3.3.3         1008  0x80000001  0x0DCE
192.168.23.0    3.3.3.3         1148  0x80000005  0x814C
```

○リスト6.2.5e：Router5の設定（ヤマハルーター）

```
Router5# ip lan1 address 192.168.35.5/24
Router5# ip loopback1 address 10.0.0.5/24
Router5#
Router5# rip use on ❶
```

❶ RIPを有効化する　**IOS** `router ospf`

Ciscoルーターの場合

　ネットワーク図は図6.2.6で、Ciscoルーターでの設定はリスト6.2.6a～6.2.6eのようになります。

○図6.2.6：マルチエリアの設定（Ciscoルーター）

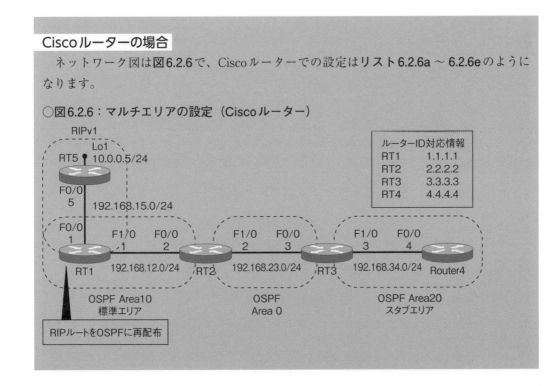

Chapter 6：ルーティングプロトコル――OSPF

○リスト6.2.6a：RT1の設定（Ciscoルーター）

```
RT1#configure terminal
RT1(config)#interface FastEthernet 0/0
RT1(config-if)#ip address 192.168.15.1 255.255.255.0
RT1(config-if)#no shutdown
RT1(config-if)#exit
RT1(config)#interface FastEthernet 1/0
RT1(config-if)#ip address 192.168.12.1 255.255.255.0
RT1(config-if)#no shutdown
RT1(config-if)#exit
RT1(config)#router ospf 1
RT1(config-router)#router-id 1.1.1.1
RT1(config-router)#network 192.168.12.0 0.0.0.255 area 10
RT1(config-router)#redistribute rip
RT1(config-if)#exit
RT1(config)#router rip
RT1(config-router)#network 192.168.15.0
RT1(config-router)#do show ip ospf database   ※LSDBの確認

            OSPF Router with ID (1.1.1.1) (Process ID 1)

                Router Link States (Area 10)

Link ID         ADV Router      Age         Seq#        Checksum Link
count
1.1.1.1         1.1.1.1         338         0x80000004  0x007BBD 1
2.2.2.2         2.2.2.2         337         0x80000003  0x003CF5 1

                Net Link States (Area 10)

Link ID         ADV Router      Age         Seq#        Checksum
192.168.12.1    1.1.1.1         340         0x80000001  0x00C7EB

                Summary Net Link States (Area 10)

Link ID         ADV Router      Age         Seq#        Checksum
192.168.23.0    2.2.2.2         333         0x80000008  0x009913
192.168.34.0    2.2.2.2         330         0x80000001  0x00386F

                Type-5 AS External Link States

Link ID         ADV Router      Age         Seq#        Checksum Tag
10.0.0.0        1.1.1.1         1550        0x80000001  0x00474B 0
192.168.15.0    1.1.1.1         1551        0x80000001  0x0072B1 0
```

○リスト6.2.6b：RT2の設定（Ciscoルーター）

```
RT2#configure terminal
RT2(config)#interface FastEthernet 0/0
RT2(config-if)#ip address 192.168.12.2 255.255.255.0
RT2(config-if)#no shutdown
RT2(config-if)#exit
RT2(config)#interface FastEthernet 1/0
RT2(config-if)#ip address 192.168.23.2 255.255.255.0
RT2(config-if)#no shutdown
RT2(config-if)#exit
RT2(config)#router ospf 1
RT2(config-router)#router-id 2.2.2.2
RT2(config-router)#network 192.168.12.0 0.0.0.255 area 10
RT2(config-router)#network 192.168.23.0 0.0.0.255 area 0
RT2(config-router)#do show ip ospf database
```

(つづく)

6-2：OSPFの設定

(つづき)

```
              OSPF Router with ID (2.2.2.2) (Process ID 1)
                   Router Link States (Area 0)
Link ID         ADV Router      Age         Seq#        Checksum Link
count
2.2.2.2         2.2.2.2         135         0x80000005  0x003FD8 1
3.3.3.3         3.3.3.3         140         0x80000005  0x00010E 1
                   Net Link States (Area 0)
Link ID         ADV Router      Age         Seq#        Checksum
192.168.23.3    3.3.3.3         141         0x80000001  0x004254
                   Summary Net Link States (Area 0)
Link ID         ADV Router      Age         Seq#        Checksum
192.168.12.0    2.2.2.2         131         0x80000004  0x001BA0
192.168.34.0    3.3.3.3         382         0x80000008  0x00029B
                   Summary ASB Link States (Area 0)
Link ID         ADV Router      Age         Seq#        Checksum
1.1.1.1         2.2.2.2         131         0x80000001  0x001B14
                   Router Link States (Area 10)
Link ID         ADV Router      Age         Seq#        Checksum Link
count
1.1.1.1         1.1.1.1         148         0x80000004  0x007BBD 1
2.2.2.2         2.2.2.2         145         0x80000003  0x003CF5 1
                   Net Link States (Area 10)
```

○リスト6.2.6c：RT3の設定（Ciscoルーター）

```
RT3#configure terminal
RT3(config)#interface FastEthernet 0/0
RT3(config-if)#ip address 192.168.23.3 255.255.255.0
RT3(config-if)#no shutdown
RT3(config-if)#exit
RT3(config)#interface FastEthernet 1/0
RT3(config-if)#ip address 192.168.34.3 255.255.255.0
RT3(config-if)#no shutdown
RT3(config-if)#exit
RT3(config)#router ospf 1
RT3(config-router)#router-id 3.3.3.3
RT3(config-router)#network 192.168.23.0 0.0.0.255 area 0
RT3(config-router)#network 192.168.34.0 0.0.0.255 area 20
RT3(config-router)#area 20 stub ※スタブエリアの設定
RT3(config-router)#do show ip ospf database
              OSPF Router with ID (3.3.3.3) (Process ID 1)
                   Router Link States (Area 0)
Link ID         ADV Router      Age         Seq#        Checksum Link
count
2.2.2.2         2.2.2.2         63          0x80000005  0x003FD8 1
3.3.3.3         3.3.3.3         68          0x80000005  0x00010E 1
                   Net Link States (Area 0)
Link ID         ADV Router      Age         Seq#        Checksum
```

(つづく)

Chapter 6：ルーティングプロトコル──OSPF

```
(つづき)
192.168.23.3    3.3.3.3         68              0x80000001 0x004254
                Summary Net Link States (Area 0)
Link ID         ADV Router      Age             Seq#       Checksum
192.168.12.0    2.2.2.2         59              0x80000004 0x001BA0
192.168.34.0    3.3.3.3         309             0x80000008 0x00029B
                Summary ASB Link States (Area 0)
Link ID         ADV Router      Age             Seq#       Checksum
1.1.1.1         2.2.2.2         59              0x80000001 0x001B14
                Router Link States (Area 20)
Link ID         ADV Router      Age             Seq#       Checksum Link
count
3.3.3.3         3.3.3.3         309             0x8000000A 0x0012E2 1
4.4.4.4         4.4.4.4         314             0x80000008 0x00D41A 1
                Net Link States (Area 20)
Link ID         ADV Router      Age             Seq#       Checksum
192.168.34.4    4.4.4.4         314             0x80000001 0x00136D
                Summary Net Link States (Area 20)
Link ID         ADV Router      Age             Seq#       Checksum
0.0.0.0         3.3.3.3         310             0x80000003 0x0053DC
192.168.12.0    3.3.3.3         60              0x80000001 0x002B90
192.168.23.0    3.3.3.3         55              0x80000008 0x009911
                Type-5 AS External Link States
Link ID         ADV Router      Age             Seq#       Checksum Tag
10.0.0.0        1.1.1.1         1284            0x80000001 0x00474B 0
192.168.15.0    1.1.1.1         1284            0x80000001 0x0072B1 0
```

○リスト6.2.6d：RT4の設定（Ciscoルーター）

```
RT4#configure terminal
RT4(config)#interface FastEthernet 0/0
RT4(config-if)#ip address 192.168.34.4 255.255.255.0
RT4(config-if)#no shutdown
RT4(config-if)#exit
RT4(config)#router ospf 1
RT4(config-router)#router-id 4.4.4.4
RT4(config-router)#network 192.168.34.0 0.0.0.255 area 20
RT4(config-router)#area 20 stub  ※スタブエリアの設定
RT4(config-router)#do show ip ospf database
            OSPF Router with ID (4.4.4.4) (Process ID 1)
                Router Link States (Area 20)
Link ID         ADV Router      Age             Seq#       Checksum Link
count
3.3.3.3         3.3.3.3         85              0x8000000A 0x0012E2 1
4.4.4.4         4.4.4.4         89              0x80000008 0x00D41A 1
                Net Link States (Area 20)
Link ID         ADV Router      Age             Seq#       Checksum
192.168.34.4    4.4.4.4         89              0x80000001 0x00136D
                Summary Net Link States (Area 20)
```

(つづく)

6-2：OSPFの設定

```
(つづき)
Link ID         ADV Router      Age         Seq#        Checksum
0.0.0.0         3.3.3.3         86          0x80000003  0x0053DC
192.168.12.0    3.3.3.3         82          0x80000001  0x002B90
192.168.23.0    3.3.3.3         86          0x80000004  0x00A10D
```

○リスト6.2.6e：RT5の設定（Ciscoルーター）

```
RT5#configure terminal
RT5(config)#interface FastEthernet 0/0
RT5(config-if)#ip address 192.168.15.5 255.255.255.0
RT5(config-if)#no shutdown
RT5(config-if)#exit
RT5(config)#interface Loopback 1
RT5(config-if)#ip address 10.0.0.5 255.255.255.0
RT5(config)#router rip
RT5(config-router)#network 10.0.0.0
RT5(config-router)#network 192.168.15.0
```

6-2-4 OSPFの動作確認

　OSPFのアジャセンシー確立をするには、Down状態からFull状態まで遷移しなければなりません。設定の不備やネットワークトラブルによるジャセンシー不確立は、Fullまでのいずれかの状態でスタックします。そこで、OSPFのネットワークのトラブルシューティングでは、状態遷移やパケットの送受信履歴を確認できるようになりたいです。
　OPSFの動作確認に使用するコマンドは次のとおりです

OSPFのログ保存設定

`opsf log [ログの種類]`										
RTX5000	RTX3500	RTX3000	RTX1500	RTX1210	RTX1200	RTX1100	RTX810	RT250i	RT107e	SRT100

　ログの種類パラメータ値は表6.2.4のとおりです。スペース区切りでパラメータ値を連結することで、複数種類のログを同時に記録できます。
　図6.2.7のネットワーク構成でOSPFの動作確認をします（リスト6.2.7aと6.2.7b）。

○表6.2.4：ログの種類パラメータ

パラメータ値	内容
interface	OSPFが有効になっているインタフェースの状態遷移
neighbor	ネイバールーターの状態遷移
packet	送受信したOSPFパケット

◯図6.2.7：OSPFの動作確認（ヤマハルーター）

◯リスト6.2.7a：Router1の設定（ヤマハルーター）

```
Router1# ip lan1 address 10.0.0.1/24    ①
Router1# ip lan1 ospf area backbone     ②
Router1#
Router1# ospf use on                    ③
Router1# ospf area backbone             ④
Router1# ospf log interface             ⑤  ※インタフェースの状態遷移をログ記録
Router1# ospf configure refresh         ⑥
Router1#
Router1# show log reverse               ⑦  ※ログの確認（時系列逆順）
2016/06/07 00:13:20: [OSPF] LAN1 Event [Backup Seen]   State [Waiting] ->
 [BackupDR]
2016/06/07 00:13:10: [OSPF] LAN1 Event [Interface Up]  State [Down] ->
 [Waiting]

    ...略...

Router1#
Router1# ospf log neighbor              ⑧  ※ネイバールーターの状態遷移をログ記録
Router1# ospf configure refresh
Router1#
Router1# show log reverse
2016/06/06 23:48:51: [OSPF] LAN1 Neighbor 10.0.0.2 Event [Loading Done]   State
 [Loading] -> [Full]
2016/06/06 23:48:50: [OSPF] LAN1 Neighbor 10.0.0.2 Event [Exchange Done]  State
 [Exchange] -> [Loading]
2016/06/06 23:48:50: [OSPF] LAN1 Neighbor 10.0.0.2 Event [Negotiation Done]
State [Exch Start] -> [Exchange]
2016/06/06 23:48:50: [OSPF] LAN1 Neighbor 10.0.0.2 Event [Adjacency OK]   State
 [Two Way] -> [Exch Start]
2016/06/06 23:48:50: [OSPF] LAN1 Neighbor 10.0.0.2 Event [Two Way Received]
State [Init] -> [Two Way]
2016/06/06 23:48:50: [OSPF] LAN1 Neighbor 10.0.0.2 Event [Hello Received]
State [Down] -> [Init]

    ...略...

Router1#
Router1# ospf log packet                ⑨  ※送受信したOPSFパケットのログ記録
Router1# ospf configure refresh
Router1#
Router1# show log reverse
2016/06/07 00:16:00: [OSPF] LAN1 Receive [Hello] from 10.0.0.2
2016/06/07 00:15:59: [OSPF] LAN1 Send [Hello] to 224.0.0.5
2016/06/07 00:15:53: [OSPF] LAN1 Send [Link State Ack] to 224.0.0.5
2016/06/07 00:15:52: [OSPF] LAN1 Receive [Link State Update] from 10.0.0.2

    ...略...
```

(つづく)

6-2：OSPFの設定

（つづき）
❶ LAN1インタフェースのIPアドレスを設定する
❷ LAN1インタフェースをバックボーンエリアに割り当てる
❸ OSPFを有効化する
❹ バックボーンエリアを定義する
❺ OSPFが有効になっているインタフェースの状態遷移をログ記録する
❻ OSPF設定を有効化する
❼ ログの内容を時系列逆順で表示する
❽ ネイバールーターの状態遷移をログ記録する
❾ 送受信したOSPFパケット履歴をログ記録する

○リスト6.2.7b：Router2の設定（ヤマハルーター）

```
Router2# ip lan1 address 10.0.0.2/24
Router2#
Router2# ip lan1 ospf area backbone
Router2#
Router2# ospf use on
Router2#
Router2# ospf area backbone
Router2#
```

6-2-5 ルート選択の設定（コストと経路の優先度）

OSPFのルートの選択は、インタフェースのコスト値の合計を使います。インタフェースのコスト値を変更することで、複数ルートの優先順位を変更できます。また、経路の優先度を調整することにより、特定のルーティングプロトコルで学習したルートを優先することもできます。

インタフェースのコスト値の設定

ip [インタフェース名] ospf area [エリア] cost=[コスト]										
RTX5000	RTX3500	RTX3000	RTX1500	RTX1210	RTX1200	RTX1100	RTX810	RT250i	RT107e	SRT100

コストパラメータは、インタフェースのコスト値です。回線速度が100Mbpsのインタフェースの初期値は1です。

経路の優先度の設定

ospf preference [優先度]										
RTX5000	RTX3500	RTX3000	RTX1500	RTX1210	RTX1200	RTX1100	RTX810	RT250i	RT107e	SRT100

優先度パラメータは、1以上の数字です。OSPFの初期値は2000です。
図6.2.8のネットワーク構成を使って、ヤマハルーターにおけるルート選択の設定例を示します（リスト6.2.8a〜6.2.8d）。

Chapter 6：ルーティングプロトコル——OSPF

　この例では、当初Router4から10.1.0.0/24へのルートは、Router2とRouter3の両方を経由します（双方のルーターを経由するパスのパスコストが同じため）。次に、Router4でRouter2をネクストホップとする10.1.0.0/24へのスタティックを設定します。OSPFよりスタティックルートの経路の優先度が高いので、10.1.0.1/24へのルートはRouter2経由に変わります。次にOSPFの経路の優先度をスタティックルートよりも高く設定すると、Router2とRouter3の両方を経由する10.1.0.024へのルートが再び現れます。最後に、Router4のLAN1インタフェースのコストを100に増やして、10.1.0.0/24へはRouter3経由が優先ルートとするようにします。

○図6.2.8：ルート選択の設定（ヤマハルーター）

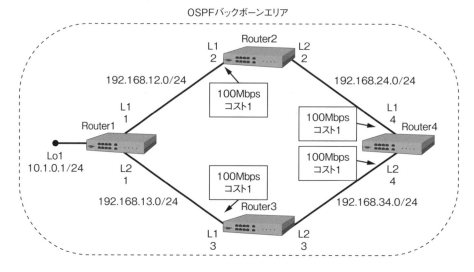

○リスト6.2.8a：Router1の設定（ヤマハルーター）

```
Router1# ip lan1 address 192.168.12.1/24  ❶
Router1# ip lan2 address 192.168.13.1/24
Router1# ip loopback1 address 10.1.0.1/24
Router1#
Router1# ip lan1 ospf area backbone  ❷
Router1# ip lan2 ospf area backbone
Router1# ip loopback1 ospf area backbone
Router1#
Router1# ospf use on  ❸
Router1# ospf area backbone  ❹
Router1# ospf configure refresh  ❺
```

❶ LAN1インタフェースのIPアドレスを設定する 【IOS】 `interface` ⇒ `ip address`
❷ LAN1インタフェースをバックボーンエリアに割り当てる 【IOS】 `router ospf` ⇒ `network X area`
❸ OSPFを有効化する 【IOS】 `router ospf`
❹ バックボーンエリアを定義する 【IOS】 -
❺ OSPF設定を有効化する 【IOS】 `clear ip ospf process`

○リスト 6.2.8b：Router2 の設定（ヤマハルーター）

```
Router2# ip lan1 address 192.168.12.2/24
Router2# ip lan2 address 192.168.24.2/24
Router2#
Router2# ip lan1 ospf area backbone
Router2# ip lan2 ospf area backbone
Router2#
Router2# ospf use on
Router2# ospf area backbone
Router2# ospf configure refresh
```

○リスト 6.2.8c：Router3 の設定（ヤマハルーター）

```
Router3# ip lan1 address 192.168.13.3/24
Router3# ip lan2 address 192.168.34.3/24
Router3#
Router3# ip lan1 ospf area backbone
Router3# ip lan2 ospf area backbone
Router3#
Router3# ospf use on
Router3# ospf area backbone
Router3# ospf configure refresh
```

○リスト 6.2.8d：Router4 の設定（ヤマハルーター）

```
Router4# ip lan1 address 192.168.24.4/24
Router4# ip lan2 address 192.168.34.4/24
Router4#
Router4# ip lan1 ospf area backbone
Router4# ip lan2 ospf area backbone
Router4#
Router4# ospf use on
Router4# ospf area backbone
Router4# ospf configure refresh
Router4#
Router4# show ip route | grep 10.1.0.1/32    ❶ ※初期状態のルーティング情報
Searching ...
10.1.0.1/32    192.168.24.2        LAN1    OSPF    cost=2   ※等コストロードバランス
10.1.0.1/32    192.168.34.3        LAN2    OSPF    cost=2   ※等コストロードバランス
Router4#
Router4# ip route 10.1.0.1/32 gateway 192.168.24.2  ❷ ※スタティックルート作成
Router4# show ip route | grep 10.1.0.1/32
Searching ...
10.1.0.1/32    192.168.24.2        LAN1    static           ※スタティックルートが優先される
Router4#
Router4# ospf preference 15000   ❸ ※OSPFの経路の優先度を15000に変更
Router4# ospf configure refresh
Router4# show ip route | grep 10.1.0.1/32
Searching ...
10.1.0.1/32    192.168.24.2        LAN1    OSPF    cost=2   ※OSPFルートが再度出現
10.1.0.1/32    192.168.34.3        LAN2    OSPF    cost=2   ※OSPFルートが再度出現
Router4#
Router4# show status ospf interface  ❹
LAN1: Area backbone
  Router ID: 192.168.24.4,  Interface address: 192.168.24.4/24
  Interface type: BROADCAST    cost=1  ※LAN1のコストは1（初期値）
```

（つづく）

Chapter 6：ルーティングプロトコル——OSPF

（つづき）

```
    Interface state: BDR  priority=1
    Designated router ID: 1.1.1.2,  IP address: 192.168.24.2
    Backup designated router ID: 192.168.24.4,  IP address: 192.168.24.4
LAN2: Area backbone
    Router ID: 192.168.24.4,  Interface address: 192.168.34.4/24
    Interface type: BROADCAST   cost=1   ※LAN1のコストは1（初期値）
    Interface state: BDR  priority=1
    Designated router ID: 1.1.1.3,  IP address: 192.168.34.3
    Backup designated router ID: 192.168.24.4,  IP address: 192.168.34.4
Router4#
Router4# ip lan1 ospf area backbone cost=100   ❺ ※LAN1のコストを100に変更
Router4# ospf configure refresh
Router4# show status ospf interface
LAN1: Area backbone
    Router ID: 192.168.24.4,  Interface address: 192.168.24.4/24
    Interface type: BROADCAST   cost=100  ※LAN1のコストが100に変わった
    Interface state: WAITING  priority=1
LAN2: Area backbone
    Router ID: 192.168.24.4,  Interface address: 192.168.34.4/24
    Interface type: BROADCAST   cost=1
    Interface state: BDR  priority=1
    Designated router ID: 1.1.1.3,  IP address: 192.168.34.3
    Backup designated router ID: 192.168.24.4,  IP address: 192.168.34.4
Router4#
Router4# show ip route | grep 10.1.0.1/32
Searching ...
10.1.0.1/32     192.168.34.3       LAN2      OSPF    cost=2  ※LAN2側のルートが優先
```

❶ ルーティングテーブル中で「10.1.0.1/32」を含む行のみを表示する (IOS) `show ip route`
❷ 10.1.0.1/32へのスタティックルートを設定する (IOS) `ip route`
❸ OSPFの経路の優先度を15000に変更する (IOS) `router rip` ⇒ `distance`
❹ OSPFが有効になっているインタフェースの状態を確認する (IOS) `show ip ospf inter`
❺ LAN1インタフェースのコスト値を100に変更する (IOS) `interafce` ⇒ `ip ospf cost`

Ciscoルーターの場合

ネットワーク図は図6.2.9で、Ciscoルーターでの設定はリスト6.2.9a～6.2.9dのようになります。

○図6.2.9：ルート選択の設定（Ciscoルーター）

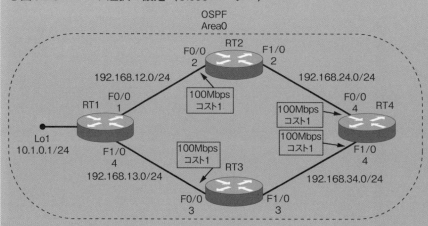

○リスト6.2.9a：RT1の設定（Ciscoルーター）

```
RT1#configure terminal
RT1(config)#interface FastEthernet 0/0
RT1(config-if)#ip address 192.168.12.1 255.255.255.0
RT1(config-if)#no shutdown
RT1(config-if)#exit
RT1(config)#interface FastEthernet 1/0
RT1(config-if)#ip address 192.168.13.1 255.255.255.0
RT1(config-if)#no shutdown
RT1(config-if)#exit
RT1(config)#interface Loopback 1
RT1(config-if)#ip address 10.1.0.1 255.255.255.0
RT1(config-if)#exit
RT1(config)#router ospf 1
RT1(config-router)#network 192.168.12.0 0.0.0.255 are
RT1(config-router)#network 192.168.12.0 0.0.0.255 area 0
RT1(config-router)#network 192.168.13.0 0.0.0.255 area 0
RT1(config-router)#network 10.1.0.0 0.0.0.255 area 0
```

○リスト6.2.9b：RT2の設定（Ciscoルーター）

```
RT2#configure terminal
RT2(config)#interface FastEthernet 0/0
RT2(config-if)#ip address 192.168.12.2 255.255.255.0
RT2(config-if)#no shutdown
RT2(config-if)#exit
RT2(config)#interface FastEthernet 1/0
RT2(config-if)#ip address 192.168.24.2 255.255.255.0
RT2(config-if)#no shutdown
RT2(config-if)#exit
RT2(config)#router ospf 1
RT2(config-router)#network 192.168.12.0 0.0.0.255 area 0
RT2(config-router)#network 192.168.24.0 0.0.0.255 area 0
```

○リスト6.2.9c：RT3の設定（Ciscoルーター）

```
RT3#configure terminal
RT3(config)#interface FastEthernet 0/0
RT3(config-if)#ip address 192.168.13.3 255.255.255.0
RT3(config-if)#no shutdown
RT3(config-if)#exit
RT3(config)#interface FastEthernet 1/0
RT3(config-if)#ip address 192.168.34.3 255.255.255.0
RT3(config-if)#no shutdown
RT3(config-if)#exit
RT3(config)#router ospf 1
RT3(config-router)#network 192.168.13.0 0.0.0.255 area 0
RT3(config-router)#network 192.168.34.0 0.0.0.255 area 0
```

○リスト6.2.9d：RT4の設定（Ciscoルーター）

```
RT4#configure terminal
RT4(config)#interface FastEthernet 0/0
RT4(config-if)#ip address 192.168.24.4 255.255.255.0
RT4(config-if)#no shutdown
RT4(config-if)#exit
RT4(config)#interface FastEthernet 1/0
RT4(config-if)#ip address 192.168.34.4 255.255.255.0
RT4(config-if)#no shutdown
```

（つづく）

Chapter 6：ルーティングプロトコル――OSPF

(つづき)

```
RT4(config-if)#exit
RT4(config)#router ospf 1
RT4(config-router)#network 192.168.24.0 0.0.0.255 area 0
RT4(config-router)#network 192.168.34.0 0.0.0.255 area 0
RT4(config-router)#exit
RT4(config)#do show ip route    ※初期状態のルーティング情報
   ...略...
O    192.168.12.0/24 [110/2] via 192.168.24.2, 00:00:42, FastEthernet0/0
O    192.168.13.0/24 [110/2] via 192.168.34.3, 00:00:42, FastEthernet1/0
C    192.168.24.0/24 is directly connected, FastEthernet0/0
     10.0.0.0/32 is subnetted, 1 subnets   ※等コストロードバランス
O       10.1.0.1 [110/3] via 192.168.34.3, 00:00:42, FastEthernet1/0
                 [110/3] via 192.168.24.2, 00:00:42, FastEthernet0/0
C    192.168.34.0/24 is directly connected, FastEthernet1/0
RT4(config)#ip route 10.1.0.1 255.255.255.255 192.168.24.2   ※スタティックルート作成
RT4(config)#do show ip route
   ...略...
O    192.168.12.0/24 [110/2] via 192.168.24.2, 00:13:43, FastEthernet0/0
O    192.168.13.0/24 [110/2] via 192.168.34.3, 00:13:43, FastEthernet1/0
C    192.168.24.0/24 is directly connected, FastEthernet0/0
     10.0.0.0/32 is subnetted, 1 subnets
S       10.1.0.1 [1/0] via 192.168.24.2    ※スタティックルートが優先される
C    192.168.34.0/24 is directly connected, FastEthernet1/0
RT4(config)#ip route 10.1.0.1 255.255.255.255 192.168.24.2 115
                                        ※スタティックルートのAD値を115に変更
RT4(config)#do show ip route
   ...略...
O    192.168.12.0/24 [110/2] via 192.168.24.2, 00:24:09, FastEthernet0/0
O    192.168.13.0/24 [110/2] via 192.168.34.3, 00:24:09, FastEthernet1/0
C    192.168.24.0/24 is directly connected, FastEthernet0/0
     10.0.0.0/32 is subnetted, 1 subnets   ※OSPFルートが再度出現
O       10.1.0.1 [110/3] via 192.168.34.3, 00:00:03, FastEthernet1/0
                 [110/3] via 192.168.24.2, 00:00:03, FastEthernet0/0
C    192.168.34.0/24 is directly connected, FastEthernet1/0
RT4(config)#do show ip ospf interface FastEthernet 0/0 | inc Cost
  Process ID 1, Router ID 192.168.34.4, Network Type BROADCAST, Cost: 1
                                        ※F0/0のコストは1(初期値)
RT4(config)#do show ip ospf interface FastEthernet 1/0 | inc Cost
  Process ID 1, Router ID 192.168.34.4, Network Type BROADCAST, Cost: 1
                                        ※F1/0のコストは1(初期値)
RT4(config)#interface FastEthernet 0/0
RT4(config-if)#ip ospf cost 100   ※F0/0のコストを100に変更
RT4(config-if)#do show ip ospf interface FastEthernet 0/0 | inc Cost
  Process ID 1, Router ID 192.168.34.4, Network Type BROADCAST, Cost: 100
                                        ※F0/0のコストが100に変わった
RT4(config-if)#do show ip ospf interface FastEthernet 1/0 | inc Cost
  Process ID 1, Router ID 192.168.34.4, Network Type BROADCAST, Cost: 1
RT4(config-if)#do show ip route
   ...略...
O    192.168.12.0/24 [110/3] via 192.168.34.3, 00:01:03, FastEthernet1/0
O    192.168.13.0/24 [110/2] via 192.168.34.3, 00:01:03, FastEthernet1/0
C    192.168.24.0/24 is directly connected, FastEthernet0/0
     10.0.0.0/32 is subnetted, 1 subnets
O       10.1.0.1 [110/3] via 192.168.34.3, 00:01:03, FastEthernet1/0
                                        ※F1/0側のルートが優先
C    192.168.34.0/24 is directly connected, FastEthernet1/0
```

6-2-6 エリア間のルート集約の設定

OSPFでは、エリア間で広告するルートは、自動的に集約しませんが、手動によるルート集約ができます。ルート集約すると、ルーティングテーブルのエントリ数が減るので、ルーターのメモリ使用量やCPU使用率を低減する効果があります。

ルート集約の設定

ospf area network [エリアID] [集約ルート] [restrict]										
RTX5000	RTX3500	RTX3000	RTX1500	RTX1210	RTX1200	RTX1100	RTX810	RT250i	RT107e	SRT100

エリアIDパラメータは、詳細ルートの広告元のエリアです。集約ルートパラメータ値は、network/mask形式で記述する集約ルートです。restrictパラメータ値は、「restrict」のみで、省略するかしないかで表6.2.5のよに違った動作仕様になります。

図6.2.10のネットワーク構成を使って、エリア間のルート集約を行います（リスト6.2.10a～6.2.10c）。この例では、まず3つの詳細ルート（10.0.0.1/32、10.0.0.2/32、10.0.0.3/32）をRouter3で確認できます。次に、Router2でルート集約とrestrictパラメータ付きルート集約を設定して、詳細ルートが集約されたことと、詳細ルートと集約ルートが抑制されたことを確認します。

○表6.2.5：restrictパラメータ

パラメータ値	動作仕様
省略	集約ルートのみを広告するが、詳細ルートは広告しない
restrict	集約ルートも詳細ルートも広告しない

○図6.2.10：OSPFフィルタの設定（ヤマハルーター）

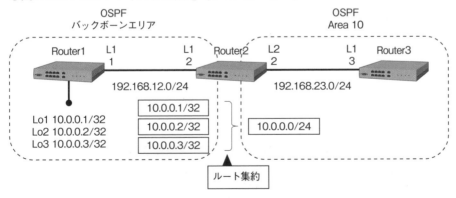

Chapter 6：ルーティングプロトコル――OSPF

○リスト6.2.10a：Router1の設定（ヤマハルーター）

```
Router1# ip lan1 address 192.168.12.1/24  ❶
Router1# ip loopback1 address 10.0.0.1/32
Router1# ip loopback2 address 10.0.0.2/32
Router1# ip loopback3 address 10.0.0.3/32
Router1#
Router1# ip lan1 ospf area backbone  ❷
Router1# ip loopback1 ospf area backbone
Router1# ip loopback2 ospf area backbone
Router1# ip loopback3 ospf area backbone
Router1#
Router1# ospf use on  ❸
Router1# ospf area backbone  ❹
Router1# ospf configure refresh  ❺
```

❶ LAN1インタフェースのIPアドレスを設定する **IOS** `interface ⇒ ip address`
❷ LAN1インタフェースをバックボーンエリアに割り当てる **IOS** `router ospf ⇒ network X area`
❸ OSPFを有効化する **IOS** `router ospf`
❹ バックボーンエリアを定義する **IOS** －
❺ OSPF設定を有効化する **IOS** `clear ip ospf process`

○リスト6.2.10b：Router2の設定（ヤマハルーター）

```
Router2# ip lan1 address 192.168.12.2/24
Router2# ip lan2 address 192.168.23.2/24
Router2#
Router2# ip lan1 ospf area backbone
Router2# ip lan2 ospf area 10
Router2#
Router2# ospf use on
Router2# ospf area backbone
Router2# ospf area 10  ❶
Router2# ospf configure refresh  ❷
Router2# ospf area network backbone 10.0.0.0/24  ❸  ※ルート集約
Router2# ospf configure refresh
Router2# ospf area network backbone 10.0.0.0/24 restrict  ❹  ※restrict付きルート集約
Router2# ospf configure refresh
```

❶ エリア10を定義する **IOS** －
❷ OSPF設定を有効化する **IOS** `clear ip ospf process`
❸ バックボーンエリアの詳細ルートを10.0.0.0/24にルート集約する **IOS** `router ospf ⇒ area`
❹ バックボーンエリアの詳細ルートとその集約ルートを抑制する **IOS** －

○リスト6.2.10c：Router3の設定（ヤマハルーター）

```
Router3# ip lan1 address 192.168.23.3/24
Router3# ip lan1 ospf area 10
Router3#
Router3# ospf use on
Router3# ospf area 10
Router3# ospf configure refresh
```

（つづく）

(つづき)

```
Router3#
Router3# show ip route ❶  ※ルート集約前のルーティング情報
宛先ネットワーク        ゲートウェイ       インタフェース      種別    付加情報
10.0.0.1/32            192.168.23.2       LAN1             OSPF    cost=2
10.0.0.2/32            192.168.23.2       LAN1             OSPF    cost=2
10.0.0.3/32            192.168.23.2       LAN1             OSPF    cost=2
192.168.12.0/24        192.168.23.2       LAN1             OSPF    cost=2
192.168.23.0/24        192.168.23.3       LAN1             implicit
Router3#
Router3# show ip route  ※ルート集約後のルーティング情報
宛先ネットワーク        ゲートウェイ       インタフェース      種別    付加情報
10.0.0.0/24            192.168.23.2       LAN1             OSPF    cost=2    ※集約ルート
192.168.12.0/24        192.168.23.2       LAN1             OSPF    cost=2
192.168.23.0/24        192.168.23.3       LAN1             implicit
Router3#
Router3# show ip route  ※restrictオプション付きルート集約したときのルーティング情報
宛先ネットワーク        ゲートウェイ       インタフェース      種別    付加情報
192.168.12.0/24        192.168.23.2       LAN1             OSPF    cost=2
192.168.23.0/24        192.168.23.3       LAN1             implicit
```

❶ ルーティングテーブルを表示する **IOS** `show ip route`

Ciscoルーターの場合

ネットワーク図は図6.2.11で、Ciscoルーターでの設定はリスト6.2.11a～6.2.11cのようになります。

○図6.2.11：OSPFフィルタの設定（Ciscoルーター）

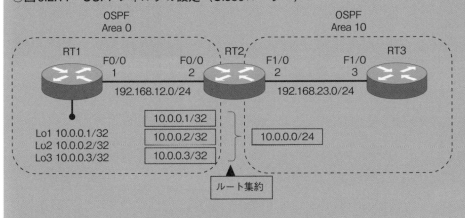

○リスト6.2.11a：RT1の設定（Ciscoルーター）

```
RT1#configure terminal
RT1(config)#interface FastEthernet 0/0
RT1(config-if)#ip address 192.168.12.1 255.255.255.0
RT1(config-if)#no shutdown
RT1(config-if)#exit
RT1(config)#interface Loopback 1
RT1(config-if)#ip address 10.0.0.1 255.255.255.255
RT1(config-if)#exit
RT1(config)#interface Loopback 2
RT1(config-if)#ip address 10.0.0.2 255.255.255.255
```

(つづく)

Chapter 6：ルーティングプロトコル——OSPF

(つづき)

```
RT1(config-if)#exit
RT1(config)#interface Loopback 3
RT1(config-if)#ip address 10.0.0.3 255.255.255.255
RT1(config-if)#exit
RT1(config)#router ospf 1
RT1(config-router)#network 192.168.12.0 0.0.0.255 area 0
RT1(config-router)#network 10.0.0.1 0.0.0.0 area 0
RT1(config-router)#network 10.0.0.2 0.0.0.0 area 0
RT1(config-router)#network 10.0.0.3 0.0.0.0 area 0
```

○リスト6.2.11b：RT2の設定（Ciscoルーター）

```
RT2#configure terminal
RT2(config)#interface FastEthernet 0/0
RT2(config-if)#ip address 192.168.12.2 255.255.255.0
RT2(config-if)#no shutdown
RT2(config-if)#exit
RT2(config)#interface FastEthernet 1/0
RT2(config-if)#ip address 192.168.23.2 255.255.255.0
RT2(config-if)#no shutdown
RT2(config-if)#exit
RT2(config)#router ospf 1
RT2(config-router)#network 192.168.12.0 0.0.0.255 area 0
RT2(config-router)#network 192.168.23.0 0.0.0.255 area 10
RT2(config-router)#area 0 range 10.0.0.0 255.255.255.0   ※ルート集約
```

○リスト6.2.11c：RT3の設定（Ciscoルーター）

```
RT3#configure terminal
RT3(config)#interface FastEthernet 0/0
RT3(config-if)#ip address 192.168.23.3 255.255.255.0
RT3(config-if)#no shutdown
RT3(config-if)#exit
RT3(config)#router ospf 1
RT3(config-router)#network 192.168.23.0 0.0.0.255 area 10
RT3(config-router)#do show ip route   ※ルート集約前のルーティング情報
  ...略...

O IA 192.168.12.0/24 [110/2] via 192.168.23.2, 00:04:12, FastEthernet0/0
     10.0.0.0/32 is subnetted, 3 subnets
O IA    10.0.0.2 [110/3] via 192.168.23.2, 00:04:12, FastEthernet0/0
O IA    10.0.0.3 [110/3] via 192.168.23.2, 00:04:12, FastEthernet0/0
O IA    10.0.0.1 [110/3] via 192.168.23.2, 00:04:12, FastEthernet0/0
C    192.168.23.0/24 is directly connected, FastEthernet0/0

RT3(config-router)#do show ip route   ※ルート集約後のルーティング情報
  ...略...

O IA 192.168.12.0/24 [110/2] via 192.168.23.2, 00:06:34, FastEthernet0/0
     10.0.0.0/24 is subnetted, 1 subnets
O IA    10.0.0.0 [110/3] via 192.168.23.2, 00:00:20, FastEthernet0/0   ※ルート集約
C    192.168.23.0/24 is directly connected, FastEthernet0/0
```

6-2-7 ルート情報の抑制の設定

　OSPFでは、LSDBからルーティングテーブルを作成しているので、RIPのようにルート情報そのものをフィルタリングすることはできません。代わりに、OSPFでできるのは、ルー

ティングテーブルに載せるルート情報をフィルタリングすることです。したがって、このときのフィルタは、ほかのルーターのルーティングテーブルに影響を与えません。

ルート情報の抑制設定

`ospf export from ospf filter [exportフィルタ番号]`										
RTX5000	RTX3500	RTX3000	RTX1500	RTX1210	RTX1200	RTX1100	RTX810	RT250i	RT107e	SRT100

　このコマンドは、どのルート情報をルーティングテーブルに載せるかを決めます。具体的な対象ルート情報は、OSPFのexportフィルタで定義します。また、フィルタ番号はスペース区切りで複数個設定できます。

OSPFのexportフィルタの設定

`ospf export filter [exportフィルタ番号] [アクション] [指定方法] [ルート情報]`										
RTX5000	RTX3500	RTX3000	RTX1500	RTX1210	RTX1200	RTX1100	RTX810	RT250i	RT107e	SRT100

　このフィルタは、指定方法とルート情報の2つのパラメータで対象ルート情報を決め、アクションパラメータで対象ルートをどのように扱うかを指定します。アクションと指定方法のパラメータ値と動作仕様は、それぞれ表6.2.6と表6.2.7のようになっています。ルート情報は、指定方法が「equal」のときに限り、スペースで複数個記述できます。

〇表6.2.6：アクションパラメータ

パラメータ値	動作仕様
省略	対象ルートをルーティングテーブルに載せる
not	対象ルート以外のルートをルーティングテーブルに載せる
reject	対象ルートをルーティングテーブルに載せない

〇表6.2.7：指定方法パラメータ

パラメータ値	動作仕様
equal	ルート情報パラメータに記載のルートと一致するルート
include	ルート情報パラメータに記載のルートに包含されているルート（ルート情報パラメータに記載のルートも含む）
refines	ルート情報パラメータに記載のルートに包含されているルート（ルート情報パラメータに記載のルートは含まない）

　ルート情報の抑制の設定例を図6.2.12のネットワーク構成で紹介します（リスト6.2.12a～6.2.12c）。この例では、Route2で2つのルート（10.0.0.1/32と10.0.0.2/32）を抑制します。Router2でルート情報を抑制しても、Router3に影響を与えないことも併せて確認します。

Chapter 6：ルーティングプロトコル──OSPF

○図6.2.12：ルーター情報の抑制の設定（ヤマハルーター）

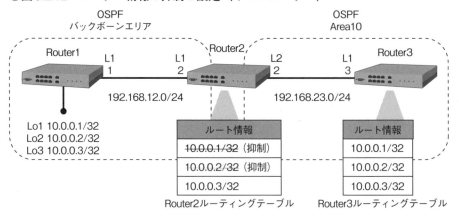

○リスト6.2.12a：Router1の設定（ヤマハルーター）

```
Router1# ip lan1 address 192.168.12.1/24  ❶
Router1# ip loopback1 address 10.0.0.1/32
Router1# ip loopback2 address 10.0.0.2/32
Router1# ip loopback3 address 10.0.0.3/32
Router1#
Router1# ip lan1 ospf area backbone  ❷
Router1# ip loopback1 ospf area backbone
Router1# ip loopback2 ospf area backbone
Router1# ip loopback3 ospf area backbone
Router1#
Router1# ospf use on  ❸
Router1# ospf area backbone  ❹
Router1# ospf configure refresh  ❺
```

❶ LAN1インタフェースのIPアドレスを設定する 〔IOS〕 interface ⇒ ip address
❷ LAN1インタフェースをバックボーンエリアに割り当てる 〔IOS〕 router ospf ⇒ network X area
❸ OSPFを有効化する 〔IOS〕 router ospf
❹ バックボーンエリアを定義する 〔IOS〕 –
❺ OSPF設定を有効化する 〔IOS〕 clear ip ospf process

○リスト6.2.12b：Router2の設定（ヤマハルーター）

```
Router2# ip lan1 address 192.168.12.2/24
Router2# ip lan2 address 192.168.23.2/24
Router2#
Router2# ip lan1 ospf area backbone
Router2# ip lan2 ospf area 10
Router2#
Router2# ospf use on
Router2# ospf area backbone
Router2# ospf area 10  ❶
Router2# ospf configure refresh
Router2#
```

（つづく）

```
(つづき)
Router2# show ip route ❷  ※ルーティング情報を抑制前のテーブル状況
宛先ネットワーク       ゲートウェイ        インタフェース      種別     付加情報
10.0.0.1/32          192.168.12.1        LAN1            OSPF    cost=1
10.0.0.2/32          192.168.12.1        LAN1            OSPF    cost=1
10.0.0.3/32          192.168.12.1        LAN1            OSPF    cost=1
192.168.12.0/24      192.168.12.2        LAN1            implicit
192.168.23.0/24      192.168.23.2        LAN2            implicit
Router2#
Router2# ospf export from ospf filter 1 10  ❸  ※ルーティング情報の抑制
Router2# ospf export filter 1 reject equal 10.0.0.1/32 10.0.0.2/32  ❹
                                                    ※この2つが抑制対象
Router2# ospf export filter 10 include 0.0.0.0/0  ❺
                                          ※残りのルーティング情報は抑制対象外
Router2# ospf configure refresh
Router2#
Router2# show ip route  ※ルーティング情報を抑制後のテーブル状況
宛先ネットワーク       ゲートウェイ        インタフェース      種別     付加情報
10.0.0.3/32          192.168.12.1        LAN1            OSPF    cost=1
192.168.12.0/24      192.168.12.2        LAN1            implicit
192.168.23.0/24      192.168.23.2        LAN2            implicit
```

❶ エリア10を定義する `IOS` -
❷ ルーティングテーブルを表示する `IOS` `show ip route`
❸ ルーティングテーブルに登録するルートをOSPF exportフィルタ1と10で限定する `IOS` `router ospf` ⇒ `distribute-list`
❹ 10.0.0.1/32と10.0.0.2/32の2つのルートをルーティングテーブルに載せないためのOSPF exportフィルタ1を設定する `IOS` `access-list`
❺ すべてのルートをルーティングテーブルに載せるためのOSPF exportフィルタ10を設定する `IOS` `access-list`

○リスト6.2.12c：Router3の設定（ヤマハルーター）

```
Router3# ip lan1 address 192.168.23.3/24
Router3# ip lan1 ospf area 10
Router3#
Router3# ospf use on
Router3# ospf area 10
Router3# ospf configure refresh
Router3#
Router3# show ip route  ※ルーティング情報を抑制前のテーブル状況
宛先ネットワーク       ゲートウェイ        インタフェース      種別     付加情報
10.0.0.1/32          192.168.23.2        LAN1            OSPF    cost=2
10.0.0.2/32          192.168.23.2        LAN1            OSPF    cost=2
10.0.0.3/32          192.168.23.2        LAN1            OSPF    cost=2
192.168.12.0/24      192.168.23.2        LAN1            OSPF    cost=2
192.168.23.0/24      192.168.23.3        LAN1            implicit
Router3#
Router3# show ip route  ※ルーティング情報を抑制後のテーブル状況（変化なし）
宛先ネットワーク       ゲートウェイ        インタフェース      種別     付加情報
10.0.0.1/32          192.168.23.2        LAN1            OSPF    cost=2
10.0.0.2/32          192.168.23.2        LAN1            OSPF    cost=2
10.0.0.3/32          192.168.23.2        LAN1            OSPF    cost=2
192.168.12.0/24      192.168.23.2        LAN1            OSPF    cost=2
192.168.23.0/24      192.168.23.3        LAN1            implicit
```

Chapter 6：ルーティングプロトコル――OSPF

Ciscoルーターの場合

ネットワーク図は図6.2.13で、Ciscoルーターでの設定はリスト6.2.13a～6.2.13cのようになります。

○図6.2.13：ルート情報の抑制の設定（Ciscoルーター）

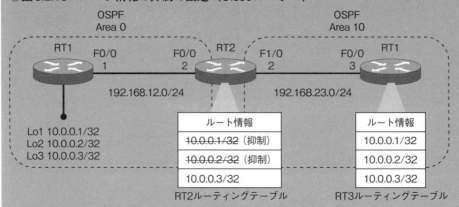

○リスト6.2.13a：RT1の設定（Ciscoルーター）

```
RT1#configure terminal
RT1(config)#interface FastEthernet 0/0
RT1(config-if)#ip address 192.168.12.1 255.255.255.0
RT1(config-if)#no shutdown
RT1(config-if)#exit
RT1(config)#interface Loopback 1
RT1(config-if)#ip address 10.0.0.1 255.255.255.255
RT1(config-if)#exit
RT1(config)#interface Loopback 2
RT1(config-if)#ip address 10.0.0.2 255.255.255.255
RT1(config-if)#exit
RT1(config)#interface Loopback 3
RT1(config-if)#ip address 10.0.0.3 255.255.255.255
RT1(config-if)#exit
RT1(config)#router ospf 1
RT1(config-router)#network 192.168.12.0 0.0.0.255 area 0
RT1(config-router)#network 10.0.0.1 0.0.0.0 area 0
RT1(config-router)#network 10.0.0.2 0.0.0.0 area 0
RT1(config-router)#network 10.0.0.3 0.0.0.0 area 0
```

○リスト6.2.13b：RT2の設定（Ciscoルーター）

```
RT2#configure terminal
RT2(config)#interface FastEthernet 0/0
RT2(config-if)#ip address 192.168.12.2 255.255.255.0
RT2(config-if)#no shutdown
RT2(config-if)#exit
RT2(config)#interface FastEthernet 1/0
RT2(config-if)#ip address 192.168.23.2 255.255.255.0
RT2(config-if)#no shutdown
RT2(config-if)#exit
RT2(config)#router ospf 1
RT2(config-router)#network 192.168.12.0 0.0.0.255 area 0
```

(つづく)

6-2：OSPF の設定

```
(つづき)
RT2(config-router)#network 192.168.23.0 0.0.0.255 area 10
RT2(config-router)#do show ip route   ※ルーティング情報を抑制前のテーブル状況
  ...略...
C    192.168.12.0/24 is directly connected, FastEthernet0/0
     10.0.0.0/32 is subnetted, 1 subnets
O       10.0.0.1 [110/2] via 192.168.12.1, 00:00:02, FastEthernet0/0
O       10.0.0.2 [110/2] via 192.168.12.1, 00:00:02, FastEthernet0/0
O       10.0.0.3 [110/2] via 192.168.12.1, 00:00:02, FastEthernet0/0
C    192.168.23.0/24 is directly connected, FastEthernet1/0
RT2(config-router)#distribute-list 1 in FastEthernet 0/0   ※ルーティング情報の抑制
RT2(config-router)#exit
RT2(config)#access-list 1 deny host 10.0.0.1
RT2(config)#access-list 1 deny host 10.0.0.2
RT2(config)#access-list 1 permit any
RT2(config)#do show ip route   ※ルーティング情報を抑制後のテーブル状況
  ...略...
C    192.168.12.0/24 is directly connected, FastEthernet0/0
     10.0.0.0/32 is subnetted, 1 subnets
O       10.0.0.3 [110/2] via 192.168.12.1, 00:00:12, FastEthernet0/0
C    192.168.23.0/24 is directly connected, FastEthernet1/0
```

○リスト6.2.13c：RT3の設定（Ciscoルーター）

```
RT3#configure terminal
RT3(config)#interface FastEthernet 0/0
RT3(config-if)#ip address 192.168.23.3 255.255.255.0
RT3(config-if)#no shutdown
RT3(config-if)#exit
RT3(config)#router ospf 1
RT3(config-router)#network 192.168.23.0 0.0.0.255 area 10
RT3(config-router)#do show ip route   ※ルーティング情報を抑制前のテーブル状況
  ...略...
O IA 192.168.12.0/24 [110/2] via 192.168.23.2, 00:32:04, FastEthernet0/0
     10.0.0.0/32 is subnetted, 3 subnets
O IA    10.0.0.2 [110/3] via 192.168.23.2, 00:00:18, FastEthernet0/0
O IA    10.0.0.3 [110/3] via 192.168.23.2, 00:00:18, FastEthernet0/0
O IA    10.0.0.1 [110/3] via 192.168.23.2, 00:18:18, FastEthernet0/0
C    192.168.23.0/24 is directly connected, FastEthernet0/0
RT3(config-router)#do show ip route   ※ルーティング情報を抑制後のテーブル状況（変化なし）
  ...略...
O IA 192.168.12.0/24 [110/2] via 192.168.23.2, 00:32:04, FastEthernet0/0
     10.0.0.0/32 is subnetted, 3 subnets
O IA    10.0.0.2 [110/3] via 192.168.23.2, 00:00:18, FastEthernet0/0
O IA    10.0.0.3 [110/3] via 192.168.23.2, 00:00:18, FastEthernet0/0
O IA    10.0.0.1 [110/3] via 192.168.23.2, 00:18:18, FastEthernet0/0
C    192.168.23.0/24 is directly connected, FastEthernet0/0
```

6-2-8 ルート再配布と外部ルート制御の設定

　RIPなどのOSPF以外のルーティングプロトコルで学習したルート情報をOSPFに再配布する方法と、外部ルートフィルタによる再配布されるルートの制御方法を紹介します。

　ルーと再配布と外部ルート制御で使用するコマンドは次のとおりです。

ルート再配布の設定

ospf import from [プロトコル]										
RTX5000	RTX3500	RTX3000	RTX1500	RTX1210	RTX1200	RTX1100	RTX810	RT250i	RT107e	SRT100

　このコマンドは、OSPF以外のルーティングプロトコルのルート情報をOSPFに再配布します。プロトコルパラメータ値は、「static」「rip」「bgp」の3つで、それぞれスタティックルート、RIPルート、BGPルートのことを意味します。

ルート再配布（外部ルートフィルタあり）の設定

ospf import from [プロトコル] filter [外部ルートフィルタ番号]										
RTX5000	RTX3500	RTX3000	RTX1500	RTX1210	RTX1200	RTX1100	RTX810	RT250i	RT107e	SRT100

　外部ルートフィルタを指定することで、再配布される外部ルートの細かな制御ができます。外部ルートフィルタ番号パラメータ値は、スペース区切りで複数設定できます。

外部ルートフィルタの設定

ospf import filter [外部ルートフィルタ番号] [アクション] [指定方法] [ルート情報] [付加情報]										
RTX5000	RTX3500	RTX3000	RTX1500	RTX1210	RTX1200	RTX1100	RTX810	RT250i	RT107e	SRT100

　アクション、指定方法、ルート情報パラメータの内容は、OSPFのexportフィルタの場合と同じです。付加情報パラメータ値の記述例は、表6.2.8のようになっています。付加情報パラメータは省略することもできます。

○表6.2.8：付加情報パラメータ

パラメータ値の例	内容
metric=10	再配布ルートのメトリック値（初期値は1）
type=1	外部メトリックタイプ（1または2）（初期値は2）
tag=3	ルートタグの値（初期値は1）

　ルート再配布と外部ルート制御の設定は、図6.2.14のネットワーク構成で紹介します（リスト6.2.14a～6.2.14d）。この例では、外部ルートフィルタを使って、対象ルートのフィルタリングと付加情報の付与を行っています。表6.2.9がこのときのルートフィルタの内容です。

6-2：OSPF の設定

○図6.2.14：ルート再配布と外部ルート制御の設定（ヤマハルーター）

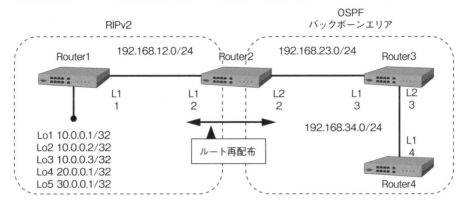

○表6.2.9：外部ルートフィルタの内容

ルート	外部ルートフィルタによる処理内容
10.0.0.0/8	再配布しない
10.0.0.1/32	
10.0.0.2/32	
10.0.0.3/32	
20.0.0.0/8	メトリック値10を付与して再配布する
20.0.0.1/32	
30.0.0.0/8	再配布する
30.0.0.1/32	外部メトリックタイプをタイプ1に変更して再配布する

○リスト6.2.14a：Router1の設定（ヤマハルーター）

```
Router1# ip lan1 address 192.168.12.1/24   ①
Router1# ip loopback1 address 10.0.0.1/32
Router1# ip loopback2 address 10.0.0.2/32
Router1# ip loopback3 address 10.0.0.3/32
Router1#
Router1# ip lan1 rip send on version 2   ②
Router1# ip lan1 rip receive on version 2   ③
Router1#
Router1# rip use on   ④
```

❶ LAN1インタフェースのIPアドレスを設定する　**IOS** interface ⇒ ip address
❷ LAN1インタフェースからRIPv2のみを送信する　**IOS** interface ⇒ rip send version
❸ LAN1インタフェースでRIPv2のみを受信する　**IOS** interface ⇒ rip receive version
❹ RIPを有効化する　**IOS** router rip ⇒ network

○リスト6.2.14b：Router2の設定（ヤマハルーター）

```
Router2# ip lan1 address 192.168.12.2/24
Router2# ip lan2 address 192.168.23.2/24
Router2#
Router2# ip lan1 rip send on version 2
Router2# ip lan1 rip receive on version 2
```

（つづく）

Chapter 6：ルーティングプロトコル──OSPF

(つづき)

```
Router2#
Router2# ip lan2 ospf area backbone   ❶
Router2# rip use on
Router2#
Router2# ospf use on   ❷
Router2# ospf import from rip   ❸    ※RIPルートをOSPFに再配布
Router2# ospf area backbone
Router2# ospf configure refresh   ❺
※ここでRouter4で外部ルートフィルタなしの状態のルーティングテーブルを確認
Router2# ospf import from rip filter 1 2 3   ❻   ※外部ルートフィルタ付きの再配布
Router2# ospf import filter 1 include 20.0.0.0/8 metric=10   ❼
※20.0.0.0/8に包含されるルート(20.0.0.0/8も含む)のメトリックを10に設定
Router2# ospf import filter 2 refines 30.0.0.0/8 type=1   ❽
※30.0.0.0/8に包含されるルート(30.0.0.0/8は含まず)の外部メトリックタイプをタイプ1に設定
Router2# ospf import filter 3 not include 10.0.0.0/8   ❾
※10.0.0.0/8に包含されるルート(10.0.0.0/8も含む)以外のルートが再配布の対象
Router2# ospf configure refresh
※ここでRouter4で外部ルートフィルタありの状態のルーティングテーブルを確認
```

❶ LAN2インタフェースをバックボーンエリアに割り当てる **IOS** `router ospf` ⇒ `network X area`
❷ OSPFを有効化する **IOS** `router ospf`
❸ RIPルートをOSPFに再配布する **IOS** `router ospf` ⇒ `redistribute rip`
❹ バックボーンエリアを定義する **IOS** -
❺ OSPF設定を有効化する **IOS** `clear ip ospf proc`
❻ 1から3の外部ルートフィルタに合致するRIPルートをOSPFに再配布する **IOS** `router ospf` ⇒ `redis rip route-map`
❼ 外部ルートフィルタ1の内容、20.0.0.0/8に包含されるルート（20.0.0.0/8も含む）のメトリック値を10に設定して再配布する **IOS** `route-map` ⇒ `match ip address` ⇒ `set metric`
❽ 外部ルートフィルタ2の内容、30.0.0.0/8に包含されるルート（30.0.0.0/8は含まない）の外部メトリックタイプをタイプ1に設定して再配布する **IOS** `route-map` ⇒ `match ip address` ⇒ `set metric-type`
❾ 外部ルートフィルタ3の内容、10.0.0.0/8に包含されるルート（10.0.0.0/8も含む）以外のルートを再配布する **IOS** `route-map` ⇒ `match ip address`

○リスト6.2.14c：Router3の設定（ヤマハルーター）

```
Router3# ip lan1 address 192.168.23.3/24
Router3# ip lan2 address 192.168.34.3/24
Router3#
Router3# ip lan1 ospf area backbone
Router3# ip lan2 ospf area backbone
Router3#
Router3# ospf use on
Router3# ospf area backbone
Router3# ospf configure refresh
```

○リスト6.2.14d：Router4の設定（ヤマハルーター）

```
Router4# ip lan1 address 192.168.34.4/24
Router4# ip lan1 ospf area backbone
Router4#
Router4# ospf use on
Router4# ospf area backbone
```

(つづく)

(つづき)

```
Router4# ospf configure refresh
Router4#
Router4# show ip route  ①  ※再配布後（外部ルートフィルタなし）のルーティングテーブル
宛先ネットワーク       ゲートウェイ      インタフェース      種別    付加情報
10.0.0.0/8            192.168.34.3      LAN1              OSPF    E2 cost=2 metric=1
10.0.0.1/32           192.168.34.3      LAN1              OSPF    E2 cost=2 metric=1
10.0.0.2/32           192.168.34.3      LAN1              OSPF    E2 cost=2 metric=1
10.0.0.3/32           192.168.34.3      LAN1              OSPF    E2 cost=2 metric=1
20.0.0.0/8            192.168.34.3      LAN1              OSPF    E2 cost=2 metric=1
20.0.0.1/32           192.168.34.3      LAN1              OSPF    E2 cost=2 metric=1
30.0.0.0/8            192.168.34.3      LAN1              OSPF    E2 cost=2 metric=1
30.0.0.1/32           192.168.34.3      LAN1              OSPF    E2 cost=2 metric=1
192.168.23.0/24       192.168.34.3      LAN1              OSPF    cost=2
192.168.34.0/24       192.168.34.4      LAN1              implicit
Router4#
Router4# show ip route  ※再配布後（外部ルートフィルタなり）のルーティングテーブル
宛先ネットワーク       ゲートウェイ      インタフェース      種別    付加情報
※10.0.0.0/8とその包含ルートがフィルタリングされた
20.0.0.0/8            192.168.34.3      LAN1              OSPF    E2 cost=2 metric=10
20.0.0.1/32           192.168.34.3      LAN1              OSPF    E2 cost=2 metric=10
※20.0.0.0/8とその包含ルートのメトリック値が10に変更
30.0.0.0/8            192.168.34.3      LAN1              OSPF    E2 cost=2 metric=1
30.0.0.1/32           192.168.34.3      LAN1              OSPF    E1 cost=3 metric=1
※30.0.0.1/32のメトリックタイプがタイプ1に変更
192.168.23.0/24       192.168.34.3      LAN1              OSPF    cost=2
192.168.34.0/24       192.168.34.4      LAN1              implicit
```

① ルーティングテーブルを表示する【IOS】 `show ip route`

Ciscoルーターの場合

　ネットワーク図は図6.2.15で、Ciscoルーターでの設定はリスト6.2.15a～6.2.15dのようになります。

○図6.2.15：ルート再配布と外部ルート制御の設定（Ciscoルーター）

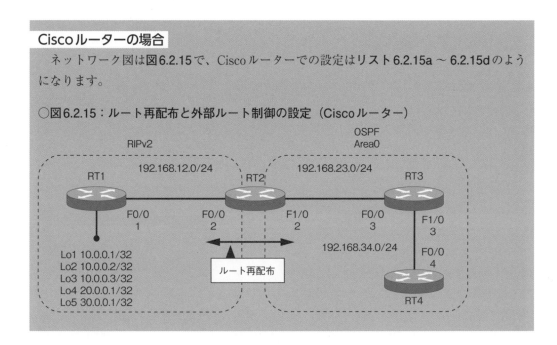

Chapter 6：ルーティングプロトコル──OSPF

○リスト6.2.15a：RT1の設定（Ciscoルーター）

```
RT1#configure terminal
RT1(config)#interface FastEthernet 0/0
RT1(config-if)#ip address 192.168.12.1 255.255.255.0
RT1(config-if)#no shutdown
RT1(config-if)#exit
RT1(config)#interface Loopback 1
RT1(config-if)#ip address 10.0.0.1 255.255.255.255
RT1(config-if)#exit
RT1(config)#interface Loopback 2
RT1(config-if)#ip address 10.0.0.1 255.255.255.255
RT1(config-if)#exit
RT1(config)#interface Loopback 2
RT1(config-if)#ip address 10.0.0.2 255.255.255.255
RT1(config-if)#exit
RT1(config)#interface Loopback 3
RT1(config-if)#ip address 10.0.0.3 255.255.255.255
RT1(config-if)#exit
RT1(config)#interface Loopback 4
RT1(config-if)#ip address 20.0.0.1 255.255.255.255
RT1(config-if)#exit
RT1(config)#interface Loopback 5
RT1(config-if)#ip address 30.0.0.1 255.255.255.255
RT1(config-if)#exit
RT1(config)#router rip
RT1(config-router)#version 2
RT1(config-router)#no auto-summary
RT1(config-router)#network 10.0.0.0
RT1(config-router)#network 20.0.0.0
RT1(config-router)#network 30.0.0.0
RT1(config-router)#network 192.168.12.0
```

○リスト6.2.15b：RT2の設定（Ciscoルーター）

```
RT2#configure terminal
RT2(config)#interface FastEthernet 0/0
RT2(config-if)#ip address 192.168.12.2 255.255.255.0
RT2(config-if)#no shutdown
RT2(config-if)#exit
RT2(config)#interface FastEthernet 1/0
RT2(config-if)#ip address 192.168.23.2 255.255.255.0
RT2(config-if)#no shutdown
RT2(config-if)#exit
RT2(config)#router rip
RT2(config-router)#version 2
RT2(config-router)#no auto-summary
RT2(config-router)#network 192.168.12.0
RT2(config-router)#redistribute ospf 1 metric 1
RT2(config-router)#exit
RT2(config)#router ospf 1
RT2(config-router)#network 192.168.23.0 0.0.0.255 area 0
RT2(config-router)#redistribute rip subnets            ※ルートマップなしの再配布
※ここでRT4でルートマップなしの状態のルーティングテーブルを確認
RT2(config-router)#redistribute rip subnets route-map RM   ※ルートマップありの再配布
RT2(config-router)#exit
RT2(config)#access-list 1 permit 20.0.0.1
RT2(config)#access-list 2 permit 30.0.0.1
RT2(config)#access-list 3 deny   10.0.0.0 0.0.0.255
RT2(config)#access-list 3 permit any
RT2(config)#route-map RM permit 10
RT2(config-route-map)#match ip address 1
```

（つづく）

(つづき)
```
RT2(config-route-map)#set metric 10    ※メトリック値を10に変更
RT2(config-route-map)#exit
RT2(config)#route-map RM permit 20
RT2(config-route-map)#match ip address 2
RT2(config-route-map)#set metric-type type-1   ※メトリックタイプをタイプ1に変更
RT2(config-route-map)#exit
RT2(config)#route-map RM permit 30
RT2(config-route-map)#match ip address 3
※ここでRT4でルートマップありの状態のルーティングテーブルを確認
```

○リスト6.2.15c：RT3の設定（Ciscoルーター）

```
RT3#configure terminal
RT3(config)#interface FastEthernet 0/0
RT3(config-if)#ip address 192.168.23.3 255.255.255.0
RT3(config-if)#no shutdown
RT3(config-if)#exit
RT3(config)#interface FastEthernet 1/0
RT3(config-if)#ip address 192.168.34.3 255.255.255.0
RT3(config-if)#no shutdown
RT3(config-if)#exit
RT3(config)#router ospf 1
RT3(config-router)#network 192.168.23.0 0.0.0.255 area 0
RT3(config-router)#network 192.168.34.0 0.0.0.255 area 0
```

○リスト6.2.15d：RT4の設定（Ciscoルーター）

```
T4#configure terminal
RT4(config)#interface FastEthernet 0/0
RT4(config-if)#ip address 192.168.34.4 255.255.255.0
RT4(config-if)#no shutdown
RT4(config)#router ospf 1
RT4(config-router)#network 192.168.34.0 0.0.0.255 area 0
RT4(config-router)#do show ip route   ※再配布後（ルートマップなし）のルーティングテーブル
   ...略...
O E2 192.168.12.0/24 [110/20] via 192.168.34.3, 00:00:38, FastEthernet0/0
     20.0.0.0/32 is subnetted, 1 subnets
O E2    20.0.0.1 [110/20] via 192.168.34.3, 00:00:28, FastEthernet0/0
     10.0.0.0/32 is subnetted, 3 subnets
O E2    10.0.0.2 [110/20] via 192.168.34.3, 00:00:28, FastEthernet0/0
O E2    10.0.0.3 [110/20] via 192.168.34.3, 00:00:28, FastEthernet0/0
O E2    10.0.0.1 [110/20] via 192.168.34.3, 00:00:28, FastEthernet0/0
O       192.168.23.0/24 [110/2] via 192.168.34.3, 00:21:33, FastEthernet0/0
C       192.168.34.0/24 is directly connected, FastEthernet0/0
     30.0.0.0/32 is subnetted, 1 subnets
O E2    30.0.0.1 [110/20] via 192.168.34.3, 00:00:28, FastEthernet0/0
RT4(config-router)#do show ip route   ※再配布後（ルートマップあり）のルーティングテーブル
   ...略...
※10.0.0.0/8とその包含ルートがフィルタリングされた
O E2 192.168.12.0/24 [110/20] via 192.168.34.3, 00:00:16, FastEthernet0/0
     20.0.0.0/32 is subnetted, 1 subnets
O E2    20.0.0.1 [110/10] via 192.168.34.3, 00:00:46, FastEthernet0/0
※20.0.0.1のメトリック値を10に変更
O       192.168.23.0/24 [110/2] via 192.168.34.3, 00:07:31, FastEthernet0/0
C       192.168.34.0/24 is directly connected, FastEthernet0/0
     30.0.0.0/32 is subnetted, 1 subnets
O E1    30.0.0.1 [110/22] via 192.168.34.3, 00:00:26, FastEthernet0/0
※30.0.0.1のメトリックタイプをタイプ1に変更
```

6-2-9 仮想リンクの設定

非バックボーンエリアは、バックボーンエリアに直接接続するルールがあります。しかし、物理的な制約などにより直接接続できない場合もあります。このような場合、仮想リンクを使って、離れた非バックボーンエリアを論理的にバックボーンエリアと直接接続します。

仮想リンクの設定

`ospf virtual-link [ルーターID] [エリアID]`										
RTX5000	RTX3500	RTX3000	RTX1500	RTX1210	RTX1200	RTX1100	RTX810	RT250i	RT107e	SRT100

ルーターIDパラメータ値は、仮想リンクの接続先ルーターのルーターIDです。エリアIDパラメータ値は、トランジットエリアのエリアIDです。

仮想リンクの設定は、図6.2.16のネットワーク構成で紹介します（リスト6.2.16a～6.2.16d）。この例では、Router2（ルーターIDは2.2.2.2）とRouter3（ルーターIDは3.3.3.3）間で仮想リンクを設定します。このときのトランジットエリアはエリア20です。仮想リンクによって、エリア10とバックボーンエリアが論理的に接続することでRouter1とRouter4の相互疎通ができるようになります。

○図6.2.16：ルート仮想リンクの設定（ヤマハルーター）

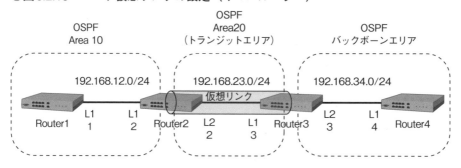

○リスト6.2.16a：Router1の設定（ヤマハルーター）

```
Router1# ip lan1 address 192.168.12.1/24   ①
Router1# ip lan1 ospf area 10              ②
Router1#
Router1# ospf use on                       ③
Router1# ospf area 10                      ④
Router1# ospf configure refresh            ⑤
Router1#
Router1# show ip route                     ⑥  ※仮想リンク設定前のルーティングテーブル
宛先ネットワーク      ゲートウェイ         インタフェース     種別    付加情報
192.168.12.0/24      192.168.12.1         LAN1             implicit
Router1#
```

（つづく）

(つづき)

```
Router1# show ip route   ※仮想リンク設定後のルーティングテーブル
宛先ネットワーク        ゲートウェイ         インタフェース      種別       付加情報
192.168.12.0/24      192.168.12.1         LAN1          implicit
192.168.23.0/24      192.168.12.2         LAN1          OSPF      cost=2
192.168.34.0/24      192.168.12.2         LAN1          OSPF      cost=3
Router1#
```

❶ LAN1インタフェースのIPアドレスを設定する 【IOS】 interface ⇒ ip address
❷ LAN1インタフェースをエリア10に割り当てる 【IOS】 router ospf ⇒ network X area
❸ OSPFを有効化する 【IOS】 router ospf
❹ バックボーンエリアを定義する 【IOS】 -
❺ OSPF設定を有効化する 【IOS】 clear ip ospf process
❻ ルーティングテーブルを表示する 【IOS】 show ip route

○リスト6.2.16b：Router2の設定（ヤマハルーター）

```
Router2# ip lan1 address 192.168.12.2/24
Router2# ip lan2 address 192.168.23.2/24
Router2#
Router2# ip lan1 ospf area 10
Router2# ip lan2 ospf area 20
Router2#
Router2# ospf use on
Router2# ospf router id 2.2.2.2    ❶
Router2#
Router2# ospf area 10
Router2# ospf area 20
Router2#
Router2# ospf configure refresh
Router2# ospf virtual-link 3.3.3.3 20   ❷ ※仮想リンクの設定
Router2# ospf configure refresh
Router2#
```

❶ ルーターIDを2.2.2.2に変更する 【IOS】 router ospf ⇒ router-id
❷ ルーターID3.3.3.3のルーターとトランジットエリア20を跨ぐ仮想リンクを設定する
　【IOS】 router ospf ⇒ area X virtual-link

○リスト6.2.16c：Router3の設定（ヤマハルーター）

```
Router3# ip lan1 address 192.168.23.3/24
Router3# ip lan2 address 192.168.34.3/24
Router3#
Router3# ip lan1 ospf area 20
Router3# ip lan2 ospf area backbone
Router3#
Router3# ospf use on
Router3# ospf router id 3.3.3.3
Router3#
Router3# ospf area backbone
Router3# ospf area 20
Router3#
Router3# ospf configure refresh
Router3# ospf virtual-link 2.2.2.2 20   ※仮想リンクの設定
Router3# ospf configure refresh
Router3#
```

(つづく)

Chapter 6：ルーティングプロトコル──OSPF

（つづき）

```
Router3# show status ospf virtual-link ❶ ※仮想リンクの状態確認
Virtual link to router ID 2.2.2.2: ※対向ルーターのルーターID
  Transit area 20, via interface LAN1, cost=1 ※トランジットエリアID
  Remote IP address: 192.168.23.2, Local IP address: 192.168.23.3
  Interface status: POINT_TO_POINT, Adjacency status: FULL
Router3#
```

❶ 仮想リンクの状態を確認する **IOS** `show ip ospf virtual-links`

○リスト6.2.16d：Router4の設定（ヤマハルーター）

```
Router4# ip lan1 address 192.168.34.4/24
Router4#
Router4# ip lan1 ospf area backbone
Router4#
Router4# ospf use on
Router4#
Router4# ospf area backbone
Router4#
Router4# ospf configure refresh
Router4#
Router4# show ip route ※仮想リンク設定前のルーティングテーブル
宛先ネットワーク     ゲートウェイ        インタフェース    種別       付加情報
192.168.23.0/24    192.168.34.3       LAN1             OSPF       cost=2
192.168.34.0/24    192.168.34.4       LAN1             implicit
Router4#
Router4# show ip route ※仮想リンク設定後のルーティングテーブル
宛先ネットワーク     ゲートウェイ        インタフェース    種別       付加情報
192.168.12.0/24    192.168.34.3       LAN1             OSPF       cost=3
192.168.23.0/24    192.168.34.3       LAN1             OSPF       cost=2
192.168.34.0/24    192.168.34.4       LAN1             implicit
Router4#
```

Ciscoルーターの場合

　ネットワーク図は**図6.2.17**で、Ciscoルーターでの設定は**リスト6.2.17a〜6.2.17d**のようになります。

○図6.2.17：仮想リンクの設定（Ciscoルーター）

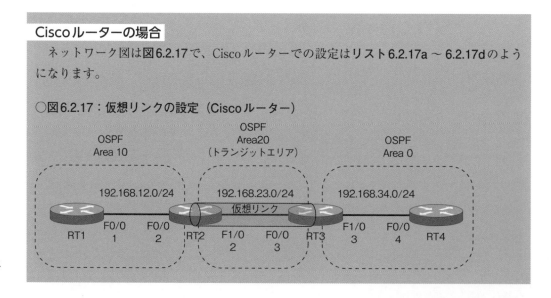

6-2：OSPFの設定

○リスト6.2.17a：RT1の設定（Ciscoルーター）

```
RT1#configure terminal
RT1(config)#interface FastEthernet 0/0
RT1(config-if)#ip address 192.168.12.1 255.255.255.0
RT1(config-if)#no shutdown
RT1(config-if)#exit
RT1(config)#router ospf 1
RT1(config-router)#network 192.168.12.0 0.0.0.255 area 10
RT1(config-router)#do show ip route  ※仮想リンク設定前のルーティングテーブル
 ...略...
C    192.168.12.0/24 is directly connected, FastEthernet0/0
RT1(config-router)#do show ip route  ※仮想リンク設定後のルーティングテーブル
 ...略...
C    192.168.12.0/24 is directly connected, FastEthernet0/0
O IA 192.168.23.0/24 [110/2] via 192.168.12.2, 00:01:15, FastEthernet0/0
O IA 192.168.34.0/24 [110/3] via 192.168.12.2, 00:01:00, FastEthernet0/0
```

○リスト6.2.17b：RT2の設定（Ciscoルーター）

```
RT2#configure terminal
RT2(config)#interface FastEthernet 0/0
RT2(config-if)#ip address 192.168.12.2 255.255.255.0
RT2(config-if)#no shutdown
RT2(config-if)#exit
RT2(config)#interface FastEthernet 1/0
RT2(config-if)#ip address 192.168.23.2 255.255.255.0
RT2(config-if)#no shutdown
RT2(config-if)#exit
RT2(config)#router ospf 1
RT2(config-router)#router-id 3.3.3.3
RT2(config-router)#network 192.168.12.0 0.0.0.255 area 10
RT2(config-router)#network 192.168.23.0 0.0.0.255 area 20
RT2(config-router)#area 20 virtual-link 3.3.3.3  ※仮想リンクの設定
```

○リスト6.2.17c：RT3の設定（Ciscoルーター）

```
RT3#configure terminal
RT3(config)#interface FastEthernet 0/0
RT3(config-if)#ip address 192.168.23.3 255.255.255.0
RT3(config-if)#no shutdown
RT3(config-if)#exit
RT3(config)#interface FastEthernet 1/0
RT3(config-if)#ip address 192.168.34.3 255.255.255.0
RT3(config-if)#no shutdown
RT3(config-if)#exit
RT3(config)#router ospf 1
RT3(config-router)#router-id 3.3.3.3
RT3(config-router)#network 192.168.23.0 0.0.0.255 area 20
RT3(config-router)#network 192.168.34.0 0.0.0.255 area 0
RT3(config-router)#area 20 virtual-link 2.2.2.2  ※仮想リンクの設定
RT3(config-router)#do show ip ospf virtual-links  ※仮想リンクの状態確認
Virtual Link OSPF_VL0 to router 2.2.2.2 is up  ※対向ルーターのルーターID
  Run as demand circuit
  DoNotAge LSA allowed.
  Transit area 20, via interface FastEthernet0/0, Cost of using 1  ※トランジットエリアID
  Transmit Delay is 1 sec, State POINT_TO_POINT,
  Timer intervals configured, Hello 10, Dead 40, Wait 40, Retransmit 5
    Hello due in 00:00:06
```

（つづく）

Chapter 6：ルーティングプロトコル──OSPF

```
（つづき）
        Adjacency State FULL (Hello suppressed)
        Index 2/3, retransmission queue length 0, number of retransmission 1
        First 0x0(0)/0x0(0)  Next 0x0(0)/0x0(0)
        Last retransmission scan length is 1, maximum is 1
        Last retransmission scan time is 0 msec, maximum is 0 msec
```

○リスト6.2.17d：RT4の設定（Ciscoルーター）

```
RT4#configure terminal
RT4(config)#interface FastEthernet 0/0
RT4(config-if)#ip address 192.168.34.4 255.255.255.0
RT4(config-if)#no shutdown
RT4(config-if)#exit
RT4(config)#router ospf 1
RT4(config-router)#network 192.168.34.0 0.0.0.255 area 0
RT4(config-router)#do show ip route  ※仮想リンク設定前のルーティングテーブル
 ...略...

O IA 192.168.23.0/24 [110/2] via 192.168.34.3, 00:00:40, FastEthernet0/0
C    192.168.34.0/24 is directly connected, FastEthernet0/0
RT4(config-router)#do show ip route  ※仮想リンク設定後のルーティングテーブル
 ...略...

O IA 192.168.12.0/24 [110/3] via 192.168.34.3, 00:00:38, FastEthernet0/0
O IA 192.168.23.0/24 [110/2] via 192.168.34.3, 00:00:38, FastEthernet0/0
C    192.168.34.0/24 is directly connected, FastEthernet0/0
```

6-2-10 認証の設定

OSPFもRIPと同様ルーター同士の認証ができます。認証で使用するコマンドは次のとおりです。

認証の設定

ip [インタフェース] ospf area [エリアID] [認証キー]										
RTX5000	RTX3500	RTX3000	RTX1500	RTX1210	RTX1200	RTX1100	RTX810	RT250i	RT107e	SRT100

認証キーパラメータでは、表6.2.10のようにプレーンテキスト認証とMD5認証の2通りがあります。

図6.2.18のネットワーク構成を使ってヤマハルーターの認証機能を示します（リスト6.2.18aと6.2.18b）。

○表6.2.10：認証キーパラメータ

パラメータ値の例	内容
autheky=yamaha	プレーンテキスト認証、キーは8文字以内の文字列
md5key=1,yamaha	MD5認証、キーID（0〜255）とキー（16文字以内の文字列）を指定する

○図6.2.18：認証の設定（ヤマハルーター）

○リスト6.2.18a：Router1の設定（ヤマハルーター）

```
Router1# ip lan1 address 192.168.12.1/24  ❶
Router1# ip lan1 ospf area backbone md5key=1,yamaha  ❷  ※MD5認証設定
Router1#
Router1# ospf use on  ❸
Router1# ospf area backbone  ❹
Router1# ospf configure refresh  ❺
```

❶ LAN1インタフェースのIPアドレスを設定する 【IOS】 `interface` ⇒ `ip address`
❷ LAN1インタフェースをバックボーンエリアに割り当て、キーID「1」とパスワード「yamaha」のMD5認証を設定する 【IOS】 `interface` ⇒ `ip ospf authentication message-digest` ⇒ `ip ospf authentication-key`
❸ OSPFを有効化する 【IOS】 `router ospf`
❹ バックボーンエリアを定義する 【IOS】 -
❺ OSPF設定を有効化する 【IOS】 `clear ip ospf process`

○リスト6.2.18b：Router2の設定（ヤマハルーター）

```
Router2# ip lan1 address 192.168.12.2/24
Router2# ip lan1 ospf area backbone md5key=1,yamaha  ※MD5認証設定
Router2#
Router2# ospf use on
Router2# ospf area backbone
Router2# ospf configure refresh
```

Ciscoルーターの場合

ネットワーク図は図6.2.19で、Ciscoルーターでの設定はリスト6.2.19aと6.2.19bのようになります。

○図6.2.19：認証の設定（Ciscoルーター）

○リスト6.2.19a：RT1の設定（Ciscoルーター）

```
RT1#configure terminal
RT1(config)#interface FastEthernet 0/0
RT1(config-if)#ip address 192.168.12.1 255.255.255.0
RT1(config-if)#ip ospf authentication message-digest   ※MD5認証の仕様
RT1(config-if)#ip ospf authentication-key 1 cisco      ※MD5認証キーの設定
RT1(config-if)#no shutdown
RT1(config-if)#exit
RT1(config)#router ospf 1
RT1(config-router)#network 192.168.12.0 0.0.0.255 area 0
```

○リスト6.2.19b：RT2の設定（Ciscoルーター）

```
RT2#configure terminal
RT2(config)#interface FastEthernet 0/0
RT2(config-if)#ip address 192.168.12.2 255.255.255.0
RT2(config-if)#ip ospf authentication message-digest   ※MD5認証の仕様
RT2(config-if)#ip ospf authentication-key 1 cisco      ※MD5認証キーの設定
RT2(config-if)#no shutdown
RT2(config-if)#exit
RT2(config)#router ospf 1
RT2(config-router)#network 192.168.12.0 0.0.0.255 area 0
```

6-3 章のまとめ

　OSPFは、リンクステート型ルーティングプロトコルであり、インタフェースの状態をもとに最適なルートを決めます。OSPFの最適ルートは、各OSPFルーターのLSAからLSDBを構築したあと、SPFアルゴリズムを使って算出します。エリア内のOSPFルーターは、同一のLSDBを保持し、ネットワークの変化で生じた差分のみをアップデートするので、RIPよりも収束が速いです。また、適切なエリア設計を行うことも収束時間の短縮につながります。収束時間が短くなると、ルーティングループの発生頻度も少なくなります。

　OSPFの動作は、RIPよりも複雑で、アジャセンシーの確立まで数種類のパケットを交換し合って、いくつかのルーター状態を経る必要があります。パケットの種類には、Helloパケット、DBDパケット、LSUパケット、LSRパケット、LSAckパケットがあり、さらにLSUの中身しだいで数種類のLSAパケットに分類することもできます。OSPFの動作を理解するには、各LSAに何の情報が格納されているかを確認しておくべきです。

　LSAに数種類が存在する理由は、OSPFのエリアタイプで取り扱うLSAの種類が決まっているからです。このような決まりがあるのは、各エリア内で余分なLSAを抑えるためです。ヤマハルーターで設定できるエリアは、バックボーンエリア、非バックボーンエリア、スタブエリアの3つです。マルチエリアのネットワークでは、必ずバックボーンエリアを1つ設定して、そのほかのエリアはバックボーンエリアに直接接続します。物理制約で直接バックボーンエリアに接続できない場合、仮想リンクを使って論理的に接続することもできます。

Chapter 7

ルーティングプロトコル ——BGP

　BGPは、パスベクタ型ルーティングプロトコルで、AS（自律システム）間のルート情報を交換するEGPです。この章では、BGPメッセージや動作仕様などを通じて、BGPがAS間のルーティングに適している理由を説明します。さらに、BGPのパスアトリビュートによるさまざまなルーティングの制御方法も紹介します。

7-1 BGPの概要

BGPは、EGPに分類されるルーティングプロトコルで、AS内でルーティングを行うRIPやOSPFといったIGPとは違った目的で作られています。なぜAS間のルーティングはBGPでなければいかないのでしょうか。この答えは、BGPのAS間のルーティングに特化した機能にあるからです。

7-1-1 BGPの特徴

ルーティングプロトコルの分類方法の1つにIGPとBGPがあります。IGPは、RIPやOSPFが代表的なルーティングプロトコルで、AS内のルーティングを目的としたものです。EGPは、AS間のルーティングを目的としたルーティングプロトコルで、現状BGPが唯一のEGPです。BGPは、RFC1771などのRFCで定義されていますが、その前身はRFC904のEGP（ルーティングプロトコルの分類のEGPとは別物）です。

EGP（RFC904）は、原始的な作りのルーティングプロトコルであったため、ルーティングループが発生しやすく、細かいルーティングポリシに対応できないなどの難点がありました。これらの難点を克服して開発されたのがBGPです。BGPにもいくつかのバージョンが

〇表7.1.1：OSPFの用語

用語	説明
AS	自律システム、同一のポリシで管理されているネットワーク
BGPスピーカ	BGPが有効になっているルーター
BGPピア	BGPルートを交換しあうルーター同士の関係
iBGP[注1]	AS内部で使うBGP
eBGP[注2]	AS間で使うBGP
RIB[注3]	BGPテーブルとも呼ばれ、BGPで学習したすべてのルート情報が記載されているテーブル
パスアトリビュート	BGPのメトリックとして使われ、パスアトリビュートの組み合わせで多様なルート制御が可能
ベストパス	BGPの最適ルート選定アルゴリズムを使って、RIBのエントリから選ばれた最適パス
ポリシベースルーティング	パスアトリビュートを使ってベストパスを決めるルーティング方式
ルーターID	BGPスピーカを識別するための番号
iBGPスプリットホライズン	ルーティング防止の機能、iBGPで受信したルートをiBGPピアに送信しない
ルートリフレクタ	スケーラビリティ機能の1つ、iBGPで受信したルートをiBGPピアに転送する
コンフェデレーション	スケーラビリティ機能の1つ、ASをサブASに分割する

注1　Internal BGP
注2　External BGP
注3　Routing Information Base

あり、一般的に使われているのはBGPv4です。

BGPの特徴を紹介する前に、BGPの用語について確認しておきましょう。**表7.1.1**がBGP用語の一覧です。

では、ここからBGPの特徴を1つずつ紹介していきます。

パスベクタ型ルーティングプロトコル

パスベクタ型ルーティングプロトコルは、ディスタンスベクタ型ルーティングプロトコルと似た特徴を持っています。ディスタンスベクタ型ルーティングプロトコルでは、距離と方向をベースに最適ルートを決めます。これに対して、パスベクタ型ルーティングプロトコルは、パス（経由したASのリスト）と方向をベースに最適ルートを計算します。BGPスピーカが広告するルート情報に、今まで経由したASのリストがあるので、過去に通過したASに戻るようなルーティングループを防止できます（**図7.1.1**）。

○図7.1.1：パスベクタ型ルーティングプロトコル

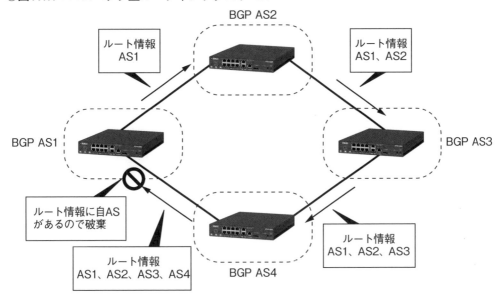

クラスレス型ルーティングプロトコル

BGPは、RIPv2とOSPFと同様クラスレス型ルーティングプロトコルです。可変長サブネットマスクと不連続サブネットをサポートするため、IPアドレスを柔軟に活用することや適切な境界でルート集約できます。

多様なパスアトリビュート

BGPのメトリックは、パスアトリビュートと呼ばれるもので、種類もたくさん存在します。ヤマハルーターでは5種類（Origin、AS Path、NEXT HOP、Local Preference、MED）のパスアトリビュートをサポートしています。

ポリシーベースルーティング

BGPは、パスアトリビュートを使って最適パスを選択するポリシーベースルーティングを行います。ポリシーベースルーティングでは、複数のパスアトリビュートの組み合わせを使って、柔軟なパス選択を実現できます。

TCPによる信頼性のある通信

BGPは、TCPポート179番を使用するアプリケーション層のプロトコルです。TCPを使うことで、順序制御や再送制御などをサポートするため、信頼性のある通信を提供できます。

差分情報のアップデート

ピアが確立したときは、ルーターが持っているすべてのルート情報を交換し合うが、その後ネットワークの変更で生じた差分のみをアップデートします。すべてのルート情報を定期的にフラッディングする方法と比べると、不要なトラフィックを減らすことができたり、ルーターのCPU負荷を抑えたりすることができます。

ルーターの認証

セキュリティを高めるため、認証を用いたピアの確立ができます。

7-1-2 AS（自律システム）

ASは、同一の管理ポリシで管理されているネットワーク群のことです。この管理ポリシを定めているのは、プロバイダ、政府機関、企業などの組織です。AS同士をつなぎ合わせネットワークをインターネットと呼びます。AS同士のつながりは、AS管理者双方の間で接続方式などの協議によって実現されます。

インターネット全体をASの単位に分割するのは、IGPがインターネット全体のルーティングを制御するのが難しいからです。RIPは、最大15ホップしかサポートできないので、巨大なインターネットのルーティングを行うには明らかに不適切です。OSPFでは、最大ホップ数に制限はありません。しかし、LSAが膨大な量となってしまうので、ルーターの処理が追いつきません。LSAを抑制する方法として、OSPFを細かくエリアに分ける方法はありますが、バックボーンエリアに非バックボーンエリアが直接接続するルールがあるため、物理的な制約の壁にぶつかります。

AS番号は、2バイト長のデータで、1から65535までの値です。インターネットで使用するASは、グローバルASといい、AS番号はインターネット上で重複することはできません。一方、AS内部で自由に使えるのがプライベートASです。グローバルASの番号は、64511以下となっており、IANAなどの組織がAS番号の管理運用を行っています。64512から65525までは、プライベートASに割り当てられている番号です。

また、ASでは、インターネットへの接続形態で3種類に分類できます（図7.1.2）。

- スタブAS
グローバルASと1つのみを接続しているAS
- トランジットAS
複数のグローバルASと接続していて、外のASからのBGPトラフィックが自ASを通過することを許可しているAS
- 非トランジットAS
複数のグローバルASと接続していて、外のASからのBGPトラフィックが自ASを通過することを許可していないAS

○図7.1.2：ASの種類

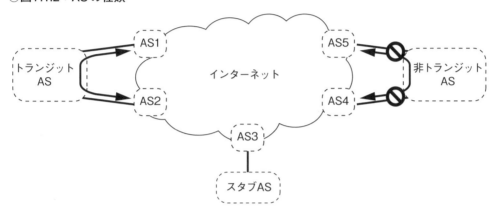

7-1-3 BGPメッセージ

BGPピア同士でやり取りするルート情報は、BGPメッセージで運ばれます。BGPはTCPを使うので、BGPメッセージはTCPヘッダにカプセリングされたデータです。BGPメッセージには、4種類（OPEN、UPDATE、NOTIFICATION、KEEPALIVE）のメッセージがあり、BGPの動作を理解する上で各メッセージフォーマットを知っておきたいです。

BGPメッセージヘッダのフォーマット

各BGPメッセージには、共通のメッセージヘッダがあります。BGPメッセージヘッダのフォーマットは、図7.1.3のようになっています。

BGPメッセージヘッダの各フィールドの概要は次のとおりです。

- マーカ（128ビット）
ピアとの同期のために使われる。BGPメッセージがOPENメッセージか認証を使用しないときは、マーカの値はすべて「1」で埋め尽くされる。それ以外の場合、受信側が認証メカニズムで予想した値が入っていて、ピアとの同期のズレを検知する
- メッセージ長（16ビット）
BGPメッセーヘッダとBGPメッセージデータの合計バイト長

図7.1.3：BGPメッセージヘッダのフォーマット

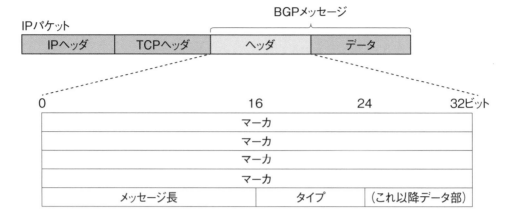

- タイプ（8ビット）
  後続データ部のメッセージタイプを示す。フィールド値とそれが指すメッセージタイプの対応は、**表7.1.2**のようになっている

表7.1.2：タイプフィールド

タイプ	メッセージタイプ
1	OPEN
2	UPDATE
3	NOTIFICATION
4	KEEPALIVE

OPENメッセージのフォーマット

　OPENメッセージは、BGPスピーカ同士でTCPのコネクションを確立したあとに、互いに送信する最初のメッセージです。BGPスピーカは、OPENメッセージを使って、相手のBGPスピーカとピアを確立します。ピアが確立すると、他のBGPメッセージを送信できるようになります。OPENメッセージのフォーマットは、**図7.1.4**のようになっています。

　OPENメッセージの各フィールドの概要は次のとおりです。

- バージョン（8ビット）
  BGPのバージョンの値（通常は「4」）
- AS番号（16ビット）
  送信元BGPスピーカのAS番号
- ホールドタイム（16ビット）
  ホールドタイムの秒数。UPDATEメッセージまたはKEEPALIVEメッセージを受け取ったあと、ホールドタイムの時間だけを待っても、新しいUPDATEメッセージや

○図7.1.4：OPENメッセージのフォーマット

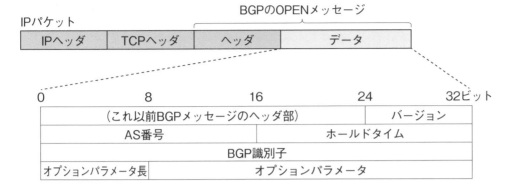

KEEPALIVEメッセージが来なければ、BGPピアがダウンしたと判断する。双方のBGPスピーカで設定したホールドタイムが異なれば、より小さい値をホールドタイムとして採用する。ヤマハルーターのデフォルト値は、Ciscoルーターと同様の「180秒」

- BGP識別子（32ビット）
  送信元BGPスピーカのルーターID。手動によるルーターIDの指定もできるが、ヤマハルーターではインタフェースのプライマリアドレスから自動的に設定される。CiscoルーターにおけるルーターIDの選出方法が異なる（表7.1.3）

- オプションパラメータ長（8ビット）
  オプションパラメータフィールドのバイト長。値が「0」ならオプションパラメータがないことを意味する

- オプションパラメータ（可変長ビット）
  現在のところ、オプションパラメータは認証のみ

○表7.1.3：ルーター IDの決め方

優先順位	ヤマハルーター	Ciscoルーター
1	手動設定のIPアドレス	手動設定のIPアドレス
2	LANインタフェース番号の最小のインタフェースに付与されているプライマリIPアドレス	アクティブなループバックインタフェースのうち最大のIPアドレス
3	PPインタフェース番号の最小のインタフェースに付与されているプライマリIPアドレス	アクティブな物理または論理インタフェースのうち最大のIPアドレス

UPDATEメッセージのフォーマット

UPDATEメッセージは、BGPピア間でルート情報の通知と取り消しに使われます。BGPピアが確立した直後では、すべてのルート情報を通知しますが、その後は差分のみを通知します。UPDATEメッセージのフォーマットは、図7.1.5のようになっています。

○図7.1.5：UPDATEメッセージのフォーマット

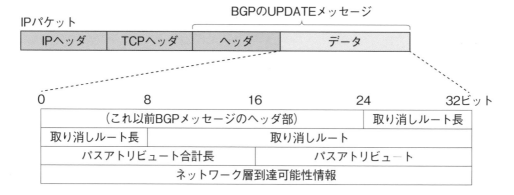

OPENメッセージの各フィールドの概要は次のとおりです。

- 取り消しルート長（16ビット）
  取り消しルートフィールドのバイト長。値が「0」なら、取り消すルートはないことを意味する
- 取り消しルート（可変長ビット）
  相手のBGPスピーカに取り消してほしいルートのリストが入っている
- パスアトリビュート合計長（16ビット）
  パスアトリビュートフィールドのバイト長
- パスアトリビュート（可変長ビット）
  ネットワーク層到達性情報のパスアトリビュート（パスアトリビュートの種類によって、このフィールドの内容が大きく変わるので、詳細はパスアトリビュートのところで説明する）
- ネットワーク層到達性情報（可変長ビット）
  有効なルート情報のこと。複数のルート情報を同時に1つのUPDATEメッセージで通知することができる

NOTIFICATIONメッセージのフォーマット

NOTIFICATIONメッセージは、BGPのピアに何らかの問題が発生したときに送信されるメッセージです。TCPコネクションを切断する前に、NOTIFICATIONメッセージを使って、エラーに関する情報を送信します。NOTIFICATIONメッセージのフォーマットは、図7.1.6のようになっています。

NOTIFICATIONメッセージの各フィールドの概要は次のとおりです。

- エラーコード（8ビット）
  エラーのタイプを示す（表7.1.4）
- エラーサブコード（8ビット）

○図7.1.6：NOTIFICATIONメッセージのフォーマット

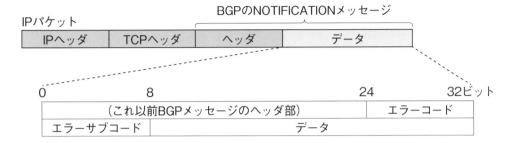

エラーコードの理由をさらに詳細に記述した内容。エラーコードによってサブエラーコードの内容が異なる。エラーコードが、メッセージヘッダエラー、OPENメッセージエラー、UPDATEメッセージエラーのときのサブエラーコードの内容は表7.1.5～表7.1.7のとおり

○表7.1.4：エラーコード

エラーコード	コード名称	エラーメッセージの発生タイミング
1	メッセージヘッダエラー	BGPメッセージヘッダの処理過程で生じる
2	OPENメッセージエラー	OPENメッセージの処理過程で生じる
3	UPDATEメッセージエラー	UPDATEメッセージの処理過程で生じる
4	ホールドタイマ超過	ホームタイマが満了したときに生じる
5	状態遷移エラー	BGPの状態遷移において、不足なイベントが発生したなどのときに生じる
6	中止	その他の理由でBGPピアを切断するときに生じる

○表7.1.5：メッセージヘッダエラーのサブエラーコード

エラーサブコード	コード名称	エラーメッセージの発生タイミング
1	接続の非同期	予期しないマーカフィールド値を受信したときに生じる
2	不適切なメッセージ長	メッセージヘッダのメッセージ長フィールド値が規定外のときに生じる
3	不適切なメッセージタイプ	メッセージヘッダのタイプフィールド値が認識できない場合に生じる

○表7.1.6：OPENヘッダエラーのサブエラーコード

エラーサブコード	コード名称	エラーメッセージの発生タイミング
1	非対応バージョン番号	非対応のBGPバージョン番号がバージョンフィールドにあったときに生じる
2	不適切なピアAS	認識できないAS番号か意図しないAS番号をAS番号フィールドにあったときに生じる
3	不適切なBGP識別子	BGP識別子フィールド値が、誤った記述形式のときに生じる
4	非対応オプションパラメータ	オプションパラメータの内容が理解できないときに生じる
5	認証失敗	認証が失敗したときに生じる
6	許容外のホールドタイマ	提案されたホールドタイマが許容できない値のときに生じる

○表7.1.7：UPDATEヘッダエラーのサブエラーコード

エラーサブコード	コード名称	エラーメッセージの発生タイミング
1	不正なアトリビュートリスト	パスアトリビュートが異常に長いときに生じる
2	認識できない既知アトリビュート	受信した既知必須のアトリビュートを認識できないときに生じる
3	既知アトリビュートの欠如	既知必須のアトリビュートがないときに生じるジ
4	アトリビュートフラグエラー	アトリビュートフラグの値が不正のときに生じる
5	アトリビュート長エラー	アトリビュートのバイト長が規定外のときに生じる
6	無効なORIGINアトリビュート	ORIGINアトリビュートに定義していない値があったときに生じる
7	ASルーティングループ	ルーティングループが検知されたときに生じる
8	無効なネクストホップアトリビュート	ネクストホップアトリビュートの記述方式が間違っているときに生じる
9	オプションアトリビュートエラー	オプションアトリビュートに不正な値があったときに生じる
10	無効なネットワークフィールド	ネットワーク層到達性情報の記述方法が間違っているときに生じる
11	不正なAS Path	AS Pathの記述方法が間違っているときに生じる

KEEPALIVEメッセージのフォーマット

　TCPにキープアライブ機能がないため、BGPではKEEPALIVEメッセージでキープアライブを行います。KEEPALIVEメッセージが送信される間隔は、ホールドタイムの1/3（デフォルトでは60秒）です。この仕様は、ヤマハルーターとCiscoルーターともに同じです。また、KEEPALIVEメッセージは、データ部がないので、図7.1.7のようにBGPのヘッダのみとなっています。

○図7.1.7：KEEPALIVEメッセージのフォーマット

```
                      BGPのKEEPALIVEメッセージ
IPパケット
┌─────────┬─────────┬─────────┐
│ IPヘッダ │ TCPヘッダ │ ヘッダ  │
└─────────┴─────────┴─────────┘
```

7-1-4 BGPの動作仕様

　BGPの動作には、ピアの確立、UPDATEメッセージによるルート情報の交換、KEEPALIVEメッセージによるピアの維持、NOTIFICATIONメッセージによるピアの終了があります。

　ピアを確立する前に、BGPスピーカ同士でTCPコネクションを確立します。BGPは、IGPと比べると膨大なルート情報を交換するので、通信エラーによるルート情報の再送はとても非効率的です。そこで、あらかじめTCPコネクションを確立させ、エラー制御ができるようにしています。また、ピアを確立する相手は、必ずしも物理的に隣接する必要がありません。TCPのコネクションが確立できれば、離れたBGPスピーカ同士のピア確立も可能です。したがって、ピア確立のさい、OSPFのようにHelloパケットによる隣接ルーターの自動探索はできないので、手動による相手側のBGPスピーカを指定することが必要です。

　では、ここからBGPの動作をピアの確立から紹介していきます。

BGPピアの確立

　BGPのピアが確立するまで6つの状態を通過します。これは、OSPFのアジャセンシーの確立過程でルーター状態の遷移する様子と似ています。BGPの状態遷移は、**図7.1.8**のようになっており、初期のIdle状態から始まり、Connect、Active、OpenSent、OpenConfirmを経て、最終的にEstablished状態に至ります。

　各状態の概要は次のようになっています。

- Idle状態
  ルーターにBGPの設定をした直後の状態で、ピアを確立する相手とTCP接続のプロセスを開始するとConnect状態に遷移する
- Connect状態
  TCP接続の完了を待っている状態。TCP接続が完了したら、Openメッセージを相手に送信してOpenSent状態に遷移する。もし、TCP接続が失敗したらActive状態に遷移する
- Active状態
  TCP接続のプロセスが始まっている状態。この状態でTCP接続が完了すれば、Openメッセージを相手に送信してOpenSent状態に遷移する。TCP接続ができなければConnect状態に戻る。Active状態のままになるのは、TCP接続に問題にがあり、設定ミスが原因となっている場合が多い

〇図7.1.8：BGPの状態遷移

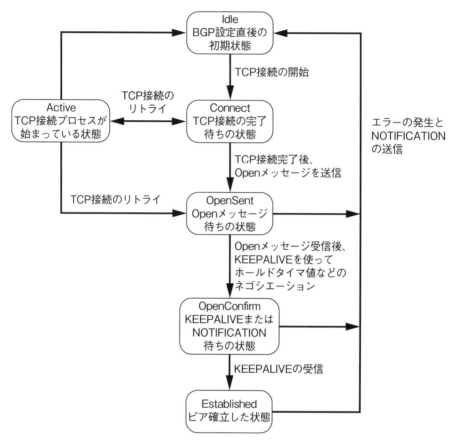

- OpenSent状態

  相手からのOpenSentメッセージを待っている状態。相手からOpenSentメッセージを受け取ったら、メッセージにエラーがあるかをチェックする。エラーがないなら、KEEPALIVEメッセージによるホールドタイマのネゴシエーションとAS番号によるiBGPまたはeBGPを決定してOpenConfirm状態に遷移する。エラーがあると、NOTIFICATIONメッセージを送信してIdle状態に戻る

- OpenConfirm状態

  KEEPALIVEメッセージまたはNOTIFICATIONメッセージを待っている状態。KEEPALIVEメッセージを受信すれば、Established状態に遷移する。NOTIFICATIONメッセージを受信すれば、Idle状態に遷移する

- Established状態

  BGPピアが確立した状態。BGPが確立したのち、UPDATEメッセージまたはKEEPALIVEメッセージを受信するたびにホールドタイマをリセットする。ホールドタイマが満了するとNOTIFICATIONメッセージを送信してピアを終了する。また、相手からNOTIFICATIONメッセージを受け取ったときもピアを終了する

UPDATEメッセージによるルート情報の交換

ピアが無事に確立したら、BGPスピーカ同士は、UPDATEメッセージで互いにもっているすてべのルート情報を交換します。その後、ネットワークの変化に応じて、差分情報のみをUPDATEメッセージで通知します。受信したルート情報をRIBに登録して、最適ルート選択アルゴリズムを使ってベストパスを選んでルーティングテーブルに載せます。

KEEPALIVEメッセージによるピアの維持

ピアが確立したあと、定期的にKEEPALIVEメッセージを送って、相手の生存確認を行います。KEEPALIVEを送信する間隔は、ホールドタイマの1/3です。ヤマハルーターのデフォルトのホールドタイマは180秒であるので、デフォルトのKEEPALIVEメッセージの送信間隔は60秒です。

NOTIFICATIONメッセージによるピアの終了

エラーが発生すると、NOTIFICATIONメッセージを送信してピアを終了します。

7-1-5 パスアトリビュート

BGPで最適ルートを決めるために用いるメトリックはパスアトリビュートと呼ばれています。パスアトリビュートは、UPDATEメッセージのパスアトリビュートフィールドに格納されています。パスアトリビュートには、数種類があり、単独あるいはその組み合わせで最適ルートを柔軟に選択できます。

パスアトリビュートフィールドをさらに細かくフィールド分けすると、図7.1.9のようなフォーマットになります。

○図7.1.9：パスアトリビュートのフォーマット

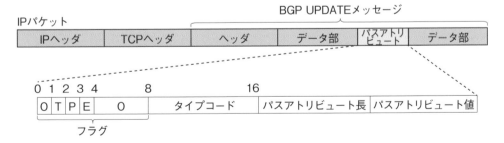

パスアトリビュートの各フィールドの概要は次のとおりです。

- フラグ（8ビット）

  フラグフィールドは最初の4ビット（OTPEビット）のみを使用していて、残りの4ビットはすべて「0」。OTPEビットの内容は、**表7.1.8**のとおり。パスアトリビュートの性質は、**表7.1.9**にあるような4通りのカテゴリに分けることができる

- タイプコード（8ビット）

  パスアトリビュートの種別コード。コードとパスアトリビュートの対応は、**表7.1.10**によ
  うになっている。ヤマハルーターとCiscoルーターがサポートしているパスアトリビュート
  に違いがある

- パスアトリビュート長（8ビットまたは16ビット）

  フィールドの長さは、フラグフィールドのEビットの値（8ビットか16ビットのどちらか）
  で、パスアトリビュートフィールドのバイト数を示す

- パスアトリビュートフィールド（可変長ビット）

  パスアトリビュートの内容

○表7.1.8：OTPEビット

OTPEビット	意味	0	1
Oビット	パスアトリビュートの種別	Wellknonw（既知）	Optional（オプション）
Tビット	パスアトリビュートの転送	non-transitive（非通過）	transitive（通過）
Pビット	パスアトリビュートの処理	complete（オプションのパスアトリビュートはすべてのBGPスピーカが認識した）	partial（オプションのパスアトリビュートはすべてのBGPスピーカが認識しなかった）
Eビット	パスアトリビュート長	パスアトリビュート長は8ビット	パスアトリビュート長は16ビット

○表7.1.9：パスアトリビュートのカテゴリ

パスアトリビュートのカテゴリ	意味	概要
Well-Known mandatory	既知必須	すべてのBGPスピーカが認識し、UPDATEメッセージに必ず含まれているパスアトリビュート
Well-knwon discretionary	既知任意	すべてのBGPスピーカが認識するが、UPDATEメッセージに含むかは任意のパスアトリビュート
Optioanl transitive	オプション通過	BGPスピーカによる認識は任意で、認識できない場合ほかのBGPスピーカに転送されるパスアトリビュート
Optional non-transitive	オプション非通過	BGPスピーカによる認識は任意で、認識できない場合削除されるパスアトリビュート

表7.1.10：パスアトリビュート

タイプコード	パスアトリビュート	性質	ヤマハルーター	Ciscoルーター
1	Origin	既知必須	対応	対応
2	AS Path	既知必須	対応	対応
3	Next Hop	既知必須	対応	対応
4	MED[注4]	オプション非通過	対応	対応
5	Local Preference	既知任意	対応	対応
6	Atomic Aggregate	既知任意	非対応	対応
7	Aggregator	オプション通過	非対応	対応
8	Community	オプション通過	非対応	対応
9	Originator	オプション非通過	非対応	対応
10	Cluster List	オプション非通過	非対応	対応
-	Weight	-	-	独自

では、各パスアトリビュートの詳細を見ていきましょう。

Origin

Originは、該当ルート情報を生成したBGPスピーカの種類を表します。パスアトリビュートの値、BGPスピーカの種類およびルートの優先順位は、表7.1.11に示します。

表7.1.11：Origin

パスアトリビュート値	ルートの優先順位	BGPスピーカの種類	概要
0	1	IGP	AS内部で生成したルート情報
1	2	EGP	EGP経由で学習したルート情報
2	3	INCOMPLETE	ルートの再配布などほかの方法で学習したルート情報

AS Path

AS Pathは、UPDATEメッセージが通過したASのAS番号をリストアップしたパスアトリビュートです。ASの番号がリストアップされるのは、EBGPのピアを通過したときです。同一の宛先へ複数のパスがあったとき、リストアップされたAS番号の数の少ないほうが優先されます。図7.1.10の例では、AS50のルーターは、2方向から同じルート情報を学習しますが、AS Pathリストのより短いAS20を通る方を優先ルートとみなします。

注4　Multi Exit Discriminator

◯図7.1.10：AS Pathによる優先ルートの選択

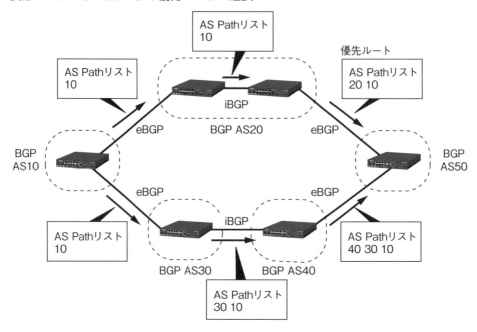

NEXT HOP

NEXT HOPは、宛先のネットワークへの到達のネクストホップを示します。ルーターがeBGPルーターとiBGPルーターでのネクストホップは異なります。eBGPルーターの場合、対向のeBGPピアルーターのIPアドレスです。iBGPルーターの場合、同じAS内のeBGPルーターが受け取ったルート情報にあるネクストホップです。なお、NEXT HOPによるルートの優劣の判断はありません。

図7.1.11は、Router1から告知するルート情報のNEXT HOPアトリビュートの例です。Router2とRouter3はともに外部ASのeBGPピアルーターからルート情報をもらっているので、NEXT HOPは対向のeBGPピアルーターです。Router4は、iBGP経由でこのルートをもらっているので、NEXT HOPはRouter2のL2インタフェースのIPアドレスです。

◯図7.1.11：NEXT HOP

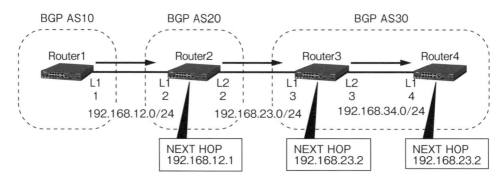

MED

外部ASと複数のeBGPピアで接続しているとき、MEDを使って外部ASに対してどのピアから通信してほしいかを教えます。MED値は小さいほど優先度が高いです。図7.1.12の例では、Router4はRouter1から同一ルート情報をRouter2とRouter3経由で学習しています。Router2経由で学習したルート情報にはMED値「1」が付与されていて、Router3経由ではMED値「10」が付与されています。MED値が小さいほど優先度が高いので、Router2経由のルートが優先となります。

ヤマハルーターの仕様では、MEDはeBGPピア間のみの通知となっていて、iBGPルーターへの通知は自動的に行われません。また、MED通知の設定が行われない場合、MEDは相手側のASへ送信しません。表7.1.12は、MEDに関するヤマハルーターとCiscoルーターの仕様の違いです。

○図7.1.12：MEDによる優先ルートの選択

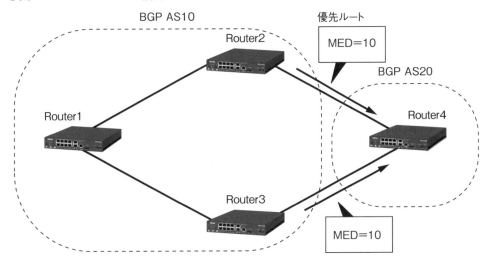

○表7.1.12：ヤマハルーターとCiscoルーターのMED仕様

MED	ヤマハルーター	Ciscoルーター
MED通知範囲	相手側ASのeBGPピアルーター	相手側AS内のBGPスピーカ
MED設定しないとき	MEDは通知されない	MED値「0」で常に付与される

Local Preference

Local Preferenceは、iBGPピア間で交換され、AS内のみで用いる優先度です。MEDの場合、外部のASに要望を出すかたちでしたが、Local Preferenceは、自分都合で優先ルートを決めます。Local Preferenceの値が大きいほど優先度が高いです。図7.1.12の例では、Router1からRouter2とRouter3に対して同じルート情報を通知しています。このとき、Router2でこのルート情報のLocal Preference値を200、Router3では100に設定してRouter4に通知します。Router4は、より大きいLocal Preference値のRouter2経由のルートを優先ルートとみます。

○図7.1.13：Local Preferenceによる優先ルートの選択

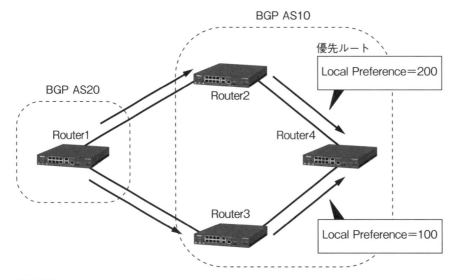

7-1-6 最適ルート選択アルゴリズム

　BGPにおける最適ルートの選択は、パスアトリビュートに基づいて行われます。ルート情報に数種類のパスアトリビュートがある場合、まずどのパスアトリビュートを使うかを決め、次にパスアトリビュートの値でルートの優劣を決めます。このような最適ルートの選択方法は、最適ルート選択アルゴリズムと呼ばれる手順にしたがいます。**表7.1.13**は、一般的なBGPの最適ルート選択アルゴリズムの内容です。

7-1-7 BGPスプリットホライズン

　AS Pathパスアトリビュートを使ってルーティングループを防止できることを紹介しました。しかし、AS Pathは、AS内のルーティングループを防ぐことはできません。AS内でのルーティングループを防ぐ手段がないと、**図7.1.14**のようなルーティングループが発生します。

　AS内のルーティングループを防止する機能として、BGPスプリットホライズンというものがあります。BGPスプリットホライズンは、iBGPピアからもらったルート情報をほかのiBGPピアに通知しない機能です。RIPにもスプリットホライズンという機能はありますが、RIPでは、隣接ルーターからもらったルート情報をそのルーターに対して広告しない機能です。

　図7.1.15の例では、Router2は、eBGPピアのRoute1からもらったルート情報をiBGPピアのRouter3に通知しています。Router3は、iBGPピアのRouter2からもらったルート情報をiBGPピアのRouter4に通知しません。同様に、Router2からRouter4にもルート情報を通知しているので、AS内でルーティングループが発生することなく、すべてのiBGPルーターがAS10からのルート情報を持つようになります。

○表7.1.13：最適ルート選択アルゴリズム

優先順位	概要	詳細
1	NEXT HOPの到達性確認	比較の前に、まずネクストホップへの到達性を確認する。到達できないなら比較対象外のルートとみなす
2	Local Preferenceの比較	ネクストホップへの到達性が確認できれば、Local Preference値を比較して、値の大きい方のルートを優先する
3	AS Pathの比較	Preference値が同じなら、AS Path値を比較して、ASパスリストがより短い方のルートを優先する
4	Originの比較	APパスリストの長さが同じなら、Origin値を比較して、IGP>EGP>Incompleteの順で優先ルートを決める
5	MEDの比較	Origin値が同じなら、MED値を比較して、値がより小さい方のルートを優先する
6	eBGPとiBGPルートの比較	MED値が同じなら、iBGPのルートよりもeBGPのルートを優先する
7	IGPメトリックの比較	eBGPとiBGPルートの比較でも決着がつかなければ、ネクストホップまでのIGPメトリック値を比較して、メトリック値がより小さい方のルートを優先する
8	ルーターIDの比較	IGPメトリックが同じなら、最終的にルーターIDの小さいBGPスピーカからのルートを優先する

○図7.1.14：AS内のルーティングループ

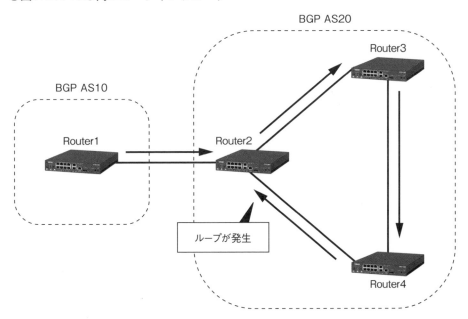

○図7.1.15：BGPスプリットホライズン

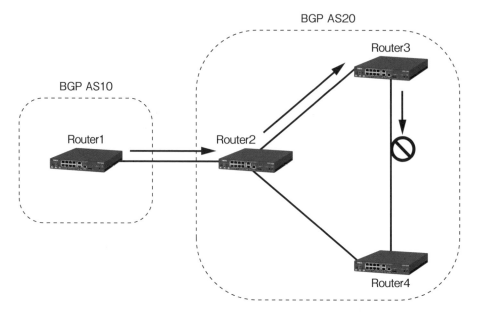

　BGPスプリットホライズンが有効になっていると、AS内のiBGPルーターはフルメッシュの接続構成でないと、すべてのiBGPルーターにルート情報が行き渡りません。しかし、フルメッシュに接続するとはピア数が増え、ルーターの負荷も大きくなります。このようなフルメッシュの問題を解決するには、ルートリフレクタとコンフェデレーションの手法があります。

　ルートリフレクタでは、iBGPルーターが受信したルート情報をすべてルートリフレクタルーターに転送します。ルートリフレクタルーターは、そのほかのiBGPルーターに再度転送します。したがって、iBGPルーターはルートリフレクタルーターとのみiBGPピアを接続すればよいです。

　コンフェデレーションでは、ASを複数のサブASに分けることでiBGPピア数を減らす手法です。この手法の考えは、OSPFのエリア分けと同じです。

　今のところ、ヤマハルーターはルートリフレクタとコンフェデレーションをサポートしていません。

7-2 BGPの設定

次のようなBGP設定を紹介します。

- BGPの基本設定
- BGPの動作確認
- AS Pathによるベストパスの選択

- MEDによるベストパスの選択
- Local Preferenceによるベストパスの選択
- ルート再配布とルート集約の設定
- ルートフィルタの設定
- 認証とデフォルトルートの設定

7-2-1　BGPの基本設定

BGPの基本設定では、BGPピアの確立とルート情報の告知に関する設定を紹介します。まず、使用するコマンドについて説明します。

BGPの使用設定

bgp use [*NO/OFF*]										
RTX5000	RTX3500	RTX3000	RTX1500	RTX1210	RTX1200	RTX1100	RTX810	RT250i	RT107e	SRT100

ON/OFFパラメータを「on」にするとBGPの使用を開始します。「off」で使用の中止となります。デフォルトは「off」です。

AS番号の設定

bgp autonomous-system [*自分のAS*]										
RTX5000	RTX3500	RTX3000	RTX1500	RTX1210	RTX1200	RTX1100	RTX810	RT250i	RT107e	SRT100

設定するルーターのAS番号を指定します。AS番号の値は、1から65535までです。

ルーターIDの設定

bgp router id [*ルーターID*]										
RTX5000	RTX3500	RTX3000	RTX1500	RTX1210	RTX1200	RTX1100	RTX810	RT250i	RT107e	SRT100

BGPのルーターIDを明示的に指定するときに使うコマンドです。ルーターIDパラメータ値は、IPv4アドレス形式で記述します。ルーターIDのデフォルトは、インタフェースに付与されているプライマリアドレスから自動的に選ばれたものを使用します。

ピアの確立設定

bgp neighbor [*ピア番号*] [*相手のAS*] [*相手のIPアドレス*]										
RTX5000	RTX3500	RTX3000	RTX1500	RTX1210	RTX1200	RTX1100	RTX810	RT250i	RT107e	SRT100

このコマンドは、任意のBGPスピーカとピアを確立します。ピア番号パラメータは、ピアの識別子で1以上の数字です。相手のASパラメータは、ピアを確立する相手のAS番号で、

相手のIPアドレスパラメータは、ピアを確立する相手のIPアドレスを指定します。

BGPによるルート情報の告知設定

bgp import [相手のAS] [プロトコル] filter [フィルタ番号]										
RTX5000	RTX3500	RTX3000	RTX1500	RTX1210	RTX1200	RTX1100	RTX810	RT250i	RT107e	SRT100

　プロトコルパラメータは、どのルーティングプロトコルで学習したルート情報をBGPで告知するかを指定します。さらに、BGP importフィルタで告知するルート情報を限定することもできます。フィルタ番号パラメータ値は、スペース区切りで100まで記述することが可能です。

BGP importフィルタの設定

bgp import filter [フィルタ番号] [アクション] [指定方法] [ルート情報]										
RTX5000	RTX3500	RTX3000	RTX1500	RTX1210	RTX1200	RTX1100	RTX810	RT250i	RT107e	SRT100

　このフィルタは、指定方法とルート情報の2つのパラメータで対象ルート情報を決め、アクションパラメータで対象ルートをどのように扱うかを指定します。アクションと指定方法のパラメータ値と動作仕様は、それぞれ表7.2.1と表7.2.2のようになっています。ルート情報は、指定方法が「equal」のとき、スペースで複数個を記述できます。

○表7.2.1：アクションパラメータ

パラメータ値	動作仕様
省略	対象ルートをBGPで告知する対象とする
reject	対象ルートをBGPで告知する対象としない

○表7.2.2：指定方法パラメータ

パラメータ値	動作仕様
equal	ルート情報パラメータに記載のルートと一致するルート
include	ルート情報パラメータに記載のルートに包含されているルート（ルート情報パラメータに記載のルートも含む）
refines	ルート情報パラメータに記載のルートに包含されているルート（ルート情報パラメータに記載のルートも含まない）

BGPの有効化の設定

bgp configure refresh										
RTX5000	RTX3500	RTX3000	RTX1500	RTX1210	RTX1200	RTX1100	RTX810	RT250i	RT107e	SRT100

　BGPの設定を有効化するためのコマンドです。このコマンドの代わりにルーターの再起

動を実施してもよいです。

図7.2.1は、ヤマハルーターを使ったBGPの基本設定のネットワーク構成です（リスト7.2.1a～7.2.1c）。この例では、Router1とRouter2の間でeBGPピア、Router2とRouter3の間でiBGPピアを確立します。次に、Router1のLoopback1インタフェースのルート情報をBGPでAS20に告知します。

○図7.2.1：BGPの基本設定（ヤマハルーター）

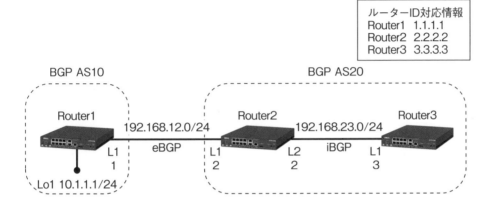

○リスト7.2.1a：Router1の設定（ヤマハルーター）

```
Router1# ip lan1 address 192.168.12.1/24  ①
Router1# ip loopback1 address 10.1.1.1/24
Router1#
Router1# ip route default gateway 192.168.12.2  ②
Router1# ip route 10.1.1.0/24 gateway loopback1  ③
Router1#
Router1# bgp use on  ④  ※BGPを使用
Router1#
Router1# bgp autonomous-system 10  ⑤  ※自ルーターのAS番号を定義
Router1#
Router1# bgp neighbor 1 20 192.168.12.2  ⑥  ※Router2とのピア確立
Router1#
Router1# bgp router id 1.1.1.1  ⑦  ※ルーターIDの指定
Router1#
Router1# bgp import filter 1 equal 10.1.1.0/24  ⑧  ※BGP importフィルタの設定
Router1#
Router1# bgp import 20 static filter 1  ⑨  ※BGPでスタティックルートをAS20に告知
Router1#
Router1# bgp configure refresh  ⑩  ※設定の有効化（忘れずに！）
Router1#
Router1# show status bgp neighbor 192.168.12.2 advertised-routes  ⑪
※Router2に告知しているルート情報の確認
Total routes: 1
*: valid route
  Network              Next Hop        Metric LocPrf Path
* 10.1.1.0/24          10.1.1.1             0        IGP
Router1#
```

(つづく)

（つづき）
❶ LAN1インタフェースのIPアドレスを設定する [IOS]interface ⇒ ip address
❷ 192.168.12.2をネクストホップとするデフォルトゲートウェイを設定する [IOS]ip route
❸ 192.168.12.2をネクストホップとする192.168.200.0/24へのスタティックルートを設定する [IOS]ip route
❹ BGPを有効化する [IOS]－
❺ 自ルーターのAS番号を定義する [IOS]router bgp
❻ AS20にあるIPアドレスが192.168.12.2のルーターとBGPピアを確立する [IOS]router bgp ⇒ neighbor X remote-as
❼ ルーターIDを1.1.1.1に変更する [IOS]router bgp ⇒ bgp router-id
❽ 10.1.1.0/24に一致するルートを許可するBGP importフィルタ1を設定する [IOS]－
❾ BGP importフィルタ1に合致するスタティックルートをAS20に告知する [IOS]router bgp ⇒ network
❿ BGP設定を有効化する [IOS]clear ip bgp *
⓫ 192.168.12.2のBGPスピーカに告知しているルート情報を表示する [IOS]show ip bgp neighbors X advertised-routes

○リスト7.2.1b：Router2の設定（ヤマハルーター）

```
Router2# ip lan1 address 192.168.12.2/24
Router2# ip lan2 address 192.168.23.2/24
Router2#
Router2# bgp use on       ※BGPを使用
Router2#
Router2# bgp autonomous-system 20   ※自ルーターのAS番号を定義
Router2#
Router2# bgp neighbor 1 10 192.168.12.1   ※Router1とのピア確立
Router2# bgp neighbor 2 20 192.168.23.3   ※Router3とのピア確立
Router2#
Router2# bgp router id 2.2.2.2   ※ルーターIDの指定
Router2#
Router2# bgp import filter 1 include 0.0.0.0/0   ※BGP importフィルタの設定
Router2#
Router2# bgp import 20 bgp 10 filter 1   ※AS10からのBGPルートをAS20に告知
Router2#
Router2# bgp configure refresh   ※設定の有効化（忘れずに！）
Router2#
Router2# show status bgp neighbor 192.168.12.1 received-routes
※Router1から受信しているルート情報の確認
Total routes: 1
*: valid route
  Network              Next Hop          Metric LocPrf Path
* 10.1.1.0/24          192.168.12.1             10     IGP
Router2#
Router2# show status bgp neighbor 192.168.23.3 advertised-routes
※Router3に告知しているルート情報の確認
Total routes: 1
*: valid route
  Network              Next Hop          Metric LocPrf Path
* 10.1.1.0/24          192.168.12.1             10     IGP
Router2#
Router2# show ip route   ※ルーティングテーブルの確認
宛先ネットワーク        ゲートウェイ       インタフェース   種別     付加情報
10.1.1.0/24             192.168.12.1       LAN1             BGP      path=10
192.168.12.0/24         192.168.12.2       LAN1             implicit
192.168.23.0/24         192.168.23.2       LAN2             implicit
```

7-2：BGPの設定

○リスト7.2.1c：Router3の設定（ヤマハルーター）

```
Router3# ip lan1 address 192.168.23.3/24
Router3#
Router3# bgp use on ※BGPを使用
Router3#
Router3# bgp autonomous-system 20 ※自ルーターのAS番号を定義
Router3#
Router3# bgp neighbor 1 20 192.168.23.2 ※Router2とのピア確立
Router3#
Router3# bgp router id 3.3.3.3 ※ルーターIDの指定
Router3#
Router3# bgp configure refresh ※設定の有効化（忘れずに！）
Router3#
Router3# show status bgp neighbor 192.168.23.2 received-routes
※Router2から受信しているルート情報の確認
Total routes: 1
*: valid route
  Network              Next Hop           Metric LocPrf Path
* 10.1.1.0/24          192.168.23.2              100 10 IGP

Router3# show ip route ❶ ※ルーティングテーブルの確認
宛先ネットワーク       ゲートウェイ       インタフェース       種別    付加情報
10.1.1.0/24            192.168.23.2       LAN1                 BGP     path=10
192.168.23.0/24        192.168.23.3       LAN1                 implicit
Router3#
Router3# ping 10.1.1.1 ❷ ※Router1のLoopback1への疎通確認
10.1.1.1から受信: シーケンス番号=0 ttl=253 時間=0.608ミリ秒
10.1.1.1から受信: シーケンス番号=1 ttl=253 時間=0.549ミリ秒
10.1.1.1から受信: シーケンス番号=2 ttl=253 時間=0.559ミリ秒

3個のパケットを送信し、3個のパケットを受信しました。0.0%パケットロス
往復遅延 最低/平均/最大 = 0.549/0.572/0.608 ミリ秒
```

❶ ルーティングテーブルを表示する **IOS** show ip route
❷ 10.1.1.1への疎通を確認する **IOS** ping

Ciscoルーターの場合

ネットワーク図は図7.2.2で、Ciscoルーターでの設定はリスト7.2.2a〜7.2.2cのようになります。

○図7.2.2：BGPの基本設定（Ciscoルーター）

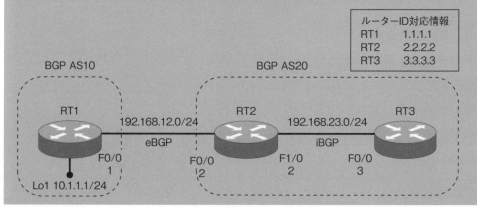

Chapter 7：ルーティングプロトコル──BGP

○リスト7.2.2a：RT1の設定（Ciscoルーター）

```
RT1#configure terminal
RT1(config)#interface FastEthernet 0/0
RT1(config-if)#ip address 192.168.12.1 255.255.255.0
RT1(config-if)#no shutdown
RT1(config-if)#exit
RT1(config)#interface Loopback 1
RT1(config-if)#ip address 10.1.1.1 255.255.255.0
RT1(config-if)#exit
RT1(config)#ip route 0.0.0.0 0.0.0.0 192.168.12.2
RT1(config)#router bgp 10
RT1(config-router)#no synchronization
RT1(config-router)#no auto-summary
RT1(config-router)#bgp router-id 1.1.1.1        ※自ルーターのAS番号を定義
RT1(config-router)#network 10.1.1.0 mask 255.255.255.0
RT1(config-router)#neighbor 192.168.12.2 remote-as 20  ※Router2とのピア確立
RT1#show ip bgp neighbors 192.168.12.2 advertised-routes
※Router2に告知しているルート情報の確認
BGP table version is 2, local router ID is 1.1.1.1

   ...略...
   Network          Next Hop            Metric LocPrf Weight Path
*> 10.1.1.0/24      0.0.0.0                  0         32768 i
   ...略...
```

○リスト7.2.2b：RT2の設定（Ciscoルーター）

```
RT2#configure terminal
RT2(config)#interface FastEthernet 0/0
RT2(config-if)#ip address 192.168.12.2 255.255.255.0
RT2(config-if)#no shutdown
RT2(config-if)#exit
RT2(config)#interface FastEthernet 1/0
RT2(config-if)#ip address 192.168.23.2 255.255.255.0
RT2(config-if)#no shutdown
RT2(config-if)#exit
RT2(config)#router bgp 20
RT2(config-router)#no synchronization
RT2(config-router)#no auto-summary
RT2(config-router)#bgp router-id 2.2.2.2        ※自ルーターのAS番号を定義
RT2(config-router)#neighbor 192.168.12.1 remote-as 10  ※Router1とのピア確立
RT2(config-router)#neighbor 192.168.23.3 remote-as 20  ※Router3とのピア確立
RT2(config-router)#neighbor 192.168.12.1 soft-reconfiguration inbound
RT2(config-router)#end
RT2#show ip bgp neighbors 192.168.12.1 received-routes
※Router1から受信しているルート情報の確認
   ...略...
   Network          Next Hop            Metric LocPrf Weight Path
*> 10.1.1.0/24      192.168.12.1             0             0 10 i
   ...略...

RT2#show ip bgp neighbors 192.168.23.3 advertised-routes
※Router3に告知しているルート情報の確認
   ...略...
```

```
   Network          Next Hop         Metric LocPrf Weight Path
*> 10.1.1.0/24      192.168.12.1          0             0 10 i
```
　...略...
```
RT2#show ip route
```
 ※ルーティングテーブルの確認
　...略...
```
C    192.168.12.0/24 is directly connected, FastEthernet0/0
     10.0.0.0/24 is subnetted, 1 subnets
B       10.1.1.0 [20/0] via 192.168.12.1, 00:21:05
C    192.168.23.0/24 is directly connected, FastEthernet1/0
```

○リスト7.2.2c：RT3の設定（Ciscoルーター）

```
RT3#configure terminal
RT3(config)#interface FastEthernet 0/0
RT3(config-if)#ip address 192.168.23.3 255.255.255.0
RT3(config-if)#no shutdown
RT3(config-if)#exit
RT3(config)#ip route 192.168.12.0 0.0.0.255 192.168.23.2    ※ネクストホップの解決
RT3(config)#router bgp 20
RT3(config-router)#no synchronization
RT3(config-router)#no auto-summary
RT3(config-router)#bgp router-id 3.3.3.3     ※自ルーターのAS番号を定義
RT3(config-router)#neighbor 192.168.23.2 remote-as 20    ※Router2とのピア確立
RT3(config-router)#neighbor 192.168.23.2 soft-reconfiguration inbound
RT3(config-router)#end
RT3#show ip bgp neighbors 192.168.23.2 received-routes
```
※Router2から受信しているルート情報の確認

　...略...
```
   Network          Next Hop         Metric LocPrf Weight Path
*>i10.1.1.0/24      192.168.12.1          0    100      0 10 i
```
　...略...
```
RT3#show ip route
```
 ※ルーティングテーブルの確認
　...略...
```
     10.0.0.0/24 is subnetted, 1 subnets
B       10.1.1.0 [200/0] via 192.168.12.1, 00:06:13
C    192.168.23.0/24 is directly connected, FastEthernet0/0
S    192.168.12.0/24 [1/0] via 192.168.23.2
RT3#ping 10.1.1.1
```
 ※Router1のLoopback1への疎通確認
```
Type escape sequence to abort.
Sending 5, 100-byte ICMP Echos to 10.1.1.1, timeout is 2 seconds:
!!!!!
Success rate is 100 percent (5/5), round-trip min/avg/max = 184/219/248 ms
```

7-2-2 BGPの動作確認

BGPのピア確立をするには、Idle状態からEstablished状態まで遷移しなければなりません。設定の不備やネットワークトラブルによるピアの不確立は、Establishedまでのいずれかの状態でスタックしている場合が多いです。BGPネットワークのトラブルシューティングでは、状態遷移やパケットの送受信履歴を確認できることが大事です。

BGPのログ保存の設定

bgp log [ログの種類]											
RTX5000	RTX3500	RTX3000	RTX1500	RTX1210	RTX1200	RTX1100	RTX810	RT250i	RT107e	SRT100

ログの種類パラメータ値には、次の2つの値があります。

- event　ほかのBGPスピーカとのピア確立の遷移状態
- packet　送受信したパケット

図7.2.3のネットワーク構成を使ってヤマハルーターのBGPの動作を確認します（リスト7.2.3aと7.2.3b）。

○図7.2.3：BGPの動作確認（ヤマハルーター）

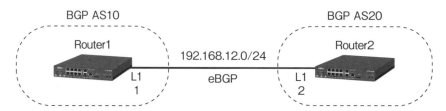

○リスト7.2.3a：Router1の設定（ヤマハルーター）

```
Router1# ip lan1 address 192.168.12.1/24  ①
Router1#
Router1# bgp use on  ②
Router1#
Router1# bgp autonomous-system 10  ③
Router1#
Router1# bgp neighbor 1 20 192.168.12.2  ④
Router1#
Router1# bgp configure refresh  ⑤
```

① LAN1インタフェースのIPアドレスを設定する　**IOS** `interface` ⇒ `ip address`
② BGPを有効化する　**IOS** -
③ 自ルーターのAS番号を定義する　**IOS** `router bgp`
④ AS20にあるIPアドレスが192.168.12.2のルーターとBGPピアを確立する　**IOS** `router bgp` ⇒ `neighbor X remote-as`
⑤ BGP設定を有効化する　**IOS** `clear ip bgp *`

〇リスト7.2.3b：Router2の設定（ヤマハルーター）

```
Router2# ip lan1 address 192.168.12.2/24
Router2#
Router2# bgp use on
Router2#
Router2# bgp autonomous-system 20
Router2#
Router2# bgp neighbor 1 10 192.168.12.1
Router2#
Router2# bgp log neighbor packet   ❶ ※BGPのイベントとパケット履歴のログ記録
Router2#
Router2# bgp configure refresh
Router2#
Router2# show log reverse   ❷ ※ログの確認（時系列逆順）
2016/06/16 22:06:15: [BGP] SEND 192.168.12.2 -> 192.168.12.1 type 4
(KeepAlive) length 19
2016/06/16 22:06:15: [BGP] RECV 192.168.12.1 -> 192.168.12.2 type 4
(KeepAlive) length 19
2016/06/16 22:05:15: [BGP] SEND 192.168.12.2 -> 192.168.12.1 type 4
(KeepAlive) length 19
2016/06/16 22:04:15: [BGP] RECV 192.168.12.1 -> 192.168.12.2 type 4
(KeepAlive) length 19
2016/06/16 22:04:15: [BGP] RECV 192.168.12.1 -> 192.168.12.2 type 4
(KeepAlive) length 19
2016/06/16 22:04:15: [BGP] SEND 192.168.12.2 -> 192.168.12.1 type 4
(KeepAlive) length 19
2016/06/16 22:04:15: [BGP] Neighbor 192.168.12.1 (External AS 10) Event
[RecvKeepAlive]
                         State [OpenConfirm] -> [Established]
2016/06/16 22:04:15: [BGP] RECV 192.168.12.1 -> 192.168.12.2 type 4
(KeepAlive) length 19
2016/06/16 22:04:15: [BGP] SEND 192.168.12.2 -> 192.168.12.1 type 4
(KeepAlive) length 19
2016/06/16 22:04:15: [BGP] Neighbor 192.168.12.1 (External AS 10) Event
[RecvOpen]
                         State [OpenSent] -> [OpenConfirm]
2016/06/16 22:04:15: [BGP] RECV 192.168.12.1 -> 192.168.12.2 type 1
(Open) length 29
2016/06/16 22:04:15: [BGP] SEND 192.168.12.2 -> 192.168.12.1 type 1
(Open) length 29
2016/06/16 22:04:15: [BGP] Neighbor 192.168.12.1 (External AS 10) Event
[Open]
                         State [Connect] -> [OpenSent]
2016/06/16 22:04:15: [BGP] Neighbor 192.168.12.1 (External AS 10) Event
[ConnectRetry]
                         State [Active] -> [Connect]
2016/06/16 22:04:03: [BGP] Neighbor 192.168.12.1 (External AS 10) Event
[Start]
                         State [Idle] -> [Active]
```

❶ BGPの状態遷移イベントと送受したパケットをログに記録する　**IOS** `debug ip bgp all`
❷ ログの内容を時系列逆順で表示する　**IOS** –

Ciscoルーターの場合

ネットワーク図は図7.2.4で、Ciscoルーターでの設定はリスト7.2.4aと7.2.4bになります。

○図7.2.4：BGPの動作確認（Ciscoルーター）

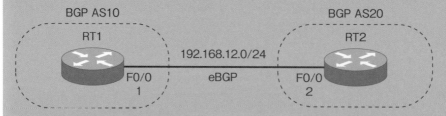

○リスト7.2.4a：RT1の設定（Ciscoルーター）

```
RT1#configure terminal
RT1(config)#interface FastEthernet 0/0
RT1(config-if)#ip address 192.168.12.1 255.255.255.0
RT1(config-if)#no shutdown
RT1(config-if)#exit
RT1(config)#router bgp 10
RT1(config-router)#no synchronization
RT1(config-router)#no auto-summary
RT1(config-router)#neighbor 192.168.12.2 remote-as 20
```

○リスト7.2.4b：RT2の設定（Ciscoルーター）

```
RT2#configure terminal
RT2(config)#interface FastEthernet 0/0
RT2(config-if)#ip address 192.168.12.2 255.255.255.0
RT2(config-if)#no shutdown
RT2(config-if)#exit
RT2(config)#router bgp 20
RT2(config-router)#no synchronization
RT2(config-router)#no auto-summary
RT2(config-router)#neighbor 192.168.12.1 remote-as 10
RT2(config-router)#end
RT2#debug ip bgp ipv4 unicast
RT2#clear ip bgp *
*Mar  1 00:36:50.179: BGPNSF state: 192.168.12.1 went from nsf_not_active to nsf_not_active
*Mar  1 00:36:50.179: BGP: 192.168.12.1 went from Established to Idle
*Mar  1 00:36:50.179: %BGP-5-ADJCHANGE: neighbor 192.168.12.1 Down User reset
*Mar  1 00:36:50.179: BGP: 192.168.12.1 closing
*Mar  1 00:36:50.183: BGP: 192.168.12.1 went from Idle to Active
*Mar  1 00:36:50.195: BGP: 192.168.12.1 open active, local address 192.168.12.2

    ...略...

BGP: 192.168.12.1 rcvd OPEN w/ remote AS 10
*Mar  1 00:36:51.287: BGP: 192.168.12.1 went from OpenSent to OpenConfirm
*Mar  1 00:36:51.287: BGP: 192.168.12.1 went from OpenConfirm to Established
*Mar  1 00:36:51.287: %BGP-5-ADJCHANGE: neighbor 192.168.12.1 Up
```

7-2-3 AS Pathによるベストパスの選択

AS Pathパスアトリビュートは、アップデートがASを通過するごとにそのASのAS番号をASパスリストの左先頭に追記します。AS Pathよりも優先順位の高いパスアトリビュートがすべて同じ場合、ASパスリストが短い方のルートがベストパスとして選択されます。

図7.2.5はAS Pathによるベストパスを選択する様子です。Router1は、10.1.1.0/24のルー

○図7.2.5：AS Pathによるベストパスの選択（ヤマハルーター）
● AS40とAS50を追加する前

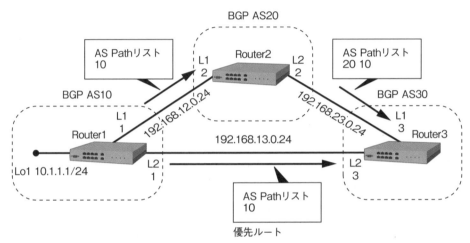

● AS40とAS50を追加した後

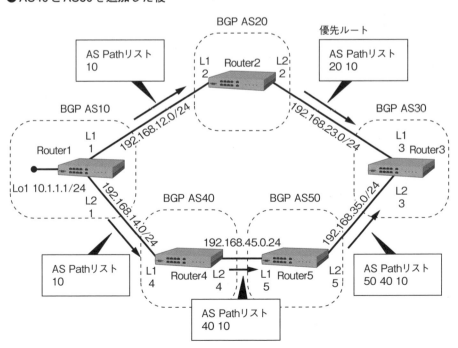

ト情報をRouter3へ告知しています。図7.2.5の上図では、Router2を経由するルートよりもRouter1に直接接続するルートのほうがASパスリストが短いので、Router1に直接接続するルートがベストパスです。次に、AS40とAS50を追加した図7.2.5の下図では、Router2を経由するルートのASパスリストのほうが短くなるので、Router2を経由するルートがベストパスになります。

リスト7.2.5a〜7.2.5eがヤマハルーターの設定と確認です。

○リスト7.2.5a：Router1の設定（ヤマハルーター）

```
Router1# ip route 10.1.1.0/24 gateway loopback1  ①
Router1#
Router1# ip lan1 address 192.168.12.1/24  ②
Router1# ip lan2 address 192.168.13.1/24
Router1# ip loopback1 address 10.1.1.1/24
Router1#
Router1# bgp use on  ③
Router1#
Router1# bgp autonomous-system 10  ④
Router1#
Router1# bgp neighbor 1 20 192.168.12.2  ⑤
Router1# bgp neighbor 2 30 192.168.13.3
Router1#
Router1# bgp import filter 1 equal 10.1.1.0/24  ⑥
Router1#
Router1# bgp import 20 static filter 1  ⑦
Router1# bgp import 30 static filter 1
Router1#
Router1# bgp configure refresh  ⑧

※ここでAS40とAS50を追加

Router1# ip lan2 address 192.168.14.1/24
Router1#
Router1# bgp neighbor 2 40 192.168.14.4
Router1#
Router1# no bgp import 30 static filter 1  ⑨
Router1#
Router1# bgp import 40 static filter 1
Router1#
Router1# bgp configure refresh
Router1#
```

❶ ループバック1インタフェースをネクストホップとする10.1.1.0/24へのスタティックルートを設定する (IOS)`ip route`
❷ LAN1インタフェースのIPアドレスを設定する (IOS)`interface` ⇒ `ip address`
❸ BGPを有効化する (IOS)-
❹ 自ルーターのAS番号を定義する (IOS)`router bgp`
❺ AS20にあるIPアドレスが192.168.12.2のルーターとBGPピアを確立する (IOS)`router bgp` ⇒ `neighbor X remote-as`
❻ 10.1.1.0/24に一致するルートを許可するBGP importフィルタ1を設定する (IOS)-
❼ BGP importフィルタ1に合致するスタティックルートをAS20に告知する (IOS)`router bgp` ⇒ `network`
❽ BGP設定を有効化する (IOS)`clear ip bgp *`
❾ 既存の設定を削除する (IOS)`no`

○リスト7.2.5b：Router2の設定（ヤマハルーター）

```
Router2# ip lan1 address 192.168.12.2/24
Router2# ip lan2 address 192.168.23.2/24
Router2#
Router2# bgp use on
Router2#
Router2# bgp autonomous-system 20
Router2#
Router2# bgp neighbor 1 10 192.168.12.1
Router2# bgp neighbor 2 30 192.168.23.3
Router2#
Router2# bgp import filter 1 include 0.0.0.0/0   ①
Router2#
Router2# bgp import 30 bgp 10 filter 1
Router2#
Router2# bgp configure refresh
Router2#
```

❶ すべてのルートを許可するBGP importフィルタ1を設定する **IOS** –

○リスト7.2.5c：Router3の設定（ヤマハルーター）

```
Router3# ip lan1 address 192.168.23.3/24
Router3# ip lan2 address 192.168.13.3/24
Router3#
Router3# bgp use on
Router3#
Router3# bgp autonomous-system 30
Router3#
Router3# bgp neighbor 1 20 192.168.23.2
Router3# bgp neighbor 2 10 192.168.13.1
Router3#
Router3# bgp configure refresh
Router3#
Router3# show ip route detail | grep BGP   ①
※Router1に直接接続するルートがベストパス
Searching ...
10.1.1.0/24        192.168.13.1         LAN2      BGP  path=10 origin=IGP
10.1.1.0/24        192.168.23.2         LAN1      BGP  (hidden) path=20 10

※ここでAS40とAS50を追加

Router3# ip lan2 address 192.168.35.3/24
Router3#
Router3# bgp neighbor 2 50 192.168.35.5
Router3#
Router3# bgp configure refresh
Router3#
Router3# show ip route detail | grep BGP
※Router2を経由するルートがベストパス
Searching ...
10.1.1.0/24        192.168.23.2         LAN1      BGP  path=20 10 origin=IGP
10.1.1.0/24        192.168.35.5         LAN2      BGP  (hidden) path=50 40 10
origin=IGP
```

❶ ルーティングテーブルのうち「BGP」を含む行のみを表示する **IOS** show ip route | inc

Chapter 7：ルーティングプロトコル——BGP

○リスト7.2.5d：Router4の設定（ヤマハルーター）

```
Router4# ip lan1 address 192.168.14.4/24
Router4# ip lan2 address 192.168.45.4/24
Router4#
Router4# bgp use on
Router4#
Router4# bgp autonomous-system 40
Router4#
Router4# bgp neighbor 1 10 192.168.14.1
Router4# bgp neighbor 2 50 192.168.45.5
Router4#
Router4# bgp import filter 1 include 0.0.0.0/0
Router4#
Router4# bgp import 50 bgp 10 filter 1
Router4#
Router4# bgp configure refresh
Router4#
```

○リスト7.2.5e：Router5の設定（ヤマハルーター）

```
Router5# ip lan1 address 192.168.45.5/24
Router5# ip lan2 address 192.168.35.5/24
Router5#
Router5# bgp use on
Router5#
Router5# bgp autonomous-system 50
Router5#
Router5# bgp neighbor 1 40 192.168.45.4
Router5# bgp neighbor 2 30 192.168.35.3
Router5#
Router5# bgp import filter 1 include 0.0.0.0/0
Router5#
Router5# bgp import 30 bgp 40 filter 1
Router5#
Router5# bgp configure refresh
Router5#
```

Ciscoルーターの場合

　ネットワーク図は図7.2.6で、Ciscoルーターでの設定はリスト7.2.6a〜7.2.6eのようになります。

7-2：BGP の設定

○図7.2.6：AS Pathによるベストパスの選択（Ciscoルーター）

●AS40とAS50を追加する前

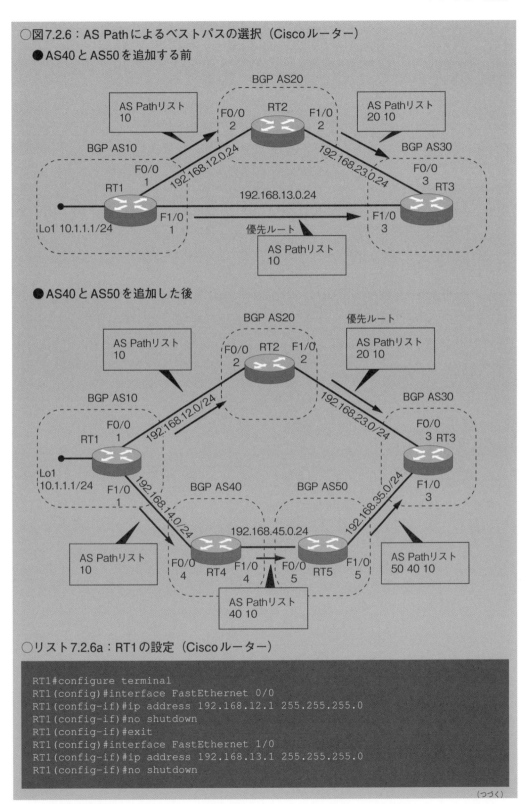

●AS40とAS50を追加した後

○リスト7.2.6a：RT1の設定（Ciscoルーター）

```
RT1#configure terminal
RT1(config)#interface FastEthernet 0/0
RT1(config-if)#ip address 192.168.12.1 255.255.255.0
RT1(config-if)#no shutdown
RT1(config-if)#exit
RT1(config)#interface FastEthernet 1/0
RT1(config-if)#ip address 192.168.13.1 255.255.255.0
RT1(config-if)#no shutdown
```

(つづく)

(つづき)

```
RT1(config-if)#exit
RT1(config)#interface Loopback 1
RT1(config-if)#ip address 10.1.1.1 255.255.255.0
RT1(config-if)#exit
RT1(config)#router bgp 10
RT1(config-router)#no synchronization
RT1(config-router)#no auto-summary
RT1(config-router)#network 10.1.1.0 mask 255.255.255.0
RT1(config-router)#neighbor 192.168.12.2 remote-as 20
RT1(config-router)#neighbor 192.168.13.3 remote-as 30
```
※ここでAS40とAS50を追加
```
RT1(config-router)#no neighbor 192.168.13.3 remote-as 30
RT1(config-router)#neighbor 192.168.14.4 remote-as 40
RT1(config-router)#exit
RT1(config)#interface FastEthernet 1/0
RT1(config-if)#ip address 192.168.14.1 255.255.255.0
```

○リスト7.2.6b：RT2の設定（Ciscoルーター）

```
RT2#configure terminal
RT2(config)#interface FastEthernet 0/0
RT2(config-if)#ip address 192.168.12.2 255.255.255.0
RT2(config-if)#no shutdown
RT2(config-if)#exit
RT2(config)#interface FastEthernet 1/0
RT2(config-if)#ip address 192.168.23.2 255.255.255.0
RT2(config-if)#no shutdown
RT2(config-if)#exit
RT2(config)#router bgp 20
RT2(config-router)#no synchronization
RT2(config-router)#no auto-summary
RT2(config-router)#neighbor 192.168.12.1 remote-as 10
RT2(config-router)#neighbor 192.168.23.3 remote-as 30
```

○リスト7.2.6c：RT3の設定（Ciscoルーター）

```
RT3#configure terminal
RT3(config)#interface FastEthernet 0/0
RT3(config-if)#ip address 192.168.23.3 255.255.255.0
RT3(config-if)#no shutdown
RT3(config-if)#exit
RT3(config)#interface FastEthernet 1/0
RT3(config-if)#ip address 192.168.13.3 255.255.255.0
RT3(config-if)#no shutdown
RT3(config-if)#exit
RT3(config)#router bgp 30
RT3(config-router)#no synchronization
RT3(config-router)#no auto-summary
RT3(config-router)#neighbor 192.168.23.2 remote-as 20
RT3(config-router)#neighbor 192.168.13.1 remote-as 10
RT3(config-router)#do show ip bgp
```
※Router1に直接接続するルートがベストパス
```
   ...略...
   Network          Next Hop            Metric LocPrf Weight Path
```

(つづく)

```
(つづき)
*> 10.1.1.0/24       192.168.13.1                  0          0 10 i
*                    192.168.23.2                             0 20 10 i
RT3(config-router)#do show ip route bgp
     10.0.0.0/24 is subnetted, 1 subnets
B       10.1.1.0 [20/0] via 192.168.13.1, 00:02:06
```

※ここでAS40とAS50を追加

```
RT3(config-router)#no neighbor 192.168.13.1 remote-as 10
RT3(config-router)#neighbor 192.168.35.5 remote-as 50
RT3(config-router)#exit
RT3(config)#interface FastEthernet 1/0
RT3(config-if)#ip address 192.168.35.3 255.255.255.0
RT3(config-if)#end
RT3#show ip bgp
```

※Router2を経由するルートがベストパス

```
   ...略...
   Network          Next Hop            Metric LocPrf Weight Path
*  10.1.1.0/24      192.168.35.5                       0 50 40 10 i
*>                  192.168.23.2                       0 20 10 i
RT3#show ip route bgp
     10.0.0.0/24 is subnetted, 1 subnets
B       10.1.1.0 [20/0] via 192.168.23.2, 00:09:36
```

○リスト7.2.6d：RT4の設定（Ciscoルーター）

```
RT4#configure terminal
RT4(config)#interface FastEthernet 0/0
RT4(config-if)#ip address 192.168.14.4 255.255.255.0
RT4(config-if)#no shutdown
RT4(config-if)#exit
RT4(config)#interface FastEthernet 1/0
RT4(config-if)#ip address 192.168.45.4 255.255.255.0
RT4(config-if)#no shutdown
RT4(config-if)#exit
RT4(config)#router bgp 40
RT4(config-router)#no synchronization
RT4(config-router)#no auto-summary
RT4(config-router)#neighbor 192.168.14.1 remote-as 10
RT4(config-router)#neighbor 192.168.45.5 remote-as 50
```

○リスト7.2.6e：RT5の設定（Ciscoルーター）

```
RT5#configure terminal
RT5(config)#interface FastEthernet 0/0
RT5(config-if)#ip address 192.168.45.5 255.255.255.0
RT5(config-if)#no shutdown
RT5(config-if)#exit
RT5(config)#interface FastEthernet 1/0
RT5(config-if)#ip address 192.168.35.5 255.255.255.0
RT5(config-if)#no shutdown
RT5(config-if)#exit
RT5(config)#router bgp 50
RT5(config-router)#no synchronization
RT5(config-router)#no auto-summary
RT5(config-router)#neighbor 192.168.45.4 remote-as 40
RT5(config-router)#neighbor 192.168.35.3 remote-as 30
```

7-2-4 MEDによるベストパスの選択

　MEDパスアトリビュートは、2つのAS間で複数のeBGPピアがある場合、受信側（アップデートではなく実データを受信する側）のASの方から送信側のASに対して、自身のAS内への優先パスを示すために使われます。

　ここで注意したいのは、ヤマハルーターの仕様では、MEDはeBGP間でしか自動通知しないことです。すなわち、iBGP間でMEDを通知するには手動設定が必要です。MEDに関するコマンドは次のとおりです。

eBGPピア間のMED設定

`bgp neighbor [ピア番号] [相手のAS] [相手のIPアドレス] [MED]`										
RTX5000	RTX3500	RTX3000	RTX1500	RTX1210	RTX1200	RTX1100	RTX810	RT250i	RT107e	SRT100

　このコマンドは、eBGPピアのルーターに対してMEDを通知します。MEDパラメータは、「med=100」のような形式で記述します。ヤマハルーターの仕様では、MEDパラメータを指定しない場合、MEDは通知されません。

MED通知のためのBGP importフィルタの設定

`bgp import [相手のAS] [プロトコル] filter [フィルタ番号] [MED]`										
RTX5000	RTX3500	RTX3000	RTX1500	RTX1210	RTX1200	RTX1100	RTX810	RT250i	RT107e	SRT100

　ヤマハルーターでは、eBGPピア間でしかMEDを通知しないため、iBGPピア間でMED

○図7.2.7：MEDによるベストパスの選択（ヤマハルーター）

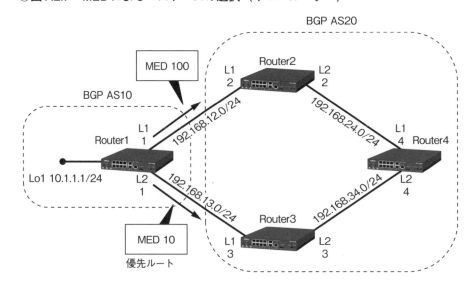

を通知するには、BGP importフィルタにMEDパラメータを追記します。

図7.2.7のネットワーク構成を使って、ヤマハルーターでのMEDによるベストパスの選択方法を示します（リスト7.2.7a～7.2.7d）。この例では、Router1からRouter2とRouter3に向けて10.1.1.0/24のルート情報を広告します。このとき、Router2とRouter3に広告するルート情報に、それぞれMED100と10の値を付与して、Router4から10.1.1.0/24へのBGP通信をRouter3経由が優先ルートとなるようにします。ヤマハルーターのMED仕様では、iBGPピア間で自動的にMEDを広告しないので、Router2とRouter3で手動設定を行い、それぞれのMED値をRouter4に渡します。

○リスト7.2.7a：Router1の設定（ヤマハルーター）

```
Router1# ip route 10.1.1.0/24 gateway loopback1  ❶
Router1#
Router1# ip lan1 address 192.168.12.1/24  ❷
Router1# ip lan2 address 192.168.13.1/24
Router1# ip loopback1 address 10.1.1.1/24
Router1#
Router1# bgp use on  ❸
Router1#
Router1# bgp autonomous-system 10  ❹
Router1#
Router1# bgp neighbor 1 20 192.168.12.2  ❺
Router1# bgp neighbor 2 20 192.168.13.3
Router1#
Router1# bgp import filter 1 equal 10.1.1.0/24  ❻
Router1#
Router1# bgp import 20 static filter 1  ❼
Router1#
Router1# bgp configure refresh  ❽
```
※MEDによるベストパスを変更
```
Router1# bgp neighbor 1 20 192.168.12.2 metric=100   ❾  ※Router2にMED100を通知
Router1# bgp neighbor 2 20 192.168.13.3 metric=10   ※Router3にMED10を通知
Router1#
Router1# bgp configure refresh
Router1#
```

❶ ループバック1インタフェースをネクストホップとする10.1.1.0/24へのスタティックルートを設定する **IOS** `ip route`
❷ LAN1インタフェースのIPアドレスを設定する **IOS** `interface` ⇒ `ip address`
❸ BGPを有効化する **IOS** −
❹ 自ルーターのAS番号を定義する **IOS** `router bgp`
❺ AS20にあるIPアドレスが192.168.12.2のルーターとBGPピアを確立する **IOS** `router bgp` ⇒ `neighbor X remote-as`
❻ 10.1.1.0/24のルートを許可するBGP importフィルタ1を設定する **IOS** −
❼ BGP importフィルタ1に合致するスタティックルートをAS20に告知する **IOS** `router bgp` ⇒ `network`
❽ BGP設定を有効化する **IOS** `clear ip bgp *`
❾ AS20にあるIPアドレスが192.168.12.2のルーターとBGPピアを確立し、MED100を送信する
　IOS `router bgp` ⇒ `neighbor X route-map`
　　`route-map` ⇒ `set metric`

○リスト7.2.7b：Router2の設定（ヤマハルーター）

```
Router2# ip lan1 address 192.168.12.2/24
Router2# ip lan2 address 192.168.24.2/24
Router2#
Router2# bgp use on
Router2#
Router2# bgp autonomous-system 20
Router2#
Router2# bgp neighbor 1 10 192.168.12.1
Router2# bgp neighbor 2 20 192.168.24.4
Router2#
Router2# bgp import filter 1 include 0.0.0.0/0
Router2#
Router2# bgp import 20 bgp 10 filter 1
Router2#
Router2# bgp configure refresh
※Router1にてMEDによるベストパスを変更

Router2# bgp import filter 1 include 0.0.0.0/0 metric=100
※手動設定によるiBGP間(Router2→Router4)のMED通知
Router2#
Router2# bgp configure refresh
Router2#
```

○リスト7.2.7c：Router3の設定（ヤマハルーター）

```
Router3# ip lan1 address 192.168.13.3/24
Router3# ip lan2 address 192.168.34.3/24
Router3#
Router3# bgp use on
Router3#
Router3# bgp autonomous-system 20
Router3#
Router3# bgp neighbor 1 10 192.168.13.1
Router3# bgp neighbor 2 20 192.168.34.4
Router3#
Router3# bgp import filter 1 include 0.0.0.0/0
Router3#
Router3# bgp import 20 bgp 10 filter 1
Router3#
Router3# bgp configure refresh
※Router1にてMEDによるベストパスを変更

Router3# bgp import filter 1 include 0.0.0.0/0 metric=10
※手動設定によるiBGP間(Router3→Router4)のMED通知
Router3#
Router3# bgp configure refresh
Router3#
```

○リスト7.2.7d：Router4の設定（ヤマハルーター）

```
Router4# ip lan1 address 192.168.24.4/24
Router4# ip lan2 address 192.168.34.4/24
Router4#
Router4# bgp use on
Router4#
```

○リスト7.2.7d：Router4の設定（ヤマハルーター）

```
Router4# bgp autonomous-system 20
Router4#
Router4# bgp neighbor 1 20 192.168.24.2
Router4# bgp neighbor 2 20 192.168.34.3
Router4#
Router4# show ip route detail grep BGP  ①
Searching ...
10.1.1.0/24          192.168.24.2      LAN1      BGP   path=10 origin=IGP
localpref=100
※Router2経由が優先ルート
10.1.1.0/24          192.168.34.3      LAN2      BGP   (hidden) path=10
origin=IGP localpref=100
※Router1～Router3にてMEDの設定を行う
Router4# show ip route detail | grep BGP
Searching ...
10.1.1.0/24          192.168.34.3      LAN2      BGP   path=10 origin=IGP m
etric=10 localpref=100
※Router3経由が優先ルート
10.1.1.0/24          192.168.24.2      LAN1      BGP   (hidden) path=10 ori
gin=IGP metric=100 localpref=100
Router4#
```

❶ ルーティングテーブルのうち「BGP」を含む行のみを表示する **IOS** `show ip route | inc`

Ciscoルーターの場合

ネットワーク図は図7.2.8で、Ciscoルーターでの設定はリスト7.2.8a～7.2.8dのようになります。Ciscoルーターでは、MEDの通知を設定しなくても、初期値「0」のMED値が相手側のASに通知します。また、iBGPピア間で自動的にMEDを通知する仕様もヤマハルーターと異なります。

○図7.2.8：MEDによるベストパスの選択（Ciscoルーター）

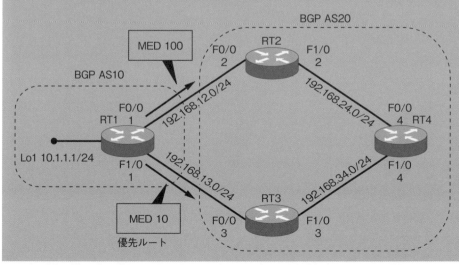

○リスト7.2.8a：RT1の設定（Ciscoルーター）

```
RT1#configure terminal
RT1(config)#interface FastEthernet 0/0
RT1(config-if)#ip address 192.168.12.1 255.255.255.0
RT1(config-if)#no shutdown
RT1(config-if)#exit
RT1(config)#interface FastEthernet 1/0
RT1(config-if)#ip address 192.168.13.1 255.255.255.0
RT1(config-if)#no shutdown
RT1(config-if)#exit
RT1(config)#interface Loopback 1
RT1(config-if)#ip address 10.1.1.1 255.255.255.0
RT1(config-if)#exit
RT1(config)#router bgp 10
RT1(config-router)#no synchronization
RT1(config-router)#no auto-summary
RT1(config-router)#network 10.1.1.0 mask 255.255.255.0
RT1(config-router)#neighbor 192.168.12.2 remote-as 20
RT1(config-router)#neighbor 192.168.13.3 remote-as 20
```

※ここでMEDによるベストパスを変更

```
RT1(config-router)#neighbor 192.168.12.2 route-map MED100 out
RT1(config-router)#neighbor 192.168.13.3 route-map MED010 out
RT1(config-router)#exit
RT1(config)#route-map MED100 permit 10
RT1(config-route-map)#match ip address 1
RT1(config-route-map)#set metric 100
RT1(config-route-map)#exit
RT1(config)#route-map MED010 permit 10
RT1(config-route-map)#match ip address 1
RT1(config-route-map)#set metric 10
RT1(config-route-map)#exit
RT1(config)#access-list 1 permit 10.1.1.0 0.0.0.255
RT1(config)#do clear ip bgp *
```

○リスト7.2.8b：RT2の設定（Ciscoルーター）

```
RT2#configure terminal
RT2(config)#interface FastEthernet 0/0
RT2(config-if)#ip address 192.168.12.2 255.255.255.0
RT2(config-if)#no shutdown
RT2(config-if)#exit
RT2(config)#interface FastEthernet 1/0
RT2(config-if)#ip address 192.168.24.2 255.255.255.0
RT2(config-if)#no shutdown
RT2(config-if)#exit
RT2(config)#router bgp 20
RT2(config-router)#no synchronization
RT2(config-router)#no auto-summary
RT2(config-router)#neighbor 192.168.12.1 remote-as 10
RT2(config-router)#neighbor 192.168.24.4 remote-as 20
```

○リスト7.2.8c：RT3の設定（Ciscoルーター）

```
RT3#configure terminal
RT3(config)#interface FastEthernet 0/0
RT3(config-if)#ip address 192.168.13.3 255.255.255.0
RT3(config-if)#no shutdown
RT3(config-if)#exit
RT3(config)#interface FastEthernet 1/0
RT3(config-if)#ip address 192.168.34.3 255.255.255.0
RT3(config-if)#no shutdown
RT3(config-if)#exit
RT3(config)#router bgp 20
RT3(config-router)#no synchronization
RT3(config-router)#no auto-summary
RT3(config-router)#neighbor 192.168.13.1 remote-as 10
RT3(config-router)#neighbor 192.168.34.4 remote-as 20
```

○リスト7.2.8d：RT4の設定（Ciscoルーター）

```
RT4#configure terminal
RT4(config)#interface FastEthernet 0/0
RT4(config-if)#ip address 192.168.24.4 255.255.255.0
RT4(config-if)#no shutdown
RT4(config-if)#exit
RT4(config)#interface FastEthernet 1/0
RT4(config-if)#ip address 192.168.34.4 255.255.255.0
RT4(config-if)#no shutdown
RT4(config-if)#exit
RT4(config)#ip route 192.168.12.0 255.255.255.0 192.168.24.2
RT4(config)#ip route 192.168.13.0 255.255.255.0 192.168.34.3
RT4(config)#router bgp 20
RT4(config-router)#no synchronization
RT4(config-router)#no auto-summary
RT4(config-router)#neighbor 192.168.24.2 remote-as 20
RT4(config-router)#neighbor 192.168.34.3 remote-as 20
RT4(config-router)#end
RT4#show ip bgp
    ...略...
   Network          Next Hop         Metric LocPrf Weight Path
*>i10.1.1.0/24     192.168.12.1          0    100      0 10 i   ※Router2経由が優先
ルート
* i                192.168.13.1          0    100      0 10 i
```

※ここでR1にてMEDによるベストパスを変更

```
RT4#show ip bgp
    ...略...
   Network          Next Hop         Metric LocPrf Weight Path
*>i10.1.1.0/24     192.168.13.1         10    100      0 10 i   ※Router3経由が優先
ルート
* i                192.168.12.1        100    100      0 10 i
```

7-2-5 Local Preferenceによるベストパスの選択

Local Preferenceは、自ASの都合で外部ASへの複数の出口から優先ルートを決めるパスアトリビュートです。MEDはeBGPピア間での通知（ヤマハルーター仕様）に対して、Local PreferenceはiBGPピア間で自動的に通知されます。また、Local Preferenceパラメータを指定しなくても、「100」のデフォルト値が送信されます。

Local Preference通知のためのBGP importフィルタの設定

`bgp import [`*相手のAS*`] [`*プロトコル*`] filter [`*フィルタ番号*`] [`*Local Preference*`]`											
RTX5000	RTX3500	RTX3000	RTX1500	RTX1210	RTX1200	RTX1100	RTX810	RT250i	RT107e	SRT100

このコマンドは、iBGPピアのルーターに対してLocal Preferenceを通知します。Local Preferenceパラメータ値は、「preference=200」のような形式で記述します。

図7.2.9のネットワーク構成を使って、ヤマハルーターにおけるLocal Preferenceによるベストパスの選択方法を示します（リスト7.2.9a～7.2.9d）。この例では、Router1からRouter4に向けて10.1.1.1/24のルート情報を2つのルート（Router2経由とRoutetr3経由）経由で送信しています。Router3でLocal Preference値をデフォルトの100から200に変更して、Router3経由ルートをベストパスに設定します。

○図7.2.9：Local Preferenceによるベストパスの選択（ヤマハルーター）

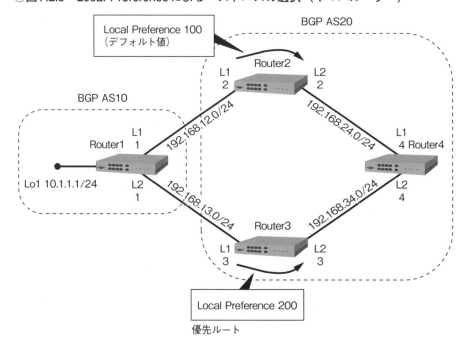

○リスト7.2.9a：Router1の設定（ヤマハルーター）

```
Router1# ip route 10.1.1.0/24 gateway loopback1    ❶
Router1#
Router1# ip lan1 address 192.168.12.1/24           ❷
Router1# ip lan2 address 192.168.13.1/24
Router1# ip loopback1 address 10.1.1.1/24
Router1#
Router1# bgp use on                                ❸
Router1#
Router1# bgp autonomous-system 10                  ❹
Router1#
Router1# bgp neighbor 1 20 192.168.12.2            ❺
Router1# bgp neighbor 2 20 192.168.13.3
Router1#
Router1# bgp import filter 1 equal 10.1.1.0/24     ❻
Router1#
Router1# bgp import 20 static filter 1             ❼
Router1#
Router1# bgp configure refresh                     ❽
Router1#
```

❶ ループバック1インタフェースをネクストホップとする10.1.1.0/24へのスタティックルートを設定する **IOS** `ip route`
❷ LAN1インタフェースのIPアドレスを設定する **IOS** `interface` ⇒ `ip address`
❸ BGPを有効化する **IOS** －
❹ 自ルーターのAS番号を定義する **IOS** `router bgp`
❺ AS20にあるIPアドレスが192.168.12.2のルーターとBGPピアを確立する **IOS** `router bgp` ⇒ `neighbor X remote-as`
❻ 10.1.1.0/24に一致するルートを許可するBGP importフィルタ1を設定する **IOS** －
❼ BGP importフィルタ1に合致するスタティックルートをAS20に告知する **IOS** `router bgp` ⇒ `network`
❽ BGP設定を有効化する **IOS** `clear ip bgp *`

○リスト7.2.9b：Router2の設定（ヤマハルーター）

```
Router2# ip lan1 address 192.168.12.2/24
Router2# ip lan2 address 192.168.24.2/24
Router2#
Router2# bgp use on
Router2#
Router2# bgp autonomous-system 20
Router2#
Router2# bgp neighbor 1 10 192.168.12.1
Router2# bgp neighbor 2 20 192.168.24.4
Router2#
Router2# bgp import filter 1 include 0.0.0.0/0     ❶
Router2#
Router2# bgp import 20 bgp 10 filter 1
Router2#
Router2# bgp configure refresh
Router2#
```

❶ すべてのルートを許可するBGP importフィルタ1を設定する **IOS** －

○リスト7.2.9c：Router3の設定（ヤマハルーター）

```
Router3# ip lan1 address 192.168.13.3/24
Router3# ip lan2 address 192.168.34.3/24
Router3#
Router3# bgp use on
Router3#
Router3# bgp autonomous-system 20
Router3#
Router3# bgp neighbor 1 10 192.168.13.1
Router3# bgp neighbor 2 20 192.168.34.4
Router3#
Router3# bgp import filter 1 include 0.0.0.0/0
Router3#
Router3# bgp import 20 bgp 10 filter 1
Router3#
Router3# bgp configure refresh

※ここでLocal Preference値を変更

Router3# bgp import filter 1 include 0.0.0.0/0 preference=200  ❶
Router3#
Router3# bgp configure refresh
Router3#
```

❶ すべてのルートを許可するBGP importフィルタ1を設定する。さらにすべてのルートにLocal Preference値「200」を付加する

　IOS　router bgp ⇒ neighbor X route-map
　　　　 route-map ⇒ set metric

○リスト7.2.9d：Router4の設定（ヤマハルーター）

```
Router4# ip lan1 address 192.168.24.4/24
Router4# ip lan2 address 192.168.34.4/24
Router4#
Router4# bgp use on
Router4#
Router4# bgp autonomous-system 20
Router4#
Router4# bgp neighbor 1 20 192.168.24.2
Router4# bgp neighbor 2 20 192.168.34.3
Router4#
Router4# bgp configure refresh
Router4#
Router4# show ip route detail grep BGP  ❶
Searching ...
10.1.1.0/24         192.168.24.2        LAN1    BGP  path=10 origin=IGP
localpref=100

※10.1.1.0/24へのルートはRouter2経由が優先

10.1.1.0/24         192.168.34.3        LAN2    BGP  (hidden) path=10
origin=IGP localpref=100

※ここでRouter3でLocal Preference値を変更

Router4# show ip route detail | grep BGP
Searching ...
10.1.1.0/24         192.168.34.3        LAN2    BGP  path=10 origin=IGP l
```

```
※10.1.1.0/24へのルートはRouter3経由が優先
ocalpref=200
10.1.1.0/24         192.168.24.2       LAN1      BGP  (hidden) path=10
origin=IGP localpref=100
Router4#
```

❶ ルーティングテーブルの中で「BGP」を含む行のみを表示する **IOS** show ip route | inc

Ciscoルーターの場合

ネットワーク図は図7.2.10で、Ciscoルーターでの設定はリスト7.2.10a〜7.2.10dのようになります。

○図7.2.10：Local Preferenceによるベストパスの選択（Ciscoルーター）

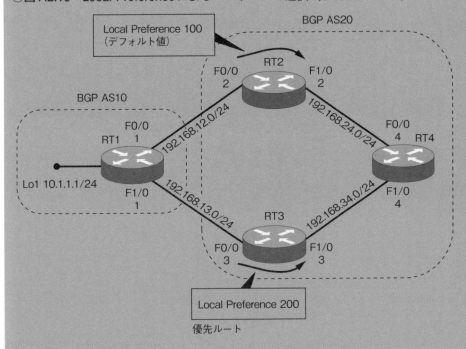

○リスト7.2.10a：RT1の設定（Ciscoルーター）

```
RT1#configure terminal
RT1(config)#interface FastEthernet 0/0
RT1(config-if)#ip address 192.168.12.1 255.255.255.0
RT1(config-if)#no shutdown
RT1(config-if)#exit
RT1(config)#interface FastEthernet 1/0
RT1(config-if)#ip address 192.168.13.1 255.255.255.0
RT1(config-if)#no shutdown
RT1(config-if)#exit
```

(つづく)

```
RT1(config)#interface Loopback 1
RT1(config-if)#ip address 10.1.1.1 255.255.255.0
RT1(config-if)#exit
RT1(config)#router bgp 10
RT1(config-router)#no synchronization
RT1(config-router)#no auto-summary
RT1(config-router)#network 10.1.1.0 mask 255.255.255.0
RT1(config-router)#neighbor 192.168.12.2 remote-as 20
RT1(config-router)#neighbor 192.168.13.3 remote-as 20
```

○リスト7.2.10b：RT2の設定（Ciscoルーター）

```
RT2#configure terminal
RT2(config)#interface FastEthernet 0/0
RT2(config-if)#ip address 192.168.12.2 255.255.255.0
RT2(config-if)#no shutdown
RT2(config-if)#exit
RT2(config)#interface FastEthernet 1/0
RT2(config-if)#ip address 192.168.24.2 255.255.255.0
RT2(config-if)#no shutdown
RT2(config-if)#exit
RT2(config)#router bgp 20
RT2(config-router)#no synchronization
RT2(config-router)#no auto-summary
RT2(config-router)#neighbor 192.168.12.1 remote-as 10
RT2(config-router)#neighbor 192.168.24.4 remote-as 20
```

○リスト7.2.10c：RT3の設定（Ciscoルーター）

```
RT3#configure terminal
RT3(config)#interface FastEthernet 0/0
RT3(config-if)#ip address 192.168.13.3 255.255.255.0
RT3(config-if)#no shutdown
RT3(config-if)#exit
RT3(config)#interface FastEthernet 1/0
RT3(config-if)#ip address 192.168.34.3 255.255.255.0
RT3(config-if)#no shutdown
RT3(config-if)#exit
RT3(config)#router bgp 20
RT3(config-router)#no synchronization
RT3(config-router)#no auto-summary
RT3(config-router)#neighbor 192.168.13.1 remote-as 10
RT3(config-router)#neighbor 192.168.34.4 remote-as 20
```

※ここでLocal Preference値を変更

```
RT3(config-router)#neighbor 192.168.34.4 route-map LP200 in
RT3(config-router)#exit
RT3(config)#route-map LP200 permit 10
RT3(config-route-map)#set local-preference 200
RT3(config-route-map)#do clear ip bgp *
```

リスト7.2.10d：RT4の設定（Ciscoルーター）

```
RT4#configure terminal
RT4(config)#interface FastEthernet 0/0
RT4(config-if)#ip address 192.168.24.4 255.255.255.0
RT4(config-if)#no shutdown
RT4(config-if)#exit
RT4(config)#interface FastEthernet 1/0
RT4(config-if)#ip address 192.168.34.4 255.255.255.0
RT4(config-if)#no shutdown
RT4(config-if)#exit
RT4(config)#ip route 192.168.12.0 255.255.255.0 192.168.24.2
RT4(config)#ip route 192.168.13.0 255.255.255.0 192.168.34.3
RT4(config)#router bgp 20
RT4(config-router)#no synchronization
RT4(config-router)#no auto-summary
RT4(config-router)#neighbor 192.168.24.2 remote-as 20
RT4(config-router)#neighbor 192.168.34.3 remote-as 20
RT4(config-router)#end
RT4#show ip bgp

   ...略...

   Network         Next Hop        Metric LocPrf Weight Path
*>i10.1.1.0/24    192.168.12.1          0    100      0 10 i
※10.1.1.0/24へのルートはRouter2経由が優先
*  i              192.168.13.1          0    100      0 10 i

※ここでRT3でLocal Preference値を変更

RT4#show ip bgp

   ...略...

   Network         Next Hop        Metric LocPrf Weight Path
*>i10.1.1.0/24    192.168.13.1          0    200      0 10 i
※10.1.1.0/24へのルートはRouter3経由が優先
*  i              192.168.12.1          0    100      0 10 i
```

7-2-6 ルート再配布とルート集約の設定

BGPでは、広告するルートを集約できます。IGPからルート情報がBGPに再配布されたとき、細かいルート情報が多くなることを防ぐためルート集約を行います。

集約ルートの設定

bgp aggregate [集約ルート] filter [フィルタ番号]											
RTX5000	RTX3500	RTX3000	RTX1500	RTX1210	RTX1200	RTX1100	RTX810	RT250i	RT107e	SRT100

このコマンドは、BGPのルートを集約します。集約ルートパラメータは、ルート集約後のネットワークです。フィルタ番号パラメータは、集約ルートフィルタの番号を指定します。なお、フィルタ番号はスペース区切りで複数指定できます。

集約ルートフィルタの設定

bgp aggregate filter [フィルタ番号] [プロトコル] [アクション] [指定方法] [ルート情報]									
RTX5000	RTX3500	RTX3000	RTX1500	RTX1210	RTX1200	RTX1100	RTX810	RT250i	RT107e	SRT100

このコマンドは、どのルートを集約の対象とするかを定義します。このときのフィルタ番号は、集約ルートコマンドのフィルタ番号と紐づいています。プロトコルは、集約対象のルートは何のルーティングプロトコルによって学習されたものかを指定します。**表7.2.3**は、プロトコルパラメータの一覧です。アクションと指定方法のパラメータは、それぞれ**表7.2.1**と**表7.2.2**の内容と同じです。

○表7.2.3：プロトコルパラメータ

プロトコル	内容
static	スタティックルート
rip	RIP
ospf	OSPF
bgp	BGP
all	すてべのルーティングプロトコル

図7.2.11のネットワーク構成を使って、ヤマハルーターにおけるルート再配布とルート集約の設定例を示します（**リスト7.2.11a～7.2.11c**）。この例では、Router1から4つのOSPFルートをRouter2でBGPにルート再配布し、さらに10.1.1.0/24に属するルートは集約してRouter3に広告します。

○図7.2.11：ルート再配布とルート集約（ヤマハルーター）

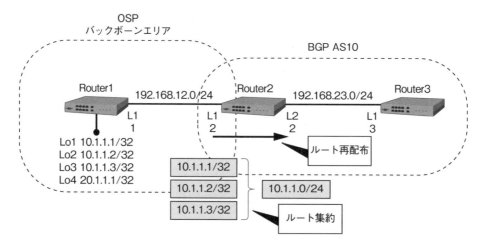

○リスト7.2.11a：Router1の設定（ヤマハルーター）

```
Router1# ip route default gateway 192.168.12.2 ❶
Router1#
Router1# ip lan1 address 192.168.12.1/24 ❷
Router1# ip loopback1 address 10.1.1.1/32
Router1# ip loopback2 address 10.1.1.2/32
Router1# ip loopback3 address 10.1.1.3/32
Router1# ip loopback4 address 20.1.1.1/32
Router1#
Router1# ip lan1 ospf area backbone ❸
Router1#
Router1# ip loopback1 ospf area backbone ❹
Router1# ip loopback2 ospf area backbone
Router1# ip loopback3 ospf area backbone
Router1# ip loopback4 ospf area backbone
Router1#
Router1# ospf use on ❺
Router1#
Router1# ospf area backbone ❻
Router1#
Router1# ospf configure refresh ❼
Router1#
```

❶ 192.168.12.2をネクストホップとするデフォルトゲートウェイを設定する **IOS** ip route
❷ LAN1インタフェースのIPアドレスを設定する **IOS** interface ⇒ ip address
❸ LAN1インタフェースをバックボーンエリアに割り当てる **IOS** router ospf ⇒ network X area
❹ バックボーン1インタフェースをバックボーンエリアに割り当てる **IOS** router ospf ⇒ network X area
❺ OSPFを有効化する **IOS** router ospf
❻ バックボーンエリアを定義する **IOS** -
❼ OSPF設定を有効化する **IOS** clear ip ospf proc

○リスト7.2.11b：Router2の設定（ヤマハルーター）

```
Router2# ip lan1 address 192.168.12.2/24
Router2# ip lan2 address 192.168.23.2/2
Router2#
Router2# ip lan1 ospf area backbone
Router2#
Router2# ospf use on
Router2#
Router2# ospf area backbone
Router2#
Router2# ospf configure refresh
Router2#
Router2# bgp use on
Router2#
Router2# bgp autonomous-system 10 ❶
Router2#
Router2# bgp neighbor 1 10 192.168.23.3 ❷
Router2#
Router2# bgp import filter 1 include 0.0.0.0/0 ❸
Router2#
Router2# bgp import 10 ospf filter 1 ❹
```

（つづく）

Chapter 7：ルーティングプロトコル──BGP

（つづき）

```
Router2#
Router2# bgp configure refresh
※ここでルート集約を行う
Router2# bgp aggregate filter 1 ospf include 10.1.1.0/24   ⑤ ※集約の対象
Router2#
Router2# bgp aggregate 10.1.0.0/16 filter 1   ⑥ ※集約ルートの設定
Router2#
Router2# bgp import 10 aggregate filter 2   ⑦ ※集約ルートをBGPで広告
Router2#
Router2# bgp import filter 1 equal 20.1.1.1/32   ⑧
Router2# bgp import filter 2 equal 10.1.0.0/16
Router2#
Router2# bgp configure refresh
Router2#
```

❶ 自ルーターのAS番号を定義する IOS `router bgp`
❷ AS10にあるIPアドレスが192.168.23.3のルーターとBGPピアを確立する IOS `router bgp` ⇒ `neighbor X remote-as`
❸ すべてのルートを許可するBGP importフィルタ1を設定する IOS –
❹ OSPFルートをBGPのAS10に告知する IOS `router bgp` ⇒ `redistribute ospf`
❺ 10.1.1.0/24に包含されているOSPFルート（10.1.1.0/24も含む）を示す集約ルートフィルタ1を設定する IOS –
❻ 集約ルートフィルタ1に合致するルートを10.1.0.0/16に集約する IOS `router bgp` ⇒ `aggregate-address`
❼ 集約ルートをBGPのAS10に告知する IOS `router bgp` ⇒ `redistribute ospf`
❽ 20.1.1.1/32に一致するルートを許可するBGP importフィルタ1を設定する（既存BGP importフィルタ1の書き換え） IOS –

○リスト7.2.11c：Router3の設定（ヤマハルーター）

```
Router3# ip lan1 address 192.168.23.3/24
Router3#
Router3# bgp use on
Router3#
Router3# bgp autonomous-system 10
Router3#
Router3# bgp neighbor 1 10 192.168.23.2
Router3#
Router3# bgp configure refresh
Router3#
Router3# show ip route | grep BGP   ❶
Searching ...
10.1.1.1/32      192.168.23.2      LAN1    BGP   path=[]
10.1.1.2/32      192.168.23.2      LAN1    BGP   path=[]
10.1.1.3/32      192.168.23.2      LAN1    BGP   path=[]
20.1.1.1/32      192.168.23.2      LAN1    BGP   path=[]
※ここでRouter2でルート集約を行う
Router3# show ip route | grep BGP
Searching ...
10.1.0.0/16      192.168.23.2      LAN1    BGP   path=[]   ※集約ルート
20.1.1.1/32      192.168.23.2      LAN1    BGP   path=[]
Router3#
```

❶ ルーティングテーブルのなかで「BGP」を含む行のみを表示する IOS `show ip route | inc`

Ciscoルーターの場合

ネットワーク図は図7.2.12で、Ciscoルーターでの設定はリスト7.2.12a〜7.2.12cのようになります。

○図7.2.12：ルート再配布とルート集約（Ciscoルーター）

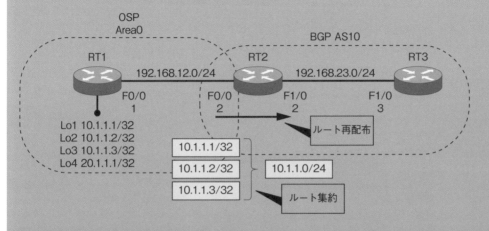

○リスト7.2.12a：RT1の設定（Ciscoルーター）

```
RT1#configure terminal
RT1(config)#ip route 0.0.0.0 0.0.0.0 192.168.12.2
RT1(config)#interface FastEthernet 0/0
RT1(config-if)#ip address 192.168.12.1 255.255.255.0
RT1(config-if)#no shutdown
RT1(config-if)#exit
RT1(config)#interface Loopback 1
RT1(config-if)#ip address 10.1.1.1 255.255.255.255
RT1(config-if)#exit
RT1(config)#interface Loopback 2
RT1(config-if)#ip address 10.1.1.2 255.255.255.255
RT1(config-if)#exit
RT1(config)#interface Loopback 3
RT1(config-if)#ip address 10.1.1.3 255.255.255.255
RT1(config-if)#exit
RT1(config)#interface Loopback 4
RT1(config-if)#ip address 20.1.1.1 255.255.255.255
RT1(config-if)#exit
RT1(config)#router ospf 1
RT1(config-router)#network 192.168.12.0 0.0.0.255 area 0
RT1(config-router)#network 10.1.1.1 0.0.0.0 area 0
RT1(config-router)#network 10.1.1.2 0.0.0.0 area 0
RT1(config-router)#network 10.1.1.3 0.0.0.0 area 0
RT1(config-router)#network 20.1.1.1 0.0.0.0 area 0
```

○リスト7.2.12b：RT2の設定（Ciscoルーター）

```
RT2#configure terminal
RT2(config)#interface FastEthernet 0/0
RT2(config-if)#ip address 192.168.12.2 255.255.255.0
RT2(config-if)#no shutdown
RT2(config-if)#exit
RT2(config)#interface FastEthernet 1/0
RT2(config-if)#ip address 192.168.23.2 255.255.255.0
RT2(config-if)#no shutdown
RT2(config-if)#exit
RT2(config)#router ospf 1
RT2(config-router)#network 192.168.12.0 0.0.0.255 area 0
RT2(config router)#exit
RT2(config)#router bgp 10
RT2(config-router)#no synchronization
RT2(config-router)#no auto-summary
RT2(config-router)#neighbor 192.168.23.3 remote-as 10
RT2(config-router)#redistribute ospf 1
```

※ここでルート集約を行う

```
RT2(config-router)#aggregate-address 10.1.1.0 255.255.255.0 summary-only
```

○リスト7.2.12c：RT3の設定（Ciscoルーター）

```
RT3#configure terminal
RT3(config)#interface FastEthernet 0/0
RT3(config-if)#ip address 192.168.23.3 255.255.255.0
RT3(config-if)#no shutdown
RT3(config-if)#exit
RT3(config)#router bgp 10
RT3(config-router)#no synchronization
RT3(config-router)#no auto-summary
RT3(config-router)#neighbor 192.168.23.2 remote-as 10
RT3(config-router)#end
RT3#show ip route bgp
B    192.168.12.0/24 [200/0] via 192.168.23.2, 00:02:13
     20.0.0.0/32 is subnetted, 1 subnets
B       20.1.1.1 [200/2] via 192.168.12.1, 00:02:08
     10.0.0.0/32 is subnetted, 3 subnets
B       10.1.1.2 [200/2] via 192.168.12.1, 00:02:08
B       10.1.1.3 [200/2] via 192.168.12.1, 00:02:08
B       10.1.1.1 [200/2] via 192.168.12.1, 00:02:08
```

※ここでRT2でルート集約を行う

```
RT3#show ip route bgp
B    192.168.12.0/24 [200/0] via 192.168.23.2, 00:06:29
     20.0.0.0/32 is subnetted, 1 subnets
B       20.1.1.1 [200/2] via 192.168.12.1, 00:06:24
     10.0.0.0/24 is subnetted, 1 subnets
B       10.1.1.0 [200/0] via 192.168.23.2, 00:00:26   ※集約ルート
```

7-2-7 ルートフィルタの設定

BGPで受信したルート情報をルーティングテーブルに登録するとき、ルートフィルタで登録するルート情報を限定できます。ヤマハルーターでは、ネットワークアドレスとAS Pathの両方でフィルタを設定できます。

ルートフィルタ（AS Pathの指定なし）の設定

`bgp export [`*転送元AS*`] filter [`*exportフィルタ番号*`]`										
RTX5000	RTX3500	RTX3000	RTX1500	RTX1210	RTX1200	RTX1100	RTX810	RT250i	RT107e	SRT100

このコマンドは、どのルート情報をルーティングテーブルに載せるかを決めます。転送元 ASは、自ルーターに対してルート情報を直接広告するルーターのASです。具体的な対象ルート情報は、BGPのexportフィルタで定義します。また、exportフィルタ番号はスペース区切りで複数個設定できます。

ルートフィルタ（AS Pathの指定あり）の設定

`bgp export aspath [`*aspath番号*`] [`*AS Path正規表現*`] filter [`*exportフィルタ番号*`]`										
RTX5000	RTX3500	RTX3000	RTX1500	RTX1210	RTX1200	RTX1100	RTX810	RT250i	RT107e	SRT100

このコマンドは、正規表現で記述したAS Pathに一致するルート情報をルーティングテーブルに登録します。aspath番号は、1以上の数字で、フィルタの評価順序を表します。AS Path正規表現パラメータ値の記述例は表7.2.4のとおりです。

○表7.2.4：AS Path正規表現パラメータ

パラメータ値の例	内容	該当AS Pathの一例
"10"	AS番号10を含むAS Path	10 20 5 10 5 10 20
"^[12]0.*"	AS番号が10または20ではじまるAS Path	10 20 20 30
".* [12]0$"	AS番号が10または20で終わるAS Path	20 10 40 30 20
"^10 20$"	AS Pathが「10 20」と完全一致	10 20

BGPのexportフィルタの設定

`bgp export filter [`*exportフィルタ番号*`] [`*アクション*`] [`*指定方法*`] [`*ルート情報*`]`										
RTX5000	RTX3500	RTX3000	RTX1500	RTX1210	RTX1200	RTX1100	RTX810	RT250i	RT107e	SRT100

このフィルタは、指定方法とルート情報の2つのパラメータで対象ルート情報を決め、ア

クションパラメータで対象ルートをどのように扱うかを指定します。アクションパラメータの動作仕様は、**表7.2.5**のようになっています。指定方法パラメータは、**表7.2.2**の内容と同じです。

○表7.2.5：アクションパラメータ

パラメータ値	動作仕様
省略	対象ルートをルーティングテーブルに登録する
reject	対象ルートをルーティングテーブルに登録しない

図7.2.13のネットワーク構成を使って、ヤマハルーターのルートフィルタ機能を示します（**リスト7.2.13a～7.2.13d**）。この例では、Router1から3つのルート情報（10.1.1.1/32、10.1.1.2/32、10.2.2.2/32）、Router2から1つのルート情報（20.1.1.1/32）、Router3から1つのルート情報（30.1.1.1/32）をRouter4に向けて広告します。Router4でルートフィルタを設定して、次のような条件にすべて合致するルート情報のみをルーティングテーブルに登録します。

- AS Pathが10または30で終わるルート
- 10.1.1.0/24に含むルート（10.1.1.0/24自身も含む）以外のルート

○図7.2.13：ルートフィルタの設定（ヤマハルーター）

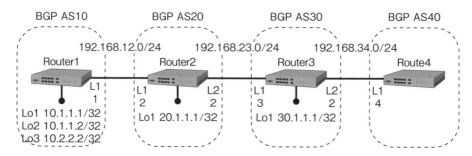

○リスト7.2.13a：Router1の設定（ヤマハルーター）

```
Router1# ip route 10.1.1.1 gateway loopback1  ①
Router1# ip route 10.1.1.2 gateway loopback2
Router1# ip route 10.2.2.2 gateway loopback3
Router1#
Router1# ip lan1 address 192.168.12.1/24  ②
Router1# ip loopback1 address 10.1.1.1/32
Router1# ip loopback2 address 10.1.1.2/32
Router1# ip loopback3 address 10.2.2.2/32
Router1#
Router1# bgp use on  ③
Router1#
Router1# bgp autonomous-system 10  ④
Router1#
Router1# bgp neighbor 1 20 192.168.12.2  ⑤
Router1#
Router1# bgp import filter 1 equal 10.1.1.1/32  ⑥
```

（つづく）

7-2：BGPの設定

(つづき)
```
Router1# bgp import filter 2 equal 10.1.1.2/32
Router1# bgp import filter 3 equal 10.2.2.2/32
Router1#
Router1# bgp import 20 static filter 1 2 3 ❼
Router1#
Router1# bgp configure refresh ❽
Router1#
```

❶ ループバック1インタフェースをネクストホップとする10.1.1.1へのスタティックルートを設定する **IOS** `ip route`
❷ LAN1インタフェースのIPアドレスを設定する **IOS** `interface` ⇒ `ip address`
❸ BGPを有効化する **IOS** ー
❹ 自ルーターのAS番号を定義する **IOS** `router bgp`
❺ AS20にあるIPアドレスが192.168.12.2のルーターとBGPピアを確立する **IOS** `router bgp` ⇒ `neighbor X remote-as`
❻ 10.1.1.1/32に一致するルートを許可するBGP importフィルタ1を設定する **IOS** ー
❼ BGP importフィルタ1、2、3に合致するスタティックルートをAS20に告知する **IOS** `router bgp` ⇒ `network`
❽ BGP設定を有効化する **IOS** `clear ip bgp *`

○リスト7.2.13b：Router2の設定（ヤマハルーター）

```
Router2# ip route 20.1.1.1 gateway loopback1
Router2#
Router2# ip lan1 address 192.168.12.2/24
Router2# ip lan2 address 192.168.23.2/24
Router2#
Router2# ip loopback1 address 20.1.1.1/32
Router2#
Router2# bgp use on
Router2#
Router2# bgp autonomous-system 20
Router2#
Router2# bgp neighbor 1 10 192.168.12.1
Router2# bgp neighbor 2 30 192.168.23.3
Router2#
Router2# bgp import filter 1 equal 20.1.1.1/32
Router2# bgp import filter 2 include 0.0.0.0/0 ❶
Router2#
Router2# bgp import 30 static filter 1 ❷
Router2# bgp import 30 bgp 10 filter 2 ❸
Router2#
Router2# bgp configure refresh
Router2#
```

❶ すべてのルートを許可するBGP importフィルタ2を設定する **IOS** ー
❷ BGP importフィルタ1に合致するスタティックルートをAS30に告知する **IOS** `router bgp` ⇒ `network`
❸ AS10から受信したBGP importフィルタ2に合致するBGPルートをAS30に告知する **IOS** ー

○リスト7.2.13c：Router3の設定（ヤマハルーター）

```
Router3# ip route 30.1.1.1 gateway loopback1
Router3#
```

(つづく)

(つづき)

```
Router3# ip lan1 address 192.168.23.3/24
Router3# ip lan2 address 192.168.34.3/24
Router3# ip loopback1 address 30.1.1.1/32
Router3#
Router3# bgp use on
Router3#
Router3# bgp autonomous-system 30
Router3#
Router3# bgp neighbor 1 20 192.168.23.2
Router3# bgp neighbor 2 40 192.168.34.4
Router3#
Router3# bgp import filter 1 equal 30.1.1.1/32
Router3# bgp import filter 2 include 0.0.0.0/0
Router3#
Router3# bgp import 40 static filter 1
Router3# bgp import 40 bgp 20 filter 2
Router3#
Router3# bgp configure refresh
Router3#
```

○リスト7.2.13d：Router4の設定（ヤマハルーター）

```
Router4# ip lan1 address 192.168.34.4/24
Router4#
Router4# bgp use on
Router4#
Router4# bgp autonomous-system 40
Router4#
Router4# bgp neighbor 1 30 192.168.34.3
Router4#
Router4# bgp configure refresh
Router4#
Router4# show ip route | grep BGP   ❶ ※ルートフィルタ設定前の状態
Searching ...
10.1.1.1/32      192.168.34.3      LAN1    BGP  path=30 20 10
10.1.1.2/32      192.168.34.3      LAN1    BGP  path=30 20 10
10.2.2.2/32      192.168.34.3      LAN1    BGP  path=30 20 10
20.1.1.1/32      192.168.34.3      LAN1    BGP  path=30 20
30.1.1.1/32      192.168.34.3      LAN1    BGP  path=30
Router4#
Router4# bgp export filter 1 reject include 10.1.1.0/24  ❷
Router4# bgp export filter 2 include 0.0.0.0/0  ❸
Router4#
Router4# bgp export aspath 1 ".* [13]0$" filter 1 2  ❹ ※ルートフィルタの設定
Router4#
Router4# bgp configure refresh
Router4#
Router4# show ip route | grep BGP  ※ルートフィルタ設定後の状態
Searching ...
10.2.2.2/32      192.168.34.3      LAN1    BGP  path=30 20 10
30.1.1.1/32      192.168.34.3      LAN1    BGP  path=30
Router4#
```

❶ ルーティングテーブルの中で「BGP」を含む行のみを表示する IOS show ip route | inc
❷ 10.1.1.0/24に包含されているルート（10.1.1.0/24も含む）を示すBGP exportフィルタ1を設定する IOS access-list
❸ すべてのルートを示すBGP exportフィルタ2を設定する IOS access-list
❹ ルーティングテーブルに登録するルートをAS Path（10または30で終わるAS Path）とBGP exportフィルタ1と2で限定する
　IOS router bgp ⇒ neighbor X route-map
　　route-map ⇒ match ip address ⇒ match as-path

Ciscoルーターの場合

　ネットワーク図は図7.2.14で、Ciscoルーターでの設定はリスト7.2.14a～7.2.14dのようになります。

○図7.2.14：ルート再配布とルート集約（Ciscoルーター）

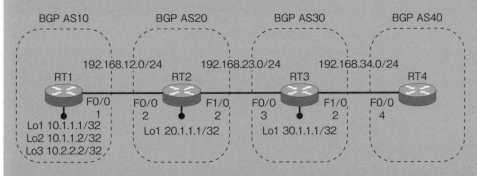

○リスト7.2.14a：RT1の設定（Ciscoルーター）

```
RT1#configure terminal
RT1(config)#interface FastEthernet 0/0
RT1(config-if)#ip address 192.168.12.1 255.255.255.0
RT1(config-if)#no shutdown
RT1(config-if)#exit
RT1(config)#interface Loopback 1
RT1(config-if)#ip address 10.1.1.1 255.255.255.255
RT1(config-if)#exit
RT1(config)#interface Loopback 2
RT1(config-if)#ip address 10.1.1.2 255.255.255.255
RT1(config-if)#exit
RT1(config)#interface Loopback 3
RT1(config-if)#ip address 10.2.2.2 255.255.255.255
RT1(config-if)#exit
RT1(config)#router bgp 10
RT1(config-router)#no synchronization
RT1(config-router)#no auto-summary
RT1(config-router)#network 10.1.1.1 mask 255.255.255.255
RT1(config-router)#network 10.1.1.2 mask 255.255.255.255
RT1(config-router)#network 10.2.2.2 mask 255.255.255.255
RT1(config-router)#neighbor 192.168.12.2 remote-as 20
```

○リスト7.2.14b：RT2の設定（Ciscoルーター）

```
RT2#configure terminal
RT2(config)#interface FastEthernet 0/0
RT2(config-if)#ip address 192.168.12.2 255.255.255.0
RT2(config-if)#no shutdown
RT2(config-if)#exit
RT2(config)#interface FastEthernet 1/0
RT2(config-if)#ip address 192.168.23.2 255.255.255.0
RT2(config-if)#no shutdown
RT2(config-if)#exit
RT2(config)#interface Loopback 1
RT2(config-if)#ip address 20.1.1.1 255.255.255.255
RT2(config-if)#exit
RT2(config)#router bgp 20
RT2(config-router)#no synchronization
RT2(config-router)#no auto-summary
RT2(config-router)#network 20.1.1.1 mask 255.255.255.255
RT2(config-router)#neighbor 192.168.12.1 remote-as 10
RT2(config-router)#neighbor 192.168.23.3 remote-as 30
```

○リスト7.2.14c：RT3の設定（Ciscoルーター）

```
RT3#configure terminal
RT3(config)#interface FastEthernet 0/0
RT3(config-if)#ip address 192.168.23.3 255.255.255.0
RT3(config-if)#no shutdown
RT3(config-if)#exit
RT3(config)#interface FastEthernet 1/0
RT3(config-if)#ip address 192.168.34.3 255.255.255.0
RT3(config-if)#no shutdown
RT3(config-if)#exit
RT3(config)#interface Loopback 1
RT3(config-if)#ip address 30.1.1.1 255.255.255.255
RT3(config-if)#exit
RT3(config)#router bgp 30
RT3(config-router)#no synchronization
RT3(config-router)#no auto-summary
RT3(config-router)#network 30.1.1.1 mask 255.255.255.255
RT3(config-router)#neighbor 192.168.23.2 remote-as 20
RT3(config-router)#neighbor 192.168.34.4 remote-as 40
```

○リスト7.2.14d：RT4の設定（Ciscoルーター）

```
RT4#configure terminal
RT4(config)#interface FastEthernet 0/0
RT4(config-if)#ip address 192.168.34.4 255.255.255.0
RT4(config-if)#no shutdown
RT4(config-if)#exit
RT4(config)#router bgp 40
RT4(config-router)#no synchronization
RT4(config-router)#no auto-summary
RT4(config-router)#neighbor 192.168.34.3 remote-as 30
RT4(config-router)#do show ip bgp   ※ルートフィルタ設定前の状態
...略...
```

（つづく）

```
            (つづき)

   Network          Next Hop         Metric LocPrf Weight Path
*> 10.1.1.1/32      192.168.34.3                     0 30 20 10 i
*> 10.1.1.2/32      192.168.34.3                     0 30 20 10 i
*> 10.2.2.2/32      192.168.34.3                     0 30 20 10 i
*> 20.1.1.1/32      192.168.34.3                     0 30 20 i
*> 30.1.1.1/32      192.168.34.3          0          0 30 i
RT4(config-router)#neighbor 192.168.34.3 route-map IN in  ※ルートフィルタの設定
RT4(config-router)#exit
RT4(config)#route-map IN permit 10
RT4(config-route-map)#match ip address 1
RT4(config-route-map)#match as-path 1
RT4(config)#ip as-path access-list 1 permit .*[13]0$
RT4(config)#access-list 1 deny   10.1.1.0 0.0.0.255
RT4(config)#access-list 1 permit any
RT4(config)#exit
RT4#show ip bgp  ※ルートフィルタ設定後の状態

   ...略...

   Network          Next Hop         Metric LocPrf Weight Path
*> 10.2.2.2/32      192.168.34.3                     0 30 20 10 i
*> 30.1.1.1/32      192.168.34.3          0          0 30 i
```

7-2-8 認証とデフォルトルートの設定

BGPの認証とデフォルトルートの機能を紹介します。使用するコマンドは次のとおりです。

認証の設定

bgp neighbor pre-shared-key [ピア番号] text [認証キー]								
RTX5000	RTX3500			RTX1210				

ピア番号パラメータは、7-2-1で紹介したピアの確立設定の書式のピア番号パラメータと同一のものです。認証キーパラメータは、80字次のASCII文字列を指定します。

デフォルトルート配信の設定

bgp force-to-advertise [配信先AS] default								
RTX5000	RTX3500			RTX1210			RTX810	

配信先ASパラメータは、デフォルトルートを配信する先のASの番号を指定します。「default」の代わりに任意のネットワークアドレスを記述することもできます。

図7.2.15のネットワーク構成を使ってヤマハルーターの認証とデフォルトルートの配信の設定例を示します（リスト7.2.15aと7.2.15b）。

図7.2.15：認証とデフォルトルートの設定（ヤマハルーター）

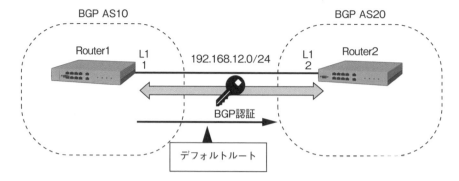

リスト7.2.15a：Router1の設定（ヤマハルーター）

```
Router1# ip lan1 address 192.168.12.1/24  ❶
Router1#
Router1# bgp use on  ❷
Router1#
Router1# bgp autonomous-system 10  ❸
Router1#
Router1# bgp neighbor 1 20 192.168.12.2  ❹
Router1#
Router1# bgp neighbor pre-shared-key 1 text yamaha  ❺ ※認証の設定
Router1#
Router1# bgp force-to-advertise 20 default  ❻ ※デフォルトルートの設定
Router1#
```

❶ LAN1インタフェースのIPアドレスを設定する `IOS` interface ⇒ ip address
❷ BGPを有効化する `IOS` -
❸ 自ルーターのAS番号を定義する `IOS` router bgp
❹ AS20にあるIPアドレスが192.168.12.2のルーターとBGPピアを確立する `IOS` router bgp ⇒ neighbor X remote-as
❺ ピア番号1のBGPピアで認証を設定する `IOS` router bgp ⇒ neighbor X password
❻ AS20にデフォルトルートを配信する `IOS` router bgp ⇒ neighbor X default-originate

リスト7.2.15b：Router2の設定（ヤマハルーター）

```
Router2# ip lan1 address 192.168.12.2/24
Router2#
Router2# bgp use on
Router2#
Router2# bgp autonomous-system 20
Router2#
Router2# bgp neighbor 1 10 192.168.12.1
Router2#
Router2# bgp neighbor pre-shared-key 1 text yamaha  ※認証の設定
Router2#
Router2# show ip route | grep BGP  ❶
Searching ...
default          192.168.12.1      LAN1    BGP   path=10  ※デフォルトルート
Router2#
```

❶ ルーティングテーブルの中で「BGP」を含む行のみを表示する `IOS` show ip route | inc

Ciscoルーターの場合

ネットワーク図は図7.2.16で、Ciscoルーターでの設定はリスト7.2.16aと7.2.16bのようになります。

○図7.2.16：認証とでデフォルトルートの設定（Ciscoルーター）

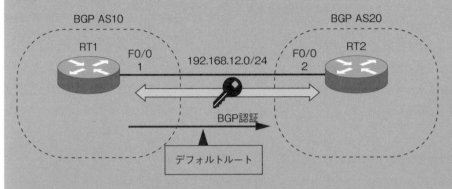

○リスト7.2.16a：RT1の設定（Ciscoルーター）

```
RT1#configure terminal
RT1(config)#interface FastEthernet 0/0
RT1(config-if)#ip address 192.168.12.1 255.255.255.0
RT1(config-if)#no shutdown
RT1(config-if)#exit
RT1(config)#router bgp 10
RT1(config-router)#no synchronization
RT1(config-router)#no auto-summary
RT1(config-router)#neighbor 192.168.12.2 remote-as 20
RT1(config-router)#neighbor 192.168.12.2 password cisco         ※認証の設定
RT1(config-router)#neighbor 192.168.12.2 default-originate      ※デフォルトルートの設定
```

○リスト7.2.16b：RT2の設定（Ciscoルーター）

```
RT2#configure terminal
RT2(config)#interface FastEthernet 0/0
RT2(config-if)#ip address 192.168.12.2 255.255.255.0
RT2(config-if)#no shutdown
RT2(config-if)#exit
RT2(config)#router bgp 20
RT2(config-router)#no synchronization
RT2(config-router)#no auto-summary
RT2(config-router)#neighbor 192.168.12.1 remote-as 10
RT2(config-router)#neighbor 192.168.12.1 password cisco         ※認証の設定
RT2#show ip route bgp
B*   0.0.0.0/0 [20/0] via 192.168.12.1, 00:00:34                ※デフォルトルート
```

7-3 章のまとめ

BGPは、AS間のルーティング情報を交換するルーティングプロトコルです。章の前半では、次のようなBGPの特徴について紹介しました。

- パスベクタ型ルーティングプロトコル
- クラスレス型ルーティングプロトコル
- 多様なパスアトリビュート
- ポリシーベースルーティング
- TCPによる信頼性のある通信
- 差分情報のアップデート
- ルーターの認証

BGPがピアを確立するまで、ルーターはいくつかの状態を遷移します。このときの状態遷移は、4種類のBGPメッセージを使って行われます。

ベストパスの決定では、パスアトリビュートと呼ばれるBGPのメトリックを使用します。パスアトリビュートにはさまざまな種類があり、さらにパスアトリビュートを組み合わせて使用することもできるので、細かいルールに基づくベストパスの選出ができます。

AS間のルーティングループは、AS Pathパスアトリビュートで検知します。AS内のルーティングループは、BGPスプリットホライズンで防止します。

章の後半では、次の設定例を説明しました。

- BGPの基本設定
- BGPの動作確認
- AS Pathによるベストパスの選択
- MEDによるベストパスの選択
- Local Preferenceによるベストパスの選択
- ルート再配布とルート集約の設定
- ルートフィルタの設定
- 認証とデフォルトルートの設定

Chapter 8

NAT

　NAT（Network Address Translation）は、IPアドレスを変換する技術です。パソコンからインターネットに接続するとき、必ずといっていいほどNATを使い、パソコンに割り当てられているプライベートIPアドレスをグローバルIPアドレスに変換します。ヤマハルーターは、インターネット接続用として使われる場合も多いので、NATは知っておくべき知識の1つといえます。この章では、NATの一般的な知識、ヤマハルーターのNAT仕様およびNATの設定方法について説明します。

8-1 NATの概要

NAT（Network Address Translation）は、その利用目的に応じて種類分けされます。一般的に知られているNATの種類として、静的NAT、動的NAT、IPマスカレード（NAPT）、デスティネーションNATがあります。これらのNATは、それぞれ違った用途に使われ、当然IPアドレスの変換ロジックも互いに異なります。

8-1-1 NATの目的

NATが一番使われているのは、インターネット接続時のプライベートIPアドレスとグローバルIPアドレスの変換です。パソコンに直接グローバルIPアドレスを付与すればNATは不要となりますが、グローバルIPアドレスの数に限界があるため、LAN内のパソコンはできるだけグローバルIPアドレスを共有するようにしたのがNATです。この場合、NATはグローバルIPアドレスの節約という目的に使われます（図8.1.1）。

○図8.1.1：グローバルIPアドレスの節約のためのNAT利用

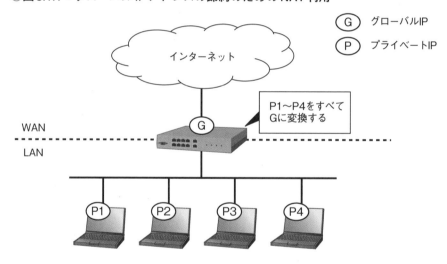

NATを使うと、内部のIPアドレスを隠蔽できるので、ネットワークのセキュリティを高められます。なぜなら、内部ネットワークへの攻撃を試みる攻撃者は、変換後のIPアドレスしか見えていないので、攻撃対象のサーバを一意に識別することが困難となるためです（図8.1.2）。

同じネットワークアドレス帯を持つネットワーク同士を統合するとき、IPアドレスの重複を避けるためNATを使うときもあります。図8.1.3は、同じネットワークアドレス帯のネットワーク同士がNATを使って通信する例です。この例では、パソコンもサーバも同じ192.168.0.0/24のネットワークに属していますが、Router1とRouter2で発着信パケットのソースアドレスを変換することで、パソコンとサーバ間の通信ができるようになります。

○図8.1.2：内部ネットワークの隠蔽のためのNAT

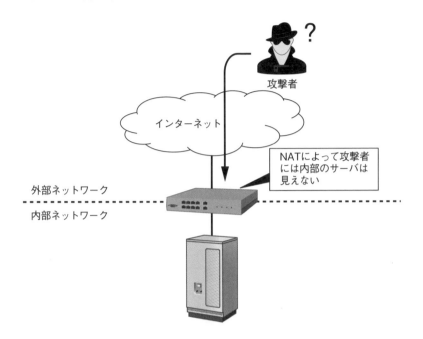

○図8.1.3：IPアドレスの重複防止のためのNAT

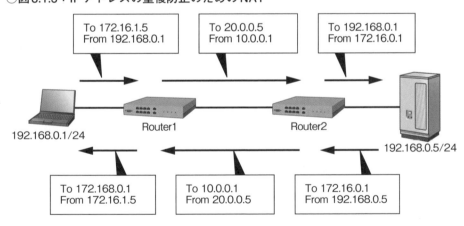

最後に紹介するNATの用途は負荷分散です。このとき、NATされるのは送信元アドレスではなく宛先アドレスとなります。図8.1.4は、NATを使ったwebサーバの負荷分散の例です。この例では、クライアントからリクエストを内部ネットワークの複数のwebサーバに振り分けています。

○図8.1.4：負荷分散のためのNAT

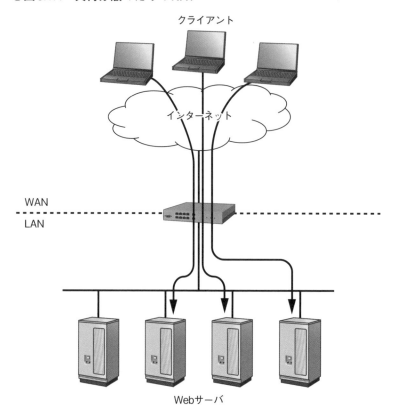

8-1-2 NATの種類

NATでIPアドレスを変換するとき、内部と外部のIPアドレスの1対1の対応付けが必要です。対応付けがあらかじめ決めているかどうかで、NATを静的NATと動的NATに分類できます。また、IPアドレスだけでなく、ポート番号を利用したIPマスカレード（PAT[注1]、NAPT[注2]）と呼ばれるNATもあります。IPマスカレードを使用することで、複数の内部IPアドレスが同一の外部IPを共有できます。

通常、NATは送信元アドレスを変換しますが、負荷分散を目的に使用されるケースでは、宛先を変換するデスティネーションNATもあります。デスティネーションNATはヤマハルーターのサポート外ですので、本書で取り扱いません。

では、静的NAT、動的NATおよびIPマスカレードがどのようにIPアドレスを変換しているかについて説明します。

注1　Port Address Translation
注2　Network Address Port Translation

静的NAT

静的NATは、内部と外部のIPアドレスを1対1で対応付けするNATです。対応付けの方式は、あらかじめ1対1のペアが決められています。

図8.1.5は、静的NATの一例です。この例では、ルーターで内部のIPアドレスを静的NATで外部のIPアドレスに変換しています。IPアドレスの対応付けは、内部IPアドレス192.168.0.1なら外部IPアドレ10.0.0.1のように、事前に1対1で決められています。

○図8.1.5：静的NAT

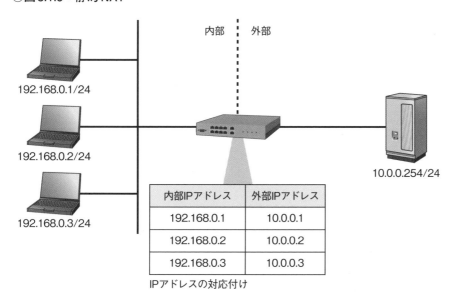

動的NAT

動的NATは、静的NATと同様内部と外部のIPアドレスを1対1で対応付けしますが、対応付けの方式が異なります。IPアドレスの対応付けは、変換後のIPアドレスを複数個用意するだけで、静的NATのようにあらかじめ1対1のペアを決めていません。通信が実際に発生したときに初めてペアが決定されます。そして、通信が一定時間になかったら、ペアは自動的に消えます。

図8.1.6は、動的NATの一例です。この例では、3つの内部IPアドレスは、2つの動的IPアドレスと自動的に1対1のペアを形成します。外部よりも内部のIPアドレスが1つ多いので、同時に最大2ペアしか生成されません。つまり、3番目に通信を開始するクライアントに割り当てる外部IPアドレスはありません

IPマスカレード

IPマスカレードは、複数の内部IPアドレスを同一の外部IPアドレスに割り当てるNAT技術です。つまり、内部から外部へのパケットの送信元IPアドレスはすべて同じとなります。送信元IPが同じとなると、外部から内部への戻りのパケットは、内部のだれに転送するか

○図8.1.6：動的NAT

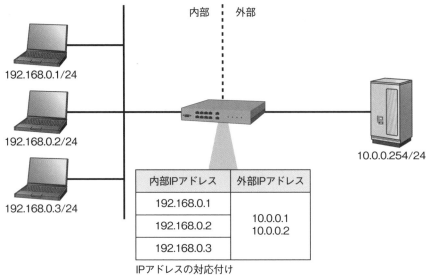

○図8.1.7：IPマスカレード

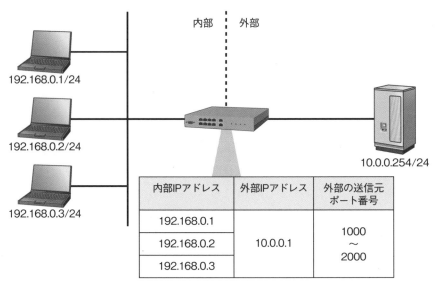

が不明です。そこで、IPマスカレードでアドレスを変換するとき、外部の送信元ポート番号で内部の端末を一意に識別します。

図8.1.7は、IPマスカレードの一例です。この例では、3つ内部IPアドレスで同一の外部IPアドレスに変換されます。このままでは、戻りのパケットが宛先不明となるので、それぞれの内部IPアドレスに対応する外部の送信元ポート番号を割り当てます。外部の送信元

ポート番号は、1000から2000まで動的に決定されます。例えば、192.168.0.1の端末から外部サーバへパケットを送信するとき、IPマスカレードで変換されたパケットの送信元IPアドレスと送信元ポート番号は、それぞれ10.0.0.1と1000のようになります。したがって、外部サーバからのパケットの宛先が10.0.0.1:1000なら、ルーターは迷わず内部の192.168.0.1の端末へ転送できます。

また、IPマスカレードにも静的と動的の分類分けができます。図8.1.7で示した例は、動的IPマスカレードです。なぜなら、外部の送信元ポート番号は自動的に割り当てられているためです。静的IPマスカレードでは、内部のIPアドレスと外部の送信元ポート番号は、あらかじめ1対1のペアが決められています。

8-2 ヤマハルーターのNAT仕様

NAT機能の実装は、各ベンダで仕様が異なります。8-1では、NATに関する一般的な知識でしたが、ここではヤマハルーターのNAT仕様にフォーカスして説明します。

8-2-1 基本的な概念

ヤマハルーターでは、NATとIPマスカレードを次のように定義しています。

- NAT
  IPアドレスを1対1の対応付けで変換する方式
- IPマスカレード
  IPアドレスを多対1の対応付けで変換する方式

NATは、変換前後のIPアドレスの対応付けを管理します。IPマスカレードは、IPアドレスに加え、変換後のポート番号も管理しています。ヤマハルーターでは、このような対応付けのことをバインドと呼びます。

ヤマハルーターのアドレス変換は、バインドがあらかじめ決められているかどうかで静的変換と動的変換に分けられます。したがって、ヤマハルーターでは、静的NAT、動的NAT、静的IPマスカレード、動的IPマスカレードの4種類のアドレス変換方式があります。

ヤマハルーターでは、バインドのルールを記述したものをNATディスクリプタといいます。NATディスクリプタはLAN、PP、Tunnelといったインタフェースに最大16個まで適用できます。インタフェースにNATディスクリプタを適用するとき、注意したいのはパケットフィルタとの関係です。

NATディスクリプタとパケットフィルタの処理順序は、図8.2.1のように着信パケットと発信パケットは互いに逆となります。インタフェースへの着信パケットは、まずNATディスクリプタでアドレス変換されたのちパケットフィルタによって処理されます。インタフェースへの発信パケットは、パケットフィルタが最初に処理され、その次にNATディスクリプタでアドレスの変換が行われます。

○図8.2.1：NATディスクリプタとパケットフィルタの処理順序

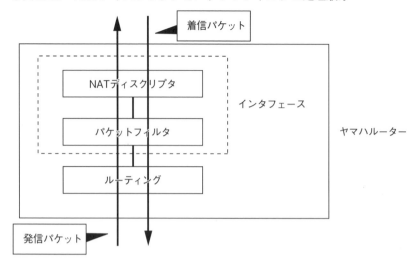

8-2-2 パケット処理の仕様

ヤマハルーターでは、次のような定義でネットワークを内側と外側に分類します。

- 内側
  IPアドレスが変換されるほうのネットワーク
- 外側
  IPアドレスが変換されないほうのネットワーク

通常、LAN側が内側で、WAN側が外側となっていますが、場合によっては逆になることもあります。この対応付けの方法は、それぞれ順方向と逆方向と呼ばれています。

- 順方向
  LAN側が内側、WAN側が外側となるような対応付け
- 逆方向
  LAN側が外側、WAN側が内側となるような対応付け

逆方向は、Twice NATのように外部ネットワークから内部ネットワークへのパケットの送信元を変換するときに使います。

パケットが内側から外側へ、または外側から内側へ流れるときのパケット処理は異なる仕様となっています。両者の仕様の違いについてもう少し詳しく説明します。

内側から外側へのパケット処理

内側から外側へのパケットは、まず既存のフローがあるかを調べます。ここでいうフローとは、送信元IPアドレスと宛先IPアドレスの組み合わせです。もし、同じフローがすでに

あるなら、そのときに使用したバインドでパケットを処理します。

既存フローがなければ、静的NATで定義したバインドでパケット処理できるかを調べ、可能なら静的NATでパケットを処理します。

静的NATで処理ができないなら、静的マスカレードで定義したバインドでパケット処理できるかを調べ、可能なら静的マスカレードでパケットを処理します。

静的マスカレードによる処理ができないなら、動的NATによる処理を試みます。動的NATによる処理が可能なら、新しいバインドを生成したのちパケットを処理します。

動的NATによる処理ができなないら、動的IPマスカレードによる処理を試みます。動的IPマスカレードによる処理が可能なら、新しいバインドを生成したのちパケットを処理します。

動的IPマスカレードでもパケット処理ができない場合、パケットのアドレス変換をせずにそのまま通過させます。図8.2.2がこのときの処理フローです。

○図8.2.2：内側から外側へのパケット処理フロー

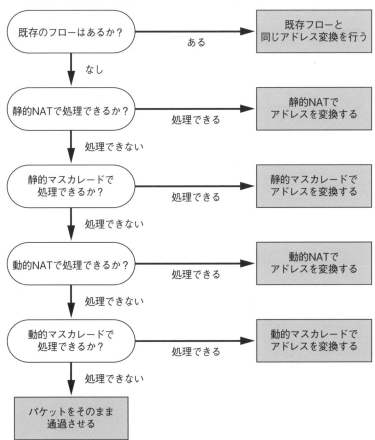

外側から内側へのパケット処理

　外側から内側へのパケットの処理は、内側から外側への場合と違ってバインドを生成しません。このときの処理フローは、まず既存フローを利用できるかを調べ、既存フローがなければ静的NATと静的IPマスカレードの順で処理を試みます。

　静的NATと静的IPマスカレードでパケット変換できない場合、パケットがICMPエコーリクエストであるかを調べ、ICMPエコーリクエストであれば無条件でICMPエコーリプライを返します。ICMPエコーリクエスト以外のパケットの場合、コマンド「nat descriptor masquerade incoming」で設定したラストリゾートに従います。このコマンドが設定されていないときパケットは破棄されます。図8.2.3がこのときの処理フローです。

○図8.2.3：外側から内側へのパケット処理フロー

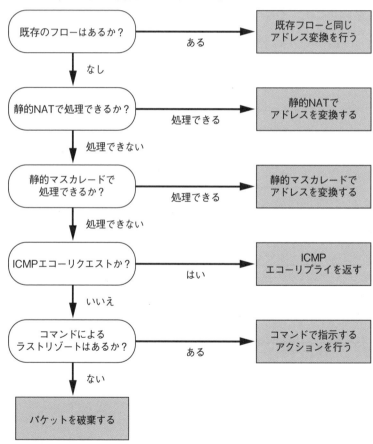

8-2-3 NATディスクリプタ

　NATディスクリプタの記述では、基本的に次のような要素で成り立っています。

- NATディスクリプタの変換方式
- 内側のIPアドレス
- 外側のIPアドレス
- 静的NATのバインド
- 静的IPマスカレードのバインド

　ヤマハルーターで使用するNATとIPマスカレードの種類を指定するには、NATディスクリプタの変換方式を宣言する必要があります。NATディスクリプタの変換方式には、nat、masqueradeおよびnat-masqueradeの3種類があります。各変換方式と使用できるNATとIPマスカレードは、**表8.2.1**のとおりです。

○表8.2.1：NATディスクリプタの変換方式とNAT／IPマスカレードの対応

変換方式	静的NAT	動的NAT	静的IPマスカレード	動的IPマスカレード
nat	対応	対応	非対応	非対応
masquerade	対応	非対応	対応	対応
nat-masquerade	対応	対応	対応	対応

　例えば、NATディスクリプタの変換方式を「nat」にすると、静的NATと動的NATの設定ができるようになります。静的NATと動的NATの両方を同時に設定できますが、静的NATの方のバインドが優先されます。このように、ヤマハルーターにはバインドの優先度があり、この優先順位は**表8.2.2**のようになっています。

○表8.2.2：バインドの優先順位

優先順位	バインドの生成元
1	静的NAT
2	動的NAT
3	静的IPマスカレード
4	動的IPマスカレード

　NATディスクリプトの記述では、外側と内側のIPアドレスを設定する必要があります。内側のIPアドレスの設定では、動的NATと動的IPマスカレードの場合、コマンド「nat descriptor address inner」で指定します。静的NATと静的IPマスカレードの場合、それぞれ静的NATのバインドコマンド「nat descriptor static」と静的IPマスカレードのバインドコマンド「nat descriptor masquerade static」で設定します。

　外側のIPアドレスの設定では、静的NATの場合を除いて、外側のIPアドレスをコマンド「nat descriptor address outer」で指定します。静的NATの場合、静的NATのバインドコマンド「nat descriptor static」で外側のIPアドレスを指定します。

○表8.2.3：内側と外側のIPアドレス設定コマンド

	内側のIPアドレス	外側のIPアドレス
静的NAT	nat descriptor static	nat descriptor static
動的NAT	nat descriptor address inner	nat descriptor address outer
静的IPマスカレード	nat descriptor masquerade static	nat descriptor address outer
動的IPマスカレード	nat descriptor address inner	nat descriptor address outer

8-3 NATとIPマスカレードの設定

ヤマハルーターの静的NAT、動的NAT、静的IPマスカレード、動的マスカレードおよびヤマハルーター独自のNAT機能の設定について紹介します。

8-3-1 静的NATの設定

静的NATは、すべての変換方式で使うことができます。また、静的NATのバインドは、動的NATとIPマスカレードによりも優先度が高いです。静的NATを設定には、NATディスクリプタの変換方式の指定と静的NATのバインドの設定を行います。ここで使用するコマンドは次のとおりです。

NATディスクリプタの変換方式の設定

nat descriptor type [NATディスクリプタ番号] [変換方式]											
RTX5000	RTX3500	RTX3000	RTX1500	RTX1210	RTX1200	RTX1100	RTX810	RT250i	RT107e	SRT100

NATディスクリプタ番号パラメータは、アドレス変換のルールの通し番号のことで、1以上の数字で指定します。

変換方式パラメータは、**表8.3.1**のような値があります。静的NATのみを設定する場合、通常変換方式は「nat」とします。

○表8.3.1：変換方式パラメータ

パラメータ値	内容
none	アドレス変換機能が無効。初期値
nat	NAT機能が有効
masquerade	静的NATとIPマスカレード機能が有効
nat-masquerade	NATとIPマスカレード機能が有効

静的NATのバインドの設定

nat descriptor static [*NATディスクリプタ番号*] [*エントリ番号*] [*外側IP*]=[*内側IP*] [*連続回数*]										
RTX5000	RTX3500	RTX3000	RTX1500	RTX1210	RTX1200	RTX1100	RTX810	RT250i	RT107e	SRT100

　このコマンドは、静的NATのバインドを設定します。エントリ番号は、1以上の数字で、同じNATディスクリプタで複数のエントリを設定するための識別番号です。外側と内側のIPアドレスのバインド記述では、「=」をはさんで左が外側で、右が内側となっています。連続回数パラメータは、連続で外側と内側のIPアドレスをインクリメントで登録するときに使用します。連続回数パラメータを省略することもで、そのときの連続回数は「1」です。

内側のダミーIPアドレスの設定

nat descriptor address inner [*NATディスクリプタ番号*] [*ダミーIP*]										
RTX5000	RTX3500	RTX3000	RTX1500	RTX1210	RTX1200	RTX1100	RTX810	RT250i	RT107e	SRT100

　変換方式が「nat」の場合、静的NATとともに動的NATの機能も有効となります。動的NATの設定には、内側と外側のIPアドレスを指定する必要があります。静的NATのみを有効にしたい場合、内側と外側のIPアドレスにダミーのIPアドレスを指定する必要があります。なぜなら、デフォルトの状態では、動的NATが勝手に動作する可能性があるからです。

外側のダミーIPアドレスの設定

nat descriptor address outer [*NATディスクリプタ番号*] [*ダミーIP*]										
RTX5000	RTX3500	RTX3000	RTX1500	RTX1210	RTX1200	RTX1100	RTX810	RT250i	RT107e	SRT100

　静的NATのみを有効にしたい場合、内側のダミーIPアドレスと同様外側のダミーIPアドレスを設定します。

NATディスクリプトのインタフェースへの適用

ip [*インタフェース名*] nat descriptor [*NATディスクリプタ番号*]										
RTX5000	RTX3500	RTX3000	RTX1500	RTX1210	RTX1200	RTX1100	RTX810	RT250i	RT107e	SRT100

　インタフェースパラメータは、NATディスクリプタを適用したインタフェース名を指定します。

Chapter 8：NAT

NATディスクリプタのアドレスマップの確認の書式

show nat descriptor address [NATディスクリプタ番号]										
RTX5000	RTX3500	RTX3000	RTX1500	RTX1210	RTX1200	RTX1100	RTX810	RT250i	RT107e	SRT100

　このコマンドは、NATディスクリプタのアドレスマップ（バインド情報）を確認するためのコマンドです。

　図8.3.1は、ヤマハルーターを使った静的NATの設定例です（リスト8.3.1）。この例では、3つの内側IPアドレスをそれぞれ次のように外側IPアドレスとバインドするように設定します。IPアドレスに連続性があるので、個々にバインドの設定をする代わりに、バインドの設定に連続回数パラメータを使用しています。

- 192.168.0.1（内側IP）←---→ 10.0.0.1（外側IP）
- 192.168.0.2（内側IP）←---→ 10.0.0.2（外側IP）
- 192.168.0.3（内側IP）←---→ 10.0.0.3（外側IP）

○図8.3.1：静的NATの設定（ヤマハルーター）

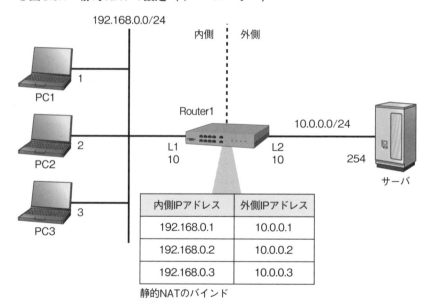

○リスト8.3.1：Router1の設定（ヤマハルーター）

```
Router1# ip lan1 address 192.168.0.10/24    ❶
Router1# ip lan2 address 10.0.0.10/24
Router1#
Router1# ip lan2 nat descriptor 1    ❷   ※LAN2にNATディスクリプト1を適用
Router1#
Router1# nat descriptor type 1 nat    ❸   ※NATディスクリプト1の変換方式は「nat」
Router1#
```

（つづく）

8-3：NATとIPマスカレードの設定

（つづき）
```
Router1# nat descriptor address outer 1 10.0.0.1    ④  ※外側のダミーIP
Router1#
Router1# nat descriptor address inner 1 192.168.0.1 ⑤  ※内側のダミーIP
Router1#
Router1# nat descriptor static 1 1 10.0.0.1=192.168.0.1 3  ⑥  ※バインド（3連続）の設定
Router1#
Router1# show nat descriptor address 1   ※バインドの確認  ⑦
参照NATディスクリプタ : 1, 適用インタフェース : LAN2(1)
  外側アドレス(Outer)      内側アドレス(Inner)           TTL(秒)
        10.0.0.1              192.168.0.1              static
        10.0.0.2              192.168.0.2              static
        10.0.0.3              192.168.0.3              static
Router1#
```

❶ LAN1インタフェースのIPアドレスを設定する (IOS) interface ⇒ ip address
❷ LAN2インタフェースにNATディスクリプト1を適用する (IOS) –
❸ NATディスクリプト1の変換方式を「nat」に設定する (IOS) –
❹ 外側のダミーIPアドレスを設定する (IOS) –
❺ 内側のダミーIPアドレスを設定する (IOS) –
❻ 外側IP10.0.0.1と内側IP192.168.0.1からはじめる静的NATのバインド（NATディスクリプト1の1番目エントリー）を3回連続で設定する (IOS) ip nat inside source static
❼ NATディスクリプト1のバインド情報を表示する (IOS) show ip nat transactions

Ciscoルーターの場合

構成図は**図8.3.2**で、Ciscoルーターでの設定は**リスト8.3.2**のようになります。

○図8.3.2：静的NATの設定（Ciscoルーター）

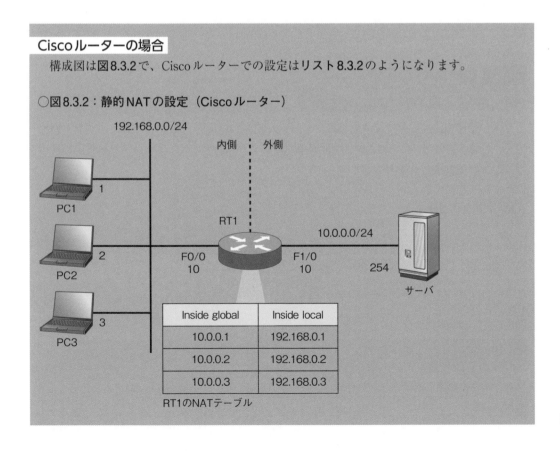

Chapter 8：NAT

○リスト8.3.2：RT1の設定（Ciscoルーター）

```
RT1#configure terminal
RT1(config)#interface FastEthernet 0/0
RT1(config-if)#ip address 192.168.0.10 255.255.255.0
RT1(config-if)#ip nat inside
RT1(config-if)#no shutdown
RT1(config-if)#exit
RT1(config)#interface FastEthernet 1/0
RT1(config-if)#ip address 10.0.0.10 255.255.255.0
RT1(config-if)#ip nat outside
RT1(config-if)#no shutdown
RT1(config-if)#exit
RT1(config)#ip nat inside source static 192.168.0.1 10.0.0.1
RT1(config)#ip nat inside source static 192.168.0.2 10.0.0.2
RT1(config)#ip nat inside source static 192.168.0.3 10.0.0.3
RT1#show ip nat translations icmp

※PC1からサーバへping
※PC2からサーバへping
※PC3からサーバへping

RT1#show ip nat translations icmp
Pro Inside global      Inside local       Outside local      Outside
global
icmp 10.0.0.1:2        192.168.0.1:2      10.0.0.254:2       10.0.0.254:2
icmp 10.0.0.2:3        192.168.0.2:3      10.0.0.254:3       10.0.0.254:3
icmp 10.0.0.3:4        192.168.0.3:4      10.0.0.254:4       10.0.0.254:4
```

8-3-2 動的NATの設定

　動的NATのバインドは実通信が発生したときに生成されます。事前に内側と外側のIPアドレスの範囲を決めるだけです。同じフローが一定期間観測されなかったら、バインドは消滅し、外側のIPアドレスは開放され再利用できるようになります。動的NATの設定で使用するコマンドは次のとおりです。

内側IPアドレスの設定

nat descriptor address inner [NATディスクリプタ番号] [内側IP]										
RTX5000	RTX3500	RTX3000	RTX1500	RTX1210	RTX1200	RTX1100	RTX810	RT250i	RT107e	SRT100

　内側IPパラメータ値の記述例は**表8.3.2**のとおりです。

○表8.3.2：内側IPパラメータ

パラメータ値	特記
個別IPアドレス（例：192.168.0.1）	
IPアドレスの範囲（例：192.168.0.1-192.168.0.10）	ハイフンで範囲を指定する
auto	初期値

外側IPアドレスの設定

nat descriptor address outer [*NATディスクリプタ番号*] [*外側IP*]										
RTX5000	RTX3500	RTX3000	RTX1500	RTX1210	RTX1200	RTX1100	RTX810	RT250i	RT107e	SRT100

外側IPパラメータ値の記述例は表8.3.3のとおりです。

○表8.3.3：外側IPパラメータ

パラメータ値	特記
個別IPアドレス（例：10.0.0.1）	
IPアドレスの範囲（例：10.0.0.1-10.10.0.10）	ハイフンで範囲を指定する
ipcp	PPPのIPCPによる自動取得IPアドレス。初期値
primary	インタフェースのプライマリIPアドレス
secondary	インタフェースのセカンダリIPアドレス

NATテーブルのクリア

clear nat descriptor dynamic [*NATディスクリプタ番号*]										
RTX5000	RTX3500	RTX3000	RTX1500	RTX1210	RTX1200	RTX1100	RTX810	RT250i	RT107e	SRT100

動的で生成したバインド情報をクリアするコマンドです。

○図8.3.3：動的NATの設定（ヤマハルーター）

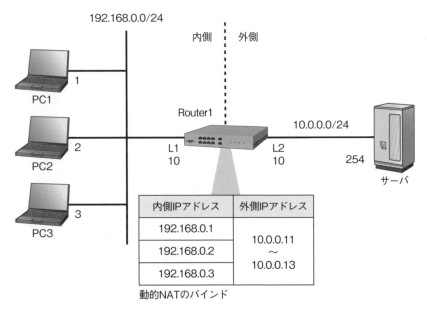

NATテーブルの消去タイマの設定

nat descriptor timer [NATディスクリプタ番号] [消去タイマ]										
RTX5000	RTX3500	RTX3000	RTX1500	RTX1210	RTX1200	RTX1100	RTX810	RT250i	RT107e	SRT100

　消去タイマパラメータで指定した秒数が満了すると、動的NATで生成したバインドは消滅します。消去タイマ（秒数）が満了する前に、同じフローが再度観測されたらタイマはクリアされます。消去タイマは、30以上の値を指定します。初期値は900です。

　図8.3.3は、ヤマハルーターを使った動的NATの設定例です（リスト8.3.3）。この例では、内側と外側のIPアドレスは、ハイフンを使って範囲指定しています。

○リスト8.3.3：Router1の設定（ヤマハルーター）

```
Router1# ip lan1 address 192.168.0.10/24    ❶
Router1# ip lan2 address 10.0.0.10/24
Router1#
Router1# ip lan2 nat descriptor 1           ❷
Router1#
Router1# nat descriptor type 1 nat          ❸
Router1#
Router1# nat descriptor address outer 1 10.0.0.11-10.0.0.13    ❹ ※外側IPの範囲指定
Router1#
Router1# nat descriptor address inner 1 192.168.0.1-192.168.0.3  ❺ ※内側IPの範囲指定
Router1# show nat descriptor address 1      ❻ ※実通信前のバインド情報
参照NATディスクリプタ : 1, 適用インタフェース : LAN2(1)
  外側アドレス(Outer)       内側アドレス(Inner)        TTL(秒)
      10.0.0.11               auto                   -
      10.0.0.12               auto                   -
      10.0.0.13               auto                   -

※PC1からサーバへping
※PC3からサーバへping
※PC2からサーバへping

Router1# show nat descriptor address 1      ※実通信後のバインド情報
参照NATディスクリプタ : 1, 適用インタフェース : LAN2(1)
  外側アドレス(Outer)       内側アドレス(Inner)        TTL(秒)
      10.0.0.11              192.168.0.1             748
      10.0.0.12              192.168.0.3             824
      10.0.0.13              192.168.0.2             835
Router1#
Router1# clear nat descriptor dynamic 1     ※バインドをクリア
Router1#
Router1# show nat descriptor address 1      ※バインドクリア後のバインド情報
参照NATディスクリプタ : 1, 適用インタフェース : LAN2(1)
  外側アドレス(Outer)       内側アドレス(Inner)        TTL(秒)
      10.0.0.11               auto                   -
      10.0.0.12               auto                   -
      10.0.0.13               auto                   -
Router1#
Router1# nat descriptor timer 1 100         ※消去タイマを100秒に変更

※PC1からサーバへping
※PC2からサーバへping
※PC3からサーバへping
```

(つづく)

8-3：NATとIPマスカレードの設定

（つづき）

```
Router1# show nat descriptor address 1    ※消去タイマ変換後のバインド情報
参照NATディスクリプタ ： 1, 適用インタフェース ： LAN2(1)
  外側アドレス(Outer)       内側アドレス(Inner)          TTL(秒)
        10.0.0.11             192.168.0.1              75
        10.0.0.12             192.168.0.2              82
        10.0.0.13             192.168.0.3              87
Router1#
```

❶ LAN1インタフェースのIPアドレスを設定する **IOS** interface ⇒ ip address
❷ LAN2インタフェースにNATディスクリプト1を適用する **IOS** -
❸ NATディスクリプト1の変換方式を「nat」に設定する **IOS** -
❹ 外側のIPアドレス範囲（NATディスクリプト1）を設定する **IOS** ip nat pool dynamic
❺ 内側側のIPアドレス範囲（NATディスクリプト1）を設定する **IOS** -
❻ NATディスクリプト1のバインド情報を表示する **IOS** show ip nat transactions

Ciscoルーターの場合

構成図は図8.3.4で、Ciscoルーターでの設定はリスト8.3.4のようになります。

○図8.3.4：動的NATの設定（Ciscoルーター）

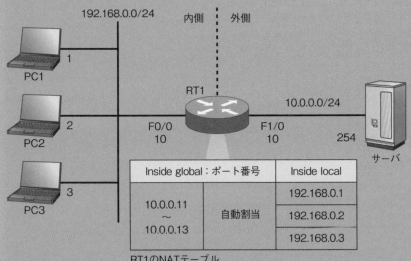

○リスト8.3.4：RT1の設定（Ciscoルーター）

```
RT1#configure terminal
RT1(config)#interface FastEthernet 0/0
RT1(config-if)#ip address 192.168.0.10 255.255.255.0
RT1(config-if)#ip nat inside
RT1(config-if)#no shutdown
RT1(config-if)#exit
RT1(config)#interface FastEthernet 1/0
RT1(config-if)#ip address 10.0.0.10 255.255.255.0
RT1(config-if)#ip nat outside
RT1(config-if)#no shutdown
RT1(config-if)#exit
```

（つづく）

```
(つづき)
RT1(config)#access-list 1 permit 192.168.0.1 0.0.0.0
RT1(config)#access-list 1 permit 192.168.0.2 0.0.0.0
RT1(config)#access-list 1 permit 192.168.0.3 0.0.0.0
RT1(config)#ip nat pool dynamic 10.0.0.11 10.0.0.13 netmask 255.255.255.0
RT1(config)#ip nat inside source list 1 pool dynamic
RT1(config)#end
RT1#show ip nat translations icmp  ※NATテーブルを確認

※PC1からサーバへping
※PC3からサーバへping
※PC2からサーバへping

RT1#show ip nat translations icmp  ※NATテーブルを確認
Pro Inside global      Inside local       Outside local      Outside global
icmp 10.0.0.11:17      192.168.0.1:17     10.0.0.254:17      10.0.0.254:17
icmp 10.0.0.13:19      192.168.0.2:19     10.0.0.254:19      10.0.0.254:19
icmp 10.0.0.12:18      192.168.0.3:18     10.0.0.254:18      10.0.0.254:18
RT1#show ip nat translations icmp verbose
Pro Inside global      Inside local       Outside local      Outside global
icmp 10.0.0.11:17      192.168.0.1:17     10.0.0.254:17      10.0.0.254:17
    create 00:00:37, use 00:00:36 timeout:60000, left 00:00:23, Map-Id(In): 1,
    flags:
extended, use_count: 0, entry-id: 30, lc_entries: 0
icmp 10.0.0.13:19      192.168.0.2:19     10.0.0.254:19      10.0.0.254:19
    create 00:00:24, use 00:00:24 timeout:60000, left 00:00:35, Map-Id(In): 1,
    flags:
extended, use_count: 0, entry-id: 34, lc_entries: 0
icmp 10.0.0.12:18      192.168.0.3:18     10.0.0.254:18      10.0.0.254:18
    create 00:00:30, use 00:00:29 timeout:60000, left 00:00:30, Map-Id(In): 1,
    flags:
extended, use_count: 0, entry-id: 32, lc_entries: 0
RT1#clear ip nat translation *  ※NATテーブルをクリア
RT1#configure terminal
RT1(config)#ip nat translation icmp-timeout 100  ※ICMPの消去タイマを100秒に変更
RT1(config)#end

※PC1からサーバへping
※PC2からサーバへping
※PC3からサーバへping

RT1#show ip nat translations icmp  ※NATテーブルを確認
Pro Inside global      Inside local       Outside local      Outside global
icmp 10.0.0.11:20      192.168.0.1:20     10.0.0.254:20      10.0.0.254:20
icmp 10.0.0.12:21      192.168.0.2:21     10.0.0.254:21      10.0.0.254:21
icmp 10.0.0.13:22      192.168.0.3:22     10.0.0.254:22      10.0.0.254:22
RT1#show ip nat translations icmp verbose
※ICMPの消去タイマが100秒になっていることを確認
Pro Inside global      Inside local       Outside local      Outside global
icmp 10.0.0.11:20      192.168.0.1:20     10.0.0.254:20      10.0.0.254:20
    create 00:00:22, use 00:00:21 timeout:100000, left 00:01:18, Map-Id(In): 1,
    flags:
extended, use_count: 0, entry-id: 36, lc_entries: 0
icmp 10.0.0.12:21      192.168.0.2:21     10.0.0.254:21      10.0.0.254:21
    create 00:00:16, use 00:00:15 timeout:100000, left 00:01:24, Map-Id(In): 1,
    flags:
extended, use_count: 0, entry-id: 38, lc_entries: 0
icmp 10.0.0.13:22      192.168.0.3:22     10.0.0.254:22      10.0.0.254:22
    create 00:00:09, use 00:00:08 timeout:100000, left 00:01:31, Map-Id(In): 1,
    flags:
extended, use_count: 0, entry-id: 40, lc_entries: 0
```

8-3-3 静的IPマスカレードの設定

静的IPマスカレードは、静的NAT同様事前にバインドを手動で作成します。

静的IPマスカレードの設定

nat descriptor masquerade static [*NATディスクリプタ番号*] [*エントリ番号*] [*内側IP*] [*プロトコル*] [*外側ポート番号*]=[*内側ポート番号*]										
RTX5000	RTX3500	RTX3000	RTX1500	RTX1210	RTX1200	RTX1100	RTX810	RT250i	RT107e	SRT100

プロトコルパラメータ値は、esp、tcp、udp、icmp、およびIANA割り当てのプロトコル番号のいずれかです。外側と内側のポート番号が同じなら、ポート番号を1つだけ記述する形式も可能です。

図8.3.5は、ヤマハルーターを使った静的IPマスカレードの設定例です（リスト8.3.5）。この例では、PC1からサーバへ通信するとき、内側のパケットの送信元IPと送信元ポート番号は192.168.0.1と1000で、IPマスカレードでアドレス変換された後、外側ではパケットの送信元IPと送信元ポート番号は、10.0.0.1と1100に変わります。PC2とPC3からサーバへのパケットも同様に図中のバインドルールにしたがってアドレス変換されます。PC3の場合、内側と外側のポート番号が不変となっているため、「3000=3000」の代わりに「3000」と記述しても問題はありません。

○図8.3.5：静的IPマスカレードの設定（ヤマハルーター）

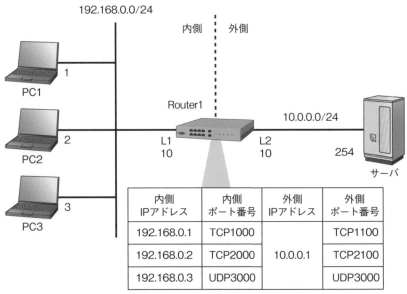

Chapter 8：NAT

○リスト8.3.5：Router1の設定（ヤマハルーター）

```
Router1# ip lan1 address 192.168.0.10/24  ①
Router1# ip lan2 address 10.0.0.10/24
Router1#
Router1# ip lan2 nat descriptor 1  ②
Router1#
Router1# nat descriptor type 1 masquerade  ③  ※変換方式は「masquerade」
Router1#
Router1# nat descriptor address outer 1 10.0.0.1  ④  ※外側IPの設定
Router1#
Router1# nat descriptor masquerade static 1 1 192.168.0.1 tcp 1100=1000  ⑤
Router1# nat descriptor masquerade static 1 2 192.168.0.2 tcp 2100=2000  ⑥
Router1# nat descriptor masquerade static 1 3 192.168.0.3 udp 3000  ⑦
Router1#
Router1# show nat descriptor address 1  ⑧
参照NATディスクリプタ : 1, 適用インタフェース : LAN2(1)
Masqueradeテーブル
    外側アドレス: 10.0.0.1
    ポート範囲: 60000-64095, 49152-59999, 44096-49151
プロトコル      内側アドレス             宛先              マスカレード      種別
    UDP        192.168.0.3.3000        *.*.*.*.*         3000          static
    TCP        192.168.0.2.2000        *.*.*.*.*         2100          static
    TCP        192.168.0.1.1000        *.*.*.*.*         1100          static
Router1#
```

❶ LAN1インタフェースのIPアドレスを設定する **IOS** `interface ⇒ ip address`
❷ LAN2インタフェースにNATディスクリプト1を適用する **IOS** –
❸ NATディスクリプト1の変換方式を「masquerade」に設定する **IOS** –
❹ 外側のIPアドレス（NATディスクリプト1）を設定する **IOS** –
❺ 内側IPが192.168.0.1、プロトコルがTCP、外側ポート番号1100と内側ポート番号1000の対応付けの静的IPマスカレードのバインド（NATディスクリプト1の1番目エントリー）を設定する **IOS** `ip nat inside source static`
❻ 内側がIP192.168.0.2、プロトコルがTCP、外側ポート番号2100と内側ポート番号2000の対応付けの静的IPマスカレードのバインド（NATディスクリプト1の2番目エントリー）を設定する **IOS** `ip nat inside source static`
❼ 内側がIP192.168.0.3、プロトコルがUDP、外側ポート番号3000と内側ポート番号3000の対応付けの静的IPマスカレードのバインド（NATディスクリプト1の3番目エントリー）を設定する **IOS** `ip nat inside source static`
❽ NATディスクリプト1のバインド情報を表示する **IOS** `show ip nat transactions`

Ciscoルーターの場合

構成図は図8.3.6で、Ciscoルーターでの設定はリスト8.3.6のようになります。

8-3：NATとIPマスカレードの設定

図8.3.6：静的IPマスカレードの設定（Ciscoルーター）

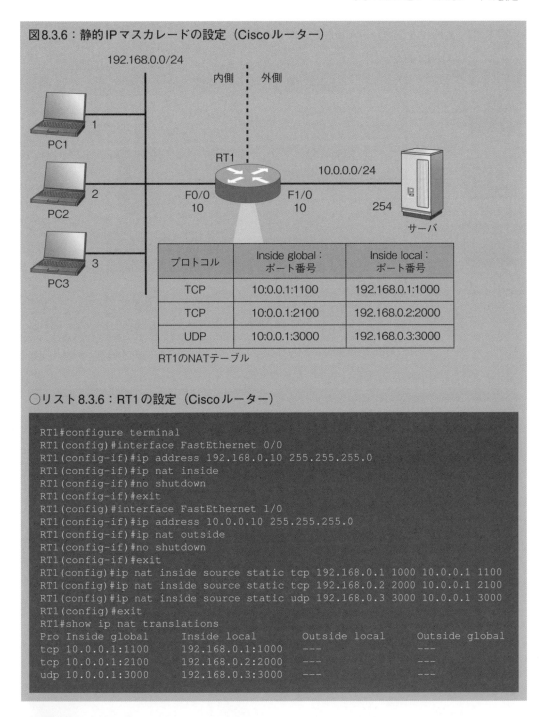

○リスト8.3.6：RT1の設定（Ciscoルーター）

```
RT1#configure terminal
RT1(config)#interface FastEthernet 0/0
RT1(config-if)#ip address 192.168.0.10 255.255.255.0
RT1(config-if)#ip nat inside
RT1(config-if)#no shutdown
RT1(config-if)#exit
RT1(config)#interface FastEthernet 1/0
RT1(config-if)#ip address 10.0.0.10 255.255.255.0
RT1(config-if)#ip nat outside
RT1(config-if)#no shutdown
RT1(config-if)#exit
RT1(config)#ip nat inside source static tcp 192.168.0.1 1000 10.0.0.1 1100
RT1(config)#ip nat inside source static tcp 192.168.0.2 2000 10.0.0.1 2100
RT1(config)#ip nat inside source static udp 192.168.0.3 3000 10.0.0.1 3000
RT1(config)#exit
RT1#show ip nat translations
Pro Inside global     Inside local       Outside local      Outside global
tcp 10.0.0.1:1100     192.168.0.1:1000   ---                ---
tcp 10.0.0.1:2100     192.168.0.2:2000   ---                ---
udp 10.0.0.1:3000     192.168.0.3:3000   ---                ---
```

8-3-4 動的IPマスカレードの設定

動的IPマスカレードは、動的NAT同様実通信が発生して初めてバインドが生成されます。図8.3.7は、ヤマハルーターを使った動的IPマスカレードの設定例です（リスト8.3.7）。

Chapter 8：NAT

○図8.3.7：動的IPマスカレードの設定（ヤマハルーター）

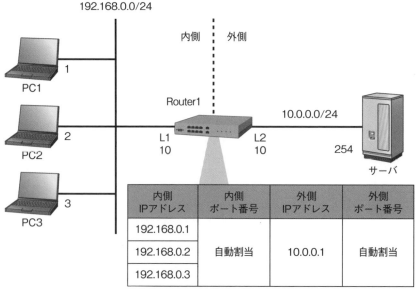

動的IPマスカレードのバインド

○リスト8.3.7：Router1の設定（ヤマハルーター）

```
Router1# ip lan1 address 192.168.0.10/24 ❶
Router1# ip lan2 address 10.0.0.10/24
Router1#
Router1# ip lan2 nat descriptor 1 ❷
Router1#
Router1# nat descriptor type 1 masquerade ❸
Router1#
Router1# nat descriptor address outer 1 10.0.0.1 ❹
Router1#
Router1# nat descriptor address inner 1 192.168.0.1-192.168.0.3 ❺
Router1#
Router1# show nat descriptor address 1 detail ❻  ※実通信前のバインド情報
参照NATディスクリプタ : 1, 適用インタフェース : LAN2(1)
Masqueradeテーブル
    外側アドレス: 10.0.0.1
    ポート範囲: 60000-64095, 49152-59999, 44096-49151
プロトコル      内側アドレス             宛先                   マスカレード     TTL(秒)

※PC1からサーバへping
※PC2からサーバへping
※PC3からサーバへping

Router1# show nat descriptor address 1 detail  ※実通信後のバインド情報
参照NATディスクリプタ : 1, 適用インタフェース : LAN2(1)
Masqueradeテーブル
    外側アドレス: 10.0.0.1
    ポート範囲: 60000-64095, 49152-59999, 44096-49151   8個使用中
プロトコル      内側アドレス             宛先                   マスカレード     TTL(秒)
   ICMP       192.168.0.1.60725       10.0.0.254.*            60000          679
   ICMP       192.168.0.2.60726       10.0.0.254.*            60001          701
   ICMP       192.168.0.3.60727       10.0.0.254.*            60002          707
```

（つづく）

8-3：NAT と IP マスカレードの設定

（つづき）
❶ LAN1インタフェースのIPアドレスを設定する 【IOS】`interface` ⇒ `ip address`
❷ LAN2インタフェースにNATディスクリプト1を適用する 【IOS】-
❸ NATディスクリプト1の変換方式を「masquerade」に設定する 【IOS】-
❹ 外側のIPアドレス（NATディスクリプト1）を設定する 【IOS】-
❺ 内側側のIPアドレス範囲（NATディスクリプト1）を設定する 【IOS】-
❻ NATディスクリプト1のバインド情報を表示する 【IOS】`show ip nat transactions`

Ciscoルーターの場合

ネットワーク図は図8.3.8で、Ciscoルーターでの設定はリスト8.3.8のようになります。

○図8.3.8：動的IPマスカレードの設定（Ciscoルーター）

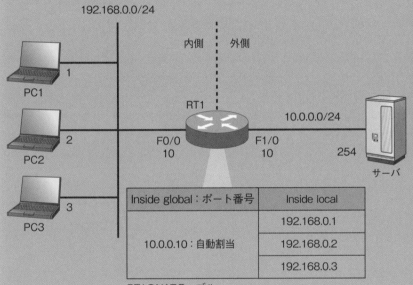

○リスト8.3.8：RT1の設定（Ciscoルーター）

```
RT1#configure terminal
RT1(config)#interface FastEthernet 0/0
RT1(config-if)#ip address 192.168.0.10 255.255.255.0
RT1(config-if)#ip nat inside
RT1(config-if)#no shutdown
RT1(config-if)#exit
RT1(config)#interface FastEthernet 1/0
RT1(config-if)#ip address 10.0.0.10 255.255.255.0
RT1(config-if)#ip nat outside
RT1(config-if)#no shutdown
RT1(config-if)#exit
RT1(config)#access-list 1 permit 192.168.0.1 0.0.0.0
RT1(config)#access-list 1 permit 192.168.0.2 0.0.0.0
RT1(config)#access-list 1 permit 192.168.0.3 0.0.0.0
RT1(config)#ip nat inside source list 1 interface FastEthernet 1/0 overload
```

（つづく）

Chapter 8：NAT

(つづき)

```
RT1(config)#exit
RT1#show ip nat translations icmp   ※実通信前のNATテーブル
```
※PC1からサーバへping
※PC2からサーバへping
※PC3からサーバへping

```
RT1#show ip nat translations icmp   ※実通信後のNATテーブル
Pro Inside global     Inside local      Outside local     Outside
global
icmp 10.0.0.10:4      192.168.0.1:4     10.0.0.254:4      10.0.0.254:4
icmp 10.0.0.10:5      192.168.0.2:5     10.0.0.254:5      10.0.0.254:5
icmp 10.0.0.10:6      192.168.0.3:6     10.0.0.254:6      10.0.0.254:6
```

8-3-5 動的NATと動的IPマスカレードの併用

　NATディスクリプタの変換方式が「nat-masquerade」の場合、通常動的NATとして機能しますが、外側のIPアドレスが残り1つになったら、動的IPマスカレードとして機能します。

　図8.3.9は、ヤマハルーターによる設定例です（リスト8.3.9）。この例では、内側にある4個のIPアドレスが3つの外側IPアドレスとnat-masquerade方式でバインドします。したがって、最初に通信を開始する2つの内側IPアドレスは動的NATとなりますが、残り2つの内側IPアドレスは動的IPマスカレードでアドレス変換されます。

○図8.3.9：動的NATと動的IPマスカレードの併用（ヤマハルーター）

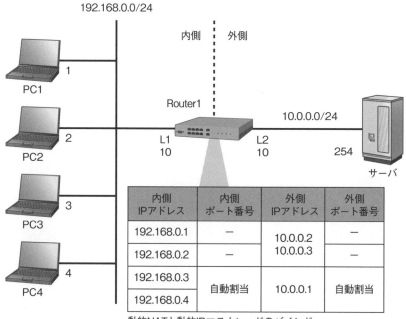

動的NATと動的IPマスカレードのバインド

8-3：NATとIPマスカレードの設定

○リスト8.3.9：Router1の設定（ヤマハルーター）

```
Router1# ip lan1 address 192.168.0.10/24   ❶
Router1# ip lan2 address 10.0.0.10/24
Router1#
Router1# ip lan2 nat descriptor 1   ❷
Router1#
Router1# nat descriptor type 1 nat-masquerade   ❸
Router1#
Router1# nat descriptor address outer 1 10.0.0.1-10.0.0.3   ❹
Router1#
Router1# nat descriptor address inner 1 192.168.0.1-192.168.0.4   ❺
Router1#
Router1# show nat descriptor address 1 detail   ❻  ※実通信前のバインド情報
参照NATディスクリプタ : 1, 適用インタフェース : LAN2(1)
    外側アドレス(Outer)       内側アドレス(Inner)        TTL(秒)
        10.0.0.2                 auto                   -
        10.0.0.3                 auto                   -
Masqueradeテーブル
    外側アドレス: 10.0.0.1
    ポート範囲: 60000-64095, 49152-59999, 44096-49151
  プロトコル    内側アドレス            宛先      マスカレード    TTL(秒)

※PC1からサーバへping
※PC2からサーバへping
※PC3からサーバへping
※PC4からサーバへping

Router1# show nat descriptor address 1 detail   ※実通信後のバインド情報
参照NATディスクリプタ : 1, 適用インタフェース : LAN2(1)
    外側アドレス(Outer)       内側アドレス(Inner)        TTL(秒)
        10.0.0.2             192.168.0.1               842
        10.0.0.3             192.168.0.2               849
※1番目と2番目の通信は動的NATでアドレス変換される
Masqueradeテーブル
    外側アドレス: 10.0.0.1
    ポート範囲: 60000-64095, 49152-59999, 44096-49151   2個使用中
  プロトコル    内側アドレス            宛先      マスカレード    TTL(秒)
    ICMP      192.168.0.3.29449     10.0.0.254.*    60000       855
    ICMP      192.168.0.4.29450     10.0.0.254.*    60001       861
※3番目と4番目の通信は動的IPマスカレードでアドレス変換される
```

❶ LAN1インタフェースのIPアドレスを設定する `IOS` interface ⇒ ip address
❷ LAN2インタフェースにNATディスクリプト1を適用する `IOS` -
❸ NATディスクリプト1の変換方式を「masquerade」に設定する `IOS` -
❹ 外側のIPアドレス範囲（NATディスクリプト1）を設定する `IOS` ip nat pool
❺ 内側のIPアドレス範囲（NATディスクリプト1）を設定する `IOS` access-list
❻ NATディスクリプト1のバインド情報を表示する `IOS` show ip nat transactions

Ciscoルーターの場合

　Ciscoルーターでは、プールしたアドレスでオーバーロードすることでヤマハルーターのnat-masquerade方式に相当する設定ができます。しかし、アドレス変換は最初からPATとなり、使えるポート番号なくなったら次の外側IPアドレスを使う方式となっています。
　構成図は図8.3.10で、Ciscoルーターでの設定はリスト8.3.10のようになります。

Chapter 8：NAT

○図8.3.10：動的IPマスカレードの設定（Ciscoルーター）

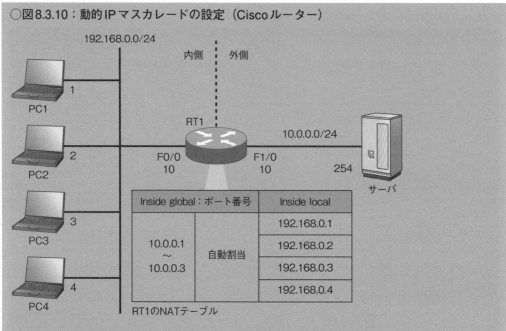

○リスト8.3.10：RT1の設定（Ciscoルーター）

```
RT1#configure terminal
RT1(config)#interface FastEthernet 0/0
RT1(config-if)#ip address 192.168.0.10 255.255.255.0
RT1(config-if)#ip nat inside
RT1(config-if)#no shutdown
RT1(config-if)#exit
RT1(config)#interface FastEthernet 1/0
RT1(config-if)#ip address 10.0.0.10 255.255.255.0
RT1(config-if)#ip nat outside
RT1(config-if)#no shutdown
RT1(config-if)#exit
RT1(config)#access-list 1 permit 192.168.0.1 0.0.0.0
RT1(config)#access-list 1 permit 192.168.0.2 0.0.0.0
RT1(config)#access-list 1 permit 192.168.0.3 0.0.0.0
RT1(config)#access-list 1 permit 192.168.0.4 0.0.0.0
RT1(config)#ip nat pool POOL 10.0.0.1 10.0.0.3 netmask 255.255.255.0
RT1(config)#ip nat inside source list 1 pool POOL overload
RT1(config)#exit
RT1#show ip nat translations   ※実通信前のNATテーブル

※PC1からサーバへping
※PC2からサーバへping
※PC3からサーバへping
※PC4からサーバへping

RT1#show ip nat translations   ※実通信後のNATテーブル
Pro Inside global      Inside local        Outside local       Outside global
icmp 10.0.0.2:0        192.168.0.1:0       10.0.0.254:0        10.0.0.254:0
icmp 10.0.0.2:1        192.168.0.2:1       10.0.0.254:1        10.0.0.254:1
icmp 10.0.0.2:2        192.168.0.3:2       10.0.0.254:2        10.0.0.254:2
icmp 10.0.0.2:3        192.168.0.4:3       10.0.0.254:3        10.0.0.254:3
```

8-3-6 Twice NATの設定

　Twice NATは、送信元IPアドレスと宛先IPアドレスの両方をアドレス変換します。通常のNATは、インタフェースの内側がNATの内側で、インタフェースの外側がNATの外側となっている順方向のアドレス変換です。Twice NATは、順方向と逆方向のNATを同時に使って実現します。逆方向のNATでは、インタフェースの内側がNATの外側で、インタフェースの外側がNATの内側となっています。Twice NATの設定では、双方向のNATディスクリプトの変換方式はともに「nat」である必要があります。

双方向のNATディスクリプトのインタフェース適用

ip [インタフェース] nat descriptor [NATディスクリプタ番号] reverse [NATディスクリプタ番号]										
RTX5000	RTX3500	RTX3000	RTX1500	RTX1210	RTX1200	RTX1100	RTX810	RT250i	RT107e	SRT100

　図8.3.11は、ヤマハルーターを使ったTwice NATの設定例です（リスト8.3.11aと8.3.11b）。この例では、Router1でTwice NATの設定を行い、同じIPアドレス帯（192.168.0.0/24）間の通信ができるようにしています。Twice NATでパケットの送信元と宛先IPアドレスがどのように変化しているかは、PC1とPC3間の通信を使って表8.3.4で例示します。

○図8.3.11：Twice NATの設定（ヤマハルーター）

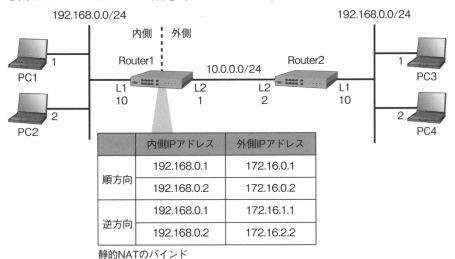

○表8.3.4：PC1とPC3間のパケットの送信元と宛先IPアドレス

	PC1 → Router1	Router1 → PC3	PC3 → Router1	Router1 → PC1
送信元IP	192.168.0.1	172.16.1.1	192.168.0.1	172.16.0.1
宛先IP	172.16.0.1	192.168.0.1	172.16.1.1	192.168.0.1

○リスト8.3.11a：Router1の設定（ヤマハルーター）

```
Router1# ip route default gateway 10.0.0.2       ❶
Router1#
Router1# ip lan1 address 192.168.0.10/24         ❷
Router1# ip lan2 address 10.0.0.1/24
Router1#
Router1# ip lan2 nat descriptor 1 reverse 2      ❸  ※順方向と逆方向のNATをLAN2に適用
Router1#
Router1# nat descriptor type 1 nat               ❹
Router1# nat descriptor type 2 nat
Router1#
Router1# nat descriptor address outer 1 172.16.1.1-172.16.1.2   ❺
Router1# nat descriptor address outer 2 172.16.0.1-172.16.0.2
Router1#
Router1# nat descriptor static 1 1 172.16.1.1=192.168.0.1 2     ❻
Router1# nat descriptor static 2 1 172.16.0.1=192.168.0.1 2
Router1#
Router1# show nat descriptor address             ❼
参照NATディスクリプタ : 1, 適用インタフェース : LAN2(1)
  外側アドレス(Outer)      内側アドレス(Inner)       TTL(秒)
       172.16.1.1            192.168.0.1           static
       172.16.1.2            192.168.0.2           static
----------------------
参照NATディスクリプタ : 2, 適用インタフェース : LAN2(2)
  外側アドレス(Outer)      内側アドレス(Inner)       TTL(秒)
       172.16.0.1            192.168.0.1           static
       172.16.0.2            192.168.0.2           static
----------------------
有効なNATディスクリプタテーブルが2個ありました
Router1#
```

❶ 10.0.0.2をネクストホップとするデフォルトゲートウェイを設定する [IOS]ip route 0.0.0.0 0.0.0.0
❷ LAN1インタフェースのIPアドレスを設定する [IOS]interface ⇒ ip address
❸ LAN2インタフェースにNATディスクリプト1（順方向）と2（逆方向）を適用する [IOS]-
❹ NATディスクリプト1の変換方式を「nat」に設定する [IOS]-
❺ 外側のダミーIPアドレスを設定する [IOS]-
❻ 外側IP172.16.1.1と内側IP192.168.0.1の静的NATのバインド（NATディスクリプト1の1番目エントリー）を2回連続で設定する [IOS]ip nat inside source static
❼ NATディスクリプトのバインド情報を表示する [IOS]show ip nat transactions

○リスト8.3.11b：Router2の設定（ヤマハルーター）

```
Router2# ip route default gateway 10.0.0.1
Router2#
Router2# ip lan1 address 192.168.0.10/24
Router2#
Router2# ip lan2 address 10.0.0.2/24
Router2#
```

Ciscoルーターの場合

ネットワーク図は図8.3.12で、Ciscoルーターでの設定はリスト8.3.12aと8.3.12bのようになります。

○図8.3.12：Twice NATの設定（Ciscoルーター）

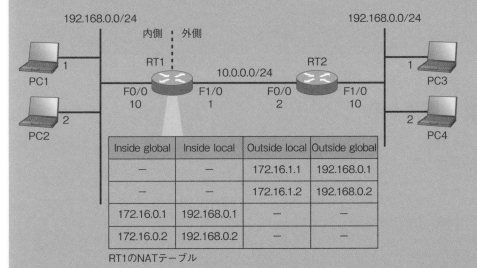

RT1のNATテーブル

○リスト8.3.12a：RT1の設定（Ciscoルーター）

```
RT1#configure terminal
RT1(config)#interface FastEthernet 0/0
RT1(config-if)#ip address 192.168.0.10 255.255.255.0
RT1(config-if)#ip nat inside
RT1(config-if)#no shutdown
RT1(config-if)#exit
RT1(config)#interface FastEthernet 1/0
RT1(config-if)#ip address 10.0.0.1 255.255.255.0
RT1(config-if)#ip nat outside
RT1(config-if)#no shutdown
RT1(config-if)#exit
RT1(config)#ip nat inside source static 192.168.0.1 172.16.0.1
RT1(config)#ip nat outside source static 172.16.1.1 192.168.0.1
RT1(config)#ip nat inside source static 192.168.0.2 172.16.0.2
RT1(config)#ip nat outside source static 172.16.1.2 192.168.0.2
RT1(config)#ip route 0.0.0.0 0.0.0.0 10.0.0.2
RT1(config)#exit
RT1#show ip nat translations
Pro Inside global      Inside local       Outside local      Outside global
--- ---                ---                172.16.1.1         192.168.0.1
--- ---                ---                172.16.1.2         192.168.0.2
--- 172.16.0.1         192.168.0.1        ---                ---
--- 172.16.0.2         192.168.0.2        ---                ---
```

○リスト8.3.12b：RT2の設定（Ciscoルーター）

```
RT2#configure terminal
RT2(config)#interface FastEthernet 0/0
RT2(config-if)#ip address 10.0.0.2 255.255.255.0
RT2(config-if)#no shutdown
RT2(config-if)#exit
RT2(config)#interface FastEthernet 1/0
RT2(config-if)#ip address 192.168.0.10 255.255.255.0
RT2(config-if)#no shutdown
RT2(config-if)#exit
RT2(config)#ip route 0.0.0.0 0.0.0.0 10.0.0.1
```

8-4 章のまとめ

　NATは、IPアドレスを変換する技術ですが、使い方次第で内部ネットワークの隠蔽や負荷分散などを実現できます。

　ヤマハルーターでは、アドレスを1対1で変換する方式をNAT、多対1で変換する方式をIPマスカレードと呼びます。さらに、バインドが手動か自動かで、NATとIPマスカレードは静的と動的にわかれます。

　ヤマハルーターにおけるアドレスの変換ルールは、NATディスクリプタを使って記述します。NATディスクリプタには、3種類の変換方式があります。それぞれの変換方式で使用できるNATとIPマスカレードに違いがあり、さらに複数種類のNATとIPマスカレードを同時に設定するとき、バインドの優先順位に留意したいです。そのほか注意したいのは、NATディスクリプタとパケットフィルタの処理順序です。インタフェースに着信するパケットは先にアドレス変換されますが、インタフェースから発信するパケットは逆にパケットフィルタが最初に行われます。

　NATとIPマスカレードの設定では、次の設定例を紹介しました。

- 静的NATの設定
- 動的NATの設定
- 静的IPマスカレードの設定
- 動的IPマスカレードの設定
- 動的NATと動的IPマスカレードの併用
- Twice NATの設定

Chapter 9

セキュリティ

　性善説で作られたIPネットワークは、もともとセキュリティの面が弱いです。近年、様々なセキュリティインシデントが発生し、組織の内部ネットワークを守る意識も高まっています。FW（Firewall）、IPS（Intrusion Prevention System）、WAF（Web Application Firewall）などの多種のセキュリティ製品はありますが、ネットワークの境界にあるルーターで基本的なセキュリティ対策を行うことも大事です。この章では、ヤマハルーターでできるセキュリティ機能を紹介します。

9-1 パケットフィルタ

パケットフィルタは、ルーターでできるもっとも基本的なセキュリティ対策です。IPアドレス、ポート番号、プロトコルなどを用いて、許可する通信と許可しない通信を定義します。ここでは、ヤマハルーターにおけるパケットフィルタの考え方や設定の方法について説明します。

9-1-1 パケットフィルタの基本動作

パケットフィルタを行うには、まずパケットフィルタを定義し、それから定義したパケットフィルタをインタフェースに適用します。デフォルトの状態では、インタフェースにパケットフィルタが適用されていないので、すべてのパケットはインタフェースを通過することができます。

同一のインタフェースには、複数のパケットフィルタを設定することができ、フィルタリストに記載している順番にパケットはパケットフィルタとマッチングします。マッチしたパケットフィルタがあれば、そのパケットフィルタで定めたアクションに従ってパケットが処理されます。マッチしたパケットフィルタがなければ、デフォルトフィルタによってパケットが破棄されます。デフォルトフィルタは、ルーター内部に保持する見えないフィルタで、Ciscoルーターでいう「暗黙のdeny」と同等な機能です。

図9.1.1は、パケットフィルタのマッチング例です。この例では、3つのパケットフィルタをルーターのLAN2インタフェースに適用しています。これらのパケットフィルタは、NW2からNW1へのHTTP、FTPおよびNTPのパケットだけを許可します。したがって、ICMPのようなパケットフィルタで許可していないパケットは、どのパケットフィルタともマッチングせず、デフォルトフィルタによって破棄されます。

○図9.1.1：パケットフィルタのマッチング例

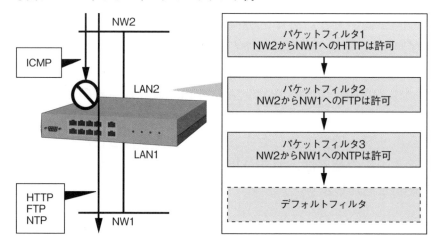

パケットフィルタが適用しているインタフェースに、NATディスクリプタを設定する場合、パケットの処理順序に注意する必要があります。図9.1.2は、NATディスクリプタとパケットフィルタの処理順序を図示したものです。インタフェースに着信するパケットは、最初にNATディスクリプタに処理されます。逆に、インタフェースから発信するパケットは、最初にパケットフィルタに処理されます。パケット処理の仕様は、リビジョンによって異なりますが、本書はリビジョン4以降の処理仕様を取り扱います。

○図9.1.2：NATディスクリプタとパケットフィルタの処理順序

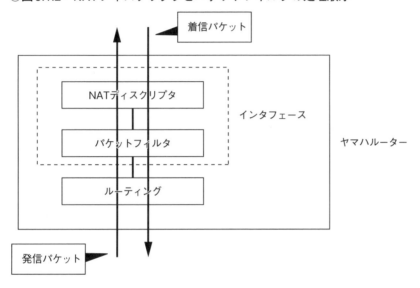

また、パケットフィルタには、静的と動的の2種類のパケットフィルタがあります。静的パケットフィルタは、事前に許可すべき通信を明示的に記述します。これに対して、動的パケットフィルタは、通信が実際に生じたときにフィルタが生成されます。外部から内部への通信を戻りパケットのみに制限できるのが動的パケットフィルタの強みです。

では、動的パケットフィルタについてもう少し詳しく説明します。動的パケットフィルタは、基本的にパケットを通過させるための設定です。したがって、特定のパケットを破棄するには静的パケットフィルタとの併用が必要です。静的パケットフィルタと併用するとき、動的パケットフィルタの処理が優先されます。動的パケットフィルタが通過を許可したパケットは、静的パケットフィルタをバイパスして通過します。動的パケットフィルタが通過を許可していないパケットは、静的パケットフィルタに渡されます。動的パケットフィルタの生成タイミングは、トリガーとなるパケットが観測されたときです。トリガーパケットを定義するには、静的パケットフィルタによるユーザ定義と、既知のサービスの指定の2つの方法があります。ユーザ定義の方法では、通過できるパケットを細かく制御できるのが特徴です。

9-1-2 静的パケットフィルタの設定

静的パケットフィルタの設定は、どのパケットを通過あるいは破棄するかは、次のような要素を使って定義します。

- 送信元IPアドレス
- 送信元ポート番号
- 宛先IPアドレス
- 宛先ポート番号
- プロトコル

静的パケットフィルタを定義したら、フィルタをインタフェースに適用します。インタフェースに適用するにあたって、フィルタを直接インタフェースに適用する方法と、フィルタセットを介する方法があります。フィルタセットでは、フィルタ名を記述できるので、大量なフィルタを設定する場合に役立ちます。静的パケットフィルタの設定に使用するコマンドは次のとおりです。

静的パケットフィルタの設定

ip filter [フィルタ番号] [アクション] [送信元IP] [宛先IP] [プロトコル] [送信元ポート] [宛先ポート]
RTX5000	RTX3500	RTX3000	RTX1500	RTX1210	RTX1200	RTX1100	RTX810	RT250i	RT107e	SRT100

フィルタ番号パラメータは、1以上の数字を指定します。アクションパラメータは、パケットがこのフィルタにマッチしたときのパケット処理内容です。アクションは、基本的に通過と破棄ですが、ログの記録の有無や回線状態の違いで9種類に分類できます。アクションパラメータの一覧を表9.1.1に示します。restrictは、主に無用な発呼を抑えて、回線を自動的に接続させないために使われます。

○表9.1.1：アクションパラメータ

パラメータ値	ログ記録	内容
pass	なし	マッチするパケットは通過する
pass-log	あり	
pass-nolog	なし	
reject	あり	マッチするパケットは破棄する
reject-log	あり	
reject-nolog	なし	
restrict	なし	回線が接続しているとき通過、切断しているとき破棄する
restrict-log	あり	
restrict-nolog	なし	

送信元IPパラメータは、パケットの送信元IPアドレスを指定します。**表9.1.2**のようにワイルドカードとハイフンを使用できます。また、宛先IPパラメータも**表9.1.2**と同じようにIPアドレスを指定できます。

○表9.1.2：送信元（宛先）IPパラメータ

パラメータ値の例	特記
192.168.0.1	―
192.168.0.*	第4オクテットは任意の数
*	すべてのIPアドレス
192.168.0.1-192.168.0.10	IPアドレス範囲の指定
192.168.0.0/28	ネットマスクによるIPアドレス範囲の指定
192.168.0.0/255.255.255.240	ネットマスクによるIPアドレス範囲の指定

プロトコルパラメータは、パケットのIPプロトコル番号や一般的な呼び名です。**表9.1.3**は、主要なプロトコルパラメータ値です。

○表9.1.3：プロトコルパラメータ

パラメータ値	特記
10進数の数字（例：17）	
icmp	ICMPパケット
tcp	TCPパケット
udp	UDPパケット
esp	ESPパケット
ah	AHパケット
icmp-error	ICMPタイプが3、4、5、11、12、31、32のいずれかのICMPパケット
icmp-info	ICMPタイプが0、8、9、10、13、14、15、16、17、18、30、33、34、35、36のいずれかのICMPパケット
tcpsyn	SYNフラグが1のTCPパケット
tcpfin	FINフラグが1のTCPパケット
tcprst	RSTフラグが1のTCPパケット
established	内部から外部へのACKフラグが1のTCPパケットは許可するが、外部から内部へは破棄する
*	すべてのプロトコル

送信元ポートパラメータは、パケットの送信元ポート番号を指定します。送信元IPパラメータと同様ワイルドカードとハイフンを使えます。また、宛先ポートパラメータの記述内容は、送信元ポートパラメータと同じです。**表9.1.4**は、主要なパラメータ値の一覧です。

○表9.1.4：送信元（宛先）ポートパラメータ

パラメータ値	特記
10進数の数字（例：80）	
ftp	20と21の2つのポート番号
ftpdata	ポート番号20
telnet	ポート番号23
smtp	ポート番号25
domain	ポート番号53
www	ポート番号80
pop3	ポート番号110
ntp	ポート番号123
snmp	ポート番号161
syslog	ポート番号514
ハイフン表記による範囲指定 （例：10-15、20-smtp）	
カンマ区切りによる範囲指定 （例：80,pop3,ntp）	最大10個まで
*	すべてのポート番号

フィルタセットの設定

`ip filter set [フィルタセット名] [方向] [フィルタリスト]`										
RTX5000	RTX3500	RTX3000	RTX1500	RTX1210	RTX1200	RTX1100	RTX810	RT250i	RT107e	SRT100

　フィルタセット名パラメータは、任意の文字列です。どんなフィルタのセットかをわかるような名前をつけると運用がしやすいです。方向パラメータは、インタフェース上に設置するパケットフィルタの適用方向です。方向パラメータ値は、表9.1.5のようになります。

○表9.1.5：方向パラメータ

パラメータ値	内容
in	インタフェースに着信したパケットに適用
out	インタフェースから発信するパケットに適用

　フィルタリストパラメータは、該当するパケットフィルタの番号です。スペース区切りで最大1000個のパケットフィルタ番号を同時に設定できます。マッチングの順序は、フィルタリストの一番左が最初です。

インタフェースへの静的パケットフィルタ適用

`ip [インタフェース名] secure filter [方向] [フィルタリスト]`										
RTX5000	RTX3500	RTX3000	RTX1500	RTX1210	RTX1200	RTX1100	RTX810	RT250i	RT107e	SRT100

このコマンドを使って、定義したパケットフィルタを任意のインタフェースに適用します。方向とフィルタリストパラメータの内容は、フィルタセットの設定の場合と同じです。

インタフェースへのフィルタセット適用の書式

ip [インタフェース名] secure filter name [フィルタセット名]										
RTX5000	RTX3500	RTX3000	RTX1500	RTX1210	RTX1200	RTX1100	RTX810	RT250i	RT107e	SRT100

フィルタセット名パラメータは、フィルタセットの設定で定義したフィルタセット名です。

では、静的パケットフィルタの設定例について、フィルタセットを使わない場合と使う場合の2通りに分けて紹介します。図9.1.3は、ヤマハルーターによるネットワーク構成です。この例では、ルーターに静的パケットフィルタを設定して、次の2つの通信だけを許可したいです。

- PC1からWWWサーバへのICMPパケット
- PC2からWWWサーバへのHTTPパケット

○図9.1.3：静的パケットフィルタの例（ヤマハルーター）

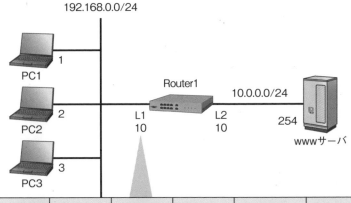

フィルタ番号	プロトコル	送信元IP	送信元ポート	宛先IP	宛先ポート	アクション
1	ICMP	192.168.0.1	*	10.0.0.0.254	*	pass
2	TCP	192.168.0.2	*	10.0.0.0.254	80	pass

静的パケットフィルタの設定内容

リスト9.1.3aと9.1.3bがヤマハルーターの設定です。リスト9.1.3aはフィルタセットを使用しない場合で、リスト9.1.3bはフィルタセットを使用する場合です。

Chapter 9：セキュリティ

○リスト9.1.3a：Router1の設定：フィルタリセットを使用しない場合（ヤマハルーター）

```
Router1# ip lan1 address 192.168.0.10/24    ❶
Router1# ip lan2 address 10.0.0.10/24
Router1#
Router1# ip lan1 secure filter in 1 2    ❷   ※LAN1への静的パケットフィルタの適用
Router1#
Router1# ip filter 1 pass 192.168.0.1 10.0.0.254 icmp * *    ❸
Router1# ip filter 2 pass 192.168.0.2 10.0.0.254 tcp * www   ❹
```

❶ LAN1インタフェースのIPアドレスを設定する IOS interface ⇒ ip address
❷ フィルタ番号1と2のパケットフィルタをLAN1インタフェースのIN方向に適用する
　 IOS interface ⇒ ip access-group
❸ 192.168.0.1から10.0.0.254へのICMPパケットを許可するパケットフィルタ（フィルタ番号1）
　 を設定する IOS ip access-list extended ⇒ permit
❹ 192.168.0.2から10.0.0.254へのHTTPパケットを許可するパケットフィルタ（フィルタ番号2）
　 を設定する IOS ip access-list extended ⇒ permit

○リスト9.1.3b：Router1の設定：フィルタリセットを使用する場合（ヤマハルーター）

```
Router1# ip lan1 address 192.168.0.10/24
Router1# ip lan2 address 10.0.0.10/24
Router1#
Router1# ip lan1 secure filter name MyFilterSet    ❶   ※LAN1へのフィルタセットの適用
Router1#
Router1# ip filter 1 pass 192.168.0.1 10.0.0.254 icmp * *
Router1# ip filter 2 pass 192.168.0.2 10.0.0.254 tcp * www
Router1#
Router1# ip filter set MyFilterSet in 1 2    ❷   ※フィルタセットの設定
```

❶ 定義したフィルタセット「MyFilterSet」をLAN1インタフェースに適用する IOS -
❷ IN方向に動作するフィルタ番号1と2のパケットフィルタのフィルタセット「MyFilterSet」を
　 定義する IOS -

Ciscoルーターの場合

ヤマハルーターと同等な設定をCiscoルーターの拡張アクセスリストを使って設定します。ネットワーク図は図9.1.4で、Ciscoルーターでの設定はリスト9.1.4のようになります。

○リスト9.1.4：RT1の設定（Ciscoルーター）

```
RT1#configure terminal
RT1(config)#interface FastEthernet 0/0
RT1(config-if)#ip address 192.168.0.10 255.255.255.0
RT1(config-if)#ip access-group 100 in
RT1(config-if)#no shutdown
RT1(config-if)#exit
RT1(config)#interface FastEthernet 1/0
RT1(config-if)#ip address 10.0.0.10 255.255.255.0
RT1(config-if)#no shutdown
RT1(config-if)#exit
RT1(config)#ip access-list extended 100
RT1(config-ext-nacl)#permit icmp host 192.168.0.1 host 10.0.0.254
RT1(config-ext-nacl)#permit tcp host 192.168.0.1 host 10.0.0.254 eq www
```

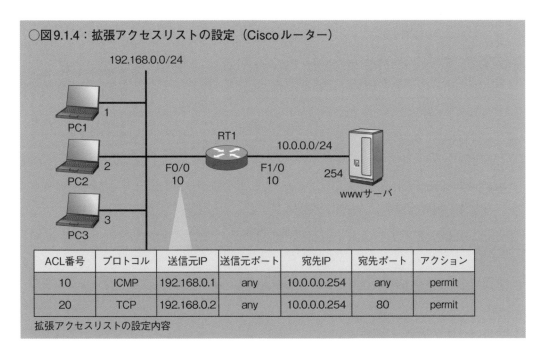

○図9.1.4：拡張アクセスリストの設定（Ciscoルーター）

9-1-3 動的パケットフィルタの設定

動的パケットフィルタの設定をするには、まずトリガーパケットを定義します。トリガーパケットの定義は、静的パケットフィルタによるユーザ定義と既知のサービスの指定の2パターンがあります。

動的パケットフィルタの設定（静的パケットフィルタによるユーザ定義）

ip filter dynamic [フィルタ番号] [送信元IP] [宛先IP] filter [トリガーフィルタリスト] [IN方向制御フィルタリスト] [OUT方向制御フィルタリスト] [オプション]											
RTX5000	RTX3500	RTX3000	RTX1500	RTX1210	RTX1200	RTX1100	RTX810	RT250i	RT107e	SRT100

フィルタ番号パラメータは、静的パケットフィルタのときと同様1以上の数字を指定します。送信元IPと宛先IPのパラメータは、**表9.1.6**のようなパラメータ値を設定できます。

○表9.1.6：送信元（宛先）IPパラメータ

パラメータ値の例	特記
192.168.0.1	
192.168.0.0/28	ネットマスクによるIPアドレス範囲の指定

トリガーフィルタリストパラメータは、トリガーパケットを定義する静的パケットフィルタを指します。IN方向制御フィルタリスト（**表9.1.7**）とOUT方向制御フィルタリスト（**表9.1.8**）のパラメータは、パケットの制御をより細かく制御するために用いられます。この2

つのパラメータは省略することもでき、省略した場合、送信元IPと宛先IP間のすべてのパケットが通過対象となります。

○表9.1.7：IN方向制御フィルタリストパラメータ

パラメータ値の例	特記
in 1	一般的な指定
in 1 2 3	複数のフィルタ番号の指定

○表9.1.8：OUT方向制御フィルタリストパラメータ

パラメータ値の例	特記
out 1	一般的な指定
out 1 2 3	複数のフィルタ番号の指定

最後のオプションパラメータの内容は表9.1.9のようになります。このパラメータも省略できます。

○表9.1.9：オプションパラメータ

オプション値	内容
syslog=on	動的パケットフィルタを通過する通信の履歴をSyslogに記録する。デフォルトはonである
syslog=off	動的パケットフィルタを通過する通信の履歴をSyslogに記録しない
timeout=秒数 （例：timeout=120）	動的パケットフィルタを通過するパケットがなくなってから同フィルタを開放し続ける時間。デフォルトは60（秒）である

動的パケットフィルタ設定の書式（既知のサービスの指定）

ip filter dynamic [フィルタ番号] [送信元IP] [宛先IP] [サービス] [オプション]									
RTX5000	RTX3500	RTX3000	RTX1500	RTX1210	RTX1200	RTX1100	RTX810	RT250i	RT107e

ヤマハルーターにはすでに何種類かの通信サービスを認識していて、サービス名を指定するだけで、その通信サービスから発するパケットを自動的にトリガーパケットに設定できます。フィルタ番号、送信元IP、宛先IPおよびオプションのパラメータは、直前に紹介した内容と同じです。サービスパラメータの主要な値は、次のとおりです。リビジョン10.01以降では、さらに多くのサービスを指定できます。

- 主要なサービスパラメータ値
  tcp、udp、ftp、tftp、domain、www、smtp、pop3、telnet、netmeeting

インタフェースへの動的パケットフィルタ適用の書式

ip [インタフェース名] secure filter [方向] [フィルタリスト] dyamic [フィルタリスト]										
RTX5000	RTX3500	RTX3000	RTX1500	RTX1210	RTX1200	RTX1100	RTX810	RT250i	RT107e	SRT100

　動的パケットフィルタは、パケットを通過させるのが本来の目的であるので、破棄すべきパケットは、別途静的パケットフィルタを併せて設定する必要があります。このコマンドの中でフィルタリストパラメータが2つあり、1番目のは静的パケットフィルタ、2番目は動的パケットフィルタに対応しています。また、1番目のフィルタリストパラメータは省略できるので、方向パラメータ値の違いで**表9.1.10**のような合計4通りの設定ができます。2番目のパターンは、フィルタがまったくない状態と同じとなるので、おすすめできない設定方法です。

○表9.1.10：インタフェースへの動的パケットフィルタ適用のパターン

方向	1番目のフィルタリスト	効果
in	省略しない	インタフェースに着信するトリガーパケットがあれば動的パケットフィルタが生成される。動的パケットフィルタ対象外のパケットは、静的パケットフィルタに渡される
in	省略する	インタフェースに着信するトリガーパケットがあれば動的パケットフィルタが生成される。動的パケットフィルタ対象外のパケットも内部に進入してしまうので、おすすめできない設定パターンである
out	省略しない	インタフェースから発信するトリガーパケットがあれば動的パケットフィルタが生成される。動的パケットフィルタ対象外のパケットは、静的パケットフィルタに渡される。すべてのパケットが内部に侵入できるので、別途in方向の静的パケットフィルタがあると望ましい
out	省略する	インタフェースから発信するトリガーパケットがあれば動的パケットフィルタが生成される。すべてのパケットが内部に侵入できので、別途in方向の静的パケットフィルタがあると望ましい

　動的パケットフィルタの設定例をトリガーパケットの指定方法別に紹介します。最初に紹介するのは、静的パケットフィルタによるユーザ定義の方法です。**図9.1.5**は、このときのヤマハルーターによるネットワーク構成です（**リスト9.1.5**）。この例では、PCからサーバの1000番ポートへのTCPパケットがトリガーパケットです。Router1でトリガーパケットを観測できたら、次の通信を許可する動的パケットフィルタが自動的に生成されます。

- サーバからPCの2000番ポートへのUDP通信
- PCからサーバの3000番ポートへのUDP通信

　通信はPCから発せられるので、動的パケットフィルタはLAN2のOUT方向に設定します。また、動的パケットフィルタのみを設定した場合、サーバからPCへの通信はすべて許可さ

Chapter 9：セキュリティ

れているので、LAN2のIN方向にすべてのパケットを破棄する静的パケットフィルタを設置して、動的パケットフィルタで許可したパケットのみをサーバからの戻り通信とします。

○図9.1.5：動的パケットフィルタの例（ヤマハルーター）

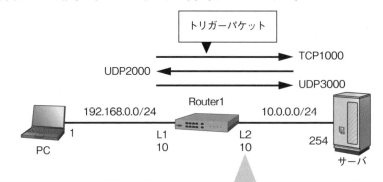

フィルタ番号	送信元IP	宛先IP	トリガーフィルタ	IN方向制御フィルタ	OUT方向制御フィルタ
1	192.168.0.1	10.0.0.254	10	11	12

静的パケットフィルタ（OUT方向）の設定内容

フィルタ番号	プロトコル	送信元IP	送信元ポート	宛先IP	宛先ポート	アクション
10	TCP	*	*	*	1000	pass
11	UDP	*	*	*	2000	pass
12	UDP	*	*	*	3000	pass

静的パケットフィルタの設定内容

○リスト9.1.5：Router1の設定（ヤマハルーター）

```
Router1# ip lan1 address 192.168.0.10/24  ①
Router1# ip lan2 address 10.0.0.10/24
Router1#
Router1# ip lan2 secure filter in 100  ②
Router1# ip lan2 secure filter out dynamic 1  ③
※LAN2にOUT方向の動的パケットフィルタを適用する
Router1#
Router1# ip filter 10 pass * * tcp * 1000  ④ ※トリガーパケットの定義
Router1# ip filter 11 pass * * udp * 2000  ⑤ ※トリガーパケットと反対方向のパケット制御
Router1# ip filter 12 pass * * udp * 3000  ⑥ ※トリガーパケットと順方向のパケット制御
Router1# ip filter 100 reject * *  ⑦
Router1#
Router1# ip filter dynamic 1 192.168.0.1 10.0.0.254 filter 10 in 11 out 12  ⑧
Router1#
```

❶ LAN1インタフェースのIPアドレスを設定する　IOS interface ⇒ ip address
❷ フィルタ番号100のパケットフィルタをLAN2インタフェースのIN方向に適用する
　　IOS interface ⇒ ip access-group

(つづく)

9-1：パケットフィルタ

（つづき）

❸ フィルタ番号1の動的パケットフィルタをLAN2インタフェースのOUT方向に適用する
   IOS interface ⇒ ip inspect
❹ 1000番ポート宛のすべてのTCPパケットを許可するパケットフィルタ（フィルタ番号10）を設定する **IOS** ip access-list extended ⇒ permit
❺ 2000番ポート宛のすべてのUDPパケットを許可するパケットフィルタ（フィルタ番号11）を設定する **IOS** ip access-list extended ⇒ permit
❻ 3000番ポート宛のすべてのUDPパケットを許可するパケットフィルタ（フィルタ番号12）を設定する **IOS** ip access-list extended ⇒ permit
❼ すべてのパケットを破棄するパケットフィルタ（フィルタ番号100）を設定する **IOS** ip access-list extended ⇒ deny
❽ 192.168.0.1から10.0.0.254へのパケットに対する動的パケットフィルタ（フィルタ番号1）を設定する、トリガーパケット、トリガーパケットと逆方向のパケットの制御、トリガーパケットと順方向のパケットの制御は、それぞれフィルタ番号10、11、12の静的パケットフィルタで定義する **IOS** -

次に、既知サービスの指定によるトリガーパケットの定義の方法です。このときも戻り通信を動的パケットフィルタで許可したパケットのみに限定するため、Router1のLAN2のIN方向にすべてのパケットを破棄する静的パケットフィルタを設置しています。**図9.1.6**は、このときのネットワーク構成です（**リスト9.1.6**）。この例では、PCから発せられるpingとtelnet通信とその戻り通信のみがRouter1を通過することができます。

○**図9.1.6：動的パケットフィルタの例（ヤマハルーター）**

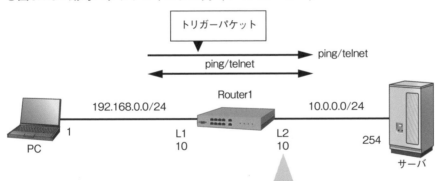

動的パケットフィルタ（OUT方向）の設定内容

○**リスト9.1.6：Router1の設定（ヤマハルーター）**

```
Router1# ip lan1 address 192.168.0.10/24    ❶
Router1# ip lan2 address 10.0.0.10/24
Router1#
Router1# ip lan2 secure filter in 100    ❷
Router1# ip lan2 secure filter out dynamic 1 2    ❸
Router1#
```

（つづく）

Chapter 9：セキュリティ

（つづき）

```
Router1# ip filter 100 reject * *   ❹
Router1#
Router1# ip filter dynamic 1 192.168.0.1 10.0.0.254 ping   ❺
※PCからサーバへのping通信の動的パケットフィルタを生成する
Router1# ip filter dynamic 2 192.168.0.1 10.0.0.254 telnet   ❻
※PCからサーバへのtelnet通信の動的パケットフィルタを生成する
Router1#
```

❶ LAN1インタフェースのIPアドレスを設定する 〔IOS〕interface ⇒ ip address
❷ フィルタ番号100のパケットフィルタをLAN2インタフェースのIN方向に適用する
　〔IOS〕interface ⇒ ip access-group
❸ フィルタ番号1と2の動的パケットフィルタをLAN2インタフェースのOUT方向に適用する
　〔IOS〕interface ⇒ ip inspect
❹ すべてのパケットを破棄するパケットフィルタ（フィルタ番号100）を設定する 〔IOS〕ip
　access-list extended ⇒ deny ip any any
❺ 192.168.0.1から10.0.0.254へのping通信に対する動的パケットフィルタ（フィルタ番号1）
　を設定する 〔IOS〕ip inspect
❻ 192.168.0.1から10.0.0.254へのtelnet通信に対する動的パケットフィルタ（フィルタ番号2）
　を設定する 〔IOS〕ip inspect

Ciscoルーターの場合

ネットワーク図は図9.1.7で、Ciscoルーターでの設定はリスト9.1.7のようになります。

○図9.1.7：CBACの設定（Ciscoルーター）

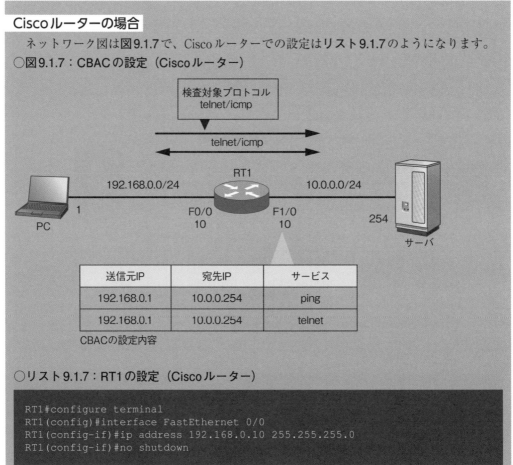

○リスト9.1.7：RT1の設定（Ciscoルーター）

```
RT1#configure terminal
RT1(config)#interface FastEthernet 0/0
RT1(config-if)#ip address 192.168.0.10 255.255.255.0
RT1(config-if)#no shutdown
```

（つづく）

(つづき)
```
RT1(config-if)#exit
RT1(config)#interface FastEthernet 1/0
RT1(config-if)#ip address 10.0.0.10 255.255.255.0
RT1(config)#interface FastEthernet 1/0
RT1(config-if)#ip inspect CBAC out
RT1(config-if)#ip access-group 100 in
RT1(config-if)#no shutdown
RT1(config-if)#exit
RT1(config)#ip inspect name CBAC telnet
RT1(config)#ip inspect name CBAC icmp
RT1(config)#access-list 100 deny ip any any
```

9-2 イーサネットフィルタとURLフィルタ

イーサネットフィルタとURLフィルタについて紹介します。

9-2-1 イーサネットフィルタ

イーサネットフィルタは、MACアドレスによるフィルタリング方法です。あらかじめルーターに通信を許可したい端末のMACアドレスを登録します。イーサネットフィルタの設定は、フィルタの定義を行い、そのあとフィルタをインタフェースに適用します。

イーサネットフィルタの設定

ethernet fileter [フィルタ番号] [アクション] [送信元MAC] [宛先MAC]										
RTX5000	RTX3500	RTX3000	RTX1500	RTX1210	RTX1200	RTX1100	RTX810		RT107e	SRT100

アクションパラメータは、フレームがイーサネットフィルタにマッチしたときの処理内容です。パラメータ値は表9.2.1のとおりです。

送信元MACと宛先MACのパラメータは、表9.2.2のように16進数表記とワイルドカードの使用ができます。宛先MACパラメータは省略できます。

○表9.2.1：アクションパラメータ

パラメータ値	ログ記録	通過／遮断
pass	なし	通過
pass-log	あり	通過
pass-nolog	なし	通過
reject	あり	遮断
reject-log	あり	遮断
reject-nolog	なし	遮断

表9.2.2：送信元（宛先）MACパラメータ

パラメータ値	パラメータ値の例	特記
16進数表記	AA:BB:CC:11:22:33	—
16進数表記（一部ワイルドカード）	AA:BB:CC:*:*:*	—
*		すべてのMACアドレス

インタフェースへのイーサネットフィルタ適用の書式

ethernet [インタフェース] filter [方向] [フィルタリスト]									
RTX5000	RTX3500	RTX3000	RTX1500	RTX1210	RTX1200	RTX1100	RTX810		RT107e	SRT100

方向パラメータは、「in」と「out」の2つの値があります（**表9.2.3**）。

表9.2.3：方向パラメータ

パラメータ値	内容
in	LAN側から着信するフレームをフィルタする
out	LAN側へ発信するフレームをフィルタする

フィルタリストパラメータは、単独または複数のフィルタ番号です。複数のフィルタ番号の場合、スペースで区切りで最大100個設定できます。

図9.2.1のネットワーク構成を使って、イーサネットフィルタの設定例を示します（**リスト9.2.1**）。この例では、PC1からPC3がルーターのLANインタフェースに接続していて、このうちPC1だけサーバにアクセスできるようにイーサネットフィルタを設定します。

リスト9.2.1：Router1の設定（ヤマハルーター）

```
Router1# ip lan1 address 192.168.0.10/24  ❶
Router1# ip lan2 address 10.0.0.10/24
Router1#
Router1# ethernet filter 1 pass aa:bb:cc:11:22:01 *  ❷
Router1# ethernet filter 2 reject * *  ❸
Router1#
Router1# ethernet lan1 filter in 1 2  ❹
Router1#
```

❶ LAN1インタフェースのIPアドレスを設定する **IOS** `interface ⇒ ip address`
❷ 送信元MACアドレスがAA:BB:CC:11:22:01からのフレームを許可するイーサネットフィルタ（フィルタ番号1）を設定する **IOS** `mac access-list ⇒ permit`
❸ すべてのフレームを破棄するイーサネットフィルタ（フィルタ番号2）を設定する **IOS** `mac access-list ⇒ deny`
❹ フィルタ番号1と2のイーサネットフィルタをLAN1インタフェースのIN方向に適用する **IOS** `interface ⇒ ip access-group`

9-2：イーサネットフィルタとURLフィルタ

○図9.2.1：イーサネットフィルタの例

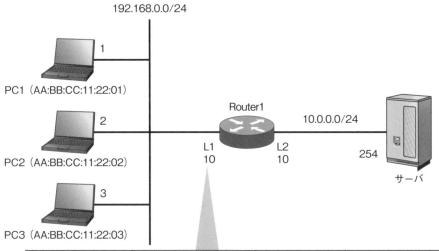

イーサネットフィルタの設定内容

フィルタ番号	送信元MAC	宛先MAC	アクション
1	AA:BB:CC:11:22:01	*:*:*:*:*:*	pass
2	*:*:*:*:*:*	*:*:*:*:*:*	reject

Ciscoルーターの場合

同じ設定をCiscoルーターのPACL[注1]で行います。ネットワーク構成は**図9.2.2**で、Ciscoルーターでの設定は**リスト9.2.2**のようになります。

○リスト9.2.2：RT1の設定（Ciscoルーター）

```
RT1#configure terminal
RT1(config)#interface FastEthernet 0/0
RT1(config-if)#ip address 192.168.0.10 255.255.255.0
RT1(config-if)#ip access-group PACL in
RT1(config-if)#no shutdown
RT1(config-if)#exit
RT1(config)#interface FastEthernet 1/0
RT1(config-if)#ip address 10.0.0.10 255.255.255.0
RT1(config)#interface FastEthernet 1/0
RT1(config-if)#no shutdown
RT1(config-if)#exit
RT1(config)#mac access-list extended PACL
RT1(config-ext-macl)# permit aabb.cc11.2201 any
RT1(config-ext-macl)# deny any any
```

注1　Port Access List

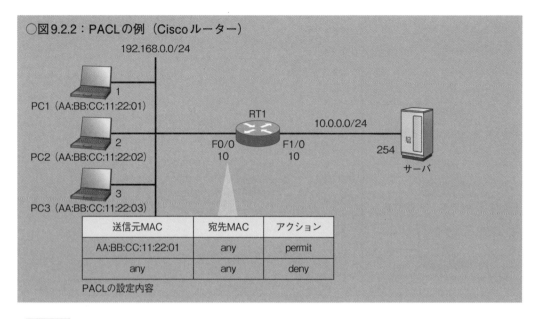

○図9.2.2：PACLの例（Ciscoルーター）

PACLの設定内容

9-2-2 URLフィルタの設定

　URLフィルタは、アクセスするURLを制限する機能です。URLの全部または一部にマッチしたときに、アクセスを通過または破棄します。自分でURL情報を登録するのは、内部データベース参照型URLフィルタと呼ばれます。これに対して、外部ベンダが提供するURLデータベースを利用するのは、外部データベース参照型URLフィルタがあります。外部データベース参照型URLフィルタは、有償となりますが実運用向きです。ここでは、簡単に設定できる内部データベース参照型URLフィルタを紹介します。

URLフィルタの設定

url fileter [フィルタ番号] [アクション] [キーワード] [送信元IP]										
RTX5000	RTX3500	RTX3000		RTX1210	RTX1200	RTX1100	RTX810		RT107e	SRT100

　アクションパラメータは、パケットがURLフィルタにマッチしたときの処理内容です。パラメータ値は表9.2.1の内容と同じです。キーワードパラメータは、フィルタリング対象のURL（一部または全部）です。キーワードとして指定できるのは、255文字以内の半角文字です（表9.2.4）。

○表9.2.4：キーワードパラメータ

パラメータ値	パラメータ値の例	特記
URL全体	http://www.hogehoge.co.jp/	
URL一部	hoge	
*		すべてのURL

送信元IPパラメータは、HTTPアクセスを行う端末のIPアドレスです。**表9.2.5**のようなパラメータ値を設定することができます。

○表9.2.5：送信元IPパラメータ

パラメータ値	パラメータ値の例	特記
単独IPアドレス	192.168.0.1	―
IPアドレスの範囲	192.168.0.1-192.168.0.10	―
ネットワークの範囲	192.168.0.0/28	―
*		すべての送信IPアドレス
（省略）		すべての送信IPアドレス

インタフェースへのURLフィルタ適用

url [インタフェース] filter [方向] [フィルタリスト]									
RTX5000	RTX3500	RTX3000		RTX1210	RTX1200	RTX1100	RTX810	RT107e	SRT100

方向パラメータは、「in」と「out」の2つの値があります（**表9.2.6**）。

○表9.2.6：方向パラメータ

パラメータ値	内容
in	インタフェースに着信するHTTPパケットをフィルタする
out	インタフェースから発信するHTTPパケットをフィルタする

フィルタリストパラメータは、単独または複数のフィルタ番号です。複数のフィルタ番号の場合、スペースで区切りで最大128個（RTX1210/1200の場合）設定できます。

パケット破棄にともなう送信元へのHTTPレスポンスの設定

url filter reject [レスポンス]									
RTX5000	RTX3500	RTX3000		RTX1210	RTX1200	RTX1100	RTX810	RT107e	SRT100

レスポンスパラメータ、URLフィルタによってパケットが破棄されたとき、送信元に返すレスポンスの内容です（**表9.2.7**）。

表9.2.7：レスポンスパラメータ

パラメータ値	パラメータ値の例	内容
redirect		ルーター内部のブロック画面へリダイレクトするHTTPレスポンスを返す、RTX 5000/3500/3000以外の初期値である
任意URLへのリダイレクト	redirect http://www.hogehoge.co.jp/	任意のURLへリダイレクトするHTTPレスポンスを返す、RTX5000/3500/3000の初期値である
off		レスポンスを返さず、TCP RSTでTCPセッションを切断する

図9.2.3のネットワーク構成を使って、URLフィルタの設定例を示します（リスト9.2.3）。この例では、PCは「hogehoge1」を含むURLだけにアクセスできるように設定します。

図9.2.3：URLフィルタの例

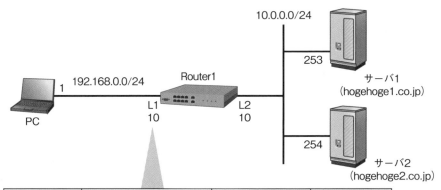

URLフィルタの設定内容

リスト9.2.3：Router1の設定（ヤマハルーター）

```
Router1# ip lan1 address 192.168.0.10/24  ❶
Router1# ip lan2 address 10.0.0.10/24
Router1#
Router1# url lan1 filter in 1 2  ❷
Router1#
Router1# url filter 1 pass hogehoge1 192.168.0.1  ❸
Router1# url filter 2 reject * 192.168.0.1  ❹
Router1#
```

❶ LAN1インタフェースのIPアドレスを設定する　IOS interface ⇒ ip address
❷ フィルタ番号1と2のURLフィルタをLAN1インタフェースのIN方向に適用する
　　IOS interface ⇒ ip inspect
❸ 「hogehoge1」のキーワードを含むURLを許可するURLフィルタ（フィルタ番号1）を設定する　IOS-
❹ すべてのURLを許可しないURLフィルタ（フィルタ番号2）を設定する　IOS-

Ciscoルーターの場合

ネットワーク図は図9.2.4で、Ciscoルーターでの設定はリスト9.2.4のようになります。

○図9.2.4：URLフィルタの例（Ciscoルーター）

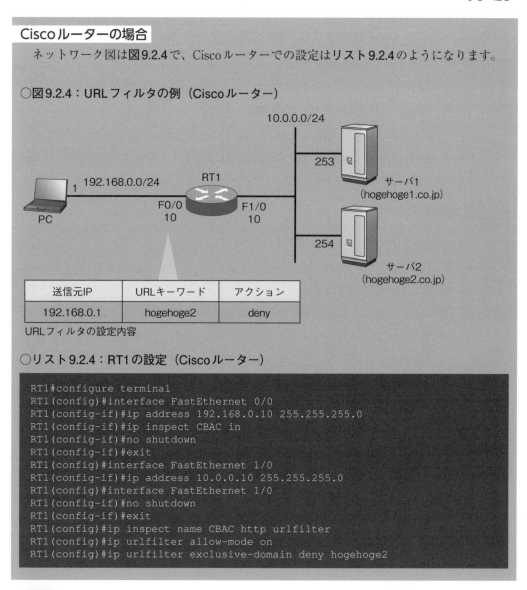

URLフィルタの設定内容

○リスト9.2.4：RT1の設定（Ciscoルーター）

```
RT1#configure terminal
RT1(config)#interface FastEthernet 0/0
RT1(config-if)#ip address 192.168.0.10 255.255.255.0
RT1(config-if)#ip inspect CBAC in
RT1(config-if)#no shutdown
RT1(config-if)#exit
RT1(config)#interface FastEthernet 1/0
RT1(config-if)#ip address 10.0.0.10 255.255.255.0
RT1(config-if)#interface FastEthernet 1/0
RT1(config-if)#no shutdown
RT1(config-if)#exit
RT1(config)#ip inspect name CBAC http urlfilter
RT1(config)#ip urlfilter allow-mode on
RT1(config)#ip urlfilter exclusive-domain deny hogehoge2
```

9-3 IDS

IDS[注2]は、シグネチャベースの不正アクセス検知システムです。ここでは、ヤマハルーターにおけるIDSの仕様と設定方法を紹介します。

9-3-1 IDSの概要

ヤマハルーターのIDS機能では、動的パケットフィルタと連動するタイプと連動しないタイプがあります。前者の連動するタイプは、動的パケットフィルタが設定しているのが必須

注2　Intrusion Detection System

条件です。したがって、IDSの効果を最大限に発揮するには、動的パケットフィルタを同時に設定することです。ヤマハルーターの検知対象のパケット種別は次の10種類です。

①IPヘッダ、②IPオプションヘッダ、③フラグメント、④ICMP、⑤UDP、
⑥TCP、⑦FTP、⑧SMTP、⑨Winny、⑩Share

この中で、動的パケットフィルタと連動するのは、TCP、FTP、SMTP、Winny、Shareの5種類です。WinnyとShareについて、IDSが検知できるのはバージョン2のWnnnyとバージョン1.0EX2（ShareTCP版）のShareです。

9-3-2 IDSの設定

ヤマハルーターのIDSのコマンドと設定方法について説明します。

インタフェースへのIDSの適用

ip [インタフェース] intrusion detection [方向] [パケット種別] [機能スイッチ] [option]
RTX5000 RTX3500 RTX3000 RTX1500 RTX1210 RTX1200 RTX1100 RTX810 RT250i RT107e SRT100

方向パラメータの内容は表9.1.5と同じです。パケット種別パラメータは、IDSが監視するパケットコネクションの種類で、パラメータ値は表9.3.1のとおりです。パケット種別パラメータを省略することができます。

機能スイッチパラメータは、IDSの機能を実行するかどうかを決めます（表9.3.2）。オプションパラメータは、不正なパケットを検知したときのアクションです（表9.3.3）。

○表9.3.1：パケット種別パラメータ

パラメータ値	内容
ip	IPヘッダ
ip-option	IPオプションヘッダ
fragment	フラグメント
icmp	ICMP
udp	UDP
tcp	TCP
ftp	FTP
winny	Winny
share	Share

○表9.3.2：機能スイッチパラメータ

パラメータ値	内容
on	IDSの機能を実行する。パケット種別パラメータが指定されたときの初期値
off	IDSの機能を実行しない。パケット種別パラメータが省略したときの初期値

○表9.3.3：オプションパラメータ

パラメータ値	内容
reject=on	不正なパケットを破棄する
reject=off	不正なパケットを破棄しない。初期値

重複する検知の通知抑制の設定

`ip [インタフェース] intrusion detection repeat-control [抑制時間]`									
RTX5000	RTX3500	RTX3000		RTX1210	RTX1200		RTX810		SRT100

抑制時間パラメータ値は、秒数単位で指定します。初期値は60です

検知結果の表示の書式

`show ip intrusion detection`									
RTX5000	RTX3500	RTX3000	RTX1500	RTX1210	RTX1200	RTX1100	RTX810	RT250i	RT107e	SRT100

IDSが検知した結果を表示するコマンドです。デフォルトでは、最大過去50件のイベントを見ることができます。

検知結果の表示件数設定の書式

`ip [インタフェース] intrusion detection report [件数]`									
RTX5000	RTX3500	RTX3000		RTX1210	RTX1200		RTX810		SRT100

show ip intrusion detectionコマンドの表示する最大件数を設定します。件数パラメータ値は、1から1000まで設定できます。初期値は50です。

図9.3.1のネットワーク構成を使って、IDSの設定例を示します（リスト9.3.1）。この例では、PC2からPC1へのTCP通信をIDSで監視し、不正な挙動を検知したときにパケットを破棄します。設定例では、動的パケットフィルタしかありませんが、実際の環境に合わせて静的パケットフィルタを設定して、必要最小限の通信だけを許可することをおすすめします。

○図9.3.1：IDSの例

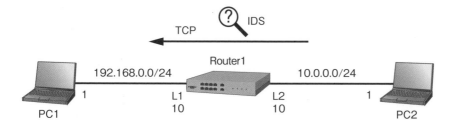

○リスト9.3.1：IDSの設定（ヤマハルーター）

```
Router1# ip lan1 address 192.168.0.10/24    ①
Router1# ip lan2 address 10.0.0.10/24
Router1#
Router1# ip lan2 secure filter in dynamic 1    ②
Router1#
Router1# ip filter dynamic 1 10.0.0.1 192.168.0.1 tcp    ③
Router1#
Router1# ip lan2 intrusion detection in tcp reject=on    ④
Router1#
```

❶ LAN1インタフェースのIPアドレスを設定する
❷ フィルタ番号1の動的パケットフィルタをLAN2インタフェースのIN方向に適用する
❸ 10.0.0.1から192.168.0.1へのTCP通信に対する動的パケットフィルタ（フィルタ番号1）を設定する
❹ TCP通信を監視するIDS機能をLAN5インタフェースに適用し、検知した不正パケットは破棄する

9-4 DHCPによるセキュアなアドレス割り当て

DHCP[注3]は、端末にIPアドレスなどの情報自動的に割り当てるプロトコルです。ユーザにとってとても便利な機能ですが、考慮すべきセキュリティの問題点もあります。

9-4-1 DHCPのセキュリティ問題点

DHCPは、ネットワークに接続する端末に対して、IPアドレスやデフォルトゲートウェイなどのネットワーク情報を自動的に割り当てるプロトコルです。DHCPを用いない場合、ユーザは各自手動でネットワークの設定をしなければなりません。DHCPのおかげで、ユーザの利便性は大きく向上します。

しかし、利便性と引き換えに憂慮すべきセキュリティ上の問題があります。DHCPは、DHCP要求をしてくる端末に対して、リソースがある限り応答をする仕様となっています。すなわち、接続すべき端末かどうかのチェックは一切しないことです。家庭内でDHCPを利用するときはあまり問題はありませんが、公共の場では不特定のユーザがネットワークに接続してしまう可能性があります。

そこで、この問題を改善するため、ヤマハルーターに割り当てIPアドレスとMACアドレスのバインド情報によるチェックができる機能を備えています。この機能により、意図しない端末が勝手にネットワークに接続できなくなります。

9-4-2 DHCPのセキュアなアドレス割り当ての設定

通常のDHCP機能に加え、MACアドレスのチェック機能を設定することで、DHCPによるセキュアなアドレス割り当てができます。以下、ヤマハルーターのコマンドと設定例を説明します。

注3　Dynamic Host Configuration Protocol

DHCP機能タイプの設定

dhcp service [機能タイプ]										
RTX5000	RTX3500	RTX3000	RTX1500	RTX1210	RTX1200	RTX1100	RTX810	RT250i	RT107e	SRT100

機能タイプパラメータは、ルーターが動作するDHCP機能の種類です（**表9.4.1**）。

○表9.4.1：機能タイプパラメータ

パラメータ値	内容
server	DHCPサーバとして機能する
repay	DHCPリレーエージェントとして機能する

DHCP割り当てアドレス範囲の設定の書式

dhcp scope [スコープ番号] [割り当てIP] [除外IP] [GW] [リース時間]										
RTX5000	RTX3500	RTX3000	RTX1500	RTX1210	RTX1200	RTX1100	RTX810	RT250i	RT107e	SRT100

このコマンドは、DHCPによる割り当てるIPアドレスの範囲などを設定します。スコープ番号は1以上の数字です。割り当てIPパラメータは、割り当てるIPアドレスの範囲です。記述できるパラメータ値の例は次のとおりです。

- 割り当てIPパラメータ（パラメータ値の例）
  192.168.0.1-192.168.0.9/24
  192.168.0.1-192.168.0.9/255.255.255.0

除外IPパラメータは、直前で指定した割り当てIPの範囲で除外したいIPアドレスです。このパラメータは省略できます（**表9.4.2**）。

GWパラメータは、ルーターが端末に自動配信するデフォルトゲートウェイのIPアドレスです。このパラメータは省略できます（**表9.4.3**）。

○表9.4.2：除外IPパラメータ

パラメータ値	パラメータ値の例	特記
単独IPアドレス	except 192.168.0.1	
複数IPアドレス	except 192.168.0.1 192.168.10.1	スペースで複数指定
IPアドレスの範囲	except 192.168.0.1-192.168.0.20	ハイフンによる範囲指定

○表9.4.3：GWパラメータ

パラメータ値	内容
単独IPアドレス	gateway 192.168.0.1

Chapter 9：セキュリティ

MACアドレスの予約の書式

dhcp scope bind [スコープ番号] [IP] [MAC]										
RTX5000	RTX3500	RTX3000	RTX1500	RTX1210	RTX1200	RTX1100	RTX810	RT250i	RT107e	SRT100

　このコマンドは、IPアドレスに対応するMACアドレスを定義します。IPとMACパラメータ値は、それぞれIPアドレスとMACアドレスです。

アドレスの割り当て動作の書式

dhcp scope lease type [スコープ番号] [割り当て動作]										
RTX5000	RTX3500	RTX3000	RTX1500	RTX1210	RTX1200	RTX1100	RTX810		RT107e	SRT100

　このコマンドは、MACアドレスの予約がされたときのIPアドレス割り当ての動作内容を設定します（表9.4.4）。

○表9.4.4：割り当て動作パラメータ

パラメータ値	内容
bind-priority	予約済みのMACアドレスの端末に対して指定IPアドレスを割り当て、それ以外の端末にはスコープ内の指定IPアドレス以外のIPアドレスを割り当てる。bind-priorityは初期値である
bind-only	予約済みのMACアドレスの端末に対して指定IPアドレスを割り当て、それ以外の端末にはIPアドレスを割り当てない

○図9.4.1：DHCPのセキュアなアドレス割り当ての例

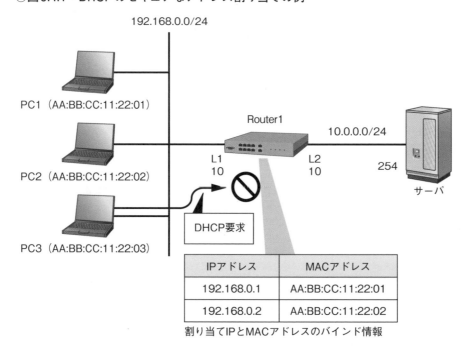

割り当てIPとMACアドレスのバインド情報

図9.4.1のネットワーク構成を使って、DHCPのセキュアなアドレス割り当ての設定例を示します（リスト9.4.1）。この例では、事前にPC1とPC2のMACアドレスを割り当てIPアドレス192.168.0.1と192.168.0.2にバインドして、PC1とPC2以外の端末にはIPアドレスを自動割り当てしないようにします。

○リスト9.4.1：DHCPのセキュアなアドレス割り当て設定（ヤマハルーター）

```
Router1# ip lan1 address 192.168.0.10/24  ❶
Router1# ip lan2 address 10.0.0.10/24
Router1#
Router1# dhcp service server  ❷
Router1#
Router1# dhcp scope lease type 1 bind-only  ❸
Router1#
Router1# dhcp scope 1 192.168.0.1-192.168.0.9/24  ❹
Router1#
Router1# dhcp scope bind 1 192.168.0.1 aa:bb:cc:11:22:01  ❺
Router1# dhcp scope bind 1 192.168.0.2 aa:bb:cc:11:22:02
Router1#
```

❶ LAN1インタフェースのIPアドレスを設定する
❷ ルーターをDHCPサーバとして機能させる
❸ スコープ番号1のDHCPは、予約済みのMACアドレスの端末に対して指定IPアドレスを割り当て、それ以外の端末にはIPアドレスを割り当てない
❹ スコープ番号1のDHCPの割り当てIPアドレスの範囲は、192.168.0.1から192.168.0.9まで
❺ スコープ番号1のDHCPにおいて、IPアドレス192.168.0.1の割り当て先のMACアドレスをAA:BB:CC:11:22:01とする

9-5 章のまとめ

　この章では、ヤマハルーターを使って内部ネットワークをセキュリティの脅威から守る方法を紹介しました。しかし、ルーター単体でできるセキュリティは限定的であることも忘れてはいけません。本格的な検知と防御を行うには、FWX120のようなセキュリティに特化したアプライアンスの導入を検討する必要があります。

　以下は、この章で紹介したトピックです。

- パケットフィルタ
- イーサネットフィルタとURLフィルタ
- IDS
- DHCPによるセキュアなアドレス割り当て

　パケットフィルタの設定で注意したいことは、動的パケットフィルタの使い方です。動的パケットフィルタは基本的にパケットを通過させるためにあるので、破棄すべきパケットは別途静的パケットフィルタで設定します。また、パケットフィルタの記述では、静的パケットフィルタと動的パケットフィルタ、パケットフィルタとNATの処理順序を考慮する必要があります。

イーサネットフィルタは、ネットワークに接続できる端末を限定して、不正利用を防ぐための技術です。URLフィルタは、HTTPリクエストにあるURLをパターンマッチングでチェックして、閲覧できるサイトを制限できます。

　IDSは、通信にある不正なふるまいをパターンマッチングルールを使って検知します。検知対象となるパケットの種類によって、動的パケットフィルタが同時に動作する必要があります。したがって、IDSの機能をフルに活用するには、動的パケットフィルタと一緒に設定します。

　DHCPは、自動的にネットワーク情報を端末に配信する機能で、配信にあたって端末の認証を行いません。意図しないユーザをネットワークに接続させないために、割り当てIPアドレスとMACアドレスをバインドさせ、MACアドレスを事前に登録しなかった端末にネットワーク情報を配信しないように設定します。

Chapter 10

VPN

　VPN (Virtual Private Network) は、仮想的な専用線で、インターネット上でやり取りする情報を他人に盗聴されないための技術です。また、VPNによる拠点間のネットワーク接続は、企業ビジネスを支える重要な役割を果たしています。この章では、IPsec※、PPTP※、IPIP※、L2TPv3※といったVPNの概要と設定例を紹介します。

※ IPsec ：Security Architecture for Internet Protocol
※ PPTP 　：Point-to-Point Tunneling Protocol
※ IPIP 　：IP-in-IP
※ L2TPv3 : Layer 2 Tunneling Protocol verson 3

10-1 IPsec

IPsec (Security Architecture for Internet Protocol) は、よく使われているインターネットVPN (Virtual Private Network) です。IPsecは、AH[注1]、ESP[注2]、IKE[注3]などのプロトコルで構成され、IPパケットの完全性と機密性を保障します。IPパケットが保護されるので、トランスポート層以上のレイヤでは、IPsecのことを気にしなくてもデータを安全にやり取りできます。ここでは、IPsecの仕組みとIPsecによる拠点間接続の設定を解説します。

10-1-1 IPsecの仕組み

IPsecを構成するプロトコルには、AH、ESPおよびIKEがあります。それぞれのプロトコルをもう少し詳しく見てみましょう。

AH

AHは、IPパケットを認証するためのプロトコルで、送信元の認証、改ざん検出およびリプレイアタックの防止といった機能を提供します。AHでは、データの暗号化を行いません。リプレイアタックとは、攻撃者がセッション情報を偽ることで正常ユーザになりすます行為です。AHのIPプロトコル番号は51です。

ESP

ESPは、昔はデータの暗号化機能のみを提供していたが、今は認証機能も備えています。そのため、今はAHを使わずにESPのみを使用する場合が多いです。ESPのIPプロトコル番号は50です。

IKE

IKEは、インターネットのようなセキュアでないネットワークで秘密鍵を交換するプロトコルです。IKEはUDPの500番ポートを使います。

IPsecで実際のデータをやり取りするために、IPsec SA[注4]と呼ばれるコネクションを事前に確立します。IPsec SAは、片方向の通信のみに使用されるので、送受信では2つが必要です。IPsec SAを確立するには、IKEを使ってSAの確立に必要な情報を交換します。IKEを安全に行うため、IKEをフェーズ1とフェーズ2の2ステップに分けています。では、2つのフェーズで具体的に何が行われているかを見てみましょう。

注1 Authentication Header
注2 Encapsulated Security Payload
注3 Internet Key Exchage
注4 Security Association

フェーズ1

IKEのフェーズ1では、ISAKMP SAを確立します。ISAKMP SAは、接続相手の認証を行い、IPsec SAごとの共通秘密鍵を安全に共有するためのSAです。ISAKMP[注5]は、Diffie-Hellman方式を使って、通信の暗号化されていない環境で秘密鍵を安全に共有するための鍵交換方式です。

フェーズ1で接続相手の認証を行う際、認証に使われるID情報の暗号化の有無で2つのモードがあります。暗号化のあるほうがメインモードで、暗号化のないほうがアグレッシブモードです。両モードの違いと特徴は表10.1.1のとおりです。ISAKMP SAの確立に必要なパラメータは表10.1.2のとおりです。

○表10.1.1：メインモードとアグレッシブモード

	メインモード	アグレッシブモード
概要	メインモードは、ID情報を暗号化を行うので、アグレッシブモードよりもセキュアである。一般的に、固定IPのある拠点間で使用される。	アグレッシブモードは、ID情報の暗号化を行わない。一般的に変動IPのリモートユーザが固定IPの拠点へのアクセスに使用される
ID情報	IPアドレス	任意に定義した情報（メールアドレスなど）
ID情報の暗号化	あり	なし
接続形態	拠点間接続が一般的、リモートアクセスも可能	リモートアクセスのみ

○表10.1.2：フェーズ1でやり取りする情報

やり取りする情報	内容
暗号アルゴリズム	ISAKMP SAでやり取りするデータを暗号化するためのアルゴリズム
ハッシュアルゴリズム	ISAKMP SAでやり取りするデータのための認証と鍵計算に使われるハッシュアルゴリズム
ISAKMP SAの寿命	ISAKMP SAの寿命
認証方式	接続相手の認証方式
DHグループ	鍵計算のためのDH方式のパラメータ

フェーズ2

フェーズ2は、IPsec SAを確立するための情報を交換します。交換する情報はフェーズ1で確立したISAKMP SA上で行われるので、このときのIKEのやり取りは暗号化されます。フェーズ2で具体的にやり取りする情報は表10.1.3のとおりです。

IKEのフェーズ2が終わるとIPsec SAが確立され、IPsecの通信が開始します。IPsecの通信では、データの暗号対象の違いでトンネルモードとトランスポートモードの2つのモードがあります。

注5　Internet Security Association and Key Management Protocol

トンネルモード

トンネルモードは、元のIPパケット全体を新たなIPヘッダでカプセリングする方式です。新たに追加したIPヘッダは転送用として使われます。データの暗号化と認証の範囲は、AHとESPで異なり、その違いは図10.1.1に示します。

○表10.1.3：フェーズ2でやり取りする情報

やり取りする情報	内容
暗号アルゴリズム	IPsec SAでやり取りするデータを暗号化するためのアルゴリズム
ハッシュアルゴリズム	IPsec SAでやり取りするデータのための認証と鍵計算に使われるハッシュアルゴリズム
IPsec SAの寿命	IPsec SAの寿命
DHグループ	鍵計算のためのDH方式のパラメータ
ID	ESPまたはAH通信を識別するためのID情報
PFS[注6]	IPsec SAで使用する共通秘密鍵をより安全に生成するための情報

○図10.1.1：トンネルモード

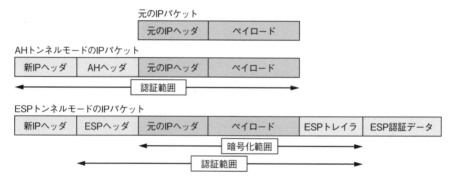

トランスポートモード

トランスポートモードは、元のIPパケットを使って転送を行います。データの暗号化と認証の範囲は、図10.1.2のようになっています。

○図10.1.2：トランスポートモード

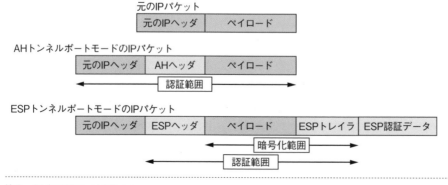

注6　Perfect Forward Secrecy

10-1-2 NATトラバーサル

IPsecを設定するとき、とくに注意したいのはNAT（IPマスカレード）との共存です。一般に、IPsecとNATの相性が悪いと言われています。その理由をAH、ESPおよびIKEごとに説明します。

AHは、パケット全体を認証するので、アドレスが変換されると、受信側で認証エラーとなってしまいます。ESPの場合、トランスポート層より上の層が暗号化されてしまうので、IPマスカレードによるポート番号の変換ができません。IKEでは、送受信ともにUDPの500番ポートを使うので、このときもやはりIPマスカレードが通信途中にあると不具合です。

NATおよびIPマスカレードとIPsecの各プロトコルの対応可否は**表10.1.4**のとおりです。

○表10.1.4：NATおよびIPマスカレードとIPsecの各プロトコルの対応可否

	NAT	IPマスカレード
AH	不可	不可
ESP	可	不可

アドレス変換とIPsecの共存問題の一部を解決できるのが、NATトラバーサルです。NATトラバーサルは、ESPヘッダの前に新たなUDPヘッダを付加することで、ポート番号の変換ができるようにします。当然、この新しいUDPヘッダは暗号化の対象外となっています。NATトラバーサルによるカプセリングの様子は**図10.1.3**のようになります。

○図10.1.3：NATトラバーサル

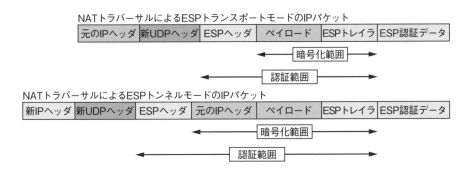

以上のようにESPとアドレス変換の問題は、NATトラバーサルを使えば解決できます。しかし、AHの場合の問題は依然として未解決となっています。したがって、アドレス変換の環境において、AHの使用は避けるべきといえます。

Chapter 10：VPN

10-1-3 IPsecによる拠点間接続の設定

　固定IPの拠点間のIPsec接続は、もっとも一般的な接続方式です。IPsec関連のコマンドは多いですが、必要または重要なコマンドについて説明します。

IKEの鍵交換始動の設定

`ipsec auto refresh [`*セキュリティゲートウェイの識別子*`] [`*ON/OFF*`]`									
RTX5000	RTX3500	RTX3000	RTX1500	RTX1210	RTX1200	RTX1100	RTX810	RT107e	SRT100

　ルーターが能動的にIKEの鍵交換を始めるかどうかの設定です。対向のIPsecルーターからIKEの鍵交換の要求があるとき、設定内容にかかわらず要求を受け付けます。

　セキュリティゲートウェイの識別子パラメータは、1以上の数字を指定しますが、設定できる範囲は機種によって異なります。このパラメータを省略することもでき、その場合すべてのセキュリティゲートウェイにコマンドを適用することになります。

　ON/OFFパラメータ値は、**表10.1.5**のとおりです。

○表10.1.5：ON/OFFパラメータ値

パラメータ値	説明
on	IKEの鍵交換を始動する、セキュリティゲートウェイの識別子パラメータが省略していないときの初期値
off	IKEの鍵交換を始動しない、セキュリティゲートウェイの識別子パラメータが省略するときの初期値

IKEキープアライブの設定

`ipsec ike keepalive use [`*セキュリティゲートウェイの識別子*`] [`*キープアライブ動作*`]`									
RTX5000	RTX3500	RTX3000	RTX1500	RTX1210	RTX1200	RTX1100	RTX810	RT107e	SRT100

　このコマンドは、IPsecトンネルがダウンしているかを定期的にチェックし、もしダウンしていたら自動的に再接続する機能を提供します。キープアライブ動作パラメータ値は、**表10.1.6**のとおりです。

○表10.1.6：キープアライブ動作パラメータ

パラメータ値	説明
on	キープアライブ機能が有効
off	キープアライブ機能が無効
auto	対向ルーターからキープアライブが送信されたときに限って返信する

10-1：IPsec

事前共有鍵の設定

ipsec ike pre-shared-key [*セキュリティゲートウェイの識別子*] text [*事前共有鍵*]										
RTX5000	RTX3500	RTX3000	RTX1500	RTX1210	RTX1200	RTX1100	RTX810		RT107e	SRT100

　このコマンドは、IKEフェーズ1で接続相手を認証するための事前共有鍵を設定します。事前共有鍵パラメータは、32文字以下のASCII文字を指定します（Rev.10.01.22以降は128文字以内）。

接続相手のセキュリティゲートウェイのIPアドレスの設定

ipsec ike remote address [*セキュリティゲートウェイの識別子*] [*IPアドレス*]										
RTX5000	RTX3500	RTX3000	RTX1500	RTX1210	RTX1200	RTX1100	RTX810		RT107e	SRT100

　このコマンドは、接続相手のセキュリティゲートウェイのIPアドレスを設定します。IPアドレスパラメータに該当のIPアドレスを記載します。

自分のセキュリティゲートウェイのIPアドレスの設定

ipsec ike local address [*セキュリティゲートウェイの識別子*] [*IPアドレス*]										
RTX5000	RTX3500	RTX3000	RTX1500	RTX1210	RTX1200	RTX1100	RTX810		RT107e	SRT100

　このコマンドは、自分のセキュリティゲートウェイのIPアドレスを設定します。IPアドレスパラメータに該当のIPアドレスを記載します。

IKEの暗号アルゴリズムの設定

ipsec ike encryption [*セキュリティゲートウェイの識別子*] [*暗号アルゴリズム*]										
RTX5000	RTX3500	RTX3000	RTX1500	RTX1210	RTX1200	RTX1100	RTX810		RT107e	SRT100

　このコマンドは、IKEで使用する暗号アルゴリズムを設定します。暗号アルゴリズムパラメータ値は**表10.1.7**のとおりです。

○表10.1.7：暗号アルゴリズムパラメータ

パラメータ値	説明
3des-cbc	CBCモードの3DES。RTX5000/3500/3000/1210/1200/810とSRT100の初期値
des-cbc	CBCモードのDES。RTX5000/3500/3000/1210/1200/810とSRT100以外の初期値
aes-cbc	CBCモードのAES（128ビット）
aes256-cbc	CBCモードのAES（256ビット）

IKEのハッシュアルゴリズムの設定

ipsec ike hash [セキュリティゲートウェイの識別子] [ハッシュアルゴリズム]										
RTX5000	RTX3500	RTX3000	RTX1500	RTX1210	RTX1200	RTX1100	RTX810		RT107e	SRT100

　このコマンドは、IKEで使用するハッシュアルゴリズムを設定します。ハッシュアルゴリズムパラメータ値は**表10.1.8**のとおりです。

○**表10.1.8**：ハッシュアルゴリズムパラメータ

パラメータ値	説明
md5	MD5。RTX5000/3500/3000/1210/1200/810 と SRT100以外の初期値
sha	SHA-1。RTX5000/3500/3000/1210/1200/810 と SRT100の初期値
sha256	SHA-256

IKEのDHグループの設定

ipsec ike group [セキュリティゲートウェイの識別子] [DHグループ] [DHグループ]										
RTX5000	RTX3500	RTX3000	RTX1500	RTX1210	RTX1200	RTX1100	RTX810		RT107e	SRT100

　このコマンドは、IKEで使用するDiffie-Hellman鍵交換アルゴリズムのグループを設定します。DHグループパラメータ値は**表10.1.9**のとおりです。スペース区切りで2つのDHグループを設定することもでき、その場合最初のパラメータ値はフェーズ1、2つ目はフェーズ2のDHグループです。2つ目のDHグループを省略すると、フェーズ1とフェーズ2は同じDHグループとなります。

○**表10.1.9**：DHグループパラメータ

パラメータ値	説明
modp768	グループ1。RTX1500/1100とRT107eの初期値
modp1024	グループ2。RTX1500/1100とRT107e以外の初期値
modp1536	グループ3。RTX1500/1100とRT107e以外が設定可能
modp2048	グループ4。RTX1500/1100とRT107e以外が設定可能

PFSの設定

ipsec ike pfs [セキュリティゲートウェイの識別子] [ON/OFF]										
RTX5000	RTX3500	RTX3000	RTX1500	RTX1210	RTX1200	RTX1100	RTX810		RT107e	SRT100

　このコマンドは、PFSを使用するかどうかを指定します。PFSを使用する場合、IPsec SAで使用する共通秘密鍵をより安全に生成します。ON/OFFパラメータ値は**表10.1.10**のとおりです。

○表10.1.10：ON/OFFパラメータ

パラメータ値	説明
on	PFSを使用する
off	PFSを使用しない。初期値

IPsec SAポリシーの設定

`ipsec sa policy [ポリシー番号] [セキュリティゲートウェイの識別子] [IPsecアルゴリズム]` `[暗号アルゴリズム] [認証アルゴリズム]`									
RTX5000	RTX3500	RTX3000	RTX1500	RTX1210	RTX1200	RTX1100	RTX810	RT107e	SRT100

　このコマンドは、特定のポリシー番号とセキュリティゲートの識別子が使用するIPsecアルゴリズム、暗号アルゴリズムおよび認証アルゴリズムを設定します。ポリシー番号パラメータは、1以上の数字で指定します。IPsecアルゴリズム値は、「esp」または「ah」を指定します。

　暗号アルゴリズムパラメータは、IPsecアルゴリズムがESPのときのみに設定できます。暗号アルゴリズムパラメータ値は**表10.1.11**、認証アルゴリズムパラメータ値は**表10.1.12**のとおりです。

○表10.1.11：暗号アルゴリズムパラメータ

パラメータ値	説明
3des-cbc	CBCモードの3DES
des-cbc	CBCモードのDES
aes-cbc	CBCモードのAES
aes256-cbc	CBCモードのAES（256ビット）

○表10.1.12：認証アルゴリズムパラメータ

パラメータ値	説明
md5-hmac	HMAC-MD5
sha-hmac	HMAC-SHA、AHの初期値
sha256-hmac	HMAC-SHA256

IPsec NATトラバーサルの設定

`ipsec ike nat-traversal [セキュリティゲートウェイの識別子] [ON/OFF]`									
RTX5000	RTX3500	RTX3000	RTX1500	RTX1210	RTX1200	RTX1100	RTX810	RT107e	SRT100

　このコマンドは、NATトラバーサルを使うかどうかを設定します。ON/OFFパラメータ値は**表10.1.13**のとおりです。

○表10.1.13：ON/OFFパラメータ値

パラメータ値	説明
on	NATトラバーサルを使用する
off	NATトラバーサルを使用しない、初期値

トンネルインタフェースの選択

`tunnel select [トンネル番号]`										
RTX5000	RTX3500	RTX3000	RTX1500	RTX1210	RTX1200	RTX1100	RTX810		RT107e	SRT100

　このコマンドは、設定対象のトンネルインタフェースを選択します。設定できるトンネル番号パラメータ値は、**表10.1.14**のとおりです。

○表10.1.14：トンネル番号パラメータ

パラメータ値	パラメータ値の例	説明
1以上の数字	1	設定できる数の範囲は機種により異なる
none	none	トンネルインタフェースのプロンプトから抜ける

IPsec SAポリシーの選択

`ipsec tunnel [ポリシー番号]`										
RTX5000	RTX3500	RTX3000	RTX1500	RTX1210	RTX1200	RTX1100	RTX810		RT107e	SRT100

　このコマンドは、トンネルインタフェースの下で適用するIPsec SAポリシーを選択します。

トンネルインタフェースの有効化

`tunnel enable [トンネル番号]`										
RTX5000	RTX3500	RTX3000	RTX1500	RTX1210	RTX1200	RTX1100	RTX810		RT107e	SRT100

　設定したトンネルインタフェースを有効化するコマンドです。enableの代わりにdisableにすると、トンネルインタフェースの無効化コマンドとなります。トンネル番号パラメータ値は**表10.1.15**のとおりです。

○表10.1.15：トンネル番号パラメータ

パラメータ値	説明
1以上の数字	設定できる数の範囲は機種により異なる
all	すべてのトンネルインタフェース

　以上のコマンドは、固定IPの拠点間のIPsec接続をするときのコマンドでした。これ以外にもIPsec関連のコマンドが多くありますが、必要に応じてコマンドリファレンスを参照してください。IPsecの関連のコマンドがあまりにも多いので、結局どれを設定すればよいの

かは迷ってしまいます。そこで、これまで紹介したコマンドを必須、準必須、任意に分類して、さらにコマンドの推奨設定例と理由を**表10.1.16**のようにまとめました。ただし、これはトンネルモードかつ拠点が固定IPである場合に限った場合です。

○表10.1.16：IPsecの必要と重要コマンド一覧

コマンド	必須	準必須	任意	説明
ipsec auto refresh		○		推奨設定は「ipsec auto refresh on」。IKEの鍵交換を意図的に停止する理由がなければ、すべてのセキュリティゲートウェイに対してIKEの鍵交換が始動できるように設定する
ipsec ike keepalive use		○		推奨設定は「ipsec ike keepalive use 1 on」。なんらかの原因でトンネルがダウンしたとき、自動的にトンネルの再接続を行う
ipsec ike pre-shared-key	○			IKEフェーズ1で接続相手の認証に事前共有鍵を使うときの必要コマンド
ipsec ike remote address	○			接続相手を特定するための必要コマンド
ipsec ike local address	○			接続相手に自分を特定させるための必要コマンド
ipsec ike encryption			○	デフォルト以外の暗号アルゴリズムを使用するときに設定するコマンド
ipsec ike hash			○	デフォルト以外のハッシュアルゴリズムを使用するときに設定するコマンド
ipsec ike group			○	デフォルト以外のDHグループを使用するときに設定するコマンド
ipsec ike pfs			○	IPsec SAで使用する共通秘密鍵をより安全に生成したいときに使用するコマンド
ipsec sa policy	○			IPsec SAポリシーの設定に必要なコマンド
ipsec ike nat-traversal	△			IPマスカレード環境でESPを使用するときに必要なコマンド
tunnel select	○			
ipsec tunnle	○			
tunnel enable	○			

図10.1.4のネットワーク構成を使って、IPsecによる拠点間接続の設定例を示します（**リスト10.1.4a**と**10.1.4b**）。この例では、Router1とRouter2間でESPトンネルモードのIPsecを設定します。必要最小限のパラメータを使ったもっともシンプルな設定例です。設定後、PCとサーバ間の通信ができるようになります。

図10.1.4：IPsecによる拠点間接続①（ヤマハルーター）

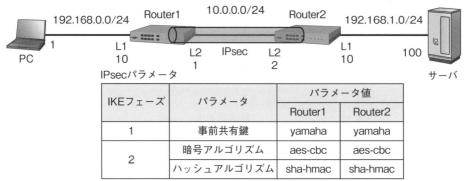

リスト10.1.4a：Router1の設定（ヤマハルーター）

```
Router1# ip route 192.168.1.0/24 gateway tunnel 1   ①
※サーバのネットワークへの通信はTunnel1インタフェースに渡す
Router1#
Router1# ip lan1 address 192.168.0.10/24   ②
Router1# ip lan2 address 10.0.0.1/24
Router1#
Router1# ipsec ike keepalive use 1 on   ③  ※IKEキープアライブを有効にする
Router1# ipsec ike local address 1 10.0.0.1   ④
Router1# ipsec ike pre-shared-key 1 text yamaha   ⑤  ※事前共有鍵を設定する
Router1# ipsec ike remote address 1 10.0.0.2   ⑥
Router1#
Router1# ipsec sa policy 101 1 esp aes-cbc sha-hmac   ⑦  ※IPsec SAを設定する
Router1#
Router1# ipsec auto refresh on   ⑧  ※IKEの鍵交換を始動する
Router1#
Router1# tunnel select 1   ⑨
Router1tunnel1# ipsec tunnel 101   ⑩
Router1tunnel1# tunnel enable 1   ⑪
```

❶ Tunnel1インタフェースをネクストホップとする192.168.1.0/24へのスタティックルートを設定する `IOS` `ip route`
❷ LAN1インタフェースのIPアドレスを設定する `IOS` `interface` ⇒ `ip address`
❸ セキュリティゲートウェイ識別子1に対して、IKEキープアライブ機能を有効にする
　 `IOS` `crypto isakmp keepalive`
❹ セキュリティゲートウェイ識別子1に対して、自分のセキュリティゲートウェイのIPアドレスを10.0.0.1に設定する `IOS` -
❺ セキュリティゲートウェイ識別子1に対して、事前共有鍵を「yamaha」に設定する
　 `IOS` `crypto isakmp policy` ⇒ `authentication pre-share` ⇒ `crypto isakmp key`
❻ セキュリティゲートウェイ識別子1に対して、相手のセキュリティゲートウェイのIPアドレスを10.0.0.2に設定する `IOS` `crypto map` ⇒ `set peer`
❼ IPsec SAポリシー番号101とセキュリティゲートウェイ識別子1に対して、使用する暗号アルゴリズムとハッシュアルゴリズムをそれぞれ「aes-cbc」、「sha-hmac」に設定する `IOS` `crypto ipsec transform-set` ⇒ `crypto map` ⇒ `set transform-set`
❽ IKEの鍵交換は能動的に始動する `IOS` -
❾ Tunnle1インタフェース1を選択する `IOS` -
❿ IPsec SAポリシー番号101のポリシーをTunnle1インタフェースに適用する `IOS` `interface` ⇒ `crypto map`
⓫ Tunnle1インタフェース1を有効にする `IOS` -

10-1：IPsec

○リスト10.1.4b：Router2の設定（ヤマハルーター）

```
Router2# ip route 192.168.0.0/24 gateway tunnel 1
※PCのネットワークへの通信はTunnel1インタフェースに渡す
Router2#
Router2# ip lan1 address 192.168.1.10/24
Router2# ip lan2 address 10.0.0.2/24
Router2#
Router2# ipsec ike keepalive use 1 on  ※IKEキープアライブを有効にする
Router2# ipsec ike local address 1 10.0.0.2
Router2# ipsec ike pre-shared-key 1 text yamaha  ※事前共有鍵を設定する
Router2# ipsec ike remote address 1 10.0.0.1
Router2#
Router2# ipsec sa policy 101 1 esp aes-cbc sha-hmac  ※IPsec SAを設定する
Router2#
Router2# ipsec auto refresh on  ※IKEの鍵交換を始動する
Router2#
Router2# tunnel select 1
Router2tunnel1# ipsec tunnel 101
Router2tunnel1# tunnel enable 1
Router2tunnel1#
```

Ciscoルーターの場合

ネットワーク図は図10.1.5で、Ciscoルーターでの設定はリスト10.1.5aと10.1.5bのようになります。

○図10.1.5：IPsecによる拠点間接続①（Ciscoルーター）

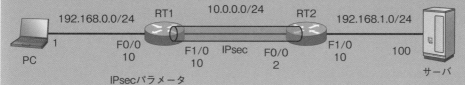

IKE フェーズ	パラメータ	パラメータ値	
		RT1	RT2
1	事前共有鍵	cisco	cisco
2	暗号アルゴリズム	esp-aes	esp-aes
	ハッシュアルゴリズム	esp-sha-hmac	esp-sha-hmac

○リスト10.1.5a：RT1の設定（Ciscoルーター）

```
RT1#configure terminal
RT1(config)#crypto isakmp policy 1
RT1(config-isakmp)#authentication pre-share
RT1(config-isakmp)#exit
RT1(config)#crypto isakmp key 0 cisco address 10.0.0.2
RT1(config)#crypto ipsec transform-set IPSEC esp-aes esp-sha-hmac
RT1(cfg-crypto-trans)#exit
RT1(config)#access-list 100 permit ip 192.168.0.0 0.0.0.255 192.168.1.0 0.0.0.255
```

(つづく)

(つづき)

```
RT1(config)#crypto map CMAP 1 ipsec-isakmp
RT1(config-crypto-map)#match address 100
RT1(config-crypto-map)#set peer 10.0.0.2
RT1(config-crypto-map)#set transform-set IPSEC
RT1(config-crypto-map)#exit
RT1(config)#ip route 0.0.0.0 0.0.0.0 10.0.0.2
RT1(config)#interface FastEthernet 0/0
RT1(config-if)#ip address 192.168.0.10 255.255.255.0
RT1(config-if)#no shutdown
RT1(config-if)#exit
RT1(config)#interface FastEthernet 1/0
RT1(config-if)#ip address 10.0.0.1 255.255.255.0
RT1(config-if)#crypto map CMAP
RT1(config-if)#no shutdown
```

〇リスト10.1.5b：RT2の設定（Ciscoルーター）

```
RT2#configure terminal
RT2(config)#crypto isakmp policy 1
RT2(config-isakmp)#authentication pre-share
RT2(config-isakmp)#exit
RT2(config)#crypto isakmp key 0 cisco address 10.0.0.1
RT2(config)#crypto ipsec transform-set IPSEC esp-aes esp-sha-hmac
RT2(cfg-crypto-trans)#exit
RT2(config)#access-list 100 permit ip 192.168.1.0 0.0.0.255 192.168.0.0 0.0.0.255
RT2(config)#crypto map CMAP 1 ipsec-isakmp
RT2(config-crypto-map)#match address 100
RT2(config-crypto-map)#set peer 10.0.0.1
RT2(config-crypto-map)#set transform-set IPSEC
RT2(config-crypto-map)#exit
RT2(config)#ip route 0.0.0.0 0.0.0.0 10.0.0.1
RT2(config)#interface FastEthernet 0/0
RT2(config-if)#ip add 10.0.0.2 255.255.255.0
RT2(config-if)#no shutdown
RT2(config-if)#exit
RT2(config)#interface FastEthernet 1/0
RT2(config-if)#ip address 192.168.1.10 255.255.255.0
```

　次に、IPマスカレード環境でのIPsecによる拠点間接続の設定例を示します。ヤマハルーターを使用したネットワーク構成は図10.1.6のようになります（リスト10.1.6aと10.1.6b）。この例では、Router1とRouter2でNATトラバーサルを使っています。Router1のNATディスクリプタの設定では、内側アドレスと外側アドレスの両方に10.0.0.1を設定します。このように設定する理由は、10.0.01は唯一の外側IPアドレスで、10.0.0.1と192.168.0.1〜192.168.0.9ともに10.0.0.1を共有するためです。

10-1：IPsec

◯図10.1.6：IPsecによる拠点間接続②（ヤマハルーター）

動的IPマスカレードのバインド

内部IPアドレス	内側ポート番号	外側IPアドレス	外側ポート番号
10.0.0.1	自動割当	10.0.0.1	自動割当
192.168.0.1〜192.168.0.9			

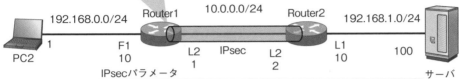

IPsecパラメータ

IKEフェーズ	パラメータ	パラメータ値	
		Router1	Router2
1	事前共有鍵	yamaha	yamaha
	暗号アルゴリズム	aes-cbc	aes-cbc
	ハッシュアルゴリズム	sha256	sha256
	DHグループ	modp768	modp768
2	暗号アルゴリズム	aes-cbc	aes-cbc
	ハッシュアルゴリズム	sha-hmac	sha-hmac
	DHグループ	modp768	modp768
	PFS	on	on

◯リスト10.1.6a：Router1の設定（ヤマハルーター）

```
Router1# ip route 192.168.1.0/24 gateway tunnel 1  ①
Router1#
Router1# ip lan1 address 192.168.0.10/24  ②
Router1# ip lan2 address 10.0.0.1/24
Router1#
Router1# ip lan2 nat descriptor 1  ③
Router1#
Router1# nat descriptor type 1 masquerade  ④
Router1#
Router1# nat descriptor address outer 1 10.0.0.1  ⑤
Router1# nat descriptor address inner 1 10.0.0.1 192.168.0.1-192.168.0.9  ⑥
Router1#
Router1# ipsec ike encryption 1 aes-cbc  ⑦   ※IKEの暗号アルゴリズムを設定する
Router1# ipsec ike group 1 modp768  ⑧        ※DHグループを設定する
Router1# ipsec ike hash 1 sha256  ⑨           ※ハッシュアルゴリズムを設定する
Router1# ipsec ike keepalive use 1 on  ⑩
Router1# ipsec ike local address 1 10.0.0.1  ⑪
Router1# ipsec ike nat-traversal 1 on  ⑫     ※NATトラバーサルを利用する
Router1# ipsec ike pfs 1 on  ⑬                ※PFSを有効にする
Router1# ipsec ike pre-shared-key 1 text yamaha  ⑭
Router1# ipsec ike remote address 1 10.0.0.2  ⑮
Router1#
Router1# ipsec sa policy 101 1 esp aes-cbc sha-hmac  ⑯
Router1#
Router1# ipsec auto refresh on  ⑰
Router1#
```

（つづく）

Chapter 10：VPN

（つづき）

```
Router1# tunnel select 1      ⑱
Router1tunnel1# ipsec tunnel 101   ⑲
Router1tunnel1# tunnel enable 1    ⑳
Router1tunnel1#
```

❶ Tunnel1インタフェースをネクストホップとする192.168.1.0/24へのスタティックルートを設定する (IOS)ip route
❷ LAN1インタフェースのIPアドレスを設定する (IOS)interface ⇒ ip address
❸ LAN2インタフェースにNATディスクリプト1を適用する (IOS)-
❹ NATディスクリプト1の変換方式を「masquerade」に設定する (IOS)-
❺ 外側のIPアドレス（NATディスクリプト1）を設定する (IOS)-
❻ 内側のIPアドレス範囲（NATディスクリプト1）を設定する (IOS)access-list
❼ セキュリティゲートウェイ識別子1に対して、IKEの暗号アルゴリズムを「aes-cbc」に設定する (IOS)crypto isakmp policy ⇒ encryption
❽ セキュリティゲートウェイ識別子1に対して、IKEフェーズ1とフェーズ2のDHグループを「modp768」に設定する (IOS)crypto isakmp policy ⇒ group
❾ セキュリティゲートウェイ識別子1に対して、IKEのハッシュアルゴリズムを「sha256」に設定する (IOS)crypto isakmp policy ⇒ hash
❿ セキュリティゲートウェイ識別子1に対して、IKEキープアライブ機能を有効にする (IOS)crypto isakmp keepalive
⓫ セキュリティゲートウェイ識別子1に対して、自分のセキュリティゲートウェイのIPアドレスを10.0.0.1に設定する (IOS)-
⓬ セキュリティゲートウェイ識別子1に対して、NATトラバーサル機能を有効にする (IOS)-
⓭ セキュリティゲートウェイ識別子1に対して、PFSを有効にする (IOS)crypto map ⇒ set pfs
⓮ セキュリティゲートウェイ識別子1に対して、事前共有鍵を「yamaha」に設定する (IOS)crypto isakmp policy ⇒ authentication pre-share ⇒ crypto isakmp key
⓯ セキュリティゲートウェイ識別子1に対して、相手のセキュリティゲートウェイのIPアドレスを10.0.0.2に設定する (IOS)crypto map ⇒ set peer
⓰ IPsec SAポリシー番号101とセキュリティゲートウェイ識別子1に対して、使用する暗号アルゴリズムとハッシュアルゴリズムをそれぞれ「aes-cbc」「sha-hmac」に設定する (IOS)crypto ipsec transform-set ⇒ crypto map ⇒ set transform-set
⓱ IKEの鍵交換は能動的に始動する (IOS)-
⓲ Tunnle1インタフェース1を選択する (IOS)-
⓳ IPsec SAポリシー番号101のポリシーをTunnle1インタフェースに適用する (IOS)interface ⇒ crypto map
⓴ Tunnle1インタフェース1を有効にする (IOS) -

○リスト10.1.6b：Router2の設定（ヤマハルーター）

```
Router1# ip route 192.168.0.0/24 gateway tunnel 1
Router1#
Router1# ip lan1 address 192.168.1.10/24
Router1# ip lan2 address 10.0.0.2/24
Router1#
Router1# ipsec ike encryption 1 aes-cbc   ※IKEの暗号アルゴリズムを設定する
Router1# ipsec ike group 1 modp768        ※DHグループを設定する
Router1# ipsec ike hash 1 sha256          ※ハッシュアルゴリズムを設定する
Router1# ipsec ike keepalive use 1 on
Router1# ipsec ike local address 1 10.0.0.2
Router1# ipsec ike nat-traversal 1 on     ※NATトラバーサルを利用する
Router1# ipsec ike pfs 1 on               ※PFSを有効にする
```

（つづく）

（つづき）
```
Router1# ipsec ike pre-shared-key 1 text yamaha
Router1# ipsec ike remote address 1 10.0.0.1
Router1#
Router1# ipsec sa policy 101 1 esp aes-cbc sha-hmac
Router1#
Router1# ipsec auto refresh on
Router1#
Router1# tunnel select 1
Router1tunnel1# ipsec tunnel 101
Router1tunnel1# tunnel enable 1
Router1tunnel1#
```

Ciscoルーターの場合

ネットワーク図は図10.1.7で、Ciscoルーターでの設定はリスト10.1.7aと10.1.7bのようになります。

○図10.1.7：IPsecによる拠点間接続②（Ciscoルーター）

RT1のNATテーブル

Inside global：ポート番号	Inside local
10.0.0.1：自動割り当て	192.168.0.1〜192.168.0.9

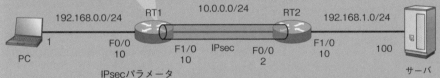

IPsecパラメータ

IKE フェーズ	パラメータ	パラメータ値	
		Router1	Router2
1	事前共有鍵	cisco	cisco
	暗号アルゴリズム	aes 128	aes 128
	ハッシュアルゴリズム	sha256	sha256
	DHグループ	1	1
2	暗号アルゴリズム	esp-aes	esp-aes
	ハッシュアルゴリズム	esp-sha-hmac	esp-sha-hmac
	DHグループ	1	1
	PFS	使用	使用

○リスト10.1.7a：RT1の設定（Ciscoルーター）

```
RT1#configure terminal
RT1(config)#crypto isakmp policy 1
RT1(config-isakmp)#authentication pre-share
RT1(config-isakmp)#encryption aes 128
RT1(config-isakmp)#hash sha256
RT1(config-isakmp)#group 1
RT1(config-isakmp)#exit
RT1(config)#crypto isakmp key 0 cisco address 10.0.0.2
RT1(config)#crypto ipsec transform-set IPSEC esp-aes esp-sha-hmac
```

（つづく）

(つづき)

```
RT1(cfg-crypto-trans)#exit
RT1(config)#access-list 1 permit host 192.168.0.1
RT1(config)#access-list 1 permit host 192.168.0.2
RT1(config)#access-list 1 permit host 192.168.0.3
RT1(config)#access-list 1 permit host 192.168.0.4
RT1(config)#access-list 1 permit host 192.168.0.5
RT1(config)#access-list 1 permit host 192.168.0.6
RT1(config)#access-list 1 permit host 192.168.0.7
RT1(config)#access-list 1 permit host 192.168.0.8
RT1(config)#access-list 1 permit host 192.168.0.9
RT1(config)#access-list 100 permit ip host 10.0.0.1 192.168.1.0 0.0.0.255
RT1(config)#ip nat inside source list 1 interface FastEthernet 1/0 overload
RT1(config)#crypto map CMAP 1 ipsec-isakmp
RT1(config-crypto-map)#match address 100
RT1(config-crypto-map)#set peer 10.0.0.2
RT1(config-crypto-map)#set transform-set IPSEC
RT1(config-crypto-map)#set pfs group1
RT1(config-crypto-map)#exit
RT1(config)#ip route 0.0.0.0 0.0.0.0 10.0.0.2
RT1(config)#interface FastEthernet 0/0
RT1(config-if)#ip address 192.168.0.10 255.255.255.0
RT1(config-if)#ip nat inside
RT1(config-if)#no shutdown
RT1(config-if)#exit
RT1(config)#interface FastEthernet 1/0
RT1(config-if)#ip address 10.0.0.1 255.255.255.0
RT1(config-if)#crypto map CMAP
RT1(config-if)#ip nat outside
RT1(config-if)#no shutdown
```

○リスト10.1.7b：RT2の設定（Ciscoルーター）

```
RT2#configure terminal
RT2(config)#crypto isakmp policy 1
RT2(config-isakmp)#authentication pre-share
RT2(config-isakmp)#encryption aes 128
RT2(config-isakmp)#hash sha256
RT2(config-isakmp)#group 1
RT2(config-isakmp)#exit
RT2(config)#crypto isakmp key 0 cisco address 10.0.0.1
RT2(config)#crypto ipsec transform-set IPSEC esp-aes esp-sha-hmac
RT2(cfg-crypto-trans)#exit
RT2(config)#access-list 100 permit ip 192.168.1.0 0.0.0.255 host 10.0.0.1
RT2(config)#crypto map CMAP 1 ipsec-isakmp
RT2(config-crypto-map)#match address 100
RT2(config-crypto-map)#set peer 10.0.0.1
RT2(config-crypto-map)#set transform-set IPSEC
RT2(config-crypto-map)#set pfs group1
RT2(config-crypto-map)#exit
RT2(config)#ip route 0.0.0.0 0.0.0.0 10.0.0.1
RT2(config)#interface FastEthernet 0/0
RT2(config-if)#ip add 10.0.0.2 255.255.255.0
RT2(config-if)#no shutdown
RT2(config-if)#exit
RT2(config)#interface FastEthernet 1/0
RT2(config-if)#ip add 192.168.1.10 255.255.255.0
RT2(config-if)#no shutdown
```

10-2 PPTP

PPTPは、もともとMicrosoft社が提案したL2トンネリングプロトコルです。PCクライアントがサーバにリモートアクセスするために開発されたものでしたが、今では拠点間の接続にも使われています。IPsecほどのセキュリティ強度ではありませんが、設定は比較的簡単です。

10-2-1 PPTPの概要

PPTPは、PAC[注7]（発信元）とPNS[注8]（受信側）の間で仮想トンネル（PPTPトンネル）を構築するVPN技術です。PPTPトンネルでは、PPPフレームを使ってデータの送受信を行っています。PPPフレームにGREヘッダを付与することで仮想トンネルを形成しています。GRE[注9]は、任意のネットワーク層のプロトコルのパケットを別のネットワーク層のプロトコルのパケットにカプセリングします。ここでは、PPPフレームをIPパケットにカプセリングして、PPPフレームをIPネットワーク上で送受信できるようになります。

PPTPのカプセリングについて**図10.2.1**のPCからサーバへの通信を例に説明します。この場合、ルーター（PAC）でPCからのIPパケットをPPPでカプセリングします。次に、PPPフレームをPPTPトンネルを使って対向ルーター（PNS）に渡します。PPTPトンネルの中に流れているのはPPPフレームですが、PPTPトンネルの外から見ると、PPPフレームはIPとGREでカプセリングされている形です。

○図10.2.1：PPTPのカプセリング

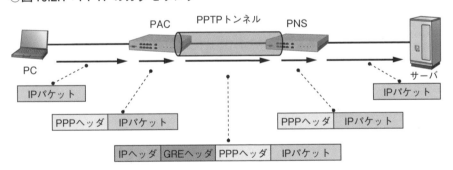

PPTPトンネルを確立する前にPPTP制御コネクションの確立が必要です。では、ここでPPTP制御コネクションとPPTPトンネルの確立について詳しく見てみましょう。

注7　PPTP Access Concentrator
注8　PPTP Network Server
注9　Generic Routing Encapsulation

PPTP制御コネクション

　PPTP制御コネクションの確立では、PACからPNSのTCP1723番ポートに対して確立要求メッセージを送信します。確立要求メッセージを受信したPNSは、PACに確立応答メッセージを返します。以上の2つのメッセージだけでPPTP制御コネクションは確立します。ちなみに、このときの確立要求メッセージと確立応答メッセージは、それぞれSCCRQ[注10]とSCCRP[注11]と呼ばれています。

PPTPトンネル

　PPTP制御コネクションが確立したら、PACはPPTP制御コネクションを使って、PNSに対してPPTPトンネルを確立するための発呼要求メッセージを送信します。この発呼要求メッセージを受け取ったPNSは、PACに発呼応答メッセージを返しします。さらに、PACからPNSに対してSet-Link-Infoメッセージを送信します。以上の3つのメッセージでPPTPトンネルが確立し、PPPフレームを送受信できるようになります（図10.2.2）。また、このときの発呼要求メッセージと発呼応答メッセージは、それぞれOCRQ[注12]とOCRP[注13]と呼ばれています。

○図10.2.2：PPTPトンネルの確立までの過程

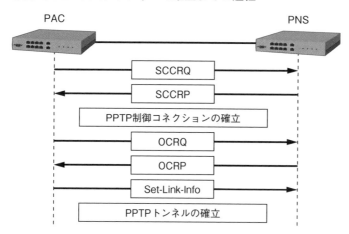

　PPTPトンネルの確立が完了後、トンネル内でPPPセッションを開始します。このとき、次の機能を提供します。

- ネットワーク情報の自動配信
- IPパケットの暗号化
- ユーザの認証

注10　Start-Control-Connection-Request
注11　Start-Control-Connection-Reply
注12　Outgoing-Call-Request
注13　Outgoing-Call-Reply

ネットワーク情報の自動配信では、PPPのIPCP[注14]によって実現されます。IPCPにより、PCAはIPアドレスやDNSアドレスなどのネットワーク情報をPNSから自動取得します。

PPTPには暗号化機能はありません。そこで、MPPE[注15]という暗号プロトコルを使って、PPPのデータ部分を暗号化します。MPPEで使用する暗号アルゴリズムはRC4です。図10.2.1の場合、PPPのデータ部分はIPパケットとなります。

ユーザの認証では、MPPEを使用する場合、MS-CHAP、MS-CHAPv2またはEAP-TLSのいずれかを使います。MS-CHAPとMS-CHAv2は、PPPのCHAP[注16]をMicrosoft社が独自に機能拡張したものです。MS-CHAPとMS-CHAv2の認証は、ユーザ名とパスワードを使って、チャレンジレスポンス方式で行います。一方、EAP-TLSでは、証明書を使ったユーザ認証の方式です。

10-2-2 PPTPによる拠点間接続の設定

PPTPの設定例として、PPTPによる固定IPの拠点間の接続方法を紹介します。PPTPに関するコマンドは次のとおりです。

PPTP機能の有効化設定

```
pptp service [ON/OFF]
              RTX1500 RTX1210 RTX1200 RTX1100 RTX810
```

ルーターのPPTP機能を有効化するかどうかを設定します。ON/OFFパラメータ値は**表10.2.1**のとおりです。

○表10.2.1：ON/OFFパラメータ

パラメータ値	説明
on	ルーターをPPTPサーバとして使う
off	ルーターをPPTPサーバとして使わない、初期値

PPTPの動作タイプの設定

```
pptp service type [動作タイプ]
                   RTX1500 RTX1210 RTX1200 RTX1100 RTX810
```

ルーターをPPTPサーバ（PNS）あるいはPPTPクライアント（PAC）のどちらかで動作させるための設定です。動作タイプパラメータ値は**表10.2.2**のとおりです。

注14 Internet Protocol Control Protocol
注15 Microsoft Point-to-Point Encryption
注16 Challenge-Handshake Authentication Protocol

Chapter 10：VPN

○表10.2.2：動作タイプ

パラメータ値	説明
server	PPTPサーバとして動作する、初期値
client	PPTPクライアントとして動作する

PPインタフェースの選択

`pp select [PP番号]`										
RTX5000	RTX3500	RTX3000	RTX1500	RTX1210	RTX1200	RTX1100	RTX810	RT250i	RT107e	SRT100

　設定対象のPPインタフェースを選択します。PP番号パラメータ値は、**表10.2.3**のとおりです。

○表10.2.3：PP番号パラメータ

パラメータ値	説明
1以上の数字	
none	トンネルインタフェースのプロンプトから抜ける

PPインタフェースの有効化の設定

`pp enable [PP番号]`										
RTX5000	RTX3500	RTX3000	RTX1500	RTX1210	RTX1200	RTX1100	RTX810	RT250i	RT107e	SRT100

　PPインタフェースを有効化します。PP番号パラメータ値は、**表10.2.4**のとおりです。

○表10.2.4：PP番号パラメータ

パラメータ値	説明
1以上の数字	
all	すべてのPPインタフェースを有効化する

PPインタフェースとTunnelインタフェースのバインド設定

`pp bind [Tunnelインタフェース]`										
			RTX1500	RTX1210	RTX1200	RTX1100	RTX810			

　PPインタフェースとTunnelインタフェースの関連付けを行います。PPTPでは、PPTPトンネルとPPPを同時に設定するので、このバインドが必要となります。設定できるTunnleインタフェースパラメータ値は**表10.2.5**のとおりです。

○表10.2.5：Tunnel インタフェースパラメータ

パラメータ値	パラメータ値の例	説明
単一のインタフェース	tunnel1	
複数のインタフェース	tunnel1 tunel4	スペース区切りで複数のインタフェースを指定
インタフェースの範囲	tunnel1-tunnel10	ハイフンによるインタフェースの範囲を指定

PPTPの認証方式（リクエスト）の設定

pp auth request [認証方式]										
RTX5000	RTX3500	RTX3000	RTX1500	RTX1210	RTX1200	RTX1100	RTX810	RT250i	RT107e	SRT100

　PPTPで使用する認証方式（表10.2.6）を指定します。通常、PPTPサーバ側で行う設定です。

○表10.2.6：認証方式パラメータ

パラメータ値	説明
pap	PAP
chap	CHAP
mschap	MS-CHAPバージョン1
mschap-v2	MS-CHAPバージョン2
chap-pap	CHAPとPAPの両方を使用可能

PPTPの認証方式（受け入れ）の設定

pp auth accept [認証方式]										
RTX5000	RTX3500	RTX3000	RTX1500	RTX1210	RTX1200	RTX1100	RTX810	RT250i	RT107e	SRT100

　リクエストされた認証方式（表10.2.7）を受け入れるかを決めます。通常、PPTPクライアント側で設定するコマンドです。

○表10.2.7：認証方式パラメータ

パラメータ値	説明
pap	PAP
chap	CHAP
mschap	MS-CHAPバージョン1
mschap-v2	MS-CHAPバージョン2

認証ユーザのユーザ名とパスワードの設定

pp auth username [ユーザ名] [パスワード]										
RTX5000	RTX3500	RTX3000	RTX1500	RTX1210	RTX1200	RTX1100	RTX810	RT250i	RT107e	SRT100

PPTPサーバ側で設定するコマンドで、認証対象のユーザのユーザ名とパスワードを設定します。ユーザ名とパスワードのパラメータ値は、ともに64文字以内の文字列で指定します。

認証情報の送信設定

`pp auth myname [ユーザ名] [パスワード]`										
RTX5000	RTX3500	RTX3000	RTX1500	RTX1210	RTX1200	RTX1100	RTX810	RT250i	RT107e	SRT100

PPTPクライアント側で設定するコマンドで、PPTPサーバに対して認証情報(ユーザ名とパスワード)を送ります。ユーザ名とパスワードのパラメータ値は、ともに64文字以内の文字列で指定します。

MPPEの鍵長の設定

`ppp ccp type [MPPEの鍵長]`										
RTX5000	RTX3500	RTX3000	RTX1500	RTX1210	RTX1200	RTX1100	RTX810	RT250i	RT107e	SRT100

MPPE暗号で使用する鍵の鍵長(表10.2.8)を設定します。

○表10.2.8:MPPEの鍵長パラメータ

パラメータ値	説明
mppe-40	40ビットの鍵長を使用する
mppe-128	128ビットの鍵長を使用する
mppe-any	40ビットまたは128ビットの鍵長を使用する

トンネルインタフェースの種類の設定

`tunnel encapsulation [トンネルインタフェースの種類]`										
RTX5000	RTX3500	RTX3000	RTX1500	RTX1210	RTX1200	RTX1100	RTX810		RT107e	SRT100

トンネルインタフェースの種類(表10.2.9)を指定します。

○表10.2.9:トンネルインタフェースの種類パラメータ

パラメータ値	説明
ipsec	IPsecトンネル、初期値
ipip	IPv4 over IPv4トンネル、IPv4 over IPv6トンネル、IPv6 over IPv4トンネル、IPv6 over IPv6トンネルのいずれ
pptp	PPTPトンネル
l2tp	L2TP/IPsecトンネル
l2tpv3-raw	L2TPv3トンネル
l2tpv3	L2TPv3/IPsecトンネル
ipudp	IPUDPトンネル

トンネルの対向IPアドレスの設定

tunnel endpoint address [IPアドレス]										
RTX5000	RTX3500	RTX3000	RTX1500	RTX1210	RTX1200	RTX1100	RTX810		RT107e	SRT100

　PPTPトンネルの対向ルーターのIPアドレスを指定します。

　図10.2.3のネットワーク構成を使って、PPTPによる拠点間接続の設定例を示します（リスト10.2.3aと10.2.3b）。この例では、Router1がPPTPクライアントで、Router2がPPTPサーバとなっています。また、このときに使用するPPTPの設定パラメータ値は図中のようになっています。

○図10.2.3：PPTPによる拠点間接続

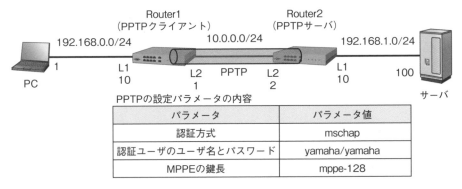

○リスト10.2.3a：Router1の設定（ヤマハルーター）

```
Router1# ip route 192.168.1.0/24 gateway pp 1  ①
Router1#
Router1# ip lan1 address 192.168.0.10/24  ②
Router1# ip lan2 address 10.0.0.1/24
Router1#
Router1# pptp service on  ③  ※PPTP機能を有効化する
Router1#
Router1# pp select 1  ④
Router1pp1#
Router1pp1# pp bind tunnel1  ⑤  ※PP1とTunnel1のバインド
Router1pp1#
Router1pp1# pp auth accept mschap  ⑥  ※受け入れ可能な認証方式を設定する
Router1pp1#
Router1pp1# pp auth myname yamaha yamaha  ⑦  ※送信する認証情報を設定する
Router1pp1#
Router1pp1# ppp ccp type mppe-128  ⑧  ※MPPEの鍵長を設定する
Router1pp1#
Router1pp1# pptp service type client  ⑨  ※PPTPクライアントとして動作する
Router1pp1#
Router1pp1# pp enable 1  ⑩
Router1pp1#
Router1pp1# tunnel select 1  ⑪
Router1tunnel1#
Router1tunnel1# tunnel encapsulation pptp  ⑫  ※トンネルインタフェースの種類を設定する
Router1tunnel1#
```

（つづく）

Chapter 10：VPN

（つづき）

```
Router1tunnel1# tunnel endpoint address 10.0.0.2   ⑬  ※トンネルの対向IPアドレス
を設定する
Router1tunnel1#
Router1tunnel1# tunnel enable 1   ⑭
※ここでPCからサーバへpingパケットを送信する

Router1tunnel1# show status pptp   ⑮  ※PPTPのステータスを表示する
-------------------- PPTP INFORMATION --------------------
Number of control table using
  Tunnel Control: 1, Call Control: 1, GRE Control: 1
TUNNEL[01] Information
  TCP status: established
  PPTP Call status: established
  PPTP Service type: client
  PNS status: established
  Remote IP Address: 10.0.0.2
  Local  IP Address: 10.0.0.1
  GRE status: open
    Transmitted: 14 packets [685 octets]
    Received: 15 packets [683 octets]
    Transmit left: 0 packet
    Transmitted ack number: 13 times
    Transmit ready timeout: 27 times
    Received ack number: 14 times
    Received invalid sequence: 0 packet
    Received delayed sequence: 0 packet
    Received invalid ack: 0 packet
    Received delayed ack: 0 packet
    Received out of sequence: 1 packet
    Received no data packet: 0 packet
  MPPE Information
    Rx key changed: 5
    Tx key changed: 5
    synchronized: 3
    received delay: 0 time
    lost detected: 0 time
    reset condition: 0 time
    reset done: 0 time
```

❶ PP1インタフェースをネクストホップとする192.168.1.0/24へのスタティックルートを設定する
❷ LAN1インタフェースのIPアドレスを設定する
❸ PPTP機能を有効にする
❹ PP1インタフェースを選択する
❺ Tunnel1インタフェースをPPインタフェースにバインドする
❻ PPTPクライアントが受け入れ可能な認証方式はMS-CHAPである
❼ PPTPサーバに送信するユーザ名とパスワードは、それぞれ「yamaha」「yamaha」である
❽ 128ビットのMPPEの鍵長を使用する
❾ ルーターはPPTPクライアントとして動作する
❿ PP1インタフェースを有効にする
⓫ Tunnel1インタフェースを選択する
⓬ トンネルインタフェースをL2TPv3トンネルに設定する
⓭ トンネルの対向のIPアドレスは10.0.0.2である
⓮ Tunnel1インタフェースを有効にする
⓯ PPTPのステータスを表示する

○リスト10.2.3b：Router2の設定（ヤマハルーター）

```
Router2# ip route 192.168.0.0/24 gateway pp 1
Router2#
Router2# ip lan1 address 192.168.1.10/24
Router2# ip lan2 address 10.0.0.2/24
Router2#
Router2# pptp service on  ※PPTP機能を有効化する
Router2#
Router2# pp select 1
Router2pp1#
Router2pp1# pp bind tunnel1  ※PP1とTunnel1のバインド
Router2pp1# pp auth request mschap  ※リクエストする認証方式を設定する
Router2pp1# pp auth username yamaha yamaha  ※認証情報を設定する
Router2pp1# ppp ccp type mppe-128  ※MPPEの鍵長を設定する
Router2pp1# pptp service type server  ※PPTPサーバとして動作する
Router2pp1# pp enable 1
Router2pp1# tunnel select 1
Router2tunnel1# tunnel encapsulation pptp  ※トンネルインタフェースの種類を設定する
Router2tunnel1#
Router2tunnel1# tunnel endpoint address 10.0.0.1  ※トンネルの対向IPアドレスを設定する
Router2tunnel1#
Router2tunnel1# tunnel enable 1
Router2tunnel1#

※ここでPCからサーバへpingパケットを送信する

Router2tunnel1# show status pptp  ※PPTPのステータスを表示する
-------------------- PPTP INFORMATION --------------------
Number of control table using
  Tunnel Control: 1, Call Control: 1, GRE Control: 1
TUNNEL[01] Information
  TCP status: established
  PPTP Call status: established
  PPTP Service type: server
  PAC status: established
  Remote IP Address: 10.0.0.1
  Local  IP Address: 10.0.0.2
  GRE status: open
    Transmitted: 19 packets [1006 octets]
    Received: 17 packets [985 octets]
    Transmit left: 0 packet
    Transmitted ack number: 17 times
    Transmit ready timeout: 36 times
    Received ack number: 17 times
    Received invalid sequence: 0 packet
    Received delayed sequence: 0 packet
    Received invalid ack: 0 packet
    Received delayed ack: 0 packet
    Received out of sequence: 0 packet
    Received no data packet: 0 packet
  MPPE Information
    Rx key changed: 8
    Tx key changed: 8
    synchronized: 3
    received delay: 0 time
    lost detected: 0 time
    reset condition: 0 time
    reset done: 0 time
```

10-3 IPIP

IPIPは、IPパケットをIPパケットでカプセリングします。IPsecやPPTPのように認証と暗号の機能のない簡易なVPNです。IPにはIPv4とIPv6の2種類があるので、次のような4種類のIPIPトンネルが存在します。

- IPv4 over IPv4 …… IPv4パケットをIPv4でカプセリング
- IPv4 over IPv6 …… IPv4パケットをIPv6でカプセリング
- IPv6 over IPv4 …… IPv6パケットをIPv4でカプセリング
- IPv6 over IPv6 …… IPv6パケットをIPv6でカプセリング

IPv4とIPv6は互換性がないため、IPv4とIPv6が混在するネットワークでは、IPv4とIPv6の両方が動作するネットワーク機器が必要です。しかし、一部のネットワーク機器にIPv6が対応していない場合、IPv6通信のためのIPv6 over IPv4トンネルを設定します。

10-3-1 IPv6 over IPv4の設定

IPv6 over IPv4トンネルの設定例を図10.3.1を使って示します（リスト10.3.1aと10.3.1b）。この例では、PCとRouter1およびサーバとRouter2の間はIPv6ネットワークで、Router1とRouter2の間はIPv4ネットワークとなっています。PCとサーバ間で通信するには、Router1とRouter2でIPv6パケットをIPv4でカプセリングする必要があります。

○図10.3.1：IPv6 over IPv4の設定（ヤマハルーター）

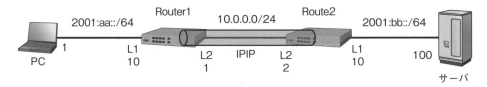

○リスト10.3.1a：Router1の設定（ヤマハルーター）

```
Router1# ipv6 route 2001:bb::/64 gateway tunnel 1  ①
Router1#
Router1# ipv6 lan1 address 2001:aa::10/64  ②
Router1#
Router1# ip lan2 address 10.0.0.1/24  ③
Router1#
Router1# tunnel select 1  ④
Router1tunnle1#
Router1tunnle1# tunnel encapsulation ipip  ⑤   ※リクエストする認証方式を設定する
Router1tunnle1#
Router1tunnle1# tunnel endpoint address 10.0.0.2  ⑥  ※トンネルの対向IPアドレスを設定する
Router1tunnle1#
Router1tunnle1# tunnel enable 1  ⑦
```

（つづく）

(つづき)

```
※ここでPCからサーバへpingパケットを送信する

Router1tunnle1# show status tunnel 1   ❽ ※Tunnel1のステータス表示する
TUNNEL[1]:
説明:
  インタフェースの種類: IP over IP
  トンネルインタフェースは接続されています
  開始: 2016/07/17 19:37:30
  通信時間: 12分13秒
  受信: (IPv4) 0 パケット [0 オクテット]
        (IPv6) 2 パケット [224 オクテット]
  送信: (IPv4) 0 パケット [0 オクテット]
        (IPv6) 2 パケット [224 オクテット]
```

❶ Tunnel1インタフェースをネクストホップとする2001:bb::/64へのスタティックルートを設定する **IOS** ipv6 route
❷ LAN1インタフェースのIPv6アドレスを設定する **IOS** interface ⇒ ipv6 address
❸ LAN2インタフェースのIPアドレスを設定する **IOS** interface ⇒ ip address
❹ Tunnel1インタフェースを選択する **IOS** interface tunnel
❺ トンネルインタフェースをIPIPトンネルに設定する **IOS** interface tunnel ⇒ tunnel mode
❻ トンネルの対向のIPアドレスは10.0.0.2である **IOS** interface tunnel ⇒ tunnel destination
❼ Tunnel1インタフェースを有効にする **IOS** -
❽ Tunnel1インタフェースのステータスを表示する **IOS** -

○リスト10.3.1b：Router2の設定（ヤマハルーター）

```
Router2# ipv6 route 2001:aa::/64 gateway tunnel 1
Router2#
Router2# ipv6 lan1 address 2001:bb::10/64
Router2#
Router2# ip lan2 address 10.0.0.2/24
Router2#
Router2# tunnel select 1
Router2tunnl1#
Router2tunnl1# tunnel encapsulation ipip      ※リクエストする認証方式を設定する
Router2tunnl1#
Router2tunnl1# tunnel endpoint address 10.0.0.1  ※トンネルの対向IPアドレスを設定する
Router2tunnl1#
Router2tunnl1# tunnel enable 1

※ここでPCからサーバへpingパケットを送信する

Router2tunnl1# show status tunnel 1   ※Tunnel1のステータス表示する
TUNNEL[1]:
説明:
  インタフェースの種類: IP over IP
  トンネルインタフェースは接続されています
  開始: 2016/07/17 19:39:51
  通信時間: 12分35秒
  受信: (IPv4) 0 パケット [0 オクテット]
        (IPv6) 2 パケット [224 オクテット]
  送信: (IPv4) 0 パケット [0 オクテット]
        (IPv6) 2 パケット [224 オクテット]
```

Ciscoルーターの場合

ネットワーク図は図10.3.2で、Ciscoルーターでの設定はリスト10.3.2aと10.3.2bのようになります。

○図10.3.2：IPv6 over IPv4の設定（Ciscoルーター）

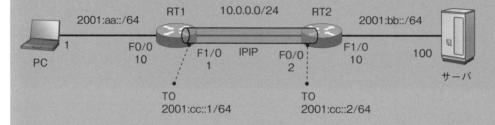

○リスト10.3.2a：RT1の設定（Ciscoルーター）

```
RT1#configure terminal
RT1(config)#ipv6 unicast-routing
RT1(config)#interface FastEthernet 0/0
RT1(config-if)#ipv6 address 2001:aa::10/64
RT1(config-if)#no shutdown
RT1(config-if)#exit
RT1(config)#interface FastEthernet 1/0
RT1(config-if)#ip address 10.0.0.1 255.255.255.0
RT1(config-if)#no shutdown
RT1(config-if)#exit
RT1(config)#interface tunnel 0
RT1(config-if)#ipv6 address 2001:cc::1/64
RT1(config-if)#tunnel source FastEthernet 1/0
RT1(config-if)#tunnel destination 10.0.0.2
RT1(config-if)#tunnel mode ipv6ip
RT1(config-if)#exit
RT1(config)#ipv6 route 2001:bb::/64 tunnel 0
```

○リスト10.3.2b：RT2の設定（Ciscoルーター）

```
RT2#configure terminal
RT2(config)#ipv6 unicast-routing
RT2(config)#interface FastEthernet 0/0
RT2(config-if)#ip address 10.0.0.2 255.255.255.0
RT2(config-if)#no shutdown
RT2(config-if)#exit
RT2(config)#interface FastEthernet 1/0
RT2(config-if)#ipv6 address 2001:bb::10/64
RT3(config-if)#no shutdown
RT2(config-if)#exit
RT2(config)#interface tunnel 0
RT2(config-if)#ipv6 address 2001:cc::2/64
RT2(config-if)#tunnel source FastEthernet 0/0
RT2(config-if)#tunnel destination 10.0.0.1
RT2(config-if)#tunnel mode ipv6ip
RT2(config-if)#exit
RT2(config)#ipv6 route 2001:aa::/64 tunnel 0
```

10-4 L2TPv3

L2TPv3は、さまざまなデータリンク層プロトコルをカプセリングし、同一セグメントの複数の拠点を仮想的に接続するL2VPNです。

10-4-1 L2TPv3の概要

L2TPv3の全身はL2TPv2です。L2TPv2は、Ciscoが開発したL2FというトンネルプロトコルをIETFが標準化したトンネルプロトコルです。

L2TPv2は、PPPパケットをIPネットワーク上で転送するために開発され、主にISPユーザのPPPパケットをISPへの送信に使われてきました。ISP接続のほかに、インターネット上のVPNとしても利用されています。しかし、L2TPv2自体に認証や暗号の機能が備われていないため、しばしばIPsecと併用されます。

L2TPv2のカプセリング対象はPPPのみでしたが、L2TPv3では、PPPのほかにイーサネット、VLAN、HDCL、フレームリレー、ATMもカプセリングの対象となっています。

10-4-2 L2TPv3による拠点間ブリッジ接続の設定

L2TPv3を使えば、簡単に複数の拠点で同一セグメントのネットワークを構築できます。このソリューションを実現するには、ヤマハルーターでブリッジインタフェースを使用します。ブリッジインタフェースは一種の仮想インタフェースで、このインタフェースに収容したインタフェース間でブリッジングを行います。つまり、ブリッジインタフェースに収容したインタフェースは、同一のセグメントとなります。

L2TPv3に関するコマンドは次のとおりです。

ブリッジインタフェースの設定

bridge member [ブリッジインタフェース番号] [収容インタフェース]									
RTX5000	RTX3500		RTX1500	RTX1210	RTX1200		RTX810		SRT100

このコマンドは、ブリッジインタフェースとそれに収容されるインタフェースを設定します。ブリッジインタフェース番号パラメータ値は、1以上の数字です。収容インタフェースパラメータ値には、スペース区切りで複数のインタフェース名が入ります。

L2TP機能有効化の設定

l2tp service [ON/OFF] [L2TPバージョン]									
RTX5000	RTX3500	RTX3000	RTX1500	RTX1210	RTX1200	RTX1100	RTX810	RT107e	SRT100

L2TP機能は、デフォルトでは無効となっているので、有効にするにはON/OFFパラメータ値を「on」にする必要があります。また、L2TPバージョンパラメータは、**表10.4.1**のようなL2TPのバージョンを指定します。

○表10.4.1：L2TPバージョンパラメータ

パラメータ値	内容
l2tp	L2TPv2を有効にする
l2tpv3	L2TPv3を有効にする

L2TPv3の常時接続の設定

```
l2tp always-on [ON/OFF]
```
RTX5000 | RTX3500 | RTX1210 | RTX1200 | RTX810

L2TPv3トンネルが常時接続するかどうかを設定します。デフォルトでは常時接続が有効になっています。無効にするには、ON/OFFパラメータ値を「off」に設定します。

通知ホスト名の設定

```
l2tp hostname [ホスト名]
```
RTX5000 | RTX3500 | RTX1210 | RTX1200 | RTX810

L2TPの接続相手に対して、自分のホスト名を通知します。ホスト名パラメータ値は、32文字以下の文字列です。何も指定しないデフォルトの状態では、機種名がホスト名となります。

L2TPトンネルの認証の設定

```
l2tp tunnel auth [ON/OFF] [パスワード]
```
RTX5000 | RTX3500 | RTX3000 | RTX1500 | RTX1210 | RTX1200 | RTX1100 | RTX810 | RT107e | SRT100

L2TPトンネルで認証の使用を設定します。デフォルトでは、認証の使用はありませんが、使用するときON/OFFパラメータ値を「on」に設定します。また、パスワードパラメータで使用するパスワードを指定します。パスワードパラメータは、省略することもでき、その場合のパスワードは機種名となります。

L2TPトンネルの切断タイマの設定

```
l2tp tunnel disconnect time [切断タイマ]
```
RTX5000 | RTX3500 | RTX3000 | RTX1500 | RTX1210 | RTX1200 | RTX1100 | RTX810 | RT107e | SRT100

一定時間L2TPトンネルにデータパケットが流れないとき、自動的にL2TPトンネルを切

断します。切断タイマパラメータ値は**表10.4.2**のとおりです。

○表10.4.2：切断タイマパラメータ

パラメータ値	内容
秒数	初期値は60
off	タイマによるL2TPトンネルの切断はしない

L2TPキープアライブの設定

`l2tp keepalive use [ON/OFF]`										
RTX5000	RTX3500	RTX3000	RTX1500	RTX1210	RTX1200	RTX1100	RTX810		RT107e	SRT100

　L2TPトンネルのキープアライブ機能を設定します。デフォルトでは、キープアライブ機能は有効になっています。無効にするには、ON/OFFパラメータ値を「off」に設定します。

L2TPv3のローカルルーターIDの設定

`l2tp local router-id [ローカルルーターID]`										
RTX5000	RTX3500			RTX1210	RTX1200		RTX810			

　L2TPv3トンネルの接続相手に通知するルーターIDを設定します。ローカルルーターIDパラメータ値は、IPv4アドレス形式で、初期値は0.0.0.0です。また、ローカルルーターIDは、相手側で設定するリモートルーターIDと一致する必要があります。

L2TPv3のリモートルーターIDの設定

`l2tp remote router-id [リモートルーターID]`										
RTX5000	RTX3500			RTX1210	RTX1200		RTX810			

　L2TPv3トンネルの接続相手のルーターIDを設定します。リモートルーターIDパラメータ値は、IPv4アドレス形式で、初期値は0.0.0.0です。また、リモートルーターIDは、相手側で設定するローカルルーターIDと一致する必要があります。

L2TPv3のリモートエンドIDの設定

`l2tp remote end-id [リモートエンドID]`										
RTX5000	RTX3500			RTX1210	RTX1200		RTX810			

　L2TPv3のリモートエンドIDを設定します。リモートエンドIDパラメータ値は、32文字以下の文字列です。ただし、L2TPv3トンネルの接続相手側で設定するリモートエンドIDと一致する必要があります。

では、次に図10.4.1のようなネットワークを使って、L2TPv3による拠点間ブリッジ接続の設定例を紹介します（**リスト10.4.1a**と**10.4.1b**）。この例では、PCとRouter1間およびサーバとRouter2間は、物理的に分断されている同じセグメントです。LANとトンネルをブリッジ接続することで、PCとサーバが仮想的に同じLAN上に存在するようになります。

○図10.4.1：L2TPv3による拠点間ブリッジ接続の設定（ヤマハルーター）

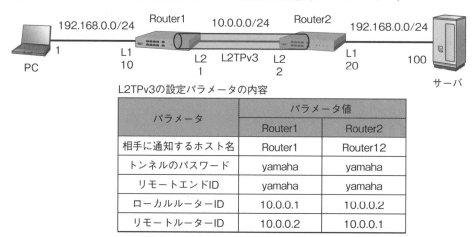

L2TPv3の設定パラメータの内容

パラメータ	パラメータ値	
	Router1	Router2
相手に通知するホスト名	Router1	Router12
トンネルのパスワード	yamaha	yamaha
リモートエンドID	yamaha	yamaha
ローカルルーターID	10.0.0.1	10.0.0.2
リモートルーターID	10.0.0.2	10.0.0.1

○リスト10.4.1a：Router1の設定（ヤマハルーター）

```
Router1# bridge member bridge1 lan1 tunnel1      ①  ※ブリッジ対象インタフェース
Router1#
Router1# ip bridge1 address 192.168.0.10/24      ②
Router1# ip lan2 address 10.0.0.1/24
Router1#
Router1# l2tp service on l2tpv3                  ③  ※L2TPv3の有効化
Router1#
Router1# tunnel select 1                         ④
Router1tunnel1#
Router1tunnel1# tunnel encapsulation l2tpv3-raw  ⑤
※トンネルインタフェースの種類はL2TPv3
Router1tunnel1#
Router1tunnel1# tunnel endpoint address 10.0.0.2 ⑥
Router1tunnel1#
Router1tunnel1# l2tp always-on on                ⑦  ※トンネルは常時接続
Router1tunnel1#
Router1tunnel1# l2tp hostname Router1            ⑧  ※相手に通知するホスト名
Router1tunnel1#
Router1tunnel1# l2tp tunnel auth on yamaha       ⑨  ※トンネル認証の使用
Router1tunnel1#
Router1tunnel1# l2tp tunnel disconnect time off  ⑩  ※トンネルの切断タイマの無効化
Router1tunnel1#
Router1tunnel1# l2tp keepalive use on            ⑪  ※L2TPのキープアライブの使用
Router1tunnel1#
Router1tunnel1# l2tp local router-id 10.0.0.1    ⑫  ※ローカルルーターID
Router1tunnel1# l2tp remote router-id 10.0.0.2   ⑬  ※リモートルーターID
Router1tunnel1#
Router1tunnel1# l2tp remote end-id yamaha        ⑭  ※リモートエンドID
```

（つづく）

(つづき)

```
Router1tunnel1#
Router1tunnel1# tunnel enable 1   ⑮

※ここでPCからサーバへpingパケットを送信する

Router1tunnel1# show status l2tp   ※L2TPのステータスを表示する
-------------------- L2TP INFORMATION --------------------
L2TP情報テーブル
  L2TPトンネル数：1, L2TPセッション数：1
TUNNEL[1]:
  トンネルの状態：established
  バージョン：L2TPv3
  自機側トンネルID：46710
  相手側トンネルID：20175
  自機側IPアドレス：10.0.0.1
  相手側IPアドレス：10.0.0.2
  自機側送信元ポート：1701
  相手側送信元ポート：1701
  ベンダ名：YAMAHA Corporation
  ホスト名：Router2
  Next Transmit sequence(Ns): 11
  Next Receive sequence(Nr) : 13
  トンネル内のセッション数：1 session
  セッション情報：
    セッションの状態：established
    自機側セッションID：13364
    相手側セッションID：35569
    Circuit Status 自機側:UP 相手側:UP
  通信時間：1分39秒
  受信：0 パケット [0 オクテット]
  送信：1 パケット [60 オクテット]
```

❶ ブリッジ1インタフェースの収容対象は、LAN1インタフェースとTunnel1インタフェースである
❷ ブリッジ1インタフェースのIPアドレスを設定する
❸ L2TPv3機能を有効にする
❹ Tunnel1インタフェースを選択する
❺ トンネルインタフェースをL2TP3トンネルに設定する
❻ トンネルの対向のIPアドレスは10.0.0.2である
❼ L2TPv3の常時接続機能を有効にする
❽ L2TPの接続相手に通知するホスト名は「Router1」である
❾ L2TPトンネルの認証を有効にして、認証パスワードを「yamaha」とする
❿ 切断タイマによるL2TPトンネルの切断は行わない
⓫ L2TPキープアライブ機能を有効にする
⓬ L2TPのローカルルーターIDは「10.0.0.1」である
⓭ L2TPのリモートルーターIDは「10.0.0.2」である
⓮ L2TPのリモートエンドIDは「yamaha」である
⓯ Tunnel1インタフェースを有効にする

○リスト10.4.1b：Router1の設定（ヤマハルーター）

```
Router2# bridge member bridge1 lan1 tunnel1   ※ブリッジ対象インタフェース
Router2#
Router2# ip bridge1 address 192.168.0.20/24
Router2# ip lan2 address 10.0.0.2/24
```

(つづく)

Chapter 10：VPN

(つづき)

```
Router2#
Router2# l2tp service on l2tpv3         ※L2TPv3の有効化
Router2#
Router2# tunnel select 1
Router2tunnel1#
Router2tunnel1# tunnel encapsulation l2tpv3-raw
※トンネルインタフェースの種類はL2TPv3
Router2tunnel1#
Router2tunnel1# tunnel endpoint address 10.0.0.1
Router2tunnel1#
Router2tunnel1# l2tp always-on on        ※トンネルは常時接続
Router2tunnel1#
Router2tunnel1# l2tp hostname Router2    ※相手に通知するホスト名
Router2tunnel1#
Router2tunnel1# l2tp tunnel auth on yamaha   ※トンネル認証の使用
Router2tunnel1#
Router2tunnel1# l2tp tunnel disconnect time off   ※トンネルの切断タイマの無効化
Router2tunnel1#
Router2tunnel1# l2tp keepalive use on     ※L2TPのキープアライブの使用
Router2tunnel1#
Router2tunnel1# l2tp local router-id 10.0.0.2    ※ローカルルーターID
Router2tunnel1# l2tp remote router-id 10.0.0.1   ※リモートルーターID
Router2tunnel1#
Router2tunnel1# l2tp remote end-id yamaha    ※リモートエンドID
Router2tunnel1#
Router2tunnel1# tunnel enable 1

※ここでPCからサーバへpingパケットを送信する

Router2tunnel1# show status l2tp    ※L2TPのステータスを表示する
-------------------- L2TP INFORMATION --------------------
L2TP情報テーブル
  L2TPトンネル数: 1, L2TPセッション数: 1
TUNNEL[1]:
    トンネルの状態: established
    バージョン: L2TPv3
    自機側トンネルID: 20175
    相手側トンネルID: 46710
    自機側IPアドレス: 10.0.0.2
    相手側IPアドレス: 10.0.0.1
    自機側送信元ポート: 1701
    相手側送信元ポート: 1701
    ベンダ名: YAMAHA Corporation
    ホスト名: Router1
    Next Transmit sequence(Ns): 19
    Next Receive sequence(Nr) : 17
    トンネル内のセッション数: 1 session
    セッション情報:
      セッションの状態: established
      自機側セッションID: 35569
      相手側セッションID: 13364
      Circuit Status 自機側:UP 相手側:UP
      通信時間: 2分34秒
      受信: 1 パケット [60 オクテット]
      送信: 0 パケット [0 オクテット]
```

Ciscoルーターの場合

ネットワーク図は図10.4.2で、Ciscoルーターでの設定はリスト10.4.2aと10.4.2bのようになります。

○図10.4.2：IPv6 over IPv4の設定（Ciscoルーター）

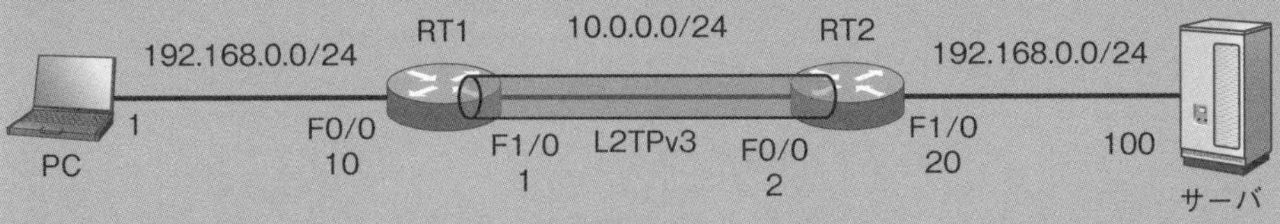

○リスト10.4.2a：RT1の設定（Ciscoルーター）

```
RT1(config)#pseudowire-class L2TPv3
RT1(config-pw-class)#encapsulation l2tpv3
RT1(config-pw-class)#ip local interface FastEthernet 1/0
RT1(config-pw-class)#exit
RT1(config)#interface FastEthernet 1/0
RT1(config-if)#ip address 10.0.0.1 255.255.255.0
RT1(config-if)#no shutdown
RT1(config-if)#exit
RT1(config)#interface FastEthernet 0/0
RT1(config-if)#xconnect 10.0.0.2 1 pw-class L2TPv3
RT1(config-if)#no shutdown
RT1(config-if)#exit
```

○リスト10.4.2b：RT2の設定（Ciscoルーター）

```
RT2(config)#pseudowire-class L2TPv3
RT2(config-pw-class)#encapsulation l2tpv3
RT2(config-pw-class)#ip local interface FastEthernet 0/0
RT2(config-pw-class)#exit
RT2(config)#interface FastEthernet 0/0
RT2(config-if)#ip address 10.0.0.2 255.255.255.0
RT2(config-if)#no shutdown
RT2(config-if)#exit
RT2(config)#interface FastEthernet 1/0
RT2(config-if)#xconnect 10.0.0.1 1 pw-class L2TPv3
RT2(config-if)#no shutdown
RT2(config-if)#exit
```

10-5 章のまとめ

　VPNは、仮想的なトンネルを作成することで、インターネットといった公開網上に仮想的なプライベートネットワークを構築できます。この章では、次の4種類のVPNを紹介しました。

- IPsec
- PPTP
- IPIP
- L2TPv3

　今日、多くの企業でIPsecを使い、インターネット上でVPNを構築しています。IPsecは、データの完全性と機密性を保障する信頼度の高いプロトコルスイートです。しかし、IPsecの仕組みが難しく、設定項目が多いといったデメリットもあります。

　PPTPは、PPPパケットをカプセリングするL2トンネリングプロトコルです。Microsoft社が開発した経緯もあって、Windows OSのPCやサーバに標準装備されているので、Windows環境で利用しやすいです。PPTP自体にデータ暗号やユーザ認証の機能はありませんが、MPPEによる暗号化機能とPPPの認証機能で代用しています。

　IPIPは、IPパケットをIPヘッダでカプセリングします。IPv4とIPv6の組み合わせで、全部で4種類のIPIPが存在します。IPv4とIPv6が混在するネットワーク間の疎通によく使われます。IPIPには暗号化や認証の機能はありません。

　L2TPv3は、L2TPv2を機能拡張したL2トンネリングプロトコルです。L2TPv2では、PPPのみがカプセリングの対象でしたが、L2TPv3の場合、PPPのほかにイーサネット、VLANなど多くのL2プロトコルが対象となっています。L2TPv3がよく利用されるシーンとして、同一セグメントが物理的に分断されたネットワークにおいて、仮想的にLANを構築するなどです。

Chapter 11

QoS

　QoS（Quality of Service）は、IPパケットの種類に応じて、転送順序の優先制御を行ったり、帯域の制限を加えたりする技術です。優先制御により、パケットロスや遅延に弱い音声などのサービスが混雑したネットワーク上でも問題なく使用できるようになります。帯域制御では、ヘビーユーザの帯域を制限することで、ほかのユーザへの影響を緩和することができます。

Chapter 11：QoS

11-1　QoSの概要

ルーターでQoSを実現するには、まずIPパケットをその中身でクラス分けします。次に各クラスに優先度を付加します。最後に、キューイングアルゴリズムにしたがってパケットをインタフェースから送出します。以下、クラス分けの方法と各種キューイングアルゴリズムについて詳しく紹介します。

11-1-1　QoSの基本動作

ヤマハルーターのQoS機能には、優先制御と帯域制御の2つがあります。優先制御は、IPパケットの種類でクラス分けして、優先度の高いクラスから先に転送します。図11.1.1は、優先制御の概念を示した図です。このとき、PCからサーバに向かうIPパケットを3つのクラスに分け、クラス3（高優先）に分類されたIPパケットを先に転送し、次にクラス2（中優先）、クラス1（低優先）の順に処理します。

○図11.1.1：優先制御の概念

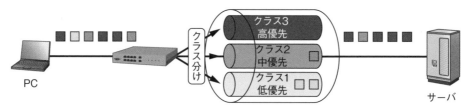

帯域制御の場合もIPパケットの種類でクラス分けをしますが、クラス間には優先度の差はありません。その代わり、クラスごとに帯域の保障値が設けられます。したがって、あるクラスに大量なパケットが流入したとき、ほかのクラスの帯域を圧迫することを回避できるようになります。

○図11.1.2：帯域制御の概念

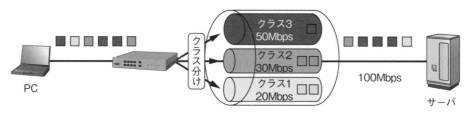

QoSの設定がない初期の状態では、IPパケットはFIFO[注1]方式で転送されます。FIFOは、インタフェースに着信した順にパケットを転送する簡単な方式です。

注1　Fisrt-In First-Out

11-1-2 クラス分け

クラス分けは、優先制御と帯域制御の前段階で行われる処理です。ヤマハルーターで設定できるクラスの数は、機種によって異なります。その違いは表11.1.1のようになります。

○表11.1.1：ヤマハルーターで設定できるクラスの数

機種	優先制御	帯域制御
RTX5000/3500/3000	1〜16	1〜100
その他	1〜4	1〜16

また、優先制御と帯域制御におけるクラスの意味も異なります。優先制御では、クラスの番号が優先度を表し、クラスの番号が大きいほど優先度が高いです。一方、帯域制御でのクラス番号には優先度の意味はありません。IPパケットの種類でクラス分けをしますが、具体的に次に挙げる情報をもとにクラス分けを実施します。

- IPアドレス
- ポート番号
- IPプロトコル
- IP Precedence
- PHB[注2]

図11.1.3：IP Precedence

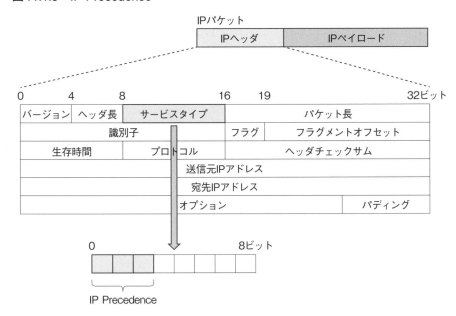

注2　Per Hop Behavior

Chapter 11：QoS

IPアドレスとポート番号によるクラス分けの方法は簡単で、どこからどこへのIPパケットをどのクラスにマッピングするだけです。IP PrecedenceとPBHによるクラス分けについて少し詳しく解説します。

IP Precedenceとは、IPヘッダのサービスタイプフィールドの先頭3ビットのことです（図11.1.3）。

IP Precedenceでクラス分けするには、IP Precedence値とクラス番号のマッピングを実施します。マッピングを行わない場合、表11.1.2のようなデフォルトのマッピング情報にしたがいます。

○表11.1.2：IP Precedenceとクラスのデフォルトマッピング

IP Precedence	0	1	2	3	4	5	6	7
クラス	1	2	3	4	5	6	7	8

PHBとは、DSCP[注3]値による個別ルーターの振る舞いを定義したものです。DSCPを理解できるルーターは、PHBにしたがってパケットのQoS処理を行います。DSCPは、IPヘッダのサービスタイプフィールドの先頭6ビットのことをさします（図11.1.4）。

そして、PHBとDSCPのマッピングは、RFCによって表11.1.3のように定義されています。

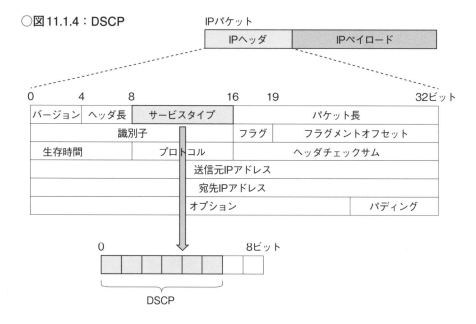

○図11.1.4：DSCP

注3　Differentiated Services Code Point

○表11.1.3：PHBとDSCPのマッピング

PHB		PHBの意味	DSCPビット（10進数値）
Default		ベストエフォートで転送する	000000（0）
Class Selector	CS0	IP Precedenceと互換性のあるDSCP	000000（0）
	CS1		001000（8）
	CS2		010000（16）
	CS3		011000（24）
	CS4		100000（32）
	CS5		101000（40）
	CS6		110000（48）
	CS7		111000（56）
Assured Forwarding	AF11	EFの次に優先する、最初の3ビットが大きいほど優先度が高く、最後の3ビットが大きいほど混雑時に破棄されやすい。 ・優先度の順位 　AF4X > AF3X > AF2X > AF1X ・破棄の順位 　AFX3 > AFX2 > AFX1	001010（10）
	AF12		001100（12）
	AF13		001110（14）
	AF21		010010（18）
	AF22		010100（20）
	AF23		010110（22）
	AF31		011010（26）
	AF32		011100（28）
	AF33		011110（30）
	AF41		100010（34）
	AF42		100100（36）
	AF43		100110（38）
EF（Expedited Forwarding）		最優先に転送する	101110（46）

PHBとクラスのマッピングは、表11.1.4のように定義されています。なお、このマッピングは固定となっているため変更することはできません。

○表11.1.4：PHBとクラスのマッピング

PHB	クラス
Defaultと下記以外	1
CS1、AF11、AF12、AF13	2
CS2、AF21、AF22、AF23	3
CS3、AF31、AF32、AF33	4
CS4、AF41、AF42、AF43	5
CS5	6
CS6	7
CS7	8
EF	9

11-1-3 キューイングアルゴリズム

　ルーターから送出するパケットは、ネットワークの輻輳などのため、すぐにインタフェースから出ることができない場合があります。このようなとき、パケットはいったんバッファに蓄積されます。バッファ内部では、パケットは列をなし、インタフェースから送出されるのを待っています。パケットがどのように列を並ぶかはキューイングアルゴリズムによってさまざまです。優先制御と帯域制御は、キューイングアルゴリズムによって実現されます。

　ヤマハルーターで設定できるキューイングアルゴリズムは、次の5種類です。各キューイングアルゴリズムの概要は表11.1.5のとおりです。

- FIFO
- PQ
- CBQ
- WFQ
- シェーピング

○表11.1.5：キューイングアルゴリズム

	種別	設置インタフェース	アルゴリズムの概要
FIFO	-	-	QoS設定のない状態では、パケットはFIFO方式にしたがって転送処理される。FIFOでは、キューに到着したパケット順にインタフェースから送出される。FIFOのための設定はない
PQ[注4]	優先制御	LAN/PP	優先度の高いクラスのキューにたまったパケットから転送処理される。優先度の低いクラスのキューにたまったパケットがいつたっても転送されないこともある
CBQ[注5]	帯域制御	PP	手動設定により、パケットの種類に応じて各クラスに振り分ける。各クラスに対して保障帯域を設けることで帯域制御を実現する
WFQ[注6]	帯域制御	PP	トラフィックのフロー（IPアドレス、ポート番号、プロトコルの組み合わせ）でクラス分けをし、全体のバランスを考慮して帯域幅を設定する。このときのクラス分けと帯域幅の設定は自動的に行われる
シェーピング	帯域制御	LAN	手動設定により、パケットの種類に応じて各クラスに振り分ける。各クラスに対して保障帯域を設けることで帯域制御を実現する

注4　Priority Queing
注5　Class-Based Queueing
注6　Weighted Fair Queuing

11-1-4 Dynamic Traffic Control

Dynamic Traffic Controlは、ヤマハルーター独自のQoSアルゴリズムで、シェーピングを効率良く利用できるようにした技術です。

従来のシェーピングでは、パケットの種類ごとに保障帯域を設定してあり、保障帯域を超えた利用は許されていません。逆に、まったくパケットがなくても、保証帯域は使われないままになってしまいます。したがって、使用形態や時間帯によって、帯域が有効に使用されない可能性があります。

Dynamic Traffic Controlでは、基本的にシェーピング同様保障帯域はありますが、ネットワークの混雑状況次第で保障帯域を超えた使用も可能です。

図11.1.5は、Dynamic Traffic Controlの一例です。この例では、午前ではPCからサーバAへの通信が多く、逆に午後ではPCからサーバBへの通信が多くなっています。このとき、Routerは、通信状況に応じてクラスの保障帯域を超えた利用ができるように柔軟に調整します。

○図11.1.5：Dynamic Traffic Control

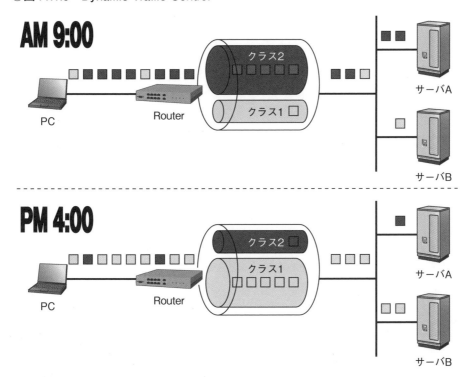

11-1-5 Dynamic Class Control

一部のユーザによる帯域を圧迫するようなネットワーク利用は、ほかのユーザの利便性を低下させる可能性があります。また、ネットワークの利用状況は逐次変化するため、あらか

じめ送信元IPアドレスによる帯域制御は難しいです。

　Dynamic Class Controlでは、ホストごとの利用状況を監視して、同じクラス内で特定のユーザがネットワークリソースを過剰に占有しないように防止します。図11.1.6は、Dynamic Class Controlのイメージです。この例では、ヘビーユーザからのパケットを新たなクラス（クラス3）に退避させることで、既存のクラス（クラス2）を占有させないようにしています。

○図11.1.6：Dynamic Class Control

●Dynamic Class Control設定前

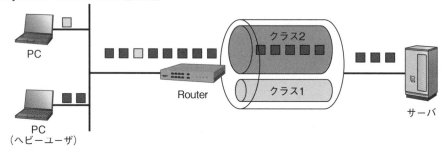

●Dynamic Class Control設定後

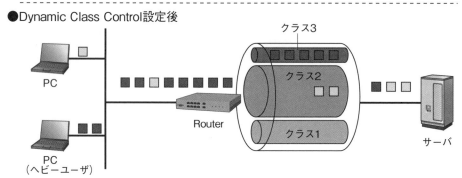

　ただし、Dynamic Class Controlにはいくつかの制約条件があります。

- LANインタフェースでのみ設定可能
- 各インタフェースで同時に監視できるホストは最大512台
- 各インタフェースで同時に制御できるホストは最大64台

11-2 QoSの設定

　PQ、シェーピング、Dynamic Traffic Control、Dynamic Class Controlの設定について紹介します。

11-2-1 優先制御（PQ）の設定

　PQは、ヤマハルーターでできる唯一の優先制御です。そのキューイングアルゴリズムは

とてもシンプルで、高い優先度のクラスのキューにあるパケットを先に転送し、転送が終わったら次の優先度クラスのキューのパケットを転送します。

PQの設定手順は次のとおりです。

- PQの選択とPQの適用先インタフェースの指定
- クラス分けフィルタの設定
- フィルタのインタフェース適用

キューイングアルゴリズムの選択

queue [インタフェース名] [キューイングアルゴリズム]											
RTX5000	RTX3500	RTX3000	RTX1500	RTX1210	RTX1200	RTX1100	RTX810	RT250i	RT107e	SRT100	

キューイングアルゴリズムとキューイングアルゴリズムが適用するインタフェースを指定します。キューイングアルゴリズムパラメータ値は**表11.2.1**のとおりです。また、ヤマハルーターの機種ごとで設定できるキューイングアルゴリズムは異なります（**表11.2.2**）。

○表11.2.1：キューイングアルゴリズムパラメータ

パラメータ値	内容
fifo	FIFO、初期値
priority	PQによる優先制御
cbq	CBQによる帯域制御
wfq	WFQによる帯域制御
shaping	シェーピングによる帯域制御

○表11.2.2：機種ごとで設定可能なキューイングアルゴリズム

機種	PQ	CBQ	WFQ	シェーピング
RTX5000	○	○	○	○
RTX3500	○	○	○	○
RTX3000	○	○	○	○
RTX1500	○	○	○	○
RTX1210	○	○	○	○
RTX1200	○	○	○	○
RTX1100	○	○	○	○
RTX810	○	×	×	○
RT250i	○	○	○	×
RT107e	○	×	×	×
SRT100	○	×	×	○

クラス分けフィルタの設定（IPアドレス、ポート番号、IPプロトコルによるクラス分け）

queue class filter [フィルタ番号] [クラス番号] ip [送信元IP] [宛先IP] [IPプロトコル番号] [送信元ポート番号] [宛先ポート番号]										
RTX5000	RTX3500	RTX3000	RTX1500	RTX1210	RTX1200	RTX1100	RTX810	RT250i	RT107e	SRT100

　IPアドレス、IPプロトコルおよびポート番号でIPパケットをクラス分けします。クラス番号パラメータ値は表11.1.1で示したとおりです。また、宛先IP、IPプロトコル番号、送信元ポート番号、および宛先ポート番号のパラメータは省略できます。

クラス分けフィルタの設定（IP Precedenceによるクラス分け）

queue class filter [フィルタ番号] precedence [IP Precedenceマッピング] ip [送信元IP] [宛先IP] [IPプロトコル番号] [送信元ポート番号] [宛先ポート番号]										
RTX5000	RTX3500	RTX3000	RTX1500	RTX1210	RTX1200	RTX1100	RTX810	RT250i	RT107e	SRT100

　IP PrecedenceでIPパケットをクラス分けします。IP Precedenceマッピングパラメータは、IP Precedence値とクラスのマッピングを定義しますが、省略するとデフォルトのマッピング情報（表11.1.2）を使用します。IP Precedenceマッピングパラメータ値の記述例は表11.2.3のとおりです。

○表11.2.3：IP Precedenceマッピングパラメータ

パラメータ値の記述例	内容
mapping=1:4	IP Precedence値「1」を4番クラスにマッピングする
mapping=2:1,3:2	IP Precedence値「2」と「3」をそれぞれ1番と2番のクラスにマッピングする

クラス分けフィルタの設定（PHBによるクラス分け）

queue class filter [フィルタ番号] dscp ip [送信元IP] [宛先IP] [IPプロトコル番号] [送信元ポート番号] [宛先ポート番号]										
RTX5000	RTX3500	RTX3000	RTX1500	RTX1210	RTX1200	RTX1100	RTX810	RT250i	RT107e	SRT100

　PHBでIPパケットをクラス分けします。PHBによるマッピングは、表11.1.4に示したマッピングルールにしたがいます。

フィルタのインタフェース適用の設定

queue [インタフェース名] class filter list [フィルタリスト]										
RTX5000	RTX3500	RTX3000	RTX1500	RTX1210	RTX1200	RTX1100	RTX810	RT250i	RT107e	SRT100

フィルタリストパラメータは、スペース区切りで複数のフィルタ番号を記述できます。

では、実際にPQを使って優先制御の設定をしてみましょう。このときのネットワーク構成とクラス分けのルールは**図11.2.1**のようになっています（**リスト11.2.1**）。

○図11.2.1：PQによる優先制御（ヤマハルーター）

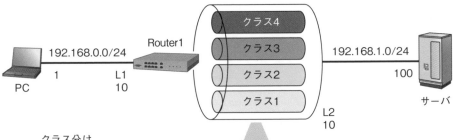

クラス分け

クラス	IPパケットの種類
4	PC（ポート番号1100〜1500）からサーバの80番ポートへのTCPパケット
3	UDPの2000番ポート宛のIPパケット
2	IP Precedenceが3のIPパケット
1	IP Precedenceが2のIPパケット

○リスト11.2.1：Router1の設定（ヤマハルーター）

```
Router1# ip lan1 address 192.168.0.10/24  ❶
Router1# ip lan2 address 192.168.1.10/24
Router1#
Router1# queue lan2 type priority  ❷  ※PQを使用
Router1#
Router1# queue lan2 class filter list 1 2 3  ❸
Router1#
Router1# queue class filter 1 4 ip 192.168.0.1 192.168.1.100 tcp 1100-
1500 www  ❹
Router1# queue class filter 2 3 ip * * udp * 2000  ❺
Router1# queue class filter 3 precedence mapping=2:1,3:2 ip * *  ❻
Router1#
```

❶ LAN1インタフェースのIPアドレスを設定する　**IOS** interface ⇒ ip address
❷ キューイングアルゴリズム「PQ」をLAN2インタフェースに適用する　**IOS** -
❸ クラス分けのフィルタ1、2、3をLAN2インタフェースに適用する　**IOS** interface ⇒ priority-group
❹ クラス分けフィルタ1では、192.168.0.1（ポート番号1100-1500）から192.168.1.100の80番ポートへのTCPパケットをクラス4（最高優先）に振り分ける　**IOS** priority-list
❺ クラス分けフィルタ2では、UDPの2000番ポートへのIPパケットをクラス3に振り分ける　**IOS** priority-list
❻ クラス分けフィルタ3では、IP Precedence「2」と「3」をそれぞれクラス1とクラス2に振り分ける　**IOS** -

Ciscoルーターの場合

CiscoルーターによるPQの設定例を示します。このときのネットワーク構成とキューの分類は図11.2.2で、キュー「High」が一番優先度が高いキューです（リスト11.2.2）。

○図11.2.2：PQによる優先制御（Ciscoルーター）

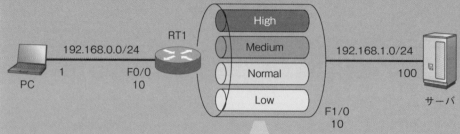

キューの分類

キュー	IPパケットの種類
High	PC（ポート番号1100〜1500）からサーバの80番ポートへのTCPパケット
Medium	UDPの2000番ポート宛のIPパケット
Normal	
Low	デフォルト

○リスト11.2.2：RT1の設定（Ciscoルーター）

```
RT1(config)#interface FastEthernet 0/0
RT1(config-if)#ip address 192.168.0.10 255.255.255.0
RT1(config-if)#no shutdown
RT1(config-if)#exit
RT1(config)#interface FastEthernet 1/0
RT1(config-if)#ip address 192.168.1.10 255.255.255.0
RT1(config-if)#priority-group 1
RT1(config-if)#no shutdown
RT1(config-if)#exit
RT1(config)#access-list 101 permit tcp host 192.168.0.1 range 1100 1500 host 192.168.1.100 eq 80
RT1(config)#priority-list 1 protocol ip high list 101
RT1(config)#priority-list 1 protocol ip medium udp 2000
RT1(config)#priority-list 1 default low
```

11-2-2 帯域制御（シェーピング）の設定

シェーピングの設定手順は、PQで紹介した手順に加え、各クラスに対して保障帯域を割り当てるようにします。

インタフェース速度の設定

speed [インタフェース名] [インタフェース速度]										
RTX5000	RTX3500	RTX3000	RTX1500	RTX1210	RTX1200	RTX1100	RTX810	RT250i	RT107e	SRT100

　このコマンドは、インタフェースの速度を設定します。インタフェース速度パラメータ値の単位はbpsですが、数字の後に「k」または「m」をつけることでkbps、Mbpsを表すことができます。なお、PPインタフェースの場合、初期値は0です。

シェーピングの設定

queue [インタフェース名] class property [クラス番号] bandwidth=[保障帯域]										
RTX5000	RTX3500	RTX3000	RTX1500	RTX1210	RTX1200	RTX1100	RTX810	RT250i		SRT100

　このコマンドは、各クラスの保障帯域を設定します。保障帯域パラメータ値の記述例は**表11.2.4**のとおりです。なお、各クラスの保障帯域の合計は、インタフェースの速度を超えてはいけません。

○表11.2.4：保障帯域パラメータ

パラメータ値の例	内容
10000000	10,000,000bps
10000k	10,000kbps
10m	10Mbps
10%	インタフェース速度の10%、インタフェース速度が100Mbpsならこのクラスの保障帯域は10Mbps

デフォルトクラスの設定

queue [インタフェース名] default class [クラス番号]										
RTX5000	RTX3500	RTX3000	RTX1500	RTX1210	RTX1200	RTX1100	RTX810	RT250i	RT107e	SRT100

　このコマンドは、デフォルトのクラスを設定します。何も設定しない場合、クラス2がデフォルトクラスです。

　シェーピングの設定例を**図11.2.3**を使って示します（**リスト11.2.3**）。この例では、PCからサーバへのパケットを3種類に分け、それぞれを3つのクラスに分類します。クラス1からクラス3までの保障帯域は、15Mbps、25Mbps、50Mbpsです。デフォルトのクラス番号は「2」ですが、このときクラス3をデフォルトクラスとするように設定します。

○図11.2.3：シェーピングによる帯域制御（ヤマハルーター）

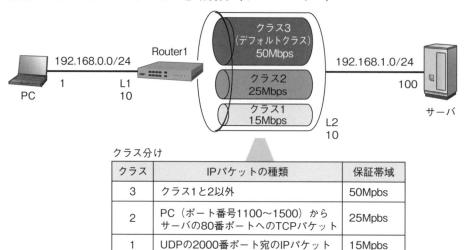

クラス分け

クラス	IPパケットの種類	保証帯域
3	クラス1と2以外	50Mpbs
2	PC（ポート番号1100〜1500）から サーバの80番ポートへのTCPパケット	25Mpbs
1	UDPの2000番ポート宛のIPパケット	15Mpbs

○リスト11.2.3：Router1の設定（ヤマハルーター）

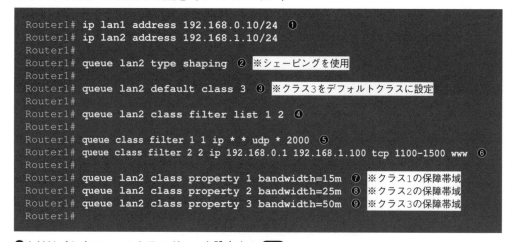

❶ LAN1インタフェースのIPアドレスを設定する (IOS) interface ⇒ ip address
❷ キューイングアルゴリズム「シェーピング」をLAN2インタフェースに適用する (IOS) -
❸ デフォルトクラスをクラス3に設定する (IOS) -
❹ クラス分けのフィルタ1、2をLAN2インタフェースに適用する (IOS) interface ⇒ traffic-shape group
❺ クラス分けフィルタ1では、UDPの2000番ポートへのIPパケットをクラス1に振り分ける (IOS) access-list
❻ クラス分けフィルタ2では、192.168.0.1（ポート番号1100-1500）から192.168.1.100の80番ポートへのTCPパケットをクラス2に振り分ける (IOS) access-list
❼ LAN2インタフェースに設置するクラス1の保障帯域を15Mbpsに設定する (IOS) interface ⇒ traffic-shape group
❽ LAN2インタフェースに設置するクラス2の保障帯域を25Mbpsに設定する (IOS) interface ⇒ traffic-shape group
❾ LAN2インタフェースに設置するクラス3の保障帯域を50Mbpsに設定する (IOS) interface ⇒ traffic-shape group

Ciscoルーターの場合

Ciscoルーターによるシェーピングの設定例を示します。ネットワーク図は図11.2.4で、Ciscoルーターでの設定はリスト11.2.4のようになります。

○図11.2.4：シェーピングによる帯域制御（Ciscoルーター）

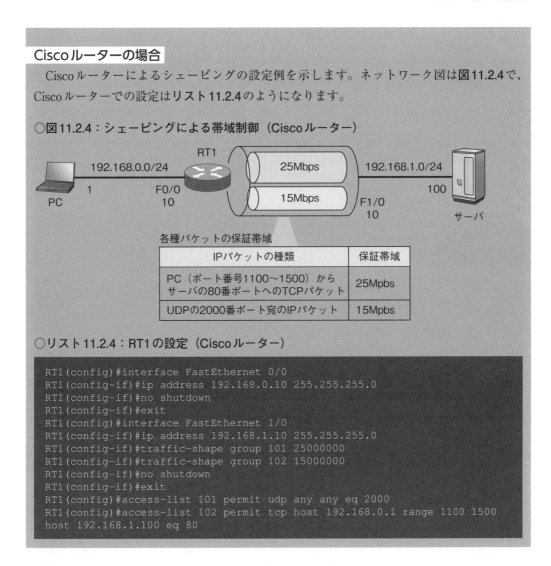

○リスト11.2.4：RT1の設定（Ciscoルーター）

```
RT1(config)#interface FastEthernet 0/0
RT1(config-if)#ip address 192.168.0.10 255.255.255.0
RT1(config-if)#no shutdown
RT1(config-if)#exit
RT1(config)#interface FastEthernet 1/0
RT1(config-if)#ip address 192.168.1.10 255.255.255.0
RT1(config-if)#traffic-shape group 101 25000000
RT1(config-if)#traffic-shape group 102 15000000
RT1(config-if)#no shutdown
RT1(config-if)#exit
RT1(config)#access-list 101 permit udp any any eq 2000
RT1(config)#access-list 102 permit tcp host 192.168.0.1 range 1100 1500 host 192.168.1.100 eq 80
```

11-2-3 Dynamic Traffic Controlの設定

Dynamic Traffic Controlの設定は、基本的にシェーピングと同じです。シェーピングでは各クラスに対して保障帯域を設定していたが、Dynamic Traffic Controlでは保障帯域と上限帯域を設定します。なお、上限帯域はインタフェースの速度を超えてはなりません。

Dynamic Traffic Controlの設定

queue [インタフェース名] class property [クラス番号] bandwidth=[保障帯域と上限帯域]										
RTX5000	RTX3500	RTX3000	RTX1500	RTX1210	RTX1200	RTX1100	RTX810			SRT100

Dynamic Traffic Controlに必要な保障帯域と上限帯域を設定します。保障帯域と上限帯

域パラメータ値の記述例は**表11.2.5**のとおります。

○表11.2.5：保障帯域と上限帯域パラメータ

パラメータ値の例	内容
5m,10m	保障帯域は5Mbps、上限帯域は10Mbps

シェーピングの設定（リスト11.2.3）に対して保障帯域の2倍の上限帯域を追加すると、リスト11.2.4のようなDynamic Traffic Controlの設定となります。

○リスト11.2.4：Router1の設定（ヤマハルーター）

```
Router1# ip lan1 address 192.168.0.10/24
Router1# ip lan2 address 192.168.1.10/24
Router1#
Router1# queue lan2 type shaping
Router1#
Router1# queue lan2 default class 3
Router1#
Router1# queue lan2 class filter list 1 2
Router1#
Router1# queue class filter 1 1 ip * * udp * 2000
Router1# queue class filter 2 2 ip 192.168.0.1 192.168.1.100 tcp 1100-1500 www
Router1#
Router1# queue lan2 class property 1 bandwidth=15m,30m   ①
Router1# queue lan2 class property 2 bandwidth=25m,50m   ②
Router1# queue lan2 class property 3 bandwidth=50m,100m  ③
Router1#
```

❶ LAN2インタフェースに設置するクラス1の保障帯域と上限帯域をそれぞれ15Mbpsと30Mbpsに設定する

❷ LAN2インタフェースに設置するクラス2の保障帯域と上限帯域をそれぞれ25Mbpsと50Mbpsに設定する

❸ LAN2インタフェースに設置するクラス3の保障帯域と上限帯域をそれぞれ50Mbpsと100Mbpsに設定する

11-2-4 Dynamic Class Controlの設定

Dynamic Class Controlの設定では、既存とは別のクラスを設定して、ヘビーユーザの通信をそのクラスに退避させます。

Dynamic Class Controlの設定

queue [インタフェース名] class control [クラス番号] forwarding=[退避先]				
RTX5000 RTX3500	RTX1210 RTX1200	RTX810		SRT100

クラス番号パラメータは、監視対象のクラス番号です。退避先パラメータは、ヘビーユーザの退避先を指定します。退避先パラメータ値は**表11.2.6**のとおりです。

○表11.2.6：退避先パラメータ

パラメータ値	内容
reject	ヘビーユーザの通信を遮断する
クラス番号（例：4）	ヘビーユーザの通信を指定のクラスに退避させる

次に、図11.2.5を使ってDynamic Class Controlの設定例を示します（リスト11.2.6）。この例では、Dynamic Class Controlの使用前後の様子を表しています。Dynamic Class Controlを設定すると、ヘビーユーザからサーバへの通信は、退避用クラス（クラス3）を通るようになります。退避用クラスは1Mbpsのシェーピングとなっているため、ヘビーユーザからサーバへの大量アクセスを防ぐことができます。また、クラス2の帯域の圧迫も解消されます。

○図11.2.5：Dynamic Class Control

●Dynamic Class Control設定前

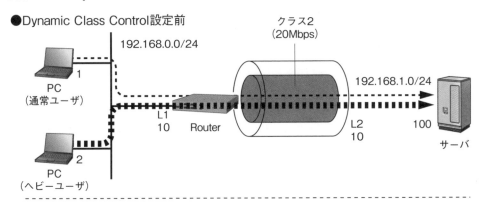

●Dynamic Class Control設定後

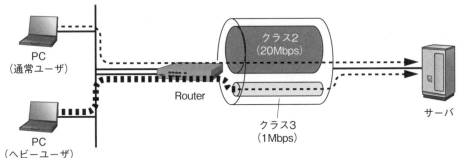

○リスト11.2.5：Router1の設定（ヤマハルーター）

```
Router1# ip lan1 address 192.168.0.10/24    ❶
Router1# ip lan2 address 192.168.1.10/24
Router1#
Router1# queue lan2 type shaping    ❷
Router1#
Router1# queue lan2 class control 2 forwarding=3    ❸  ※退避用クラスの設定
Router1#
Router1# queue lan2 class filter list 1    ❹
Router1#
Router1# queue class filter 1 2 ip 192.168.0.0/24 192.168.1.100    ❺
Router1#
Router1# queue lan2 class property 2 bandwidth=20m    ❻
Router1# queue lan2 class property 3 bandwidth=1m    ❼
```

❶ LAN1インタフェースのIPアドレスを設定する
❷ キューイングアルゴリズム「シェーピング」をLAN2インタフェースに適用する
❸ Dynamic Class ControlをLAN2インタフェースに設定して、クラス2の帯域を占有するヘビーユーザをクラス3に退避させる
❹ クラス分けのフィルタ1をLAN2インタフェースに適用する
❺ クラス分けフィルタ1では、192.168.0.0/24のネットワークからサーバへのパケットをクラス2に振り分ける
❻ LAN2インタフェースに設置するクラス2の保障帯域を20Mbpsに設定する
❼ LAN2インタフェースに設置するクラス3の保障帯域を1Mbpsに設定する

11-3 章のまとめ

　ヤマハルーターで設定できるQoSは、優先制御と帯域制御の2種類です。
　優先制御では、パケットはその種類に応じて各クラスに振り分けられます。各クラスにはクラス番号があり、番号が大きいほど優先度の高いクラスとなります。パケットの転送では、優先度の高いクラスのパケットから優先的に行われます。
　帯域制御のときもクラス分けしますが、各クラス同士で優先順位はありません。各クラスに保障帯域を設定することで、特定の通信で使用する帯域を確保できます。
　帯域制御を発展した技術にDynamic Traffic ControlとDynamic Class Controlがあります。前者は、保障帯域のほかに上限帯域を設けることで、保障帯域を超える利用が可能にする技術です。後者は、クラスの帯域を占有するヘビーユーザを別のクラスに退避させる技術です。

Chapter 12

冗長化と負荷分散

この章では、経路の冗長化と負荷分散を実現するための技術、VRRP（Virtual Router Redundancy Protocol）とマルチホーミングを紹介します。

12-1 冗長化(VRRP)

VRRPは、同じLANセグメントに存在する複数のVRRPルーターから1台の仮想ルーターを自動的に構成するプロトコルです。すべてのVRRPルーターは、同一の仮想IPアドレスを共有するので、仮想IPアドレスをデフォルトゲートとして使用する場合、デフォルトゲートウェイの冗長化を実現します。

12-1-1 VRRPの概要

VRRPは、RFC3768で標準化されたIETF標準プロトコルで、マルチベンダーに対応しています。同じ機能を提供するHSRP[注1]というプロトコルもありますが、こちらはCisco独自のプロトコルとなっています。

VRRPの動作を説明するあたって、まずVRRP関連用語を表12.1.1.にまとめます。

○表12.1.1：VRRP関連用語

用語	用語解説
VRRPルーター	VRRP機能が動作しているルーター
仮想ルーター	VRRPによって仮想的に作られたルーター
マスタールーター	仮想ルーターを構成するVRRPルーターの1つで、実際にパケットを転送するルーター
バックアップルーター	仮想ルーターを構成するVRRPルーターの1つで、マスタールーターがダウンしたらマスタールーターになるルーター
仮想IPアドレス	マスタールーターが保持するIPアドレス
仮想MACアドレス	マスタールーターが保持するMACアドレス
VRRPグループ	同じ仮想ルーターを頂くVRRPルーターの集合、VRRPグループに存在するVRRPルーターは同一のVRID（VRRPグループの識別子）を持つ
プライオリティ	プライオリティの一番大きいVRRPルーターがマスタールーターとなり、その次に大きいVRRPルーターがバックアップルーターとなる。もし、プライオリティが同じなら、LANインタフェースのIPアドレスの大きいほうがマスタールーターとなる。プライオリティのデフォルト値は100で、1から255まで設定できる

同じLANセグメント上にあるルーターにVRRP機能を有効にすると、VRRPルーター同士でVRRPメッセージをやり取りして仮想ルーターを生成します（図12.1.1）。

仮想ルーターは、マスタールーターとバックアップルーターで構成され、マスタールーターがダウンしたとき、バックアップルーターがマスタールートに昇格します。マスタールーターとなるのは、VRRPルーターの中でプライオリティがもっとも大きい値を持つルーターです。その次に大きいプライオリティのVRRPルーターがバックアップルーターとして選出されます。実際にパケットを転送するのはマスタールーターだけです。

[注1] Hot Standby Routing Protocol

12-1：冗長化（VRRP）

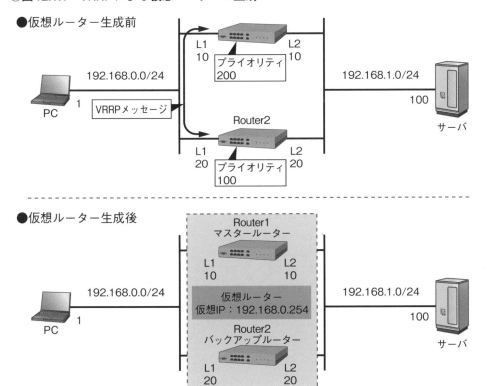

○図12.1.1：VRRPによる仮想ルーターの生成

PCに設定するデフォルトゲートウェイのIPアドレスやARPテーブルにキャッシュされるMACアドレスは、仮想ルーターの仮想IPアドレスと仮想MACアドレスとなります。仮想IPアドレスは、VRRPが動作するLAN上の任意のIPアドレスで設定できるほか、マスタールーターの実IPアドレスを使うこともできます。バックアップルーターがマスタールーターに切り替わると、これまでマスタールーターが保持していた仮想IPアドレスと仮想MACアドレスは、新マスタールーターに引き継がれるので、PCから見ると仮想ルーターが生存し続けているように見えます（**図12.1.2**）。

また、VRRPのデフォルト状態では、プリエンプトモードが有効になっています。プリエンプトモードが有効になっている場合、現状のマスタールーターよりもプライオリティの高いVRRPルーターが同じVRRPグループに参加すると、新規参加のVRRPルーターがマスタールーターになります。プリエンプトモードが無効になっている場合、たとえプライオリティが現状のマスタールーターよりも高くても、マスタールーターの交代はありません。

○図12.1.2：マスタールーターが故障したときの動作

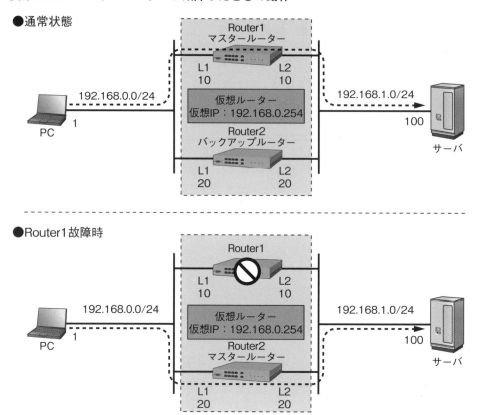

12-1-2 VRRPの設定

　VRRPによるデフォルトゲートウェイの冗長化の設定について紹介します。まずVRRP関連のコマンドを説明します。

VRRPの設定

ip [インタフェース名] vrrp [VRID] [仮想IPアドレス] [プライオリティ] [プリエンプト] [認証キー] [VRRPメッセージインターバル] [ダウンインターバル]										
RTX5000	RTX3500	RTX3000	RTX1500	RTX1210	RTX1200	RTX1100	RTX810	RT250i	RT107e	SRT100

　このコマンドは、VRRPを設定するためのコマンドです。パラメータは多いですが、プライオリティ、プリエンプト、認証、VRRPメッセージインターバル、ダウンインターバルのパラメータは省略できます。

　インタフェース名パラメータは、VRRPが動作するLANインタフェースを指定します。VRIDパラメータは、VRRPグループの識別子で、1から255までの数字を指定します。仮想IPアドレスパラメータでは、仮想ルーターの仮想IPアドレスまたはマスタールーターの実

IPアドレスを指定します。

　プライオリティパラメータ値の記述例は**表12.1.2**で、プリエンプトパラメータ値は**表12.1.3**のとおりです。認証パラメータ値の記述例は**表12.1.4**で、同一VRRPグループにあるVRRPルーター同士は、必ず同じ認証キーを設定します。VRRPメッセージインターバルパラメータ値の記述例は**表12.1.5**で、ダウンインターバルパラメータ値の記述例は**表12.1.6**のようになっています。ダウンインターバルパラメータは、マスタールーターがダウンしたと判断するまでの時間です。

○表12.1.2：プライオリティパラメータ

パラメータ値の例	内容
priority=200	1から255までの数字。デフォルトは100

○表12.1.3：プリエンプトパラメータ

パラメータ値	内容
preempt=on	プリエンプト機能を有効にする。初期値
preempt=off	プリエンプト機能を無効にする

○表12.1.4：認証キーパラメータ

パラメータ値の例	内容
auth=yamaha	8文字以下の文字列

○表12.1.5：VRRPメッセージインターバルパラメータ

パラメータ値の例	内容
advertise-interval=2	1から60までの数字。デフォルトは1（秒）

○表12.1.6：ダウンインターバルパラメータ

パラメータ値の例	内容
down-interval=6	3から180までの数字。デフォルトは3（秒）

シャットダウントリガーの設定

ip [インタフェース名] vrrp shutdown trigger [VRID] [トリガー]										
RTX5000	RTX3500	RTX3000	RTX1500	RTX1210	RTX1200	RTX1100	RTX810	RT250i	RT107e	SRT100

　このコマンドは、マスタールーターのシャットダウン条件を定義します。トリガーパラメータ値の記述例は**表12.1.7**のとおりです。

Chapter 12：冗長化と負荷分散

○表12.1.7：トリガーパラメータ

パラメータ値の例	内容
lan2	LAN2インタフェースのリンクダウンがマスタールーターのシャットダウン条件である
pp 1	PP1インタフェースで通信ができなくなることがマスタールーターのシャットダウン条件である
route 192.168.1.0	ルーティングテーブル上に「192.168.1.0」のネットワーク情報がないことがマスタールーターのシャットダウン条件である
route 192.168.1.0 192.168.1.50	ルーティングテーブル上に「192.168.1.0」のネットワーク情報がない、または「192.168.1.0」のネットワークへのネクストホップが「192.168.1.50」でないことがマスタールーターのシャットダウン条件である

では、図12.1.3のようなネットワーク構成を使って、VRRPの動作を確認してみましょう（リスト12.1.3aと12.1.3b）。

○図12.1.3：VRRPによるデフォルトゲートウェイの冗長化（ヤマハルーター）

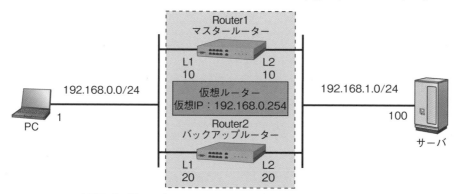

12-1：冗長化（VRRP）

このとき、次のようなシナリオにしたがってVRRPの動作確認をします。

① Router1 がマスタールーターとなる VRRP を設定する（図12.2.1の状態）
② LAN2インタフェースのダウンがシャットダウンの条件とする
③ Router1 の LAN2 インタフェースを無効化する
④ Router2 がマスタールーターになることを確認する
⑤ 両方のルーターでプリエンプトモードを無効にする
⑥ Router1 の LAN2 インタフェースを有効化する
⑦ Router2 がマスタールーターのままになっていることを確認する

○リスト12.1.3a：Router1の設定（ヤマハルーター）

```
Router1# ip lan1 address 192.168.0.10/24 ①
Router1# ip lan2 address 192.168.1.10/24
Router1#
Router1# ip lan1 vrrp 1 192.168.0.254 priority=200 auth=yamaha advertise-
interval=2 down-interval=6 ② ※VRRPの設定
Router1#
Router1# ip lan1 vrrp shutdown trigger 1 lan2 ③ ※LAN2をシャットダウン条件とする
Router1#
Router1# show status vrrp ④ ※自分がマスタールーターであることを確認する
 LAN1 ID:1  仮想IPアドレス: 192.168.0.254
   現在のマスター: 192.168.0.10 優先度: 200
       自分の状態: Master / 優先度: 200  Preempt  認証: TEXT    タイマ: 2
Router1#
Router1# lan shutdown lan2 ⑤ ※LAN2を無効化する
Router1#
Router1# show status vrrp ※VRRPのステータスを確認する
Router1#
Router1# ip lan1 vrrp 1 192.168.0.254 priority=200 preempt=off auth=yamaha
advertise-interval=2 down-interval=6 ⑥ ※プリエンプトモードを無効にする
Router1#
Router1# no lan shutdown lan2 ⑦ ※LAN2を有効化する
Router1#
Router1# show status vrrp ※自分がバックアップルーターであることを確認する
 LAN1 ID:1  仮想IPアドレス: 192.168.0.254
   現在のマスター: 192.168.0.20 優先度: 100
       自分の状態: Backup / 優先度: 200  Non-Preempt  認証: TEXT    タイマ: 2
Router1#
```

❶ LAN1インタフェースのIPアドレスを設定する **IOS** interface ⇒ ip address
❷ LAN1インタフェースにVRRPを設定する（VRIDは「1」、仮想IPアドレスは「192.168.0.254」、プライオリティは「200」、認証キーは「yamaha」、VRRPメッセージインターバルは2秒、ダウンインターバルは6秒）**IOS** interface ⇒ vrrp
❸ LAN2インタフェースのリンクダウンが、LAN1インタフェースに適用するVRIDが「1」のマスターのシャットダウン条件とする **IOS** track ⇒ interface ⇒ vrrp
❹ VRRPステータスを表示する **IOS** show vrrp
❺ LAN2インタフェースを無効化する **IOS** interface ⇒ shutdown
❻ 3番目のパラメータに「プリエンプトモードを無効にする（preempt=off）」を追加する
   IOS interface ⇒ vrrp
❼ LAN2インタフェースを有効化する **IOS** interface ⇒ no shutdown

Chapter 12：冗長化と負荷分散

○リスト12.1.3b：Router2の設定（ヤマハルーター）

```
Router2# ip lan1 address 192.168.0.20/24
Router2# ip lan2 address 192.168.1.20/24
Router2#
Router2# ip lan1 vrrp 1 192.168.0.254 auth=yamaha advertise-interval=2
down-interval=6  ※VRRPの設定
Router2#
Router2# show status vrrp  ※自分がバックアップルーターであることを確認する
  LAN1 ID:1  仮想IPアドレス: 192.168.0.254
    現在のマスター: 192.168.0.10 優先度: 200
        自分の状態: Backup / 優先度: 100  Preempt  認証: TEXT  タイマ: 2

※ここでRouter1のLAN2インタフェースを無効化

Router2# show status vrrp  ※自分がマスタールーターに変わったことを確認する
  LAN1 ID:1  仮想IPアドレス: 192.168.0.254
    現在のマスター: 192.168.0.20 優先度: 100
        自分の状態: Master / 優先度: 100  Preempt  認証: TEXT  タイマ: 2
Router2#
Router2# ip lan1 vrrp 1 192.168.0.254 preempt=off auth=yamaha advertise-
interval=2 down-interval=6  ※プリエンプトモードを無効にする

※ここでRouter1のLAN2インタフェースを有効化

Router2# show status vrrp  ※自分がマスタールーターのままであること確認する
  LAN1 ID:1  仮想IPアドレス: 192.168.0.254
    現在のマスター: 192.168.0.20 優先度: 100
        自分の状態: Master / 優先度: 100  Non-Preempt  認証: TEXT  タイマ: 2
Router2#
```

Ciscoルーターの場合

同様のシナリオ設定を行います。ネットワーク図は図12.1.4で、Ciscoルーターでの設定はリスト12.1.4aと12.1.4bのようになります。

○リスト12.1.4a：RT1の設定（Ciscoルーター）

```
RT1#configure terminal
RT1(config)#interface FastEthernet 0/0
RT1(config-if)#ip address 192.168.0.10 255.255.255.0
RT1(config-if)#vrrp 1 authentication cisco
RT1(config-if)#vrrp 1 ip 192.168.0.254
RT1(config-if)#vrrp 1 priority 200
RT1(config-if)#vrrp 1 timers advertise 2
RT1(config-if)#vrrp 1 track 1
RT1(config-if)#no shutdown
RT1(config-if)#end
RT1(config)#interface FastEthernet 1/0
RT1(config-if)#ip address 192.168.1.10 255.255.255.0
RT1(config-if)#no shutdown
RT1(config-if)#exit
RT1(config)#track 1 interface FastEthernet 1/0 line-protocol
```

（つづく）

12-1：冗長化（VRRP）

○図12.1.4：VRRPによるデフォルトゲートウェイの冗長化（Ciscoルーター）

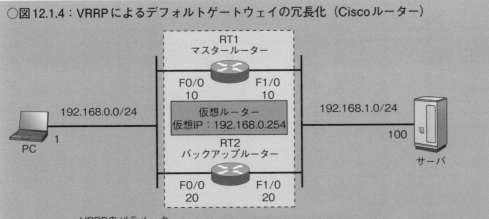

VRRPのパラメータ

クラス	RT1	RT2
VRRPグループ	1	1
仮想IPアドレス	192.168.0.254	192.168.0.254
プライオリティ	200	100（初期値）
プリエンプト	有効（初期値）	有効（初期値）
認証キー	cisco	cisco
VRRPメッセージインターバル	3	3

（つづき）

```
RT1(config)#exit
RT1#show vrrp
FastEthernet0/0 - Group 1
  State is Master ※マスタールーターである
  Virtual IP address is 192.168.0.254
  Virtual MAC address is 0000.5e00.0101
  Advertisement interval is 3.000 sec
  Preemption enabled
  Priority is 200
    Track object 1 state Up decrement 190
  Authentication text "cisco"
  Master Router is 192.168.0.10 (local), priority is 200
  Master Advertisement interval is 3.000 sec
  Master Down interval is 9.218 sec
RT1#configure terminal
RT1(config)#interface FastEthernet 1/0
RT1(config-if)#shutdown ※F1/0を無効化する
RT1(config-if)#do show vrrp brief ※バックアップルーターに変わったことを確認する
Interface       Grp Pri Time  Own Pre State   Master addr    Group addr
Fa0/0             1  10 6218      Y  Backup  192.168.0.20   192.168.0.254
RT1(config-if)#interface FastEthernet 0/0
RT1(config-if)#no vrrp 1 preempt ※プリエンプトモードを無効にする
RT1(config-if)#interface FastEthernet 1/0
RT1(config-if)#no shutdown ※F1/0を有効化する
RT1(config-if)#do show vrrp brief ※バックアップルーターのままになっていることを確認する
Interface       Grp Pri Time  Own Pre State   Master addr    Group addr
Fa0/0             1  10 6218      Y  Backup  192.168.0.20   192.168.0.254
```

○リスト12.1.4b：RT2の設定（Ciscoルーター）

```
RT2#configure terminal
RT2(config)#interface FastEthernet 0/0
RT2(config-if)#ip address 192.168.0.20 255.255.255.0
RT2(config-if)#vrrp 1 authentication cisco
RT2(config-if)#vrrp 1 ip 192.168.0.254
RT2(config-if)#vrrp 1 timers advertise 2
RT2(config-if)#no shutdown
RT2(config-if)#exit
RT2(config)#interface FastEthernet 1/0
RT2(config-if)#ip address 192.168.1.20 255.255.255.0
RT2(config-if)#no shutdown
RT2(config if)#do show vrrp
FastEthernet0/0 - Group 1
  State is Backup   ※バックアップルーターである
  Virtual IP address is 192.168.0.254
  Virtual MAC address is 0000.5e00.0101
  Advertisement interval is 3.000 sec
  Preemption enabled
  Priority is 100
  Authentication text "cisco"
  Master Router is 192.168.0.10, priority is 200
  Master Advertisement interval is 3.000 sec
  Master Down interval is 9.609 sec (expires in 4.825 sec)

※ここでRT1のF1/0インタフェースを無効化

RT2(config-if)#do show vrrp brief   ※マスタールーターに変わったことを確認する
Interface       Grp Pri Time  Own Pre State    Master addr      Group addr
Fa0/0            1  100 6609      Y  Master   192.168.0.20     192.168.0.254
RT2(config-if)#no vrrp 1 preempt   ※プリエンプトモードを無効にする

※ここでRT1のF1/0インタフェースを有効化

RT2(config-if)#do show vrrp brief   ※マスタールーターのままになっていることを確認する
Interface       Grp Pri Time  Own Pre State    Master addr      Group addr
Fa0/0            1  100 6609      Y  Master   192.168.0.20     192.168.0.254
```

12-2 負荷分散（マルチホーミング）

　マルチホーミングは、同一宛先への複数の経路を同時に使用し、パケット転送の負荷をネットワーク全体で分散する技術です。マルチホーミングには、パケット流量の比重による負荷分散と、パケット種類による負荷分散の2つの方法があります。

12-2-1 マルチホーミングの設定①

　1つ目のマルチホーミングの設定は、パケット流量の比重を使用した方法です。マルチホーミングの設定では、スタティックルートに2つのネクストホップを設けます。では、まずマルチホーミングのためのコマンドについて説明します。

パケット流量によるマルチホーミングの設定

ip route [宛先ネットワーク] gateway [ネクストホップ1] weight [比重1] gateway [ネクストホップ2] weight [比重2]										
RTX5000	RTX3500	RTX3000	RTX1500	RTX1210	RTX1200	RTX1100	RTX810	RT250i	RT107e	SRT100

　このコマンドは、2つのネクストホップを設定して、それぞれの比重にしたがって通信量を負荷分散します。

　宛先ネットワークパラメータ値の記述例は表12.2.1のとおりです。

○表12.2.1：宛先ネットワークパラメータ

パラメータ値の記述例	内容
default	デフォルトゲートウェイの設定
192.168.10.0/24	ネットワークアドレスの設定

　比重パラメータは、ネクストホップ1とネクストホップ2へ流れる通信量の比を設定します。ネクストホップ1とネクストホップ2に流れる通信量を2:1の比率で負荷分散する場合、比重1と比重2のパラメータ値をそれぞれ「2」と「1」とします。比重パラメータ値を「0」にすることもできますが、そのとき該当ネクストホップにはパケットは流れません

　図12.2.1のネットワーク構成を使って、パケット流量の比重によるマルチホーミングの設定例を示します（リスト12.2.1a〜12.2.1c）。この例では、PC1とPC2からサーバへのパケットは、Router2とRouter3の2つのルーターを経由します。このとき、Router2経由のルートはRouter1経由のルートと比べ、2倍の通信量となるようにします。

○図12.2.1：パケット流量の比重によるマルチホーミング

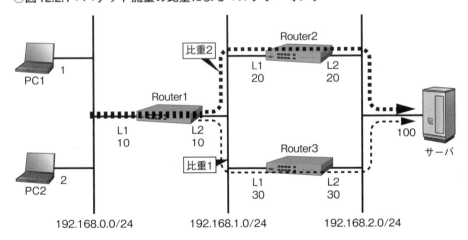

○リスト12.2.1a：Router1の設定（ヤマハルーター）

```
Router1# ip lan1 address 192.168.0.10/24  ❶
Router1# ip lan2 address 192.168.1.10/24
Router1#
Router1# ip route 192.168.2.0/24 gateway 192.168.1.20 weight 2 gateway
192.168.1.30 weight 1  ❷
Router1#
```

❶ LAN1インタフェースのIPアドレスを設定する
❷ 192.168.2.0/24へのルートは、192.168.1.20と192.168.1.30の2つのネクストホップとするマルチホーミングで、この2つのネクストホップのパケット流量の比重は2:1である

○リスト12.2.1b：Router2の設定（ヤマハルーター）

```
Router2# ip lan1 address 192.168.1.20/24
Router2# ip lan2 address 192.168.2.20/24
Router2#
Router2# ip route 192.168.0.0/24 gateway 192.168.1.10  ❶
Router2#
```

❶ 192.168.1.10をネクストホップとする192.168.0.0/24へのスタティックルートを設定する

○リスト12.2.1c：Router3の設定（ヤマハルーター）

```
Router3# ip lan1 address 192.168.1.30/24
Router3# ip lan2 address 192.168.2.30/24
Router3#
Router3# ip route 192.168.0.0/24 gateway 192.168.1.10
Router3#
```

12-2-2 マルチホーミングの設定②

2つ目のマルチホーミングの設定は、パケットの種類を使用した方法です。図12.2.2で設定例を示します。この例では、PC1からサーバへの通信はRouter2を経由し、PC2からサーバへの通信はRouter3を経由します。Router1でパケットの種類でことなるネクストホップを選択するように設定します。

パケットの種類によるマルチホーミングの設定

ip route [宛先ネットワーク] gateway [ネクストホップ1] filter [フィルタリスト1] gateway [ネクストホップ2] filter [フィルタリスト2]											
RTX5000	RTX3500	RTX3000	RTX1500	RTX1210	RTX1200	RTX1100	RTX810	RT250i	RT107e	SRT100	

フィルタを使って、どのパケットがどのネクストホップを使用するを決定します。フィルタリストパラメータでは、スペース区切りで複数のフィルタ番号を指定できます。

図12.2.2のネットワーク構成で設定例を示します（リスト12.2.2a～12.2.2c）。この例では、フィルタを使って送信元がPC1とPC2のパケットを分け、それぞれのパケットを異なるネクストホップに転送します。

12-2：負荷分散（マルチホーミング）

○図12.2.2：パケットの種類によるマルチホーミング

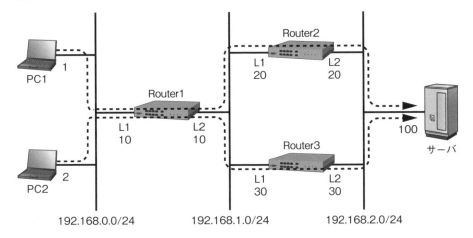

○リスト12.2.2a：Router1の設定（ヤマハルーター）

```
Router1# ip lan1 address 192.168.0.10/24  ❶
Router1# ip lan2 address 192.168.1.10/24
Router1#
Router1# ip route 192.168.2.0/24 gateway 192.168.1.20 filter 1 gateway
192.168.1.30 filter 2  ❷
Router1#
Router1# ip filter 1 pass 192.168.0.1 * * * *  ❸
Router1# ip filter 2 pass 192.168.0.2 * * * *  ❹
Router1#
```

❶ LAN1インタフェースのIPアドレスを設定する
❷ 192.168.2.0/24へのルートは、192.168.1.20と192.168.1.30の2つのネクストホップとするマルチホーミングで、この2つのネクストホップを経由するパケットの種類はフィルタ1とフィルタ2で定義する
❸ 送信元が192.168.0.1のパケットを許可するパケットフィルタ（フィルタ番号1）を設定する
❹ 送信元が192.168.0.2のパケットを許可するパケットフィルタ（フィルタ番号2）を設定する

○リスト12.2.2b：Router2の設定（ヤマハルーター）

```
Router2# ip lan1 address 192.168.1.20/24
Router2# ip lan2 address 192.168.2.20/24
Router2#
Router2# ip route 192.168.0.0/24 gateway 192.168.1.10  ❶
Router2#
```

❶ 192.168.1.10をネクストホップとする192.168.0.0/24へのスタティックルートを設定する

○リスト12.2.2c：Router3の設定（ヤマハルーター）

```
Router3# ip lan1 address 192.168.1.30/24
Router3# ip lan2 address 192.168.2.30/24
Router3#
Router3# ip route 192.168.0.0/24 gateway 192.168.1.10
Router3#
```

12-3 章のまとめ

　この章でVRRPとマルチホーミングを紹介しました。VRRPは、デフォルトゲートウェイの冗長化によく使われ、VRRPルーターで仮想ルーターを構成する技術です。仮想ルーターには仮想IPアドレスがあり、この仮想IPアドレスはマスタールーターが保持するIPアドレスです。マスタールーターが故障したとき、バックアップルーターがマスタールーターとなり、仮想IPアドレスはマスタールーターに継続的に保持されます。

　マルチホーミングは、同じ宛先を異なるルートで転送する負荷分散技術です。負荷分散において、パケットの流量の比重による方法と、パケットの種類による方法を紹介しました。

参考文献

- 『マスタリングTCP/IP 入門編 第4版』／竹下隆史、村山公保、荒井透、苅田幸雄 著／オーム社 刊／2007年2月
- 『ゼロからはじめるTCP/IP—ゼロからはじめるネットワーク』（アスキームック）／2003年1月
- 『ルーティング&スイッチング標準ハンドブック 一番大切な知識と技術が身につく』／Gene、作本和則 著／SBクリエイティブ 刊／2015年7月
- 『要点解説 IPルーティング入門』／久米原栄 著／SBクリエイティブ 刊／2007年2月
- 『見てわかるTCP/IP』／中嶋章 著／SBクリエイティブ 刊／2009年10月
- 『たのしいインフラの歩き方』／齊藤雄介（外道父）著／技術評論社 刊／2015年9月
- 『ネットワークエンジニアの教科書』／シスコシステムズ合同会社テクニカルアシスタンスセンター 著／シーアンドアール研究所 刊／2015年9月
- 『ネットワークはなぜつながるのか 第2版 知っておきたいTCP/IP／LAN／光ファイバの基礎知識』／戸根勤 著／日経NETWORK 監修／日経BP社 刊／2007年4月
- 『インフラ、ネットワークエンジニアのための ネットワーク技術&設計入門』／みやたひろし 著／SBクリエイティブ 刊／2013年12月
- 『ヤマハルーターでつくるインターネットVPN［第4版］— 無線LAN構築対応 —』／井上孝司 著／ヤマハ株式会社 協力／マイナビ 刊／2015年7月
- 『ヤマハルーター運用設定マニュアル RTX1200/SRT100のGUI&コマンドラインの実践』／ネットワークマガジン編集部 編／住商情報システム株式会社 協力／アスキー・メディアワークス 刊／2009年9月
- 『Routing TCP/IP, Volume 1 (CCIE Professional Development Routing TCP/IP)』（英語）／Jeff Doyle、Jennifer Carroll 著／Cisco Press 刊／2005年10月
- 『Routing TCP/IP（CCIE Professional Development）：Volume 2』（英語）／Jeff Doyle、Jennifer Carroll 著／Cisco Press 刊／2001年4月
- 『CCNP Self-Study：CCNP BSCI試験認定ガイド —CCNP BSCI試験#642-801対応』／Clare Gough 著／IRIコマース&テクノロジー 訳／石井亨 監修／SBクリエイティブ 刊／2004年7月
- 『BGP Design and Implementation』（英語）／Randy Zhang、Micah Bartell 著／Cisco Press 刊／2003年12月
- 『Cisco Self-Study：IPv6ネットワーク実装ガイド —IPv6ネットワークの設計・構築・設定方法を学ぶ』／R´egis Desmeules 著／IRIコマース&テクノロジー 訳／シスコシステムズ 監修／SBクリエイティブ 刊／2003年12月
- 『Junos 設定&管理 完全Bible』／ガレネット株式会社 兵頭竜男、漆谷智行、米山明、松居良 著／技術評論社 刊／2011年4月
- 『図解入門よくわかる最新 情報セキュリティの基本と仕組み［第3版］』／相戸浩志 著／秀和システム 刊／2010年3月
- 『Splunkではじめるビッグデータ分析 基本操作からTwitterのログ分析まで』／関部然 著／秀和システム 刊／2015年9月

索引

A-G

administrator（コマンド） ……………… 59, 68
administrator password（コマンド）……… 60, 69
AH ………………………………………… 394
ARP ………………………………………… 24
AS Path …………………………… 283, 323
AS（自律システム）……………………… 272
BGP ………………………………………… 270
clear log（コマンド）…………………… 79
cold start（コマンド）…………………… 93
CUI設定 …………………………………… 57
date（コマンド）………………………… 70
DHCP ………………………… 42, 63, 66, 388
DNS ………………………………………… 42, 73
dns server（コマンド）………………… 73
Dynamic Class Control …………… 437, 446
Dynamic Traffic Control …………… 437, 445
EGP ………………………………………… 136
ESP ………………………………………… 394
exit（コマンド）………………………… 75
FTP ………………………………… 9, 18, 41, 386
GUI設定 ………………………………… 62, 65

H-N

HTTP ……………………………… 9, 18, 37, 74, 366
httpd host（コマンド）………………… 74
ICMP ……………………………… 26, 366, 386
IDS ………………………………………… 385
IGP ………………………………………… 136
IKE ………………………………………… 394, 398
ip interface address（コマンド）……… 72
ip route（コマンド）…………………… 72
IPIP ………………………………………… 420
IPsec ……………………………………… 394
IPv6 over IPv4 ………………………… 420
IPアドレス ……………………………… 10
IPアドレスクラス ……………………… 12
IPヘッダ ………………………………… 19

IPマスカレード ………………………… 337
L2TP ……………………………………… 423
L2TPv3 …………………………………… 423
LAN分割 ………………………………… 109
Local Preference ………………… 285, 312
login password（コマンド）………… 60, 68
LSA ………………………………… 137, 209
MED ……………………………… 283, 285, 306
MPPE ……………………………… 413, 416
NAT ……………………………………… 334
NATディスクリプタ ………………… 342, 367
NATテーブル ………………………… 349, 350
NATトラバーサル ……………………… 397
NEXT HOP ……………………………… 284
NSSA …………………………… 209, 216, 217
NULLインタフェース ………………… 104

O-U

OSI参照モデル ………………………… 7
OSPF ……………………………………… 194
POP ……………………………………… 38
PPTP ……………………………………… 411
PPインタフェース ………………… 100, 414
QoS ……………………………………… 432
restart（コマンド）…………………… 75
RIP ……………………………… 148, 161
RIPv2 …………………………… 164, 178
save（コマンド）……………………… 59, 69
show command（コマンド）………… 75
show config（コマンド）………… 59, 76, 90
show environment（コマンド）…… 60, 76
show ip route（コマンド）………… 77, 123
show log（コマンド）………………… 77
show status interface（コマンド）… 78
SMTP …………………………………… 9, 38
SNMP …………………………………… 40
syslog host（コマンド）……………… 73
TCP ……………………………………… 28

time（コマンド）	71
timezone（コマンド）	71
Twice NAT	361
UDP	28
URLフィルタ	379

V-Z

VLAN	99, 106
VPN	393
VRRP	450

ア行

イーサネットフィルタ	379
インタフェース仕様	98
運用管理	129, 214
遠隔検証システム	54

カ行

仮想インタフェース	99
キューイングアルゴリズム	436, 439
経路の優先度	142, 169, 241
検証ルーム	54
コネクション	28
コマンドヒストリ	80

サ行

サブネット	14
シェーピング	436, 442
障害範囲	129, 131
冗長化	450
初期化	92
自律システム	136, 272
スイッチングハブ機能	98
スプリットホライズン	157, 286
静的NAT	337, 344
セキュリティ	56, 178, 181, 365

タ行

帯域制御	432
タグVLAN	112
通信効率	33, 34
通信プロトコル	4
動的NAT	337, 348
特殊インタフェース	99
トラフィック量	129
トランスポートモード	396
トリガードアップデート	160
トンネルインタフェース	101, 402, 416
トンネルモード	396

ナ行

ネットワークアーキテクチャ	7

ハ行

パケットフィルタ	366
パスアトリビュート	271, 281
パスワードリカバリ	91
ファームウェア	85
負荷分散	336, 458
輻輳制御	34
ブリッジインタフェース	101, 423
ポイズンリバース	158
ポート番号	16
ポート分離	106
ポートベースVLAN	109
ポートミラーリング	114
ホップ数	169, 196
ポリシーベースルーティング	272

マ行

マルチホーミング	458
メトリック	142

ラ行

リンクアグリゲーション	116
ルーティングアルゴリズム	136
ルーティングテーブル	77, 123
ルーティングプロトコル	134
ルート再配布	132, 255, 317
ルート集約	129, 218, 247, 317
ルートポイズニング	159
ループバックインタフェース	102

■著者プロフィール
関部 然（せきべ ぜん）
ネットワークエンジニア
2006年、東北大学大学院修士課程修了。同年、NTT東日本入社。NGN（次世代ネットワーク）のNNI（network-network interface）関連のネットワーク方式の検討と検証業務を経て、2013年よりサイバーセキュリティ担当となり、セキュリティ施策の検討、セキュリティ関連製品の社内導入の検討および公開サーバへの不正アクセスの対策などに従事している。入社後、CCIE Routing and Switching / Security / Service Providerの3トラックを取得した。著書に『Splunkではじめるビッグデータ分析』（秀和システム）がある。

- ◆ 装丁　　　　　　　　　　大山真葵（ごぼうデザイン事務所）
- ◆ 本文デザイン／レイアウト　朝日メディアインターナショナル㈱
- ◆ 編集　　　　　　　　　　取口敏憲
- ◆ 本書サポートページ
  　　http://gihyo.jp/book/2016/978-4-7741-8529-3
  　　本書記載の情報の修正・訂正・補足については、当該Webページで行います。

■お問い合わせについて
　本書に関するご質問については、本書に記載されている内容に関するもののみとさせていただきます。本書の内容と関係のないご質問につきましては、一切お答えできませんので、あらかじめご了承ください。また、電話でのご質問は受け付けておりませんので、FAXか書面にて下記までお送りください。

＜問い合わせ先＞
〒162-0846　東京都新宿区市谷左内町21-13
株式会社技術評論社　雑誌編集部
「ネットワークエンジニアのための ヤマハルーター実践ガイド」係
FAX：03-3513-6173

　なお、ご質問の際には、書名と該当ページ、返信先を明記してくださいますよう、お願いいたします。
　お送りいただいたご質問には、できる限り迅速にお答えできるよう努力いたしておりますが、場合によってはお答えするまでに時間がかかることがあります。また、回答の期日をご指定なさっても、ご希望にお応えできるとは限りません。あらかじめご了承くださいますよう、お願いいたします。

ネットワークエンジニアのための
ヤマハルーター実践ガイド
2016年12月1日　初　版　第1刷発行

著　者	関部　然（せきべ　ぜん）	
発行者	片岡　巌	
発行所	株式会社技術評論社	
	東京都新宿区市谷左内町21-13	
	TEL：03-3513-6150（販売促進部）	
	TEL：03-3513-6177（雑誌編集部）	
印刷／製本	港北出版印刷株式会社	

定価はカバーに表示してあります。

本書の一部あるいは全部を著作権法の定める範囲を超え、無断で複写、複製、転載あるいはファイルを落とすことを禁じます。

©2016 関部 然

造本には細心の注意を払っておりますが、万一、乱丁（ページの乱れ）や落丁（ページの抜け）がございましたら、小社販売促進部までお送りください。送料小社負担にてお取り替えいたします。

ISBN978-4-7741-8529-3　C3055
Printed in Japan